R을 활용한 통계학

Statistics Using R

김남현 지음

KYOWOO

정보화 시대를 넘어 4차 산업혁명 시대로 접어들며 인공지능, 머신러닝, 데이터 사이언스, 빅데이터 등이 유망한 분야로 부각되고 있다. 통계학은 특히 데이터 사이언스의 기본 학문으로 인식되며 그 역할이 증대될 것으로 기대된다. 이러한 이유로 통계학의 필요성과 중요성도 강조되며 통계학의 기본 지식을 배우려는 수요도 증가하고 있다.

이러한 추세가 아니라도 통계학에 대한 기초 강의는 오래전부터 대학에서 제공되어 왔고, 저자도 강산이 몇 번 바뀔 정도의 시간 동안 강의해 왔다. 처음 강의를 시작했을 때는 물론 저자가 대학에서 강의를 들었을 때의 교재도 사용해 보고 다른 교재를 써 보기도 했다. 그러면서 강의노트를 만들기 시작했는데, 언제인가부터 교재보다는 강의노트 위주로 공부하는 학생들이 다수라는 사실이 보이기 시작했다. 그래서 강의노트를 보완하여 교재를 출판해야겠다는 생각을 하게 되었으나 이를 실행하는 데에는 꽤 오랜 시간이 걸린 것 같다. 이러한 이유로 통계학 개론에 대한 교재가 무수히 많은 상황에 또 하나의 책을 더하게 된 것은 아닌지 하는 걱정에도 불구하고 이 책을 내놓게 되었다.

요즈음 통계학의 기본 개념이 더욱 강조되고 있다고 하지만, 실제 통계학 개론의 내용은 오랜 세월 동안 크게 달라진 것은 없다고 본다. 오래전 저자가 대학을 다닐 때나 지금이나 기본적인 내용에는 변화가 없다. 그러나 기타의 소프트웨어를 활용하는 측면은 예전보다 강조되고 있다. 이 책에서는 R을 활용해서 설명하고 있다. 기본적인 이론이 먼저 설명되고 R에 대한 설명은 독립적인 부분으로 서술되어 있으니, 필요에 따라서는 다른 소프트웨어를 활용할 수도 있다.

이 책은 크게 세 부분으로 구성되어 있다. 첫 부분은 기본적인 자료 정리의 방법과 확률, 그리고 확률분포의 기본 개념에 대한 내용이다. 두 번째 부분은 표본분포와 통계학 추론의 기본 개념인 추정과 검정에 대한 부분이고 세 번째 부분은 실제 자료의 분석에 사용할 수 있는 통계적 방법에 대한 부분이다. 이 책은 표본분포에 대한 개념을 좀 더 강조하여 쓰려고 노력하였다. 저자의 경험으로 보아 주 3시간으로 이 책을 끝까지 강의하려면 매우 바쁘게 진도를 나가야 한다. 강의의 성격에 따라 강조하는 부분에 좀 더 시간을 할애하고 일부분의 내용은 생략할 수도 있다고 본다.

강의노트를 쓰며 나름 필요한 수정을 거쳤다고 생각했으나 출판은 또 다른 작업이었다. 몇 번을 검토해도 오류나 오타가 발견될 수 있다. 독자의 너그러운 이해를 바라며 이에 대한 지적이나 제안은 언제든지 반영할 준비가 되어있다. 계속적인 보완과 수정을 할 수 있는 기회가 있기를 바란다. 마지막으로 이 책이 완성되기까지 애써주신 출판사와 편집진 여러분께도 감사를 표한다.

저자 **김남현**

차 례

제 1 장

자료의 정리방법

제1장 자료의 정리방법

1.1 서론

통계학이라고 하면 아마도 제일 먼저 자료 즉, 데이터를 떠올릴 것이다. 따라서 통계학은 가지고 있는 문제를 파악하여 연관된 자료를 수집하고, 그림 등을 이용하여 자료를 정리하고 기술하여, 비교 분석하는 분야로 생각하기도 한다. 물론 이러한 자료분석 과정이 통계학의 일부를 설명하기도 하지만 통계학에 대해서 좀 더 자세히 살펴보면 다음과 같이 정리할 수 있다. 통계학은 관심의 대상이 되는 사회현상이나 자연현상에 대한 자료를 효율적으로, 과학적으로 수집하고, 정리, 요약, 분석하여, 주어진 자료나 정보를 기반으로 전체 자료의 특성을 제대로 추론하고, 불확실한 사실에 대해서 과학적이고 체계적인 판단을 할 수 있는 합리적인 방법을 제시하고자 하는 학문이라고 할 수 있다.

여기서 표, 그림, 대표값 등을 이용하여 관측된 자료를 효율적으로 정리, 요약하는 방법을 다루는 통계 분야를 보통 기술통계(descriptive statistics)라고 한다. 그리고 자료로부터 얻은 정보를 분석하여 전체에 대한 특성을 파악하거나 불확실한 사실에 대한 추론을 하는 분야를 추론통계(inferential statistics), 또는 추측통계라고 한다. 물론 기술통계와 추론통계가 통계학의 분류라고 할 수는 없다.

과학기술분야의 분류에 따르면 통계학 및 확률론은 확률론 및 확률과정론, 통계이론, 비모수 통계, 베이지안 통계, 실험계획, 선형모형, 다변량통계, 시계열분석, 공간자료분석, 생존분석, 표본조사 등으로 나눌 수 있으며, 통계학이 응용되는 분야에 따라서 의학/생물통계, 경제/경영통계, 금융/보험통계, 사회/심리통계, 환경통계 등으로 나누기도 한다.

1.2 용어

통계학을 공부할 때, 자주 나오는 용어를 살펴보자. 우선 일상적으로도 자주 사용되는 용어로 모집단과 표본을 들 수 있다. 모집단(population)이란 일반적으로 조사대상이 되는 전체를 말하며 표본(sample)은 모집단의 일부로 관측의 대상이 되는 것을 말한다. 전체자료 그러니까 모집단 전부를 빠짐없이 전부 조사하는 것을 전수조사(complete survey)라고 하고 전체 중 일부분만을 뽑아서 조사하는 것을 표본조사(sample survey)라고 한다. 전수조사는 일반적으로 시간과 비용이 많이 들기 때문에 대부분의 조사는 표본조사라고 할 수 있다. 전수조사의 대표적인 예로는 우리나라에서 5년마다 실시하는 인구조사를 들 수 있다.

[모수와 통계량]

우리는 관측의 대상이 되는 집단의 특성을 수량화하여 나타내는 경향이 있다. 예를 들면 평균, 분산, 비율 등이 대표적이고 이러한 값은 그 집단의 특성값이다. 만일 해당 집단이 모집단이라면 이러한 특성값을 모수(parameter)라고 부르고 평균, 분산, 비율 등을 좀 더 명확하게 모평균, 모분산, 모비율 등으로 쓰고 대개의 경우 μ, σ^2, p 등으로 나타낸다. 반면에 전체 모집단 중 일부분만을 뽑아서 조사한 표본의 경우에는 유사한 특성값이라고 하더라도 표본평균, 표본분산, 표본비율 등으로 부르고 $\overline{X}$, S^2, $\hat{p}$ 등으로 나타내며 이러한 표본의 특성값은 통계량(statistics)이라고 부른다.

모수와 그에 해당하는 통계량은 그 의미가 비슷하기 때문에 문맥에 따라 보통 평균, 분산, 비율 등으로 모집단과 표본을 구분하지 않고 부르기도 한다. 그러나 처음 통계학의 이론을 배우고 이해할 때는 명확히 구분해서 생각하고 기호도 달리해서 쓰는 것이 중요하다. 왜냐하면 고전적인 통계학의 이론에서는 일반적으로 모수는 상수로 취급하고 추론의 경우에 그 값을 모르는 미지인 경우가 많다. 그러기 때문에 표본을 추출하여 표본에서의 특성값인 통계량으로 해당하는 모수를 추론하게 된다. 그런데 표본을 추출하기 전에는 어떤 것들이 선택될지 모르므로 랜덤으로 취급하게 되고 이러한 상황으로 인하여 통계량은 어떤 분포를 가지며 이로부터 추론의 이론이 나오게 된다.

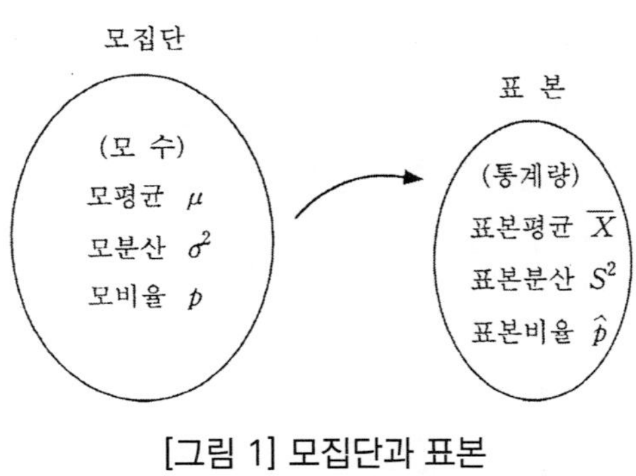

[그림 1] 모집단과 표본

〈모수와 통계량〉

모수 : 모집단의 특성값

통계량 : 표본의 특성값

[표본추출]

앞에서 모집단 전부를 빠짐없이 전부 조사하는 것을 전수조사라고 하고 전체 중 일부분만을 뽑아서 조사하는 것을 표본조사라고 하며, 특별한 경우를 제외하고는 표본조사가 일반적이라고 하였다. 그리고 모집단의 일부로 추출된 표본을 이용하여 모집단의 특성값을 추론한다고 하였다. 그러나 표본에서의 결과와 모집단에서의 결과는 차이가 있기 마련이며 이러한 차이를 보통은 표본오차(sampling error)라고 부른다. 이러한 표본오차를 줄이기 위해서는 표본을 잘 뽑는 것이 중요하다.

그럼 어떤 표본이 좋은 표본인가? 한마디로 말하면 모집단의 특성을 잘 나타내는 모집단의 축약판이 좋은 표본이라고 할 수 있다. 그러면 어떻게 이와 같은 표본을 추출할 수 있을까? 만일 그리 크지 않은 모집단이라면 임의추출(random sampling)이 가장 단순하고 바람직한 표본추출방법이다. 임의추출이란 모집단의 각 추출단위인 원소가 표본으로 뽑힐 확률이 같고, 하나의 원소가 뽑히는 것이 다른 원소가 뽑히는 것에 영향을 주지 않는 표본추출방법이다. 이는 많은 공 중에서 눈을 감고 일정한 개수의 공을 꺼내는 방법과 유사하다. 그러나 모집단의 크기가 큰 경우에는 이러한 방법을 구현하는 것이 쉽지 않을 수도 있고, 좀 더 효율적으로 좋은 표본을 뽑는 여러 가지 방법을 표본론(sampling theory)에서 제시하고 있다.

[복원추출과 비복원추출]

많은 공 중에서 랜덤하게 일정한 개수의 공을 꺼낸다고 하자. 이때, 랜덤하게 뽑힌 공을 확인하고 다시 집어넣은 후 똑같은 과정으로 공을 꺼낸다면 이를 복원추출(sampling with replacement)이라고 한다. 만일 꺼낸 공은 제외하고 나머지 공 중에서 다시 공을 뽑는다면 이는 비복원추출(sampling without replacement)이라고 한다.

일반적으로 임의추출이라고 하면 복원추출을 의미한다. 그래야 하나의 원소가 뽑히는 것이 다른 원소가 뽑히는 것에 영향을 주지 않으며, 공들이 서로 독립적으로 뽑히게 된다. 본 교재에서는 통계학의 이론을 설명할 때, 임의추출을 가정하고 설명하기로 한다. 그러나 일반적인 표본추출에서는 복원추출보다는 비복원추출이 현실적이다. 이와 같이 표본을 랜덤하게 추출하지만 꺼낸 것을 다시 넣지 않는 추출방법은 단순임의추출(simple random sampling)이라고 한다. 이 경우 각 원소가 표본으로 뽑힐 확률은 동일하지만 하나의 원소가 뽑히는 것이 다른 원소가 뽑히는 것에 영향을 준다. 현실적으로는 단순임의추출법이 가장 간단하고 기본적인 표본추출방법이라고 할 수 있다.

1.3 변수의 종류

어떤 현상에 대한 사실을 파악하기 위해서 우리는 필요한 조사를 하게 되고, 이 과정에서 필요한 값들을 관측하게 된다. 이러한 관측값들은 조사대상에 따라 값이 변하게 될 것이다. 이와 같이 관측대상에 따라 값이 변하는 속성을 일반적으로 변수(variable)라고 부른다. 예를 들어 어느 대학교 신입생의 성별과 첫 학기의 학점을 조사한다면 성별과 학점은 학생마다 다를 것이고 여기에 두 개의 변수로 성별과 학점을 고려하게 된다.

〈변수〉

변수 : 관측대상에 따라 값이 변하는 속성

그런데 두 개의 변수는 성격이 약간 다르다는 것을 알 수 있다. 성별은 남, 여로 관측되며 일반적으로 그 속성에 따라 분류된다. 남자를 1로 여자를 0으로 또는 그 반대로 코딩한다고 해도 그 숫자값은 크게 의미가 없으며 각각의 범주(category)를 나타낼 뿐이다. 이와 같은 변수를 질적변수(qualitative variable)라고 한다. 반면에 학점은 관측된 숫자 값이 어떤 양을 표시하며 이러한 변수는 양적변수(quantitative variable)라고 한다. 그리고 이에 해당하는 자료는 각각 질적자료(qualitative data), 양적자료(quantitative data)라고 한다.

성별뿐만 아니라 인종(백인, 아시아계, 히스페닉, 흑인 등)이나 학력(초졸, 중졸, 고졸, 대졸, 대학원졸) 등도 질적변수라고 할 수 있다. 그런데 성별이나 인종과 달리 학력은 초졸은 1, 중졸은 2, 고졸은 3, 대졸은 4, 대학원졸은 5와 같이 숫자화해서 나타낼 때, 각 숫자가 범주를 나타낼 뿐만 아니라 큰 숫자는 좀 더 교육을 받았음을 의미한다. 이와 같이 질적 변수라 하더라도 성별, 인종 등과 같이 범주로 구분만 되는 변수를 명목변수(nominal variable)라고 하는 반면, 학력과 같이 그 범주에 어떤 순서가 존재하는 경우를 순서변수(ordinal variable) 또는 서열변수라고 한다.

변수의 값이 의미를 갖는 양적변수의 경우 일일 교통사고수, 1년 동안 쓸 수 있는 휴가일수, 대학교 합격자수 등과 같이 주로 정수로 관측되는 변수를 이산형변수(discrete variable)로 키, 몸무게, 시간, 온도 등과 같이 소수점을 포함할 수 있는 변수는 연속형변수(continuous variable)로 구분한다. 경우에 따라서는 질적변수와 양적변수 중 이산형변수를 통틀어 이산형변수로 분류하기도 한다.

〈변수의 종류〉

질적변수 : 명목변수 – 성별, 인종 등
순서변수 – 학력 등
양적변수 : 이산형변수 – 일일교통사고수, 휴가일수, 합격자수 등
연속형변수 – 키, 몸무게, 시간, 온도 등

1.4 도표와 그림에 의한 자료의 정리

다음 〈표 1〉은 H 대학교 통계학 과목 수강생의 성적자료이다. 두 번의 시험을 모두 본 학생만을 포함하였다. 최종성적은 두 번의 시험에 출석, 과제 등의 평소 성적을 반영하여 산출되었다. 하지만 이와 같은 형태로는 각 변수에 대한 분포를 한눈에 파악하기 힘들다. 이를 표나 그림으로 정리하면 분포의 전반적인 형태 파악에 도움이 되며, 이상점(outlier)이나 기록의 오류 등에 대한 파악이 용이하다. 여기서 이상점이란 너무 크거나 너무 작은 값은 말하는데, 정확한 판단기준은 뒤에서 언급하기로 하자.

앞에서 모집단과 표본에 대해서 언급하였고, 각각의 경우에 특성값도 달리 부른다고 하였다. 일반적으로 모집단은 매우 규모가 큰 전체를 말하는 경우가 대부분이지만, 만일 〈표 1〉의 통계학 수강생 이외의 집단에는 관심이 없다면 우리는 이 집단을 전체집단으로 간주할 수도 있을 것이다. 그러나 이 절에서의 모든 자료는 어떤 모집단으로부터의 표본으로 간주하고 용어와 기호를 쓰기로 한다.

〈표 1〉 통계학 수강생의 성적자료

번호	학년	중간	기말	성적	번호	학년	중간	기말	성적
1	2	47	6	C+	10	3	88	87	A+
2	4	96	45	A0	11	3	81	15	B+
3	3	76	28	B+	12	3	61	40	A0
4	3	74	49	A0	13	3	12	0	C0
5	3	29	5	C0	14	3	42	8	C+
6	3	20	2	D+	15	4	19	7	C0
7	3	76	37	A0	16	2	42	15	C+
8	3	37	2	C0	17	2	55	1	C+
9	2	53	34	B0	18	2	21	13	C0

번호	학년	중간	기말	성적	번호	학년	중간	기말	성적
19	2	76	79	A+	43	2	43	35	B0
20	2	32	0	C0	44	2	23	17	C+
21	2	58	59	A0	45	2	53	29	B0
22	2	46	54	A0	46	2	52	6	C+
23	2	59	87	A+	47	2	47	19	B0
24	3	77	35	A0	48	2	24	4	C0
25	2	73	30	A0	49	2	26	28	C+
26	2	74	42	A0	50	2	48	37	B0
27	3	86	82	A+	51	2	45	25	B0
28	2	78	53	A0	52	2	34	10	C+
29	2	57	22	B0	53	2	34	18	C+
30	3	81	63	A+	54	2	66	47	A0
31	3	40	0	C0	55	2	30	0	C0
32	3	34	0	C0	56	2	47	3	C+
33	2	61	66	A0	57	2	47	38	B0
34	2	48	14	C+	58	2	33	45	B0
35	2	19	3	C0	59	2	59	23	B0
36	2	33	41	B0	60	2	52	40	B0
37	2	70	43	A0	61	2	44	7	C+
38	2	25	2	C0	62	2	31	8	C+
39	2	44	32	B0	63	2	53	2	C0
40	2	72	34	A0	64	2	24	5	C0
41	2	15	2	C0	65	2	42	12	C+
42	2	57	30	B0					

[질적자료의 정리]

예제 1 〈표 1〉의 자료에서 A+, A0, B+, B0, C+, C0 등으로 표시된 “성적”은 질적변수이며 순서(서열)변수이다. 이러한 질적자료로 도수분포표와 막대그래프를 작성해 보자.

학점	A+	A0	B+	B0	C+	C0	D+
명수	5	14	2	14	14	15	1

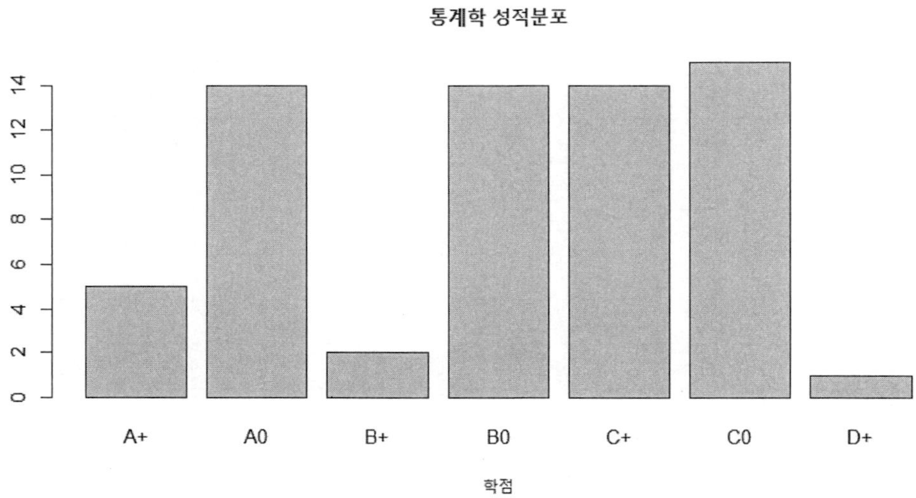

[그림 2] 〈표 1〉의 성적의 막대그래프

막대그래프를 통해서 각 학점의 도수를 한눈에 파악할 수 있다. ■

[양적자료의 정리]

예제 2 〈표 1〉의 65명의 중간고사 성적만을 기록한 것이다. 이 자료의 히스토그램을 작성해보자.

47	96	76	74	29	20	76	37	53	88
81	61	12	42	19	42	55	21	76	32
58	46	59	77	73	74	86	78	57	81
40	34	61	48	19	33	70	25	44	72
15	57	43	23	53	52	47	24	26	48
45	34	34	66	30	47	47	33	59	52
44	31	53	24	32					

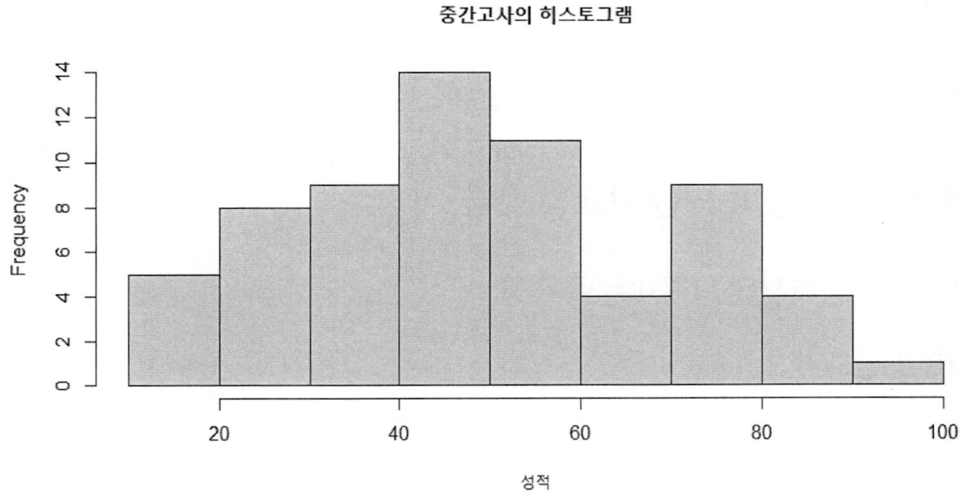

[그림 3] 〈표 1〉의 중간고사의 히스토그램

[그림 3]의 히스토그램에서 중간고사 성적은 40점과 50점대에 많이 분포되어 있음을 한눈에 볼 수 있다. ■

[줄기 – 잎 – 그림]

줄기 – 잎 – 그림(stem and leaf plot)은 히스토그램과 마찬가지로 양적 자료의 정리에 주로 이용된다. 줄기 – 잎 – 그림은 히스토그램과 동일한 정보를 준다. 그러나 히스토그램과 달리, 자료의 집단화에 따라 발생하는 원시자료(raw data)에 대한 정보손실이 거의 없다는 것이 장점이다.

예제 3 〈표 1〉의 중간고사의 줄기 - 잎 - 그림을 그려보면 다음과 같다.

```
The decimal point is 1 digit(s) to the right of the |

  1 | 2599
  2 | 01344569
  3 | 012334447
  4 | 022234456777788
  5 | 22333577899
  6 | 116
  7 | 0234466678
  8 | 1168
  9 | 6
```

히스토그램은 일정한 점수대로 나누어 자료를 집단화하여 표시했으므로 각 학생의 점수를 히스토그램을 통해서 복원하기는 힘들다. 그러나 줄기-잎-그림에서는 각각의 점수에 대한 정보를 잃지 않고 분포에 대한 정보도 파악할 수 있도록 도와준다. ■

1.5 기술통계량에 의한 자료의 정리

1.5.1 중심위치를 나타내는 통계량

[표본평균]

중심위치를 나타내는 통계량으로 가장 자주, 그리고 널리 쓰이는 것은 물론 표본평균(mean)이다. 이는 잘 알다시피 자료의 값을 모두 더해서 개수로 나눈 것을 말한다.

〈표본평균〉

주어진 자료를 $x_1, \ldots, x_n$ 이라고 할 때, 표본평균은 $\overline{x} = \frac{1}{n}\sum_{i=1}^{n} x_i$ 이다.

표본평균은 중심위치를 나타내기 위해서 가장 널리 쓰이는 통계량이지만 다른 자료에 비해서 아주 크거나 작은 값인 이상점에 영향을 많이 받는다.

[중앙값]

중앙값(median)은 자료를 크기순으로 나열했을 때, 가운데에 놓이는 값을 말한다. 자료의 수가 홀수이면 제일 가운데 값을 말하며, 짝수이면 가운데 두 값의 평균으로 정의한다.

주어진 자료를 $x_1, \ldots, x_n$ 이라고 할 때, 이를 크기 순서로 나열한 자료를 $x_{(1)}, \ldots, x_{(n)}$ 으로 나타내기도 한다. 즉, $x_{(1)}$은 가장 작은 값이고 $x_{(n)}$ 은 가장 큰 값이다.

〈중앙값〉

자료의 수를 n이라고 할 때,

n이 홀수이면 중앙값은 $\frac{n+1}{2}$번째 값이고

n이 짝수이면 중앙값은 $\frac{n}{2}$번째 값과 $\frac{n}{2}+1$번째 값의 평균이다.

중앙값은 가운데 수이지만, 자료의 수가 홀수이냐, 짝수이냐에 따라 그 정의에 약간의 차이가 있다. 그러나 중앙값의 순위는 항상 $\frac{n+1}{2}$ 에 의해 결정된다고 생각해도 된다. 예를 들어 $n = 35$ 이면 $\frac{n+1}{2} = \frac{35+1}{2} = 18$ 에서 작은 순서대로 자료를 나열했을 때, 18번째 자료가 중앙값이고 $n = 36$ 이면 $\frac{n+1}{2} = \frac{36+1}{2} = 18.5$ 에서 18번째 자료와 19번째 자료의 평균이 중앙값이 된다.

히스토그램에서는 도수(frequency)가 면적으로 나타나므로 중앙값은 왼쪽, 오른쪽의 면적이 50%가 되는 점이라고 생각할 수 있다. 또한 중앙값은 평균과 달리 너무 크거나 너무 작은 값인 이상점의 영향을 평균보다는 덜 받는다.

예제 4 〈표 1〉의 중간고사의 평균과 중앙값을 구하라.

풀이 평균은 49.25이다. $n = 65$ 이므로 중앙값의 순위는 $\frac{65+1}{2} = 33$ 으로 중앙값은 33번째 값이다. 〈예제 3〉의 줄기-잎-그림을 이용하면 이 값은 47이다. ■

예제 5 9명의 직원과 사장 1명으로 구성된 회사에서 직원의 연봉은 모두 2천만 원이고 사장의 연봉은 1억 2천만 원이다. 이 회사에서 일하는 사람들의 연봉의 평균과 중앙값을 구하라.

풀이 평균은 3천만 원이고 중앙값은 2천만 원이다. 보통 평균이 3천만 원이라고 하면 다수의 무리가 이 근방의 값을 가질 것이라고 생각하기 쉽다. 그러나 이 경우 대다수의 사람이 받는 연봉이 평균이하이므로 이 경우 평균은 대푯값으로서의 의미가 퇴색된다. ■

앞에서 언급한 대로 평균은 이상점에 의해 크게 영향을 받지만 중앙값은 별로 영향을 받지 않으므로 위의 〈예제 5〉와 같이 극도로 비대칭적인 분포의 경우에는 중앙값이 평균보다 대표값으로서 더 큰 의미를 갖는다. 그러나 평균은 중앙값에 비해서 추론이 쉽다는 장점이 있다.

물론 〈예제 5〉는 매우 극단적인 경우이기는 하다. 그러나 이와 같이 각 통계량은 중심위치를 표현하는데 있어서 장점과 단점이 있으므로 자료의 형태에 따라 대푯값의 선택에 주의를 기울일 필요가 있다.

일반적으로 분포가 대칭인 경우에는 평균과 중앙값에 큰 차이가 없을 것이다. 만일 오른쪽으로 긴 꼬리를 가진 분포라면 어떨까? 일단 중앙값은 대략 전체면적을 반으로 나누는 값이 될 것이다. 따라서 중앙값을 기준으로 위, 아래에 약 50%의 자료가 위치하게 된다. 그러나 위쪽의 몇 개의 큰 값이 평균을 중앙값보다 크게 만들어 이 경우는 일반적으로 평균이 중앙값보다 약간 큰 경향이 있다. 반대로 왼쪽으로 긴 꼬리를 가지는 분포의 경우에는 평균이 중앙값보다 약간 작은 경향이 있다.

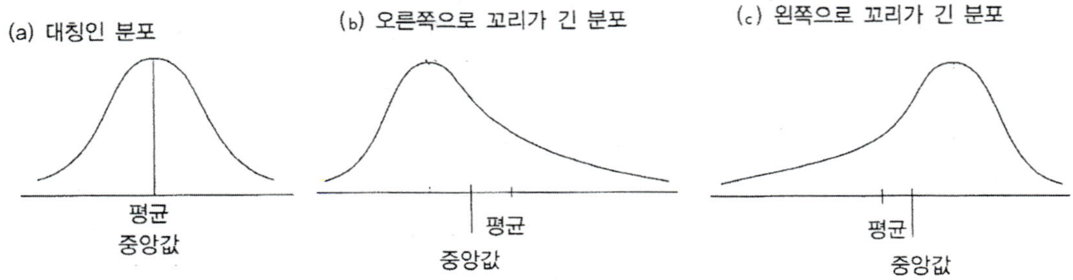

[그림 4] 평균과 중앙값의 관계

[최빈값]

최빈값(mode)은 말 그대로 빈도가 가장 높은 값을 말한다. 이는 연속형변수보다는 주로 질적변수의 경우에 이용된다. 〈예제 1〉에서의 최빈값은 C0가 된다.

1.5.2 산포도를 나타내는 통계량

자료의 형태를 나타내기 위해서 중심위치를 말해주는 통계량과 더불어 자료가 중심으로부터 어느 정도 퍼져있는지를 의미하는 산포도와 관련된 통계량이 필요하다.

[표본분산]

산포도를 나타내기 위해서 관측된 자료들이 평균 주위에 몰려있으면 값이 작고, 평균으로부터 퍼져있으면 값이 커지는 측도가 필요하다. 이러한 측도로 각 자료에 대한 편차 $x_i - \overline{x}$를 생각할 수 있다. 그러나 편차는 그 합이 $\sum_{i=1}^{n}(x_i - \overline{x}) = 0$이 되므로 이를 제곱한 $\sum_{i=1}^{n}(x_i - \overline{x})^2$을 산포도의 측도로 사용한다. 그리고 표본분산(sample variance)은 이를 자료의 수 n 대신에 $n-1$로 나누어 계산하는데, 이에 대한 정확한 이유는 추론과 관련되어 있다. 즉, 표본분산으로 모집단의 분산을 좀 더 잘 추정하기 위함이다. 물론 자료의 크기가 크면 n이나 $n-1$은 크게 차이가 없으므로 어느 것을 사용해도 무방하다고 할 수 있다. 이는 추론의 부분에서 차차 설명하기로 하자.

〈표본분산〉

주어진 자료를 $x_1,\ldots,x_n$ 이라고 할 때, 표본분산은

$$s^2 = \frac{1}{n-1}\sum_{i=1}^{n}(x_i - \overline{x})^2.$$

표본분산을 계산할 때는 제곱을 전개해서

$$s^2 = \frac{1}{n-1}\sum_{i=1}^{n}(x_i - \overline{x})^2 = \frac{1}{n-1}(\sum_{i=1}^{n}x_i^2 - n\overline{x}^2)$$

의 공식을 사용하는 것이 편리하다. 즉, 자료의 수 n과 자료의 합과 제곱의 합 $\sum_{i=1}^{n}x_i$, $\sum_{i=1}^{n}x_i^2$ 을 알면 표본분산을 계산할 수 있다.

[표본표준편차]

표본분산은 편차를 제곱해서 더하기 때문에, 자료의 단위를 고려하면 단위가 제곱이 된다. 예를 들어 키 자료를 cm로 관측했다고 할 때, 표본분산의 단위는 cm^2가 된다. 따라서 원래의 관측값과 같은 단위를 가진 산포도의 값을 얻기 위해서는 표본분산의 양의 제곱근을 이용하고 이를 표본표준편차(sample standard deviation)라고 한다.

〈표본표준편차〉

주어진 자료를 $x_1,\ldots,x_n$ 이라고 할 때, 표본표준편차는

$$s = \sqrt{s^2}.$$

[범위]

범위(range)는 자료의 최댓값과 최솟값의 차이, 즉

$$\text{범위=최댓값} - \text{최솟값}$$

을 말한다. 물론 자료가 퍼져있을수록 범위는 커지고, 그 반대는 작아지므로 산포도의 측도로 이용하는 것이 가능하기는 하지만, 중심부의 정보를 반영하지 않고, 이상점에 크게 영향을 받으므로 자주 이용되지는 않는다.

[사분위수 범위]

산포도를 나타내기 위해서 사분위수 범위를 이용하기도 한다. 우선 사분위수(quartiles)란 전체자료를 4등분하는 세 개의 수 Q_1, Q_2, Q_3를 말하고 사분위수 범위(inter quartile range : IQR)란 이의 범위 그러니까 $Q_3 - Q_1$을 말한다.

이와 관련된 개념으로 (하위) 백분위수에 대해서 알아보자. 백분위수는 일상생활에서도 자주 쓰이는 용어로 전체자료를 100등분한 것이다. 정확하게 말하면 (하위) 100p% 백분위수 (100p percentiles, $0 < p < 1$)는 자료를 크기 순서로 늘어놓았을 때, 100p% 이상의 값이 그 값보다 작거나 같고, 100(1－p)% 이상의 값이 그 값보다 크거나 같게 되는 값을 말한다. 그러나 연속형자료라고 하더라도 연속적인 모든 값을 취하지 않고, 관측값은 이산적이므로 위의 정의에 따르면 자료에 대해서 백분위수는 유일하게 정의되지 않을 수도 있다. 예를 들어서 100개의 수가 있을 때, (하위) 30%백분위수는 순서대로 나열했을 때, 30번째 자료가 될 수 있고, 31번째 수도 될 수 있다. 또는 이 사이의 모든 값이 될 수도 있다. 따라서 자료에 대한 백분위수를 구하는 방법은 여러 가지 있을 수 있다. 그 예로 아래 2가지 방법을 소개한다.

방법 1 : np가 정수가 아니면 해당 백분위수의 순위는 $[np]+1$이다. 여기서 $[x]$는 x를 넘지 않는 최대의 정수(가우스 기호)를 의미한다.

np가 정수이면 해당 백분위수는 $\frac{x_{(np)} + x_{(np+1)}}{2}$이다.

방법 2 : $((n-1)p+1)$ 번째 값으로 백분위수를 구하며 ( )안의 수가 정수가 아닐 때에는 비례에 의한 내삽법으로 구한다. EXCEL이나 R 등의 프로그램에서 이용한다.

예제 6 방법 1 : $n = 100$일 때, 25% 백분위수는 $100 \times 0.25 = 25$로 정수이므로 $\frac{x_{(25)} + x_{(26)}}{2}$ 이다. $n = 101$일 때, 25% 백분위수는 $101 \times 0.25 = 25.25$, $[25.25]+1 = 26$에서 $x_{(26)}$이다.

방법 2 : $n = 100$일 때, 25% 백분위수는 $99 \times 0.25 + 1 = 25.75$이므로 $x_{(25)}$, $x_{(26)}$에서 $x_{(26)} - x_{(25)}$의 거리를 1로 볼 때, $x_{(25)}$에서 0.75만큼 떨어진 점을 구한다. ■

따라서 사분위수 Q_1, Q_2, Q_3는 각각

제1사분위수 Q_1 = 25% 백분위수

제2사분위수 Q_2 = 50% 백분위수 = 중앙값

제3사분위수 Q_3 = 75% 백분위수

이 되며 사분위수 범위는 $Q_3 - Q_1$ 이다. 사분위수 범위는 중앙값과 마찬가지로 이상점에 의한 영향이 적다.

〈사분위수 범위〉

$$IQR = Q_3 - Q_1$$

예제 7 〈표 1〉의 중간고사의 표본표준편차와 방법1에 의한 사분위수 범위를 구하라.

풀이 표본분산은 $s^2 = 420.0322$이고 표본표준편차는 $s = 20.49$이다. 중앙값은 47이다. 방법 1을 사용하면 제1사분위수 Q_1은 $65 \times 0.25 = 16.25$에서 17번째 수인 33이다. 마찬가지로 제3사분위수 Q_3는 $65 \times 0.75 = 48.75$에서 49번째 수인 61이다. 따라서 사분위수 범위는 28이다. ■

[왜도와 첨도]

중심위치와 산포도를 나타내는 통계량과 더불어 분포의 기울어진 정도 또는 대칭성의 척도를 나타내기 위해서 왜도를 이용하기도 한다. 표본의 왜도(skewness)는

$$\frac{1}{n}\sum_{i=1}^{n}\left(\frac{x_i - \overline{x}}{s}\right)^3$$

으로 계산한다. [그림 4]에서와 같이 대칭인 분포는 왜도가 0에 가깝다. 오른쪽 꼬리가 긴 분포는 일반적으로 양의 왜도를 가지며(positively skewed), 왼쪽 꼬리가 긴 분포는 음의 왜도를 가진다(negatively skewed).

첨도(kurtosis)는 대칭인 분포에서 꼬리의 두터운 정도를 나타내는 측도이다. 첨도는

$$\frac{1}{n}\sum_{i=1}^{n}\left(\frac{x_i - \overline{x}}{s}\right)^4 - 3$$

으로 계산한다. 각 교재나 프로그램에서 첨도의 정의에 따라 3을 빼기도 하고, 그렇지 않기도 하기 때문에 첨도의 정의를 잘 살펴보아야 한다. 3은 표준정규분포로부터 계산된 이론적인 값으로 꼬리의 두터운 정도를 표준정규분포와 비교하기 위해서 3을 빼서 정의하기도 한다.

[자료의 표준화]

위의 왜도와 첨도에서 괄호안의 식 $\frac{x_i - \overline{x}}{s}$을 살펴보자. 이는 단순히 자료로부터 표본평균

을 빼고 표본표준편차로 나눈 것이다. 이 값들은 $\sum_{i=1}^{n}(x_i - \overline{x}) = 0$이므로 당연히 평균이 0이 되며 s로 나누었으므로 분산과 표준편차는 1이 된다. 이와 같이 자료를 변환하여 평균을 0으로 표준편차를 1로 만드는 것을 '표준화'한다고 말한다. 자료를 표준화한다고 해서 분포의 모양이 바뀌는 것은 물론 아니며 단순히 중심위치(표본평균)와 산포(표본표준편차)를 각각 0과 1로 변환하는 것뿐이다. 이러한 표준화는 값의 상대적인 위치를 나타내기 위해서 자주 사용된다.

예제 8 A학생이 물리시험은 75점, 화학시험은 80점을 받았다. 전체 학생들의 물리시험 평균은 50점이고 표준편차는 25점이다. 화학의 경우는 평균이 70점이고 표준편차는 20점이다. A학생은 어느 과목에서 상대적으로 우수하다고 할 수 있는가?

풀이 A학생의 물리성적을 표준화하면

$$\frac{75-50}{25} = 1$$

이고 화학성적을 표준화하면

$$\frac{80-70}{20} = 0.5$$

이다. 즉, 물리는 평균보다 1표준편차만큼 잘했지만 화학은 0.5표준편차만큼 잘했다는 것을 의미한다. 따라서 절대점수는 화학이 높지만 상대적으로는 물리에서 더 우수한 성적을 얻었다고 할 수 있다.

만일 점수를 표준화하여 다시 일정한 평균과 표준편차에 맞추면, 예를 들어 평균 50점 표준편차 10점인 분포에 맞춘다면, A학생의 물리성적은 60점이 되고, 화학성적은 55점으로 변환이 될 것이다. ■

[상자그림]

상자그림(box plot)은 사분위수, 최댓값, 최솟값 등을 이용하여 자료의 비대칭 정도, 꼬리부분, 이상점 등의 파악이 용이하도록 그림으로 표시한 것을 말한다. 상자그림에서

안울타리(inner fence)는 $Q_1 - 1.5IQR,\quad Q_3 + 1.5IQR$

바깥울타리(outer fence)는 $Q_1 - 3IQR,\quad Q_3 + 3IQR$

으로 $1.5IQR$을 하나의 단위로 사용한다. 안울타리와 바깥울타리 사이에 있는 값들을 보통 이상점(mild outlier), 바깥울타리를 벗어난 값을 극단이상점(extreme outlier)이라고 한다.

그리고 안울타리 안쪽에 있는 값 중 가장 안울타리에 가까운 값, 즉 이상점을 제외한 값 중 최댓값과 최솟값을 인접값이라고 하고 보통 × 나 ─ 로 표시한다.

[그림 5]에 상자그림에 대한 설명을 표시하였다. 여기서 안울타리와 바깥울타리는 이상점을 판별하기 위한 기준선이며, 실제로 상자그림에 나타나지는 않음에 주의하라.

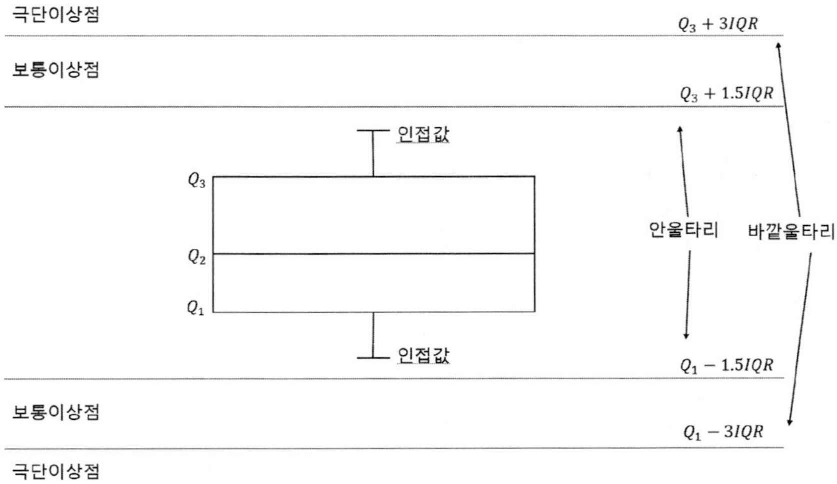

[그림 5] 상자그림에 대한 설명

예제 9 〈표 1〉의 중간고사의 상자그림을 그려보자. 통계량은 다음과 같다.

최솟값	Q_1	중앙값	평균	Q_3	최댓값
12	33	47	49.25	61	96

$IQR = 28$을 이용하면 안울타리는 각각 −9, 103이므로 모든 자료가 안울타리 안쪽에 있다. 따라서 최솟값과 최댓값인 12점과 96점이 인접값이 되며 이상점은 없다. 상자그림을 통해서도 히스토그램에서와 마찬가지로 주어진 분포는 거의 대칭임을 알 수 있다.

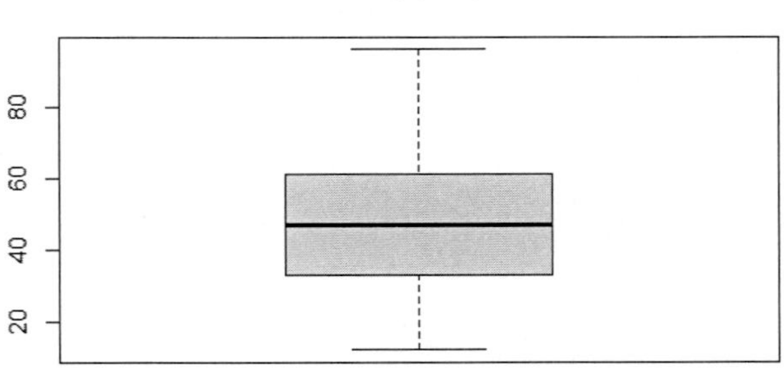

[그림 6] 〈표 1〉의 중간고사의 상자그림 ■

예제 10 다음은 생후 1개월 된 흰쥐 30마리를 임의로 선택하여 무게를 측정한 결과이다. 상자그림을 그리는데 필요한 값을 계산하고 상자그림을 그려라.

97	99	100	102	102	102	105	108	108	108
110	110	110	112	112	113	114	114	115	115
116	116	118	118	120	120	122	128	135	144

풀이 (1) 자료의 수는 $n=30$이므로 중앙값의 순위는 $\frac{n+1}{2}=\frac{30+1}{2}=15.5$ 에서 중앙값은 15번째 수와 16번째 수의 평균을 구하면 112.5가 된다. 방법 1을 이용하면

Q_1의 순위는 $[30\times 0.25]+1=[7.5]+1=8$이므로 $Q_1=108$이고

Q_3의 순위는 $[30\times 0.75]+1=[22.5]+1=23$에서 $Q_3=118$이므로

사분위수 범위는 $IQR=Q_3-Q_1=118-108=10$이다.

물론 방법 2를 적용하면 결과는 약간 달라진다. 이에 의하면 Q_1의 순위는 29*0.25+1=8.25이고 Q_3의 순위는 29*0.75+1=22.75가 되며 Q_1은 방법 1과 마찬가지로 $Q_1=108$이고 Q_3는 116+(118-116)*0.75=117.5가 된다. 따라서 $IQR=9.5$가 된다. 교재의 후반부의 계산은 방법 1을 이용하기로 하자.

(2) 상자그림의 단위는 $1.5\ IQR=1.5\times 10=15$이므로

안쪽울타리는 $Q_1-1.5IQR=108-15=93$

$Q_3+1.5IQR=118+5=133$이고

바깥울타리는 $Q_1-3IQR=108-30=78$

$Q_3+3IQR=118+30=148$

이 된다. 따라서 인접값은 97과 128이 되고, 보통이상점은 135,144이며 극단이상점은 없다. 이를 바탕으로 상자그림을 그리면 [그림 7]과 같다.

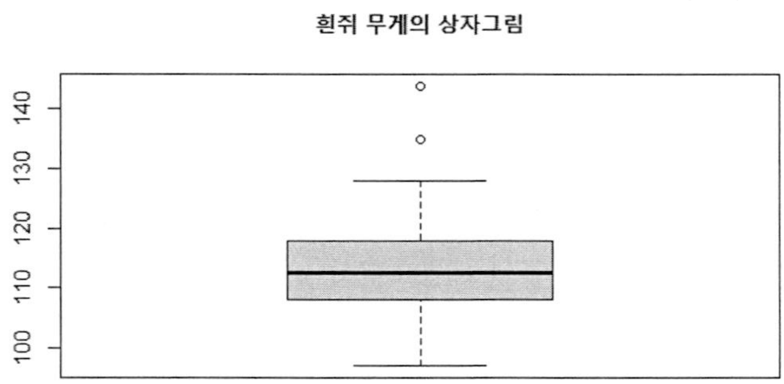

[그림 7] 〈예제 10〉의 흰쥐무게의 상자그림 ■

1.6 변수가 두 개일 경우의 자료의 정리

지금까지는 변수가 하나일 때, 각각의 변수를 정리하는데 필요한 그림과 통계량 등을 알아보았다. 그러나 대부분의 경우에 여러 개의 변수를 동시에 고려해야 하고 이들 변수 사이의 관계를 파악할 필요가 있다. 여기서는 우선 두 개의 변수 사이의 관계를 분석하기 위한 기본적인 그림과 통계량을 살펴보기로 하자.

[산점도]

각 관측대상에 대해서 두 개의 변수 (x,y)를 관측했다고 하자. 즉, n개의 관측대상에 대해서 자료의 형태는$(x_1,y_1),...,(x_n,y_n)$ 이다. 가로축에 x값, 세로축에 y값을 표시하여 점으로 나타낸 것을 산점도(scatter plot)이라고 한다. 산점도를 보면 두 변수 사이의 대략적인 관계를 시각적으로 파악할 수 있다.

[표본상관계수]

표본상관계수(sample correlation coefficient)는 두 변수 x와 y의 관계를 하나의 값으로 표현하기 위해서 이용하며 매우 폭넓게 사용된다. 표본상관계수는 보통 r로 나타내며 정의는 다음과 같다.

〈표본상관계수〉

$$r = \frac{\sum_{i=1}^{n}(x_i - \overline{x})(y_i - \overline{y})}{\sqrt{\sum_{i=1}^{n}(x_i - \overline{x})^2 \sum_{i=1}^{n}(y_i - \overline{y})^2}}$$

표본분산에서와 같이 제곱을 전개하면 표본상관계수는 다음과 같이 계산할 수 있다.

$$r = \frac{\sum_{i=1}^{n}(x_i - \overline{x})(y_i - \overline{y})}{\sqrt{\sum_{i=1}^{n}(x_i - \overline{x})^2 \sum_{i=1}^{n}(y_i - \overline{y})^2}} = \frac{\sum_{i=1}^{n}x_i y_i - n\overline{x}\,\overline{y}}{\sqrt{(\sum_{i=1}^{n}x_i^2 - n\overline{x}^2)(\sum_{i=1}^{n}y_i^2 - n\overline{y}^2)}}$$

즉, 자료의 수 n과 $\sum_{i=1}^{n}x_i$, $\sum_{i=1}^{n}y_i$, $\sum_{i=1}^{n}x_i^2$, $\sum_{i=1}^{n}y_i^2$, $\sum_{i=1}^{n}x_i y_i$을 이용하면 표본상관계수를 계산할 수 있다.

예제 11 〈표 1〉의 중간고사(x_i)와 기말고사(y_i)의 산점도를 그리고 표본상관계수를 구해보자.

풀이

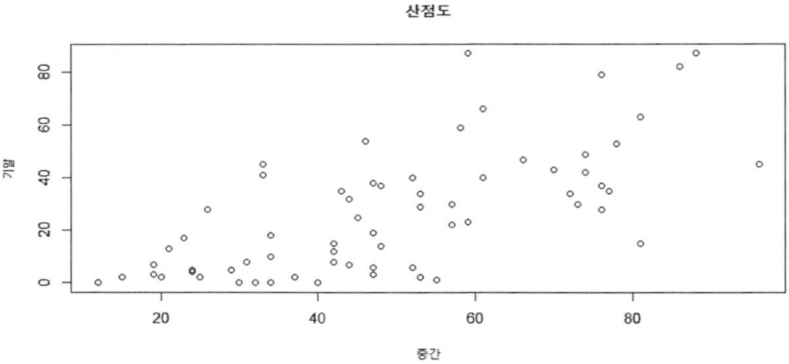

[그림 8] 〈표 1〉의 중간고사와 기말고사의 산점도

$$\bar{x} = 49.25,\ \bar{y} = 26.54,\ n = 65,\ \sum_{i=1}^{n} x_i^2 = 184{,}519,\ \sum_{i=1}^{n} y_i^2 = 81{,}039,\ \sum_{i=1}^{n} x_i y_i = 105{,}862$$

에서 $r = \dfrac{105{,}862 - 65 \times 49.25 \times 26.54}{\sqrt{(184{,}519 - 65 \times 49.25^2)(81{,}039 - 65 \times 26.54^2)}} = \dfrac{20{,}900.825}{30{,}771.006} = 0.68.$ ■

참고

일반적으로 중간고사 성적이 좋은 학생은 기말고사 성적도 좋을 것이라 예상한다. 따라서 두 변수 사이에 $y_i = \alpha + \beta x_i$의 관계식를 적합하려고 시도할 것이다. 실제로 해당 직선식을 추정하면

$$y_i = -11.7716 + 0.7779 x_i$$

을 얻는다. 아래 그림은 적합한 직선식을 포함한 산점도이다. 이는 회귀분석에 관한 기본개념으로 후반부의 자료분석에서 좀 더 자세하게 다룰 것이다.

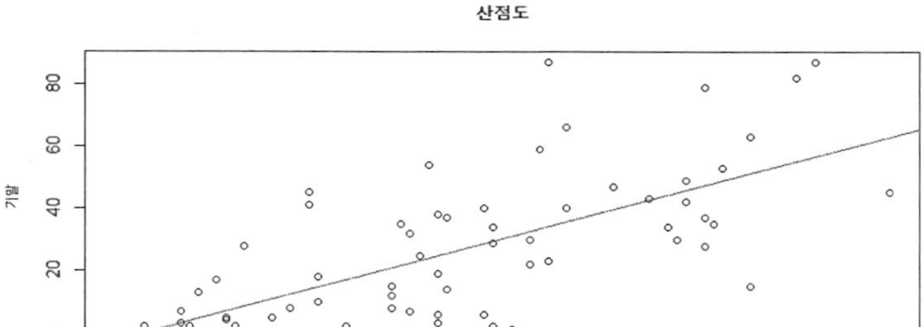

[그림 9] 〈표 1〉의 중간고사와 기말고사의 회귀직선

[표본상관계수의 성질]

표본상관계수의 성질을 파악하기 위해서 표본상관계수의 정의를

$$r = \frac{1}{n-1}\sum_{i=1}^{n}\left(\frac{x_i-\overline{x}}{s_x}\right)\left(\frac{y_i-\overline{y}}{s_y}\right)$$

와 같이 변형해서 나타내는 것이 도움이 되기도 한다. 여기서 $\overline{x},\overline{y}$는 각 변수의 표본평균이고 s_x, s_y는 각 변수의 표본표준편차이다. 즉,

$$\overline{x}=\frac{1}{n}\sum_{i=1}^{n}x_i,\quad \overline{y}=\frac{1}{n}\sum_{i=1}^{n}y_i,\quad s_x=\sqrt{\frac{1}{n-1}\sum_{i=1}^{n}(x_i-\overline{x})^2},\quad s_y=\sqrt{\frac{1}{n-1}\sum_{i=1}^{n}(y_i-\overline{y})^2}.$$

예를 들어 점들이 기울기가 양인 직선 위에 놓여있다고 해보자. 그러면 x와 y사이에 $y_i = ax_i + b$, $a > 0$이 성립할 것이고, 이 경우 $\overline{y}= a\overline{x}+ b$, $s_y = |a|s_x = as_x$가 성립한다.

따라서

$$r = \frac{1}{n-1}\sum_{i=1}^{n}\left(\frac{x_i-\overline{x}}{s_x}\right)\left(\frac{ay_i+b-a\overline{y}-b}{as_y}\right)= \frac{1}{n-1}\sum_{i=1}^{n}\left(\frac{x_i-\overline{x}}{s_x}\right)^2 = \frac{s_x^2}{s_x^2}= 1$$

이 됨을 알 수 있다. 같은 방법으로 기울기가 음인 직선 위에 놓여 있으면 $r=-1$이 될 것이다. 이와 같은 경우는 변수 x로부터 변수 y가 완전히 결정되는 경우로 두 개의 변수라기보다는 하나의 변수가 단위를 달리하여 관측된 경우가 대부분일 것이다. 그 이외의 경우에는 표본상관계수의 절대값이 1이 되지는 않으며 일반적으로 표본상관계수 r은 $|r| \le 1$을 만족한다.

유사한 방법으로 $\boldsymbol{x}= (x_1,\ldots,x_n)$, $\boldsymbol{y}= (y_1,\ldots,y_n)$이라고 하고 $\boldsymbol{x}$와 $\boldsymbol{y}$의 표본상관계수를 $r(\boldsymbol{x},\boldsymbol{y})$라고 하면

$$r(a\boldsymbol{x}+ b, c\boldsymbol{y}+ d) = \begin{cases} r(\boldsymbol{x},\boldsymbol{y}), & ac > 0 \\ -r(\boldsymbol{x},\boldsymbol{y}), & ac < 0 \end{cases}$$

이 됨을 알 수 있다. 이로부터 상관계수 r은 변수의 단위에 무관하게 그 값이 일정하다는 것을 알 수 있다.

〈표본상관계수의 성질〉

(1) $|r|$ 이 클수록 점들이 직선에 밀집되어 있다.
$r=1$ 이나 $r=-1$ 은 점들이 완전히 직선을 이루는 경우이다.

(2) 표본상관계수 r은 $-1 \le r \le 1$ 이다.

(3) $\boldsymbol{x}=(x_1,\ldots,x_n)$, $\boldsymbol{y}=(y_1,\ldots,y_n)$ 이라고 하고 $\boldsymbol{x}$ 와 $\boldsymbol{y}$ 이 상관계수를 $r(\boldsymbol{x},\boldsymbol{y})$ 라고 하면

$$r(a\boldsymbol{x}+b, c\boldsymbol{y}+d) = \begin{cases} r(\boldsymbol{x},\boldsymbol{y}), & ac > 0 \\ -r(\boldsymbol{x},\boldsymbol{y}), & ac < 0 \end{cases}$$

이다. 즉, r 은 단위의 변화에 무관하다.

상관계수 r은 두 변수 사이의 선형관계의 측도일 뿐이다. 즉, 상관계수가 양일 때는 변수 x가 커질 때 변수 y가 커지는 경향이 있다는 것을 나타내고, 음일 때는 반대로 변수 x가 커질 때 변수 y는 작아지는 경향이 있다는 것을 의미한다. 그러나 [그림 10]의 (d)와 같이 두 변수가 이차함수의 관계를 보일 때 상관계수로 두 변수사이의 함수관계를 표현하지는 못한다.

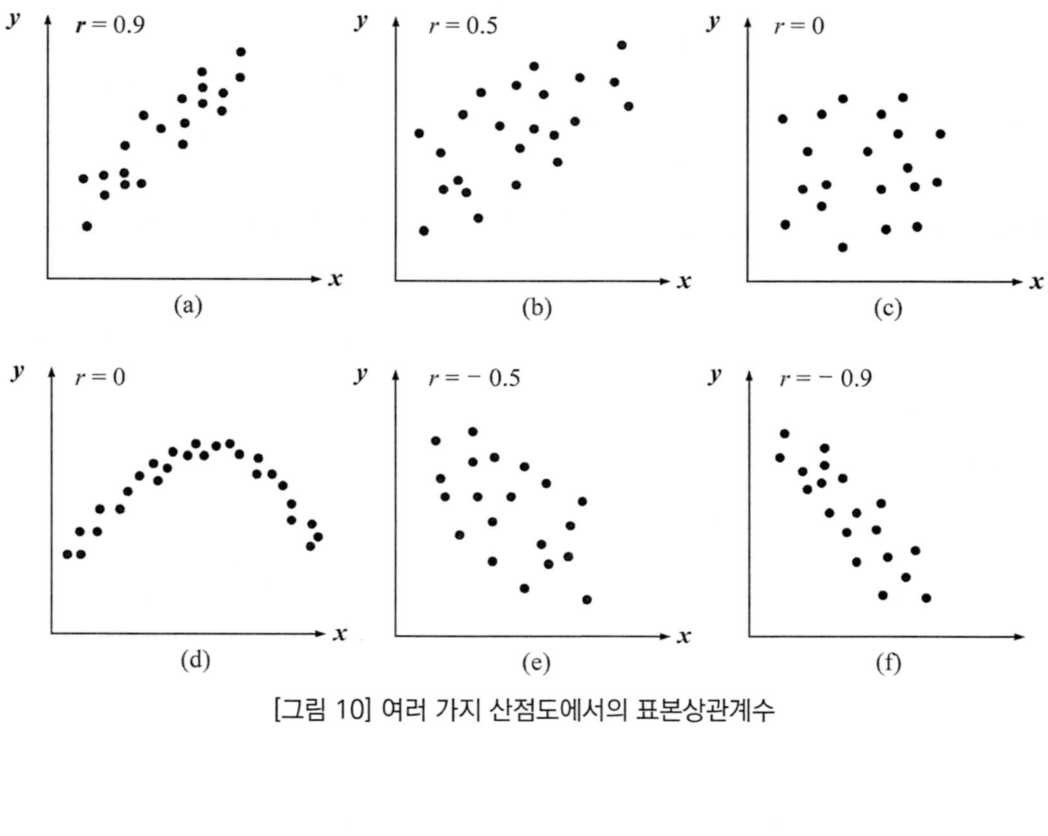

[그림 10] 여러 가지 산점도에서의 표본상관계수

R 실습

1. R의 설치

\# R이란? R은 통계분석과 그래픽을 위한 프로그래밍 언어이자 소프트웨어 환경이다. 무엇보다도 공개된 소프트웨어(open-source software)이기 때문에 무료로 사용할 수 있다. 이러한 이유로 전 세계에 많은 사용자가 있다.

\# R의 설치에 관한 자세한 사항은 부록에 첨부되어 있으니 설치가 필요하면 참고하면 된다.

A. R의 설치

(1) http://r-project.org 방문한다.

(2) download R을 클릭하고, 한국이나 가까운 나라의 mirror site를 선택한다.

(3) "Download R for Windows"을 클릭한다. 다른 환경에서는 각자 맞는 선택을 하자.

(4) "install R for the first time"을 클릭한다.

(5) 명령에 따라 install을 시행한다. R의 버전은 계속 업데이트되고 있다. 꼭 최신 버전이 아니더라도 사용에 크게 지장은 없으나 가끔 업데이트해주는 것이 좋다.

(6) R이 제대로 설치되었으면 프로그램을 실행시켜 동작해 보자.

B. R studio의 설치

\# 위의 프로그램만으로도 R을 실행하는 것은 충분하지만 좀 더 편리하게 사용하기 위해서 www.rstudio.com 를 방문하여 RStudio를 설치하자.

2. R을 이용한 자료정리

\# '#'으로 시작하는 줄은 R－코드에 대한 설명(주석)이며

\# 〉은 R 화면에서 자동적으로 나오므로 입력하지 않는다.

<u># 몇 개의 기본 command</u>

\# R studio의 〈console〉창에 아래의 명령을 입력해보자.

```
123+456
[1] 579
2^3
```

```
[1] 8
sqrt(2)
[1] 1.414214
abs(-1.4)
[1] 1.4
log(2)
[1] 0.6931472
log(10,base=10)
[1] 1
```

이것을 script창에 입력하고 오른쪽의 〈Run〉을 클릭하거나 [Ctrl]+[Enter]를 눌러도 마찬가지 실행을 할 수 있다.

R에서 직접 입력하여 자료를 만들 때는 c( )를 사용한다.

```
mid=c(90,56,43,22)
final=c(87,42,55,12)
length(mid)
[1] 4
mid[2]
[1] 56
mid+final
[1] 177  98  98  34
(mid+final)/2
[1] 88.5 49.0 49.0 17.0
mean(mid)
[1] 52.75
mean(final)
[1] 49
sum(mid)
[1] 211
```

기본적인 R의 명령문은 필요할 때마다 익히기로 하자.

```
# 행렬
A=matrix(1:9,nrow=3,byrow=T)
B=matrix(10:18,nrow=3,byrow=T)
A ; B
     [,1] [,2] [,3]
[1,]    1    2    3
[2,]    4    5    6
[3,]    7    8    9
     [,1] [,2] [,3]
[1,]   10   11   12
[2,]   13   14   15
[3,]   16   17   18

A+B
     [,1] [,2] [,3]
[1,]   11   13   15
[2,]   17   19   21
[3,]   23   25   27

2*A
     [,1] [,2] [,3]
[1,]    2    4    6
[2,]    8   10   12
[3,]   14   16   18

A[1,2] # A의 1행2열의 원소
[1] 2
A[,2] # A의 2열
[1] 2 5 8
A[,c(2,3)] # A의 2,3열
     [,1] [,2]
[1,]    2    3
[2,]    5    6
[3,]    8    9
```

B[1,] # B의 1행
[1] 10 11 12

R의 명령문을 저장하거나 불러오려면, 파일→ 새스크립트 열기 또는 스크립트 불러오기를 이용한다.
R의 명령문을 실행하려면 블록지정 → 오른쪽 마우스 → 줄 또는 선택영역을 실행한다.

폴더 관리에 관한 command

getwd( ) # 작업 폴더의 주소를 가져오는 (get working directory address) 함수
[1] "C:/Users/김**/Documents"
ls( ) # 현재 디렉토리에 존재하는 객체를 보여줌.
rm(mid,final) # 필요없는 객체를 지움.
rm(list=ls( )) # 현재 디렉토리의 객체를 모두 지움.
help(rm) # rm의 도움말을 보여준다.

R의 dataset cars를 이용

data( ) # Data sets in package 'datasets' : R에 있는 자료를 보여준다.
cars # 차의 속도와 정지할 때까지의 거리를 나타내는 자료
speed=cars$speed # cars$speed를 speed로 저장
dist=cars$dist # cars$dist를 dist에 저장
hist(dist)

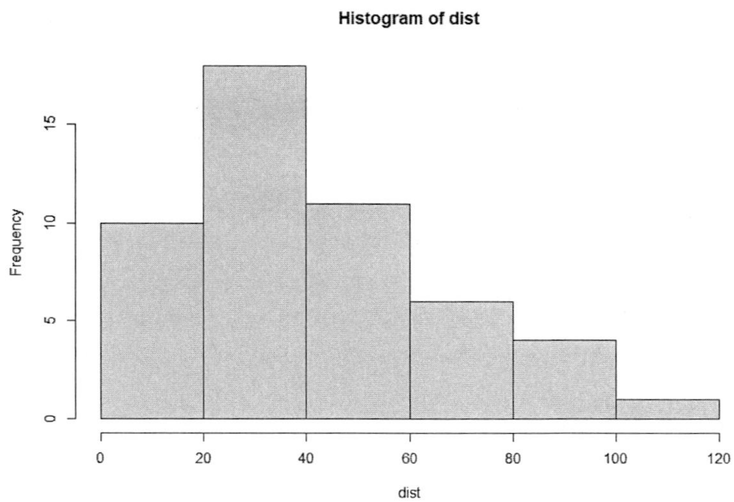

stem(dist)

```
The decimal point is 1 digit(s) to the right of the |
   0 | 24004678
   2 | 002466668822244466
   4 | 002668024466
   6 | 046806
   8 | 04523
  10 |
  12 | 0
```

boxplot(dist)

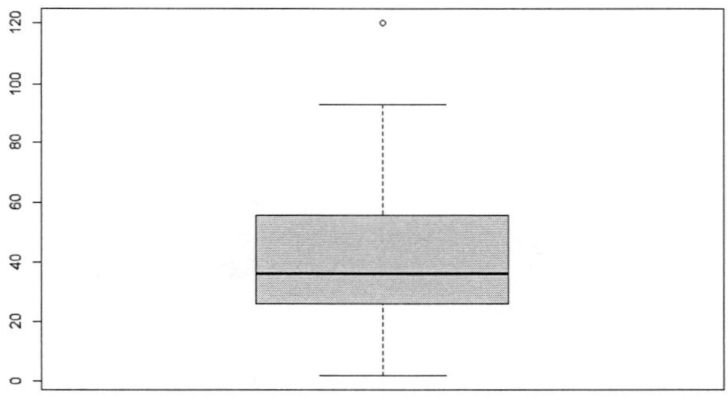

plot(speed,dist)

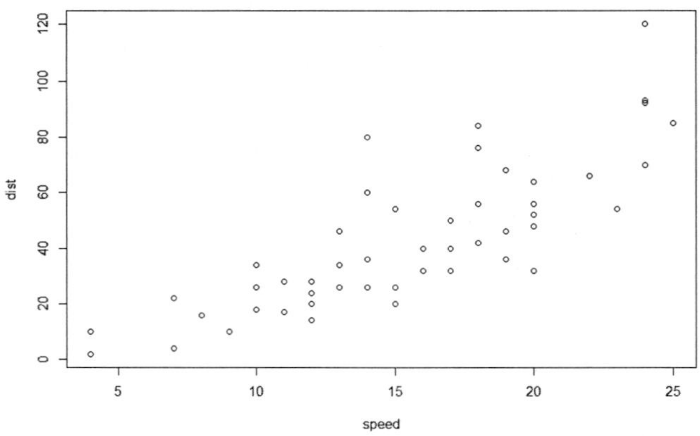

<u># 자료를 외부에서 읽을 때</u>

특정한 directory에 csv 형태로 저장되어 있을 때

heart=read.csv("C:/R-data/BPData.csv")

# BPData는 연습문제에 원시 자료가 수록되어 있다.
# 자료가 해당 working directory에 있으면
heart=read.csv("BPData.csv")
# 특정한 directory에 text형태로 저장되어 있을 때
heart=read.table("C:/R-data/BPData.txt", header=T)
# 자료가 해당 working directory에 text형태로 저장되어 있으면
heart=read.table("BPData.txt", header=T)
# 자료를 제대로 읽고 나면 환경 및 히스토리 창에 추가된 dataset이 보인다.

```
head(heart)
# 자료를 위에서부터 몇 개만 출력해 보여준다.
str(heart)
# 자료의 전체적인 구조(structure)를 보여준다.
class(heart)
[1] "data.frame"
# 자료의 형태를 말해준다.
dim(heart)
[1] 50  9
# 자료에 50개의 행(환자)과 9개의 열(변수)이 있음을 알려준다.
dimnames(heart)
[[1]]
 [1] "1"  "2"  "3"  "4"  "5"  "6"  "7"  "8"  "9"  "10" "11" "12" "13" "14" "15" "16" "17" "18" "19" "20"
 "21" "22" "23"
[24] "24" "25" "26" "27" "28" "29" "30" "31" "32" "33" "34" "35" "36" "37" "38" "39" "40" "41" "42"
"43" "44" "45" "46"
[47] "47" "48" "49" "50"
[[2]]
[1] "ID" "나이" "성별" "수축혈압1" "이완혈압1" "콜레스테롤1" "수축혈압2" "이완혈압2"
[9] "콜레스테롤2"
# 자료의 행과 열의 이름을 보여준다.
```

질적자료의 정리

table(heart$성별)

F M

22 28

남녀 환자의 수를 보여준다. heart[,3]을 이용해도 된다.

barplot(table(heart$성별),main="남녀 환자")

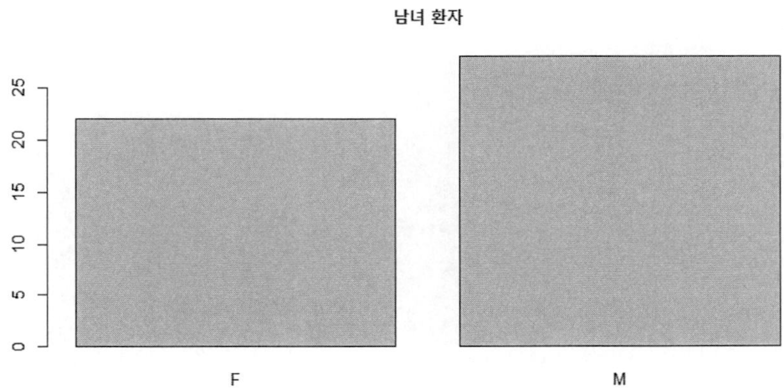

막대그래프를 보여준다.

pie(table(heart$성별),main="남녀 환자")

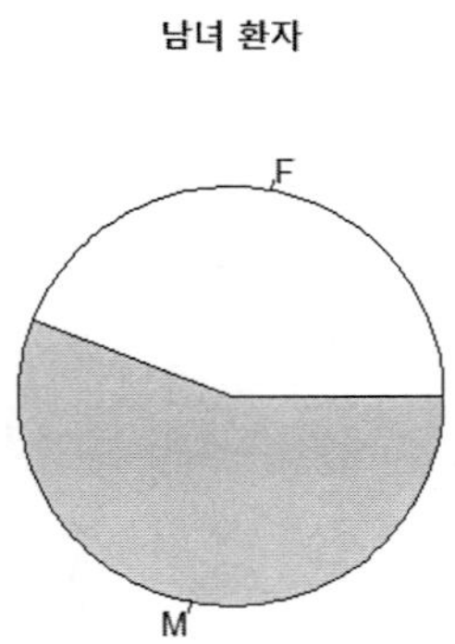

원그래프를 보여준다.

HISTOGRAM

hist(heart[,7])

자료의 7번째 변수인 "수축혈압2"의 histogram을 그린다. heart$수축혈압2 이용도 가능하다.

```
hist(heart[,7],xlab="수축혈압2",main="수축혈압2의 히스토그램",col="lightgreen")
```
R에서 그림을 저장하거나, 복사하려면, 그림 위에서 오른쪽 마우스를 클릭하면 된다.

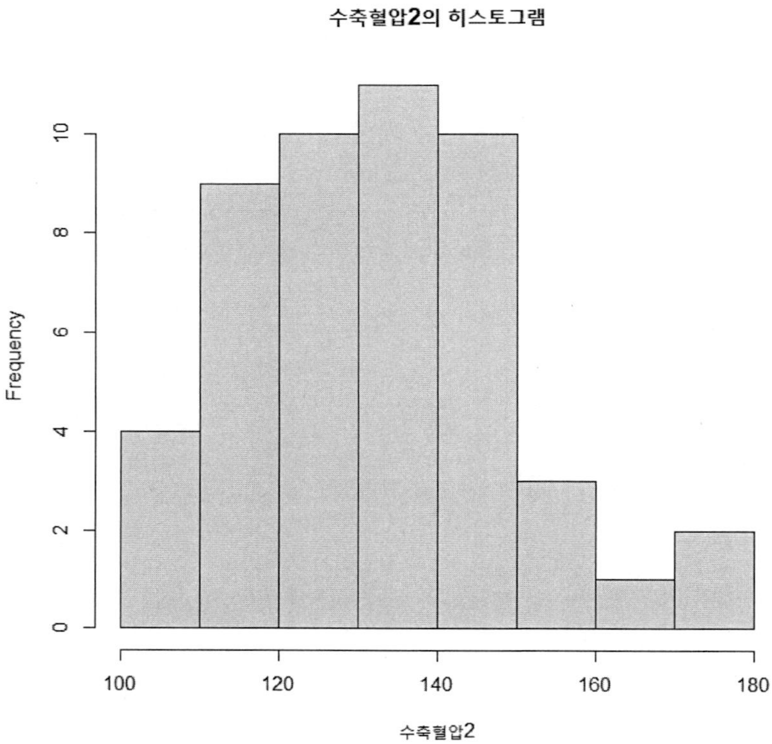


```
summary(heart[,7])
Min. 1st Qu.  Median    Mean 3rd Qu.    Max.
  108.0   121.2   133.5   134.3   144.0   180.0
```
수축혈압2의 통계량을 계산한다.

```
par(mfrow=c(2,2))
```
화면을 나누어 여러 개의 그림을 그려야하는 경우
```
hist(heart[,4],xlab="수축혈압1", col="yellow", main="수축혈압1의 히스토그램")
hist(heart[,7],xlab="수축혈압2", col="lightgreen", main="수축혈압2의 히스토그램")
hist(heart[,5],xlab="이완혈압1", col="lightpink", main="이완혈압1의 히스토그램")
hist(heart[,8],xlab="이완혈압2", col="skyblue", main="이완혈압2의 히스토그램")
```

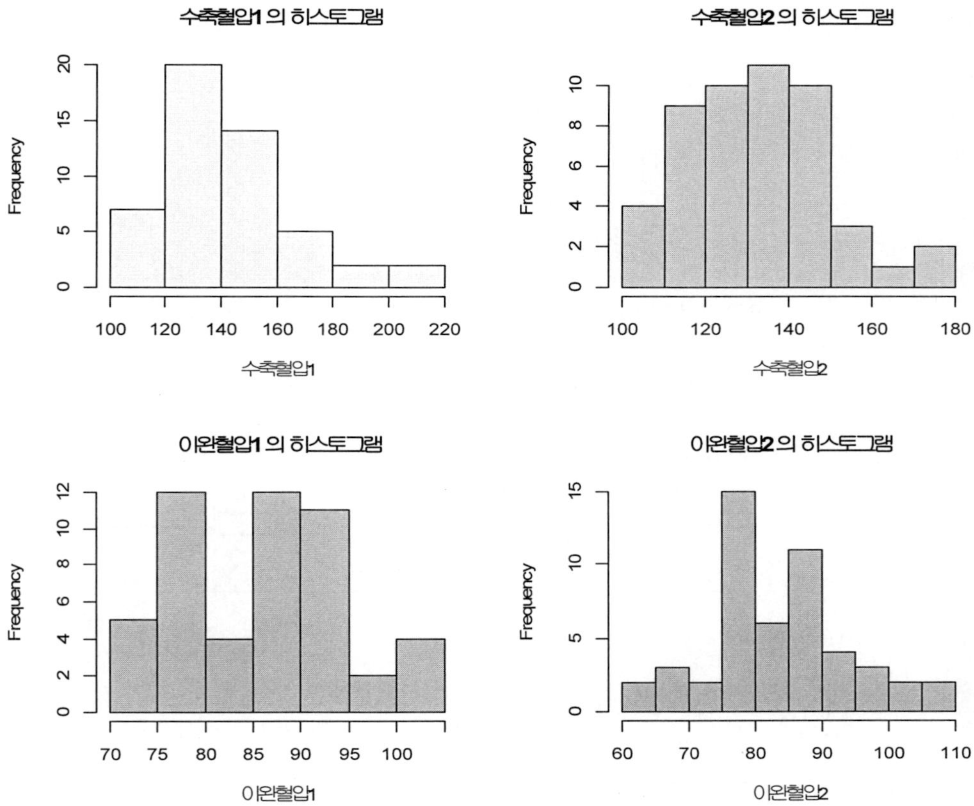

줄기-잎-그림

stem(heart$나이)

The decimal point is 1 digit(s) to the right of the |

```
3 | 4
3 | 55668
4 | 002234
4 | 5566677888
5 | 11223334
5 | 56677788
6 | 44
6 | 56677
7 | 13
7 | 567
```

2번째 변수인 “나이”의 줄기-잎 그림을 그린다. heart[,2]를 이용해도 된다.

상자그림

```
par(mfrow=c(2,2))
boxplot(heart[,2],xlab="나이", main="boxplot of age")
boxplot(heart[,c(4,7)],main="boxplot")
boxplot(heart[,c(5,8)],main="boxplot")
boxplot(heart[,c(6,9)],main="boxplot")
```

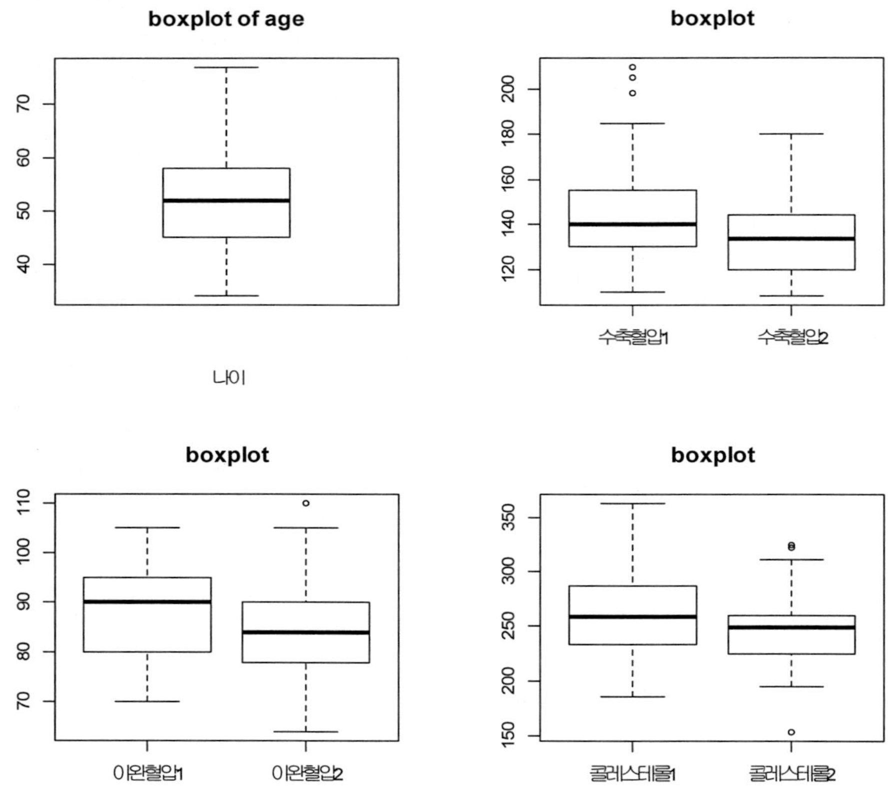

산점도

par(mfrow=c(1,1))

화면을 다시 하나로 함.

plot(heart[,4],heart[,7],xlab="수축혈압1",ylab="수축혈압2",main="수축혈압의 산점도")

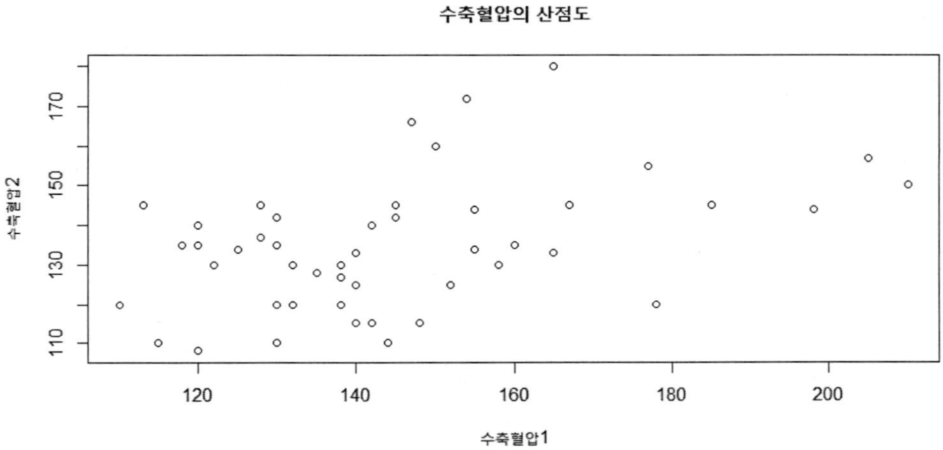

fit=lm(heart[,7]~heart[,4])

abline(fit,col="red")

위의 산점도에 최적 회귀직선을 그린다.

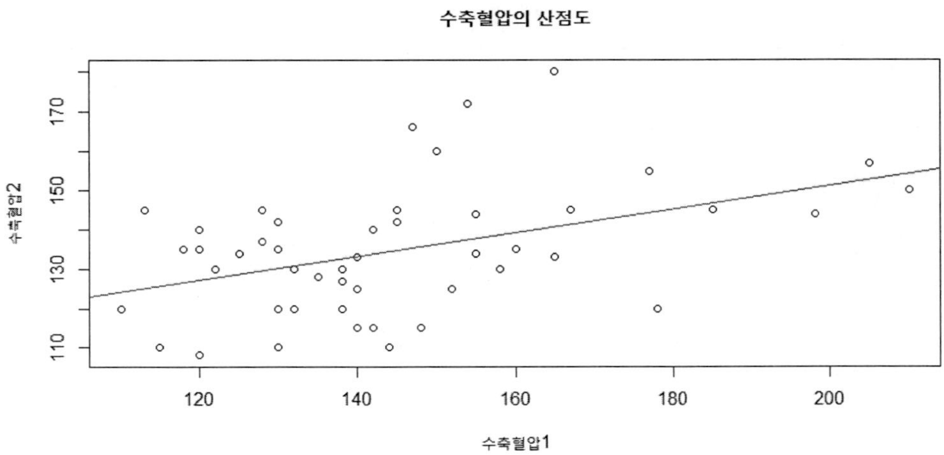

cor(heart[,4],heart[,7])

[1] 0.4345386

수축혈압1과 수축혈압2의 상관계수를 구한다.

plot(heart[,4:6])

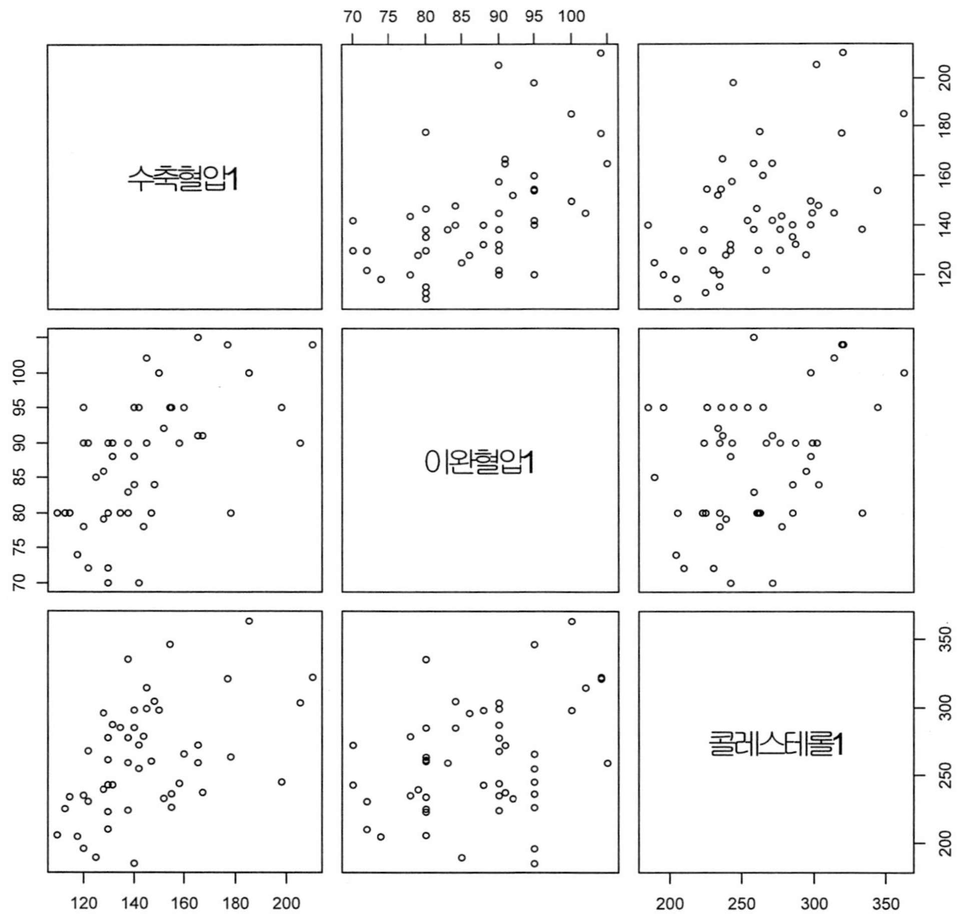

통계량

수축혈압2(heart[,7])의 통계량을 계산해보자.

mean(heart[,7]) # 평균

[1] 134.32

median(heart[,7]) # 중앙값

[1] 133.5

sd(heart[,7]) # 표준편차

[1] 15.97631

var(heart[,7]) # 분산

[1] 255.2424

```
quantile(heart[,7]) # 분위수
    0%     25%     50%     75%   100%
108.00 121.25 133.50 144.00 180.00
IQR(heart[,7]) # 사분위수 범위
[1] 22.75
install.packages("moments") # 왜도와 첨도를 구하기 위한 package
# package 설치가 안되는 경우에는 관리자 권한으로 실행해 볼 것.
library(moments)
skewness(heart[,7]) # 왜도
[1] 0.6456733
kurtosis(heart[,7]) # 첨도
[1] 3.398828 # 3을 빼지 않은 값. R 버전에 따라 3을 뺀 값을 주기도 한다.
```

제1장 연습문제

1~6 R을 이용한 실습을 권장한다.

1. 다음은 콘크리트 인장강도(pounds/inch^2)에 대한 $n = 100$ 개의 관측값이다.

300	300	320	320	320	320	330	330	330	330
330	330	340	340	340	340	340	340	340	340
340	340	340	350	350	350	350	350	350	350
350	350	350	350	350	350	350	360	360	360
360	360	360	360	360	360	360	360	360	360
360	360	360	370	370	370	370	370	370	370
370	370	370	370	370	370	370	370	380	380
380	380	380	380	380	380	390	390	390	390
390	390	390	390	390	390	400	400	400	400
400	400	400	400	410	410	420	420	420	440

(1) 히스토그램과 줄기－잎－그림을 작성하라.

(2) 중앙값과 사분위수 범위를 구하라.

(3) 상자그림을 작성하라. 어떤 이상점을 발견할 수 있는가?

2. 다음은 새로운 배합사료로 키운 100마리의 병아리들에 대한 8주후의 몸무게 증가(pound)를 측정한 자료이다.

3.6	3.9	4.0	4.1	4.2	4.3	4.4	4.4	4.6	4.7
3.7	3.9	4.0	4.1	4.2	4.3	4.4	4.5	4.6	4.8
3.8	3.9	4.0	4.1	4.2	4.3	4.4	4.5	4.6	4.8
3.8	3.9	4.0	4.1	4.2	4.3	4.4	4.5	4.6	4.8
3.8	4.0	4.1	4.2	4.2	4.3	4.4	4.5	4.7	4.8
3.8	4.0	4.1	4.2	4.2	4.3	4.4	4.5	4.7	4.8
3.8	4.0	4.1	4.2	4.2	4.3	4.4	4.5	4.7	4.9
3.8	4.0	4.1	4.2	4.3	4.3	4.4	4.5	4.7	4.9
3.9	4.0	4.1	4.2	4.3	4.4	4.4	4.6	4.7	4.9
3.9	4.0	4.1	4.2	4.3	4.4	4.4	4.6	4.7	4.9

(1) 히스토그램을 작성하라.

(2) 중앙값과 사분위수 범위를 구하라.

(3) 상자그림을 작성하라. 상자그림으로부터 분포의 형태에 대해 어떤 사실을 알 수 있는가? 주어진 자료에서 어떤 이상점을 발견할 수 있는가?

3. 다음은 30개의 100원짜리 동전의 나이이다. 동전의 나이는 현재연도와 동전 제조연도의 차이로 계산된다.

2	20	16	34	9	28	4	13	6	5
13	12	4	6	19	6	5	20	11	17
13	14	19	8	14	7	9	1	16	4

(1) 줄기－잎－그림을 그려라.

(2) 평균, 표준편차, 중앙값, 사분위수 범위를 계산하라.

4. 다음은 어느 회사의 한 부서 28명의 연봉을 백만원 단위로 조사한 것이다. 다음 물음에 답하라.

91.5 57.1 56.0 54.7 51.5 49.3 47.1 47.1

47.1 45.3 43.6 43.6 43.6 43.6 43.4 40.2

40.2 40.2 40.2 38.0 36.8 36.8 36.8 36.8

33.2 33.2 33.2 33.2

(1) 이 자료의 평균과 표준편차, 중앙값과 사분위수 범위를 구하라. 이 자료의 경우 위치척도로 평균과 중앙값 중 어느 것을 이용하는 것이 적절한가? 그 이유는? 간단히 설명하라.

(2) 상자그림을 작성하라.

5. 다음은 어느 병원 환자 40명의 혈액 중 콜레스테롤 수치를 조사한 결과이다.

154 161 163 174 176 179 195 195 195 196

200 205 210 212 218 223 226 227 227 231

233 234 239 244 245 249 249 256 258 265

267 281 282 284 286 299 301 310 355 367

(1) 이 자료의 평균과 표준편차, 중앙값과 사분위수 범위를 구하라.

(2) 상자그림을 작성하라.

6. (R실습)

다음은 R실습에 이용한 "BPData.csv"의 원시자료이다. 이 자료는 어느 병원에서 치료받은 심장병 환자 중에서 50명을 임의로 뽑아 만든 자료이다. 수축혈압1, 이완혈압1, 콜레스테롤1은 특정 연도에 측정된 값이고, 수축혈압2, 이완혈압2, 콜레스테롤2는 그로부터 5년 후에 측정된 값이다. 다음을 R로 행하라.

(1) 콜레스테롤1과 콜레스테롤2의 히스토그램을 그려라. 제목이나 축 제목도 적절히 붙여라.

(2) 두 변수의 줄기－잎－그림을 그려라.

(3) 두 변수의 상자그림을 동일한 y축을 이용하여 그려라. 사분위수 범위가 큰 변수는 어느 것인가? 계산하기 전에 상자그림을 보고 예상하라. 분포의 형태에 대해서 간단히 언급하라. 이상점은 존재하는가?

(4) 두 변수의 통계량(평균, 표준편차, 중앙값, 사분위수 범위, 왜도, 첨도)을 계산하라. 위의 예상과 결과가 일치하는가?

(5) 두 변수의 산점도를 그리고 상관계수를 예상하라. 상관계수를 구하고 예상과 비교하라.

(6) 수축혈압과 이완혈압에 대해서도 (1)-(5)의 과정을 시행해 보라.

ID	나이	성별	수축 혈압1	이완 혈압1	콜레 스테롤1	수축 혈압2	이완 혈압2	콜레 스테롤2
1	42	F	120	95	196	135	78	220
2	53	M	122	72	230	130	68	232
3	53	M	132	88	242	120	90	223
4	48	F	128	79	239	137	87	209
5	53	F	118	74	204	135	78	198
6	58	F	130	72	210	142	80	245
7	48	M	138	90	277	130	81	260
8	66	M	160	95	265	135	90	242
9	67	M	150	100	298	160	105	275
10	40	F	110	80	205	120	64	195
11	56	M	140	88	298	115	76	253
12	58	M	120	90	235	140	75	234
13	64	M	140	95	185	125	78	153

ID	나이	성별	수축 혈압1	이완 혈압1	콜레 스테롤1	수축 혈압2	이완 혈압2	콜레 스테롤2
14	57	F	144	78	278	110	74	236
15	36	M	142	95	254	140	96	249
16	77	M	205	90	303	157	85	285
17	48	M	165	91	271	133	84	224
18	47	M	148	84	304	115	80	255
19	76	F	138	80	334	130	77	303
20	71	F	128	86	295	145	98	278
21	57	M	155	95	226	134	84	311
22	75	M	185	100	363	145	95	276
23	38	M	132	90	287	130	86	253
24	52	F	152	92	233	125	87	199
25	46	M	142	70	271	115	80	211
26	51	F	130	80	261	135	83	285
27	65	M	178	80	263	120	76	230
28	46	F	130	70	242	110	77	254
29	66	M	147	80	260	166	95	325
30	35	M	130	80	223	120	80	215
31	45	F	138	83	258	127	88	259
32	57	M	167	91	237	145	89	225
33	35	F	155	95	236	144	92	216
34	64	M	198	95	244	144	110	227
35	34	F	145	102	314	142	100	233
36	44	F	115	80	234	110	65	227
37	52	F	145	90	299	145	88	286
38	56	M	140	84	285	133	84	253
39	55	F	177	104	320	155	87	257
40	45	F	158	90	243	130	78	229
41	54	M	154	95	345	172	93	322
42	42	M	135	80	285	128	70	249
43	46	F	125	85	189	134	80	219
44	73	M	210	104	321	150	110	285
45	51	F	130	90	277	120	80	256
46	36	F	138	90	224	120	88	240

ID	나이	성별	수축 혈압1	이완 혈압1	콜레 스테롤1	수축 혈압2	이완 혈압2	콜레 스테롤2
47	43	M	120	78	235	108	70	255
48	47	M	122	90	267	130	78	248
49	67	M	165	105	258	180	105	322
50	40	F	113	80	225	145	90	255

7. 도수분포표로 막대그래프를 그렸더니 다음과 같았다. 단 $a < b < c < d < e$ 이다.

값	a	b	c	d	e
도수	1	2	3	2	1

이 자료의 평균과 중앙값, 최빈값을 크기대로 나열하라. 통계량의 값은 같을 수도 있다.

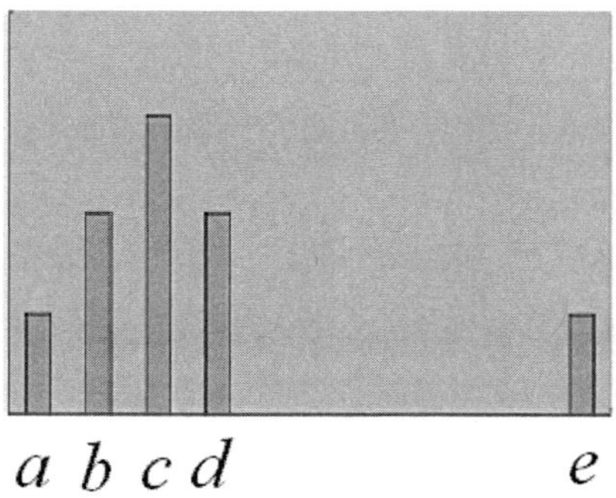

8. (1) 다음 자료의 표본상관계수를 구하라. 계산과정을 보여라.

x	1	3	4	5	7
y	5	9	7	1	13

(2) 아래에 주어진 6개의 산점도는 다음과 같은 표본상관계수를 갖는다.

-0.85, -0.38, -1.00, 0.06, 0.97, 0.62

각각의 산점도는 위에 주어진 표본상관계수 중에서 어떤 값을 갖는지 알맞게 연결하라.

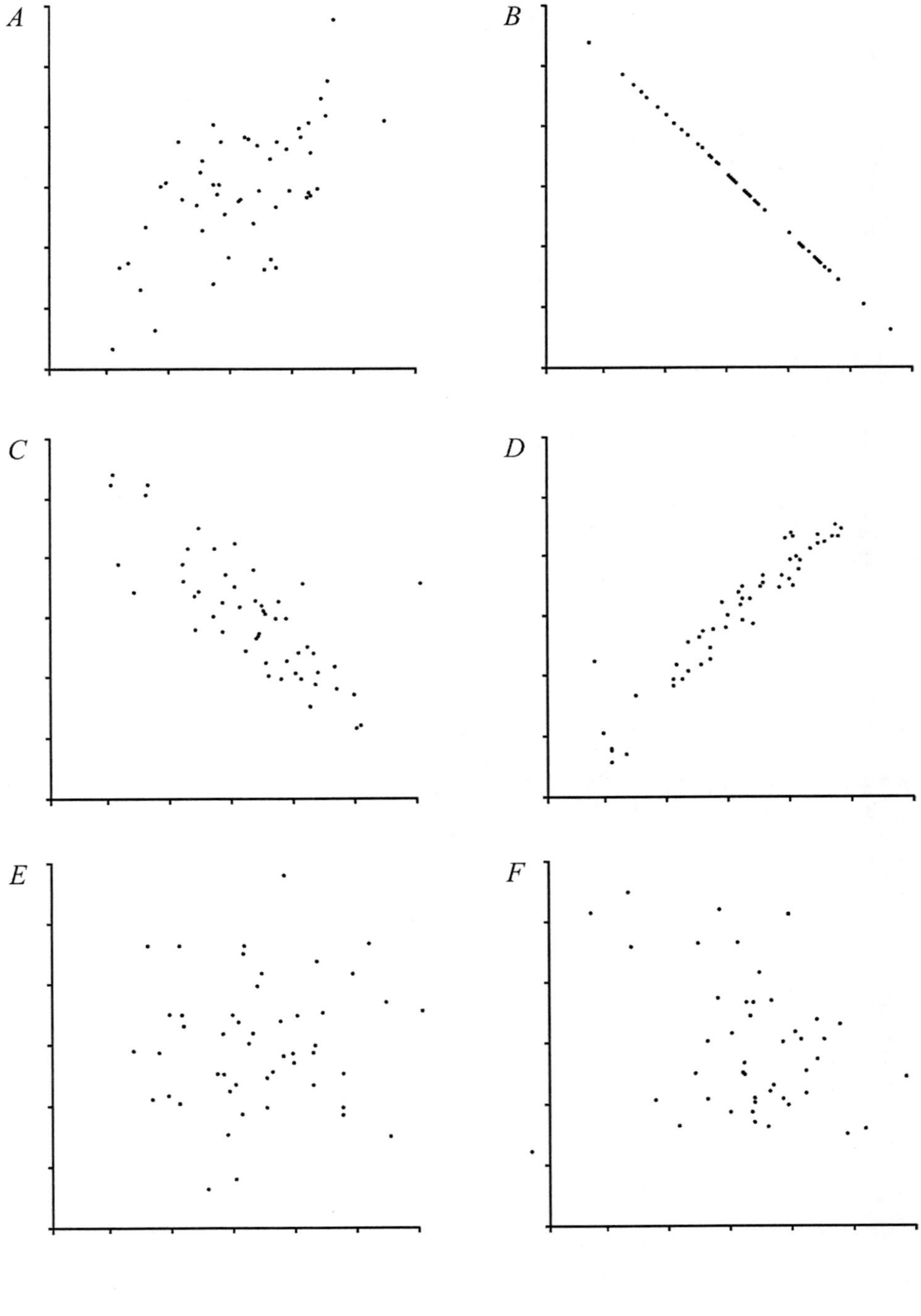
A
B
C
D
E
F

제 2 장

확률

제2장 확률

2.1 기본용어

확률의 개념을 공부하기 위해서 먼저 표본공간과 사건, 그리고 기본적인 확률의 용어에 대해서 알아보자.

우선 표본공간(sample space)은 확률실험을 실시하여 나올 수 있는 모든 결과(outcomes)의 집합을 말한다. 표본공간은 기호로 S로 표기하자. 사건(event) A는 표본공간 S의 부분집합을 말한다. 근원사건(elementary event) 또는 단순사건은 S의 하나의 원소만을 포함하는 사건, 즉 $\{a\}$, $a \in S$를 말한다. 두 사건 A, B에 대해서 합사건(union)은 $A \bigcup B$로 곱사건(intersection)은 $A \bigcap B$로 쓴다. 표본공간 S중에서 사건 A에 속하지 않는 모든 결과를 A의 여사건(complement event)이라고 하고 A^c로 쓴다. 합사건과 곱사건은 여러 개의 사건에 대해서도 마찬가지로 정의한다. 즉, 사건 $A_1, \ldots, A_n, \ldots$에 대해서 합사건은

$$A_1 \bigcup A_2 \bigcup \cdots \bigcup A_n \bigcup \cdots = \bigcup_{n=1}^{\infty} A_n,$$

곱사건은

$$A_1 \bigcap A_2 \bigcap \cdots \bigcap A_n \bigcap \cdots = \bigcap_{n=1}^{\infty} A_n$$

이다. 합사건이나 곱사건은 유한개의 사건에 대해서뿐만 아니라 무한개의 사건에 대해서도 정의할 수 있다. 또한 $A \bigcap B = \varnothing$ 로 사건 A, B가 동시에 일어날 수 없을 때, 두 사건을 배반사건(disjoint event)이라고 한다.

예제 1 한 개의 동전을 두 번 던지는 실험에서 두 번째 동전이 앞면이 나오는 사건을 A 라 하자. 이 때 표본공간 S와 사건 A 를 정의하라.

풀이 한 개의 동전을 두 번 던지는 실험에서 나올 수 있는 모든 가능한 결과의 집합인 표본공간은

$$S = \{(H, H), (H, T), (T, H), (T, T)\}$$

이고 두 번째 동전이 앞면이 나오는 사건은

$$A = \{(H,H),(T,H)\}$$

이다. ■

2.2 확률의 정의

고전적인 확률은 표본공간이 $S = \{s_1, \cdots, s_N\}$ 이고, 각각의 사건이 일어날 가능성이 같다고 할 때,

$$P(A) = \frac{A\text{의 개수}}{N}$$

으로 사건 A의 확률을 정의한다. 그러나 위와 같은 방법은 직관적이긴 하지만 표본공간의 개수가 유한개일 때만 확률을 정의할 수 있다는 문제점이 있다.

이러한 문제점을 고려하여 확률을 수학적인 체계를 바탕으로 정의한 것이 Kolmogorov의 공리적 확률이다. 이는 아래의 공리(axiom)을 만족하는 수 체계를 확률이라고 정의하는 것이다. 위의 고전적인 확률은 Kolmogorov의 공리적 확률을 만족한다. 본 교재에서는 정의를 나타낼 때 기호 ⇔를 이용하기도 할 것이다.

정의

[Kolmogorov의 공리적 확률]

P가 표본공간 S에서의 확률이다.

⇔ (1) $P(A) \geq 0$

(2) $P(S) = 1$

(3) $A_1, \cdots, A_n, \cdots$ 이 $A_i \cap A_j = \varnothing, i \neq j$ (배반사건)이면

$P(A_1 \cup A_2 \cup \cdots) = \sum_1^{\infty} P(A_n)$ 이 성립한다.

2.3 확률의 계산과 법칙

[덧셈법칙]

두 사건 A와 B에 대해서, 합사건 $A \cup B$의 확률은 각 사건이 일어날 확률을 더하고, 두 사건이 동시에 일어날 확률을 빼서 계산할 수 있다. 즉,

$$P(A \bigcup B) = P(A) + P(B) - P(A \bigcap B)$$

와 같이 계산한다. 이를 덧셈법칙(addition rule)이라고 한다.

[조건부 확률]

사건 B가 발생했다는 조건에서 다른 사건 A가 발생할 확률을 B가 주어졌을 때 A 의 조건부 확률(conditional probability of A given B)이라고 하고, $P(A|B)$로 나타낸다. 이는

$$P(A \mid B) = \frac{P(A \bigcap B)}{P(B)}, \quad P(B) > 0$$

와 같이 정의한다. 이는 표본공간 S 대신에 B를 새로운 표본공간으로 간주할 때의 A 의 확률이라고 해석할 수 있다.

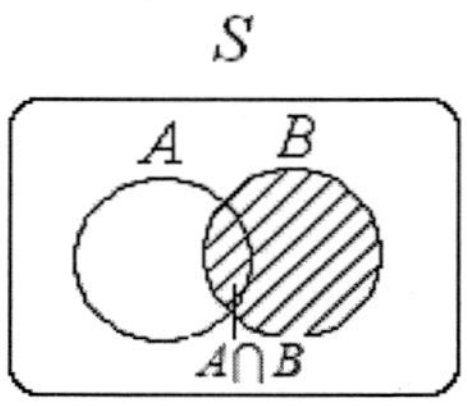

[그림 1] 조건부확률$P(A|B)$

위와 같이 조건부 확률 $P(A|B)$를 정의하면 이는 [Kolmogorov의 공리적 확률]의 3가지 공리를 만족하게 된다. 즉,

$$0 \leq P(A \mid B) \leq 1$$

$$P(S \mid B) = 1$$

$$A_i \bigcap A_j = \varnothing,\ i \neq j \text{ 일 때, } P(\bigcup_{n=1}^{\infty} A_n \mid B) = \sum_{n=1}^{\infty} P(A_n \mid B)$$

이 성립함을 보일 수 있다.

예제 2 두 개의 주사위를 던져 나오는 눈의 수의 합이 짝수일 때, 이 합이 6 이하일 확률을 구하라.

풀이 사건 A를 합이 6 이하인 사건, 사건 B를 합이 짝수인 사건이라고 하자. 두 개의 주사위를 던질 때 표본공간 S는 $S = \{(1,1),(1,2),\ldots,(6,6)\}$ 으로 36개의 원소를 가진다. 따라서 사건 B의 확률은 S의 36개 원소 중에서 합이 짝수가 되는 사건을 세면 $P(B) = \frac{1}{2}$ 이고,

$$P(A\cap B) = P((1,1),(1,3),(1,5),(2,2),(2,4),(3,1),(3,3),(4,2),(5,1)) = \frac{9}{36} = \frac{1}{4}$$

이므로 $P(A \mid B) = \dfrac{P(A\cap B)}{P(B)} = \dfrac{1/4}{1/2} = \dfrac{1}{2}$ 이다. ■

[곱셈법칙]

$P(A) > 0,\ P(B) > 0$ 일 때, 조건부 확률의 정의로부터

$$P(A\cap B) = P(A \mid B)P(B) = P(B \mid A)P(A)$$

이 되고, 이를 곱셈법칙(multiplication rule)이라고 한다.

[독립사건]

(1) 두 사건의 독립성

$P(A) > 0$, $P(B) > 0$ 인 두 사건 A, B에 대해서, 사건 B의 발생이 사건 A의 확률에 영향을 주지 않으면, $P(A|B) = P(A)$가 될 것이다. 그리고 조건부 확률의 정의를 이용하면 $P(A \mid B) = \dfrac{P(A\cap B)}{P(B)} = P(A)$에서 $P(A\cap B) = P(A)P(B)$가 됨을 알 수 있다. 이와 같은 조건을 만족할 때, 두 사건 A, B는 독립(independent)이라고 한다. 그리고 두 사건 A, B가 독립이 아닐 때, 종속(dependent)이라고 한다.

> **정의**
>
> [독립사건]
>
> 두 사건 A, B가 독립사건이다.
>
> $\Leftrightarrow P(A\cap B) = P(A)P(B)$, 단 $P(A) > 0$, $P(B) > 0$ 이다.

> **참고**
>
> 사건 B의 발생이 사건 A의 확률에 영향을 주지 않으면, $P(A|B) = P(A)$, $P(A\cap B) = P(A)P(B)$ 이고, 따라서 $P(B|A) = \dfrac{P(A\cap B)}{P(A)} = P(B)$가 된다. 즉, 사건 A의 발생도 사건 B의 확률에 영향을 주지 않는다.

참고

사건 A , B가 독립이면 A , B^c 도 독립이다. 사건 B의 발생이 사건 A의 확률에 영향을 주지 않으므로 B가 발생하지 않는 사건인 B^c도 A에 영향을 주지 않을 것으로 생각할 수 있다. 이를 확률법칙을 이용하여 보이면,

$$P(A) = P(A \cap B) + P(A \cap B^c) = P(A)P(B) + P(A \cap B^c)$$

에서

$$P(A \cap B^c) = P(A)(1 - P(B)) = P(A)P(B^c)$$

이므로 성립한다.

(2) 세 사건의 독립성

두 개의 사건 A, B가 독립이라는 것은 하나의 사건의 발생 여부가 다른 사건의 확률에 영향을 주지 않는다는 의미이다. 그러면 세 개의 사건 A, B, C가 독립이라는 것은 어떻게 정의할 것인지 생각해보자. 세 개의 사건 A, B, C가 독립이 되려면, 사건 A의 확률이 각각의 사건 B, C뿐만 아니라, 예를 들어, 사건 $B \cup C$ 또는 $B \cap C$가 발생했을 때도 영향을 받지 않아야 할 것이다. 이렇게 되기 위해서는 두 사건 A, B와 B, C 그리고 A, C가 각각 독립사건이 되는 것으로는 충분하지 않다. 결론적으로 세 사건 A, B, C가 독립이 되려면 아래의 네 가지 조건을 만족해야 한다.

정의

[세 개의 사건의 (상호)독립성]

세 개의 사건 A, B, C가 독립이다.

$\Leftrightarrow$ (1) $P(A \cap B) = P(A)P(B)$

(2) $P(B \cap C) = P(B)P(C)$

(3) $P(C \cap A) = P(C)P(A)$

(4) $P(A \cap B \cap C) = P(A)P(B)P(C)$

위의 정의에서 (1),(2),(3)만 성립하는 경우에 A, B, C는 쌍별독립(pairwise independent)이라고 한다. 일반적으로 세 개의 사건이 서로 독립이라고 하는 것은 상호독립(mutually independent)임을 의미한다. 정의로부터 알 수 있듯이 상호독립이면 쌍별독립이 성립하지만, 그 역은 성립하지 않는다. 이 사실을 명확하게 하기 위해서 아래의 반례(counter example)를 생각해보자.

예제 3 쌍별독립은 성립하지만, 상호독립은 성립하지 않는 반례

표본공간 $S=\{e_1,e_2,e_3,e_4\}$에서 각각의 단일사건이 같은 확률을 가진다. 즉, $P(\{e_i\})=\frac{1}{4}$, $i=1,2,3,4$이다. $A=\{e_1,e_2\}$, $B=\{e_1,e_3\}$, $C=\{e_1,e_4\}$일 때, 세 사건이 쌍별독립은 되지만, 상호독립은 아님을 보여라.

풀이 사건 A,B,C는 각각 두 개의 단일사건을 포함하므로, $P(A)=P(B)=P(C)=\frac{1}{2}$이다. 따라서 $P(A)P(B)=P(B)P(C)=P(C)P(A)=\frac{1}{4}$이고,

$$P(A\cap B)=P(B\cap C)=P(C\cap A)=P(\{e_1\})=\frac{1}{4}$$

이므로 세 사건 A,B,C는 쌍별독립이다. 그러나, $P(A\cap B\cap C)=P(\{e_1\})=\frac{1}{4}$이므로

$$\frac{1}{8}=P(A)P(B)P(C)\neq P(A\cap B\cap C)=P(\{e_1\})=\frac{1}{4}$$

에서 세 사건 A,B,C는 상호독립은 아니다. ■

참고

세 개의 사건의 (상호)독립에서 조건 (4)가 만족되었을 때, 조건(1)(2)(3)이 자동적으로 만족되는 것은 물론 아니다. 따라서 세 개의 사건의 독립을 보이려면, 위의 네 가지 조건이 모두 성립하는지를 살펴보아야 한다.

(3) 일반적인 독립성

사건 $A_1,A_2,\ldots,A_n$의 n개의 사건의 (상호)독립성을 생각해보자. 이는 세 사건의 독립성을 일반화하면 될 것이다. 즉, 임의의 개수의 사건을 선택했을 때, 이들이 모두 (상호)독립이 되어야 할 것이다. 따라서 임의의 개수의 사건에 대해서 이들의 곱사건이 모두 각각의 사건의 확률의 곱이 되어야 할 것이다. 이를 정리하면 다음과 같다.

정의

[n개의 사건의 (상호)독립성]

사건 $A_1, A_2, \cdots, A_n$ 이 독립이다.

$$\Leftrightarrow \begin{cases} P(A_i \cap A_j) = P(A_i)P(A_j), & 1 \leqq i < j \leqq n \\ P(A_i \cap A_j \cap A_k) = P(A_i)P(A_j)P(A_k), & 1 \leqq i < j < k \leqq n \\ \vdots \\ P(A_1 \cap A_2 \cap \cdots \cap A_n) = P(A_i) \cdots P(A_n) \end{cases}$$

참고

위의 정의를 간단하게 표현하면 다음과 같다.

모든 $1 \leqq i_1 < \cdots < i_k \leqq n$ 에 대해서 $P(A_{i_1} \cap \cdots \cap A_{i_k}) = P(A_{i_1}) \cdots P(A_{i_k})$ 가 성립한다.

[전확률법칙]

우선 표본공간 S의 분할(partition)을 정의하자. 사건 $\{A_1, A_2, \cdots, A_n, \cdots\}$ 이 배반사건이며 합사건이 표본공간 S를 이룰 때 이를 S의 분할이라고 한다. 이를 명확하게 표현하면 다음과 같다.

정의

[표본공간의 분할]

$\{A_1, A_2, \cdots, A_n, \cdots\}$ 이 S의 분할이다.

$$\Leftrightarrow \begin{cases} A_i \cap A_j = \varnothing, & i \neq j \\ \bigcup_{n=1}^{\infty} A_n = S \end{cases}$$

전확률법칙(law of total probability)은 표본공간이 분할로 나누어져 있을 때, 어떤 사건의 확률을 각 분할에 대한 조건부확률의 가중평균으로 구하는 것이다. 여기서 가중치는 각 분할의 확률이 된다. 이를 식으로 살펴보자.

정리 2.1 전확률법칙

$\{A_n, n=1,2,\cdots\}$ 이 표본공간 S의 분할이고, $P(A_n)>0$ 이면

$$P(B)=P(B \mid A_1)P(A_1)+\cdots+P(B \mid A_n)P(A_n)+\cdots = \sum_{n=1}^{\infty} P(B \mid A_n)P(A_n).$$

증명 $P(B)=P(B\cap S)$

$=P(\bigcup_{n=1}^{\infty}(B\cap A_n))$ ($\{A_n\}$ 이 S의 분할이므로 $\bigcup_{n=1}^{\infty} A_n = S$)

$=\sum_{n=1}^{\infty} P(B\cap A_n)$ ($\{A_n\}$ 이 배반사건이므로 $\{B\cap A_n,\ n=1,2,\cdots\}$도 배반사건)

$=\sum_{n=1}^{\infty} P(B|A_n)P(A_n)$ (곱셈법칙을 이용)

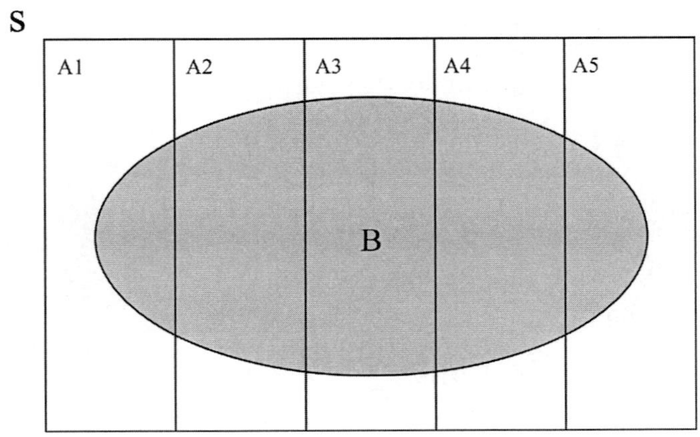

[그림 2] 표본공간의 분할과 전확률 법칙 ■

예제 4 H대학의 공학계열은 1학년, 2학년 학생이 각각 30%, 3학년, 4학년 학생이 각각 20%이다. 그런데 1학년 학생의 80%, 2학년 학생의 60%, 3학년 학생의 20%, 4학년 학생의 10%가 코딩과목을 수강한다. 공학계열 학생 중 한 학생을 무작위로 뽑았을 때 그 학생이 코딩과목 수강생일 확률을 구하라.

풀이 뽑힌 학생이 1학년일 사건을 A_1, 2학년일 사건을 A_2, 3학년일 사건을 A_3, 4학년일 사건을 A_4 라고 하고, 뽑힌 학생이 코딩과목 수강생일 사건을 B라고 하자. 사건 A_1, A_2, A_3, A_4 는 서로 배반이므로, 전확률법칙에 의하여 구하는 확률은

$$P(B) = \sum_{i=1}^{4} P(A_i)P(B|A_i) = 0.3 \times 0.8 + 0.3 \times 0.6 + 0.2 \times 0.2 + 0.2 \times 0.1 = 0.48$$

이다. ■

참고

위의 문제를 해결하기 위해서, 각 학년의 코딩과목 수강생의 비율 0.8, 0.6, 0.2, 0.1의 산술평균을 구하는 사람은 없을 것이다. 각 학년의 비율이 25%로 동일하다면 물론 맞는 풀이가 된다. 즉, 전확률법칙을 적용한 위의 풀이는 앞에서 말한 바와 같이 $P(B|A_i)$ 에 $P(A_i)$의 가중치를 주어 가중평균을 구한 것이라고 볼 수 있다.

[베이즈 정리]

〈예제 4〉에서 만일 공학계열 학생 중 한 학생을 무작위로 뽑는다면 이 학생이 1학년일 확률은 0.3이라고 답할 것이다. 만일 한 학생을 무작위로 뽑았을 때, 그 학생이 코딩과목을 수강하고 있다면, 그 학생이 1학년 학생일 확률은 얼마일까? 이 경우 그 학생이 코딩과목을 수강한다는 정보를 알고 있으므로, 아무 정보가 없을 때와 똑같이 1학년 학생일 확률이 0.3이라고 답하지는 않을 것이다. 이와 같이 어떤 조건이 주어졌을 때, 분할(학년)의 확률을 구하기 위해서는 아래의 베이즈 정리(Bayes theorem)를 이용하면 된다.

정리 2.2 베이즈 정리

$\{A_n\}$ 이 S의 분할이고, $P(A_n) > 0$, $P(B) > 0$ 일 때

$$P(A_k \mid B) = \frac{P(B|A_k)P(A_k)}{\sum_{n=1}^{\infty} P(B|A_n)P(A_n)}$$

또는 $P(A_k \mid B) \propto P(B|A_k)P(A_k)$, $k = 1, 2, \cdots$ 이다.

증명 $$P(A_k|B) = \frac{P(A_k \cap B)}{P(B)} \qquad \text{(조건부확률의 정의)}$$

$$= \frac{P(B|A_k)P(A_k)}{P(B)} \qquad \text{(곱셈법칙)}$$

$$= \frac{P(B|A_k)P(A_k)}{\sum_{n=1}^{\infty} P(B|A_n)P(A_n)} \qquad \text{(전확률공식)}$$

■

참고

베이즈 정리에서 $P(A_k|B)$의 합 $\sum_{k=1}^{\infty} P(A_k|B)$도 역시 1이 됨에 주의하라. 이는 $\{A_n\}$ 이 S의 분할이므로 $\sum_{k=1}^{\infty} P(A_k|B) = P(\bigcup_{k=1}^{\infty} A_k|B) = P(S|B) = 1$로 확인할 수 있다. 즉, 분할의 합은 어떤 사건이 발생해도 여전히 1이라는 것이다.

예제 5 어떤 공장에서 제품이 3대의 기계, 제1호기, 제2호기, 제3호기에서 생산된다. 제1호기는 30%, 제2호기는 20%, 제3호기는 50%를 생산하고 있고, 제1호기는 1%, 제2호기는 2%, 제3호기는 3%의 불량품을 생산한다. 생산된 제품은 하나의 풀에 합쳐지므로 어느 기계에서 생산된 것인지 구분할 수가 없다. 하루 동안 생산된 전체 제품에서 임의로 1개를 뽑아 시험했을 때, 그것이 불량품이었다. 그 제품이 각각 제1호기, 제2호기, 제3호기로부터 생산되었을 확률을 구하라.

풀이 불량품을 뽑을 사건을 B라 하고, 뽑힌 제품이 제1호기로부터 생산되었을 사건을 A_1, 제2호기로부터 생산되었을 사건을 A_2, 제3호기로부터 생산되었을 사건을 A_3 라고 하자. 문제의 조건에서

$$P(A_1) = 0.3,\ \ P(A_2) = 0.2,\ \ P(A_3) = 0.5$$
$$P(B|A_1) = 0.01,\ \ P(B|A_2) = 0.02,\ \ P(B|A_3) = 0.03$$

이다. 또한 A_1, A_2, A_3 는 표본공간의 분할이므로 베이즈정리로부터

$$P(A_1|B) = \frac{P(A_1)P(B|A_1)}{P(A_1)P(B|A_1) + P(A_2)P(B|A_2) + P(A_3)P(B|A_3)}$$
$$= \frac{0.3 \times 0.01}{0.3 \times 0.01 + 0.2 \times 0.02 + 0.5 \times 0.03} \approx 0.136$$

같은 방법으로, $P(A_2|B) \approx 0.182,\ \ P(A_3|B) \approx 0.682$ 을 얻을 수 있다. ■

예제 6 (예제 4의 연속) 〈예제 4〉에서 한 학생을 무작위로 뽑았더니, 그 학생이 코딩과목을 수강하고 있다. 이때 그 학생이 1학년 학생일 확률을 구하라.

풀이 베이즈 정리를 적용하면 구하는 확률은

$$\frac{0.3\times 0.8}{0.3\times 0.8+0.3\times 0.6+0.2\times 0.2+0.2\times 0.1}=\frac{0.24}{0.48}=0.5$$

이다. ■

베이즈 정리에서 각 분할의 확률 $P(A_k)$ 을 사전확률(prior probability)이라고 한다. 이는 아무런 사건이 발생하지 않았을 때의 확률을 의미한다고 할 수 있다. $P(B|A_k)$ 는 원인 A_k 의 결과로 B를 관측하게 될 가능성(likelihood)을 말하며, $P(A_k \mid B)$ 는 사건 B를 관측했을 때 원인 A_k 의 확률로 이를 사후확률(posterior probability)이라고 한다. 즉, 베이즈 정리는 사건 B를 관측했을 때, 분할의 하나인 A_k의 사후확률은 사전확률 $P(A_k)$ 와 $P(B|A_k)$ 의 곱에 비례한다는 것이다. 이는 새로운 증거(사건 B)에 기반하여 과거의 정보(사전확률)를 개선(사후확률)하는 과정이라고 생각할 수 있다.

〈예제 5〉에서 아무런 정보가 없을 때, 1호기로부터 제품이 생산될 확률은 0.3(사전확률)인 반면, 제품이 불량품이라는 정보가 주어진 상태에서는 그 확률이 0.136(사후확률)으로 상대적으로 낮아진 것을 볼 수 있다. 이는 제1호기에서의 (상대적으로) 낮은 불량률로 부터 나온 결과일 것이다. 반대로 불량률이 (상대적으로) 높은 제 3호기의 경우는 해당하는 확률이 0.5(사전확률)에서 0.682(사후확률)로 높아진 것을 알 수 있다. 〈예제 6〉에서도 마찬가지 설명을 할 수 있다. 아무런 정보가 없을 때는 1학년 학생일 확률이 단순히 0.3(사전확률)이지만 1학년 학생의 80%가 수강하는 코딩과목을 수강한다는 정보가 입수되면 그 학생이 1학년 학생일 확률은 0.5(사후확률)로 증가하게 된다.

위의 베이즈 정리는 일반적인 베이즈 이론의 기초적인 형태이며, 최근에는 베이즈의 이론을 통계적 추정 등에 널리 이용하고 있다.

제2장 연습문제

❖ 일반적인 확률문제

1. 세 개의 바구니 A, B, C가 있다. 바구니 A는 흰 공 2개와 검은 공 4개, 바구니 B는 흰 공 8개와 검은 공 4개, 바구니 C는 흰 공 1개와 검은 공 3개를 담고 있다. 각각의 바구니로부터 하나의 공을 꺼낸다고 하자. 공을 선택한 후에는 어느 공이 어느 바구니에서 뽑힌 것인지는 알 수 없다. 3개의 공 가운데에서 정확하게 2개의 흰 공이 선택되었을 때 바구니 A에서 선택된 공이 흰 공일 (조건부) 확률은 얼마인가?

2. 어느 교수가 학생들에게 10문제를 내주면서 기말고사는 이 문제 중에서 5문제를 무작위로 선택하여 친다고 알려 주었다. 만일 한 학생이 이 문제 중 해결할 수 있는 문제가 7개라면, 그 학생이 기말고사에서 정확히 답한 문제가 적어도 4문제일 확률은 얼마인가?

3. 주사위를 두 번 던질 때, 첫 번째 4가 나오는 사건과 두 번 던져 나온 눈의 수의 합이 홀수인 사건이 서로 독립인가? 설명하고 답하라.

4. 검은색 주사위와 흰색 주사위 한 쌍을 던진다. A는 검은색 주사위의 눈금이 3, 4, 또는 5일 사건, B는 흰색 주사위의 눈금이 1 또는 2일 사건, C는 두 주사위의 눈금의 합이 7인 사건이다. 사건 A, B, C는 상호독립인가? 설명하고 답하라.

5. 두 개의 주사위를 던지는 실험을 한다. 사건 A는 두 주사위 모두 동일한 눈금이 나올 사건, 사건 B는 두 주사위 눈금의 합이 7부터 10까지인 사건, 사건 C는 두 주사위 눈금의 합이 2, 7, 또는 8인 사건이다. 사건 A, B, C에 대해서 $P(A \cap B \cap C) = P(A)P(B)P(C)$가 성립함을 보여라. 사건 A, B, C는 상호독립인가? 설명하고 답하라.

❖ 베이즈 정리

6. 경찰의 보고에 의하면 운전자의 60%는 안전벨트를 착용하고 40%는 착용하지 않는다고 한다. 안전벨트를 착용하고 사고난 사람의 10%는 중상, 90%는 경상인 반면 착용하지 않고

사고난 사람의 50%는 중상, 나머지 50%는 경상이라고 한다. 어떤 운전자가 사고로 인해 중상을 당했을 때, 그 사람이 사고 당시 안전벨트를 착용하였을 확률과 착용하지 않았을 확률을 각각 구하라.

7. 보험회사는 사람들을 사고 위험률이 낮은 사람, 보통인 사람, 높은 사람의 세 부류로 나누는데 이들이 차지하는 비율은 각각 20%, 50%, 30%이다. 또한, 자료에 의하면 각 부류의 사람들이 1년 동안 사고를 낼 확률은 각각 0.05, 0.15, 0.30이다. 한 보험 가입자가 1년 동안 사고를 일으키지 않았다면, 그가 위험률이 낮은 그룹, 보통인 그룹, 높은 그룹에 속할 확률은 각각 어떻게 되는지 구하라.

8. 학생들이 4지선다형 두 문제의 객관식 시험을 친다. 학생의 30%는 두 문제의 정답을 모두 알고 있어 두 문제를 다 맞힐 수 있고 나머지 70% 학생들은 정답을 모르며 순전히 무작위로 답을 선택한다고 한다. 임의로 추출된 한 학생이 두 문제를 모두 맞았을 때, 정답을 알고 있을 확률을 구하라. 이 경우 한 문항의 답만을 정확하게 알고 있는 학생은 없다고 가정한다.

9. 항아리에 붉은 공 5개와 흰 공 4개가 들어있다. 항아리에서 한 개의 공을 무작위로 꺼내 색깔을 확인한 후 다른 색깔의 공 3개와 함께 항아리에 다시 넣는다. 그리고 두 번째 공을 항아리에서 꺼낸다. 다음을 구하라.

(1) 두 번째 공이 붉은 공이라고 할 때, 첫 번째 선택한 공이 흰색일 확률

(2) 선택한 두 공이 모두 같은 색깔일 확률

10. 전자부품 구입상은 공장으로부터 부품이 10개씩 포장되어 있는 제품을 구입한다. 그는 포장되어 있는 10개의 부품 중에서 무작위로 3개를 검사하여 모두 불량품이 아닌 경우에만 그 제품을 구입한다. 이 제품 중 30%는 4개의 불량품이 포함되어 있고 70%는 단지 한 개의 불량품이 포함되어 있다고 하자.

(1) 전자부품 구입상이 상품을 구입할 확률을 구하라.

(2) 포장되어 있는 제품을 구입하지 않았다고 할 때, 그 포장 제품에 4개의 불량품이 포함되어 있을 확률을 구하라.

제 3 장

확률변수와 확률분포

제3장 확률변수와 확률분포

3.1 확률변수

동전을 2번 던지는 매우 간단한 실험을 생각해 보자. 이 경우 표본공간 S는 앞면을 H, 뒷면을 T라고 하면, 4개의 원소를 가진 $S=\{HH, HT, TH, TT\}$이다. 여기서 앞면이 나오는 개수를 센다고 하면, 사건 HH에는 2, HT, TH에는 1, TT에는 0이 대응될 것이다. 즉, 함수의 개념과 동일하게 $X(HH)=2$, $X(HT)=X(TH)=1$, $X(TT)=0$의 대응관계를 가진 X를 생각할 수 있다. 이와 같이 표본공간에 정의한 실수값 함수 X를 확률변수(random variable)라고 한다.

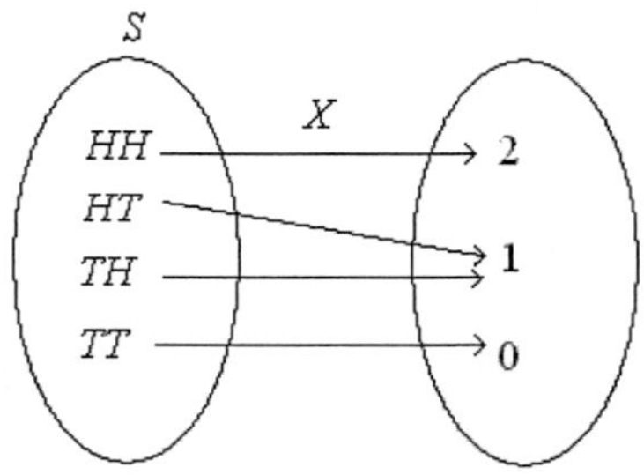

[그림 1] 확률변수 X

위의 [그림 1]에서 보는 바와 같이 확률변수의 개념은 표본공간을 정의역으로 하는 실수값 함수이다. 그러나 종종 확률변수라는 명칭에서 보는 바와 같이 함수의 개념은 잊고, 변수의 개념으로 이해하는 경향이 있다. 랜덤하게 나타나는 사건에 따라 값을 가지게 되는 변수로 생각하는 것이다. 실제로 우리는 확률변수 자체보다는 확률변수가 만들어내는 분포인 확률분포(probability distribution)에 좀 더 관심을 가지는 경우가 많다.

정의

[확률변수와 확률분포]

표본공간에서 정의된 실수값 함수 X를 확률변수라고 한다. 그리고 실수의 부분집합 A에 대해서 $P(X \in A)$를 주는 대응관계를 확률분포라고 한다. 즉, 확률변수 X가 취하는 값과 그에 대응하는 확률을 나타낸 것이 X의 확률분포이다.

위에서와 같이 동전을 2번 던졌을 때, 앞면의 횟수로 정의한 확률변수 X의 확률분포는

x	0	1	2
$P(X=x)$	1/4	1/2	1/4

와 같이 나타내는 것이 일반적이다. 관례적으로 확률변수는 X(대문자), X의 관측값은 x(소문자)를 쓴다. 개념이 확실해진 후에는 X와 x를 혼용해서 쓰기도 하지만, 그전까지는 구분을 명확히 해서 쓰는 것이 바람직하다.

확률분포를 나타내기 위해서 $F(x)=P(X \le x)$로 정의한 누적분포함수(cumulative distribution function, cdf)를 이용하기도 한다. $F(x)$는 확률 P와 같이 확률을 나타내지만, 확률 P는 표본공간에 정의되어 있는 반면 $F(x)$는 실수에서 정의된 함수라는 점을 생각하자. 수학적으로 실수에서 정의된 함수는 좀 더 다루기가 편리한 점이 있다.

정의

[누적분포함수]

확률변수 X의 누적분포함수는 $F(x)=P(X \le x)$이다.

3.2 이산확률변수와 연속확률변수

3.2.1 이산확률변수

일반적으로 취하는 값이 $x_1, x_2, \cdots, x_n, \cdots$ 과 같이 셀 수 있는(countable) 확률변수를 이산확률변수(discrete random variable)라고 하고, 이와 같은 확률변수의 분포를 이산확률분포(discrete probability distribution)라고 한다. 이산확률분포는 각각의 x_i를 취하는 확률로 표시하면 될 것이다. 이러한 확률을 나타내는 함수를 확률질량함수(probability mass function, pmf)라고 한다.

정의

[확률질량함수]

$f(x)$가 확률변수 X의 확률질량함수이다.

$\Leftrightarrow f(x)=P(X=x),\ \ x=x_1, x_2, \ldots, x_n, \cdots$

위의 확률질량함수 $f(x)$는 각 x에 대한 확률을 나타내므로 다음의 성질을 가진다.

〈확률질량함수의 성질〉

$f(x)$가 확률변수 X의 확률질량함수일 때

$$f(x) \geqq 0\ ,\ \sum_{i=1}^{\infty} f(x_i) = 1\ ,\ P(a < X \leqq b) = \sum_{a < x_i \leqq b} f(x_i)$$

이 성립한다.

예제 1 한 개의 동전을 두 번 던져 나오는 앞면의 수를 X라고 할 때 확률변수 X의 확률질량함수를 구하라.

풀이

x	0	1	2
$f(x)$	1/4	1/2	1/4

■

이산확률변수의 누적분포함수는 정의에 의해서

$$F(x) = P(X \le x) = \sum_{x_i \le x} f(x_i)$$

이 된다. 〈예제 1〉의 X의 누적분포함수를 구해보자.

예제 2 (예제1의 연속) 〈예제 1〉의 확률변수 X의 누적분포함수를 구하고, 그래프를 그려라.

풀이

$$F(0) = P(X \le 0) = P(X = 0) = \frac{1}{4}$$

$$F(1) = P(X \le 1) = P(X = 0) + P(X = 1) = \frac{1}{4} + \frac{1}{2} = \frac{3}{4}$$

$$F(2) = P(X \le 2) = P(X = 0) + P(X = 1) + P(X = 2) = 1$$

에서 누적분포함수는 다음과 같다.

$$F(x) = \begin{cases} 0, & x < 0 \\ \frac{1}{4}, & 0 \le x < 1 \\ \frac{3}{4}, & 1 \le x < 2 \\ 1, & x \ge 2 \end{cases}$$

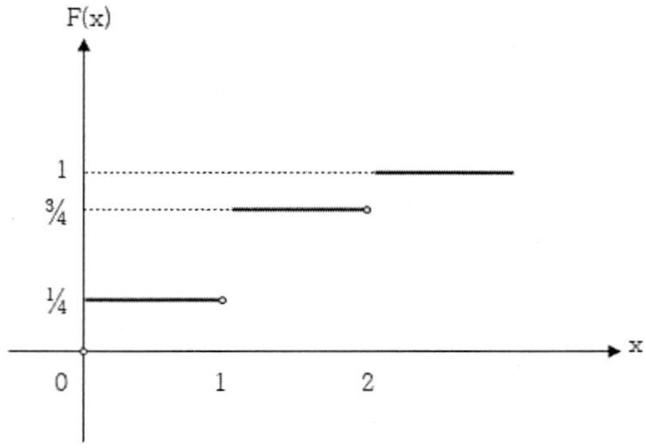

[그림 2] 〈예제 1〉의 X의 누적분포함수

■

확률변수 X가 $x_1 < x_2 < \cdots < x_n < \cdots$ 의 값을 취할 때 누적분포함수로부터 확률질량함수를 구하려면

$$f(x_i) = F(x_i) - F(x_{i-1}) \quad (\text{단, } F(x_0) = 0 \text{ 으로 정의})$$

을 이용하면 될 것이다. 따라서 〈예제 2〉에서

$$f(0) = F(0) - F(x_0) = 1/4 - 0 = 1/4$$
$$f(1) = F(1) - F(0) = 3/4 - 1/4 = 1/2$$
$$f(2) = F(2) - F(1) = 1 - 3/4 = 1/4$$

이 될 것이다. 즉, 확률질량함수를 알면 누적분포함수를 구할 수 있고, 그 역도 성립한다.

참고

(1) 일반적으로 함수 $g(x)$가 x에서 연속이라는 것은

$$\lim_{h \to 0} g(x+h) = g(x),$$

즉 x에서의 함수값과 극한값이 같은 것을 말한다. 유사하게 함수 $g(x)$가 x에서 우측연속(right continuous)이라는 것은 우극한값 $\lim_{h \to 0, h > 0} g(x+h)$과 함수값 $g(x)$가 같은 것, 즉

$$\lim_{h \to 0, h > 0} g(x+h) = g(x)$$

이 성립하는 것이다. 좌극한값도 유사하게 정의할 수 있다. 우극한값은 $g(x+)$, 좌극한값은 $g(x-)$로 쓰기로 하자.

(2) 누적분포함수 $F(x)$에 대해서

$$F(x+) = \lim_{h \to 0, h > 0} F(x+h) = \lim_{h \to 0, h > 0} P(X \le x+h) = P(X \le x) = F(x)$$

이므로 누적분포함수는 항상 우측연속이다.

$$F(x-) = \lim_{h \to 0, h > 0} F(x-h) = \lim_{h \to 0, h > 0} P(X \le x-h) = P(X < x)$$

이다. 즉, 누적분포의 x에서의 좌극한값은 $P(X < x)$이다.

일반적으로

$$P(X = x) = P(X \le x) - P(X < x) = F(x) - F(x-)$$

가 성립한다. 즉, $P(X = x)$는 우극한값(함수값)과 좌극한값의 차이가 된다.

(3) 함수 $F(x)$가 어떤 확률변수 X의 누적분포함수가 되는 필요충분조건은 다음과 같다.

(i) $\lim_{x \to -\infty} F(x) = 0$, $\lim_{x \to \infty} F(x) = 1$

(ii) $\lim_{h \to 0, h > 0} F(x+h) = F(x)$: $F(x)$가 우측연속인 함수

(iii) $a < b$일 때 $F(a) \le F(b)$

위의 〈참고〉 (2)와 (3)은 이산확률변수일 때뿐만 아니라 일반적인 경우에도 성립하는 누적분포함수의 성질이다. 〈예제 2〉에서와 같이 이산확률변수의 누적분포함수는 (위의 〈참고〉 (3)의 (i), (ii), (iii)을 모두 만족하는) 우측연속인 계단함수(step function)의 형태를 가진다.

3.2.2 연속확률변수

실수구간 $[l,\ u]$ 의 모든 값을 취하는 확률변수를 연속확률변수라고 한다. 여기서 $l = -\infty$, $u = \infty$ 도 물론 가능하다. 연속확률변수는 실수구간의 모든 값을 취하므로 적분을 하여 확률을 구할 수 있는 확률밀도함수(probability density function, pdf)로 분포를 나타낸다.

정의

[확률밀도함수]

연속확률변수 X의 확률밀도함수 $f(x)$는 구간 $[a,b]$에서

$$P(a \leqq X \leqq b) = \int_a^b f(x)dx$$

을 만족하는 함수를 말한다.

위의 확률밀도함수 $f(x)$는 적분을 하면 확률을 나타내며, 전체확률은 1이므로 다음의 성질을 가진다.

〈확률밀도함수의 성질〉

$f(x)$가 연속확률변수 X의 확률밀도함수일 때

$$f(x) \geq 0, \ \int_{-\infty}^{\infty} f(x)dx = 1$$

이 성립한다.

$X \in [c, c+\Delta x]$에서의 확률을 구하면

$$P(c \leqq X \leqq c+\Delta x) = \int_{c}^{c+\Delta x} f(x)dx = f(c^*)\Delta x, \ \ c^* \in (c, c+\Delta x)$$

에서 길이 Δx가 0으로 수렴하면 좌변은 $P(X=c)$가 되고 우변의 $f(c^*)\Delta x$도 0으로 수렴할 것이다. 따라서 $P(X=c)=0$이 된다. 여기서 c^*는 구간 $(c, c+\Delta x)$에서의 어떤 포인트를 말한다. 따라서 연속확률변수 X의 경우

$$P(a \leq X \leq b) = P(a < X \leq b) = P(a \leq X < b) = P(a < x < b) = \int_{a}^{b} f(x)dx$$

가 성립한다.

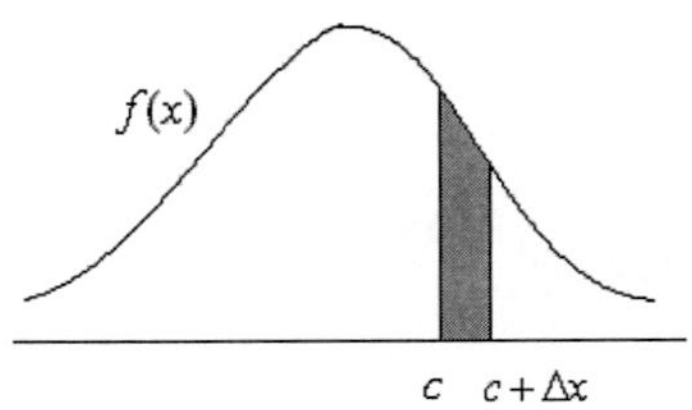

[그림 3] 확률변수 X의 확률밀도함수

참고

이산확률변수의 확률질량함수와 달리, 연속확률변수의 경우 확률밀도함수의 값 $f(c)$는 확률이 아님에 주의하라. $f(x)$는 적절한 구간에서 적분을 해야 확률이 된다.

누적분포함수의 정의와 확률밀도함수의 정의에 의해서 연속확률변수의 누적분포함수는 다음과 같다.

〈연속확률변수의 누적분포함수〉

$$F(x) = P\,(X \le x) = \int_{-\infty}^{x} f\,(t)dt$$

참고

[미적분의 기본정리]

함수 g가 $[a,b]$에서 연속이면, $G(x) = \int_{c}^{x} g(t)dt$는 $[a,b]$에서 미분가능하고,

$$\frac{dG}{dx} = \frac{d}{dx}\int_{c}^{x} g(t)dt = g(x).$$

이와 같이 정적분으로 정의된 함수 $F(x)$는 실수 전체에서 연속이 된다. 그리고 위의 [미적분의 기본정리]에 의해서, 확률밀도함수 $f\,(x)$가 연속이면 누적분포함수 $F(x)$는 미분가능하고

$$f\,(x) = \frac{d}{dx}F(x)$$

가 성립한다. 즉, 확률밀도함수의 적분으로부터 누적분포함수를 얻을 수 있고, 누적분포함수가 미분가능하면 이를 미분하여 확률밀도함수의 값을 얻을 수 있다.

예제 3 확률변수 X의 확률밀도함수가

$$f\,(x) = \begin{cases} kx, & 0 \le x \le 2 \\ 0, & \text{그 외} \end{cases}$$

과 같을 때, 다음 물음에 답하라.

(1) 알맞은 k를 구하라.

(2) 확률밀도함수 $f\,(x)$의 그래프를 그리고 $P(0 \le X \le 1)$을 구하라.

(3) 확률변수 X의 누적분포함수를 구하고, 그래프를 그려라.

풀이 (1) $f\,(x)$가 확률밀도함수가 되려면 $\int_{0}^{2} kxdx = 2k = 1$이 되어야 하므로 $k = \frac{1}{2}$이다.

(2)

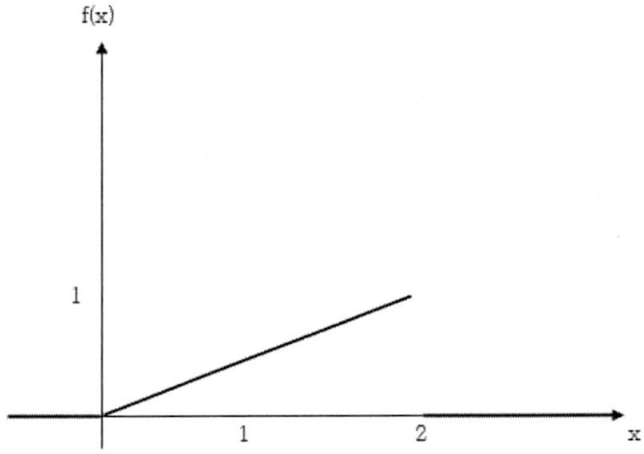

$$P(0 \leq X \leq 1) = \int_0^1 \frac{1}{2} x dx = \frac{1}{4}$$

(3) $F(x) = P(X \leq x) = \begin{cases} 0, & x < 0 \\ \int_0^x \frac{1}{2} t dt = \frac{1}{4} x^2, & 0 \leq x < 2 \\ 1, & x \geq 2 \end{cases}$

$F(x)$가 미분 불가능한 점인 $x=2$를 제외하고, $F(x)$를 미분하여 $\frac{dF(x)}{dx} = f(x)$를 얻을 수 있다.

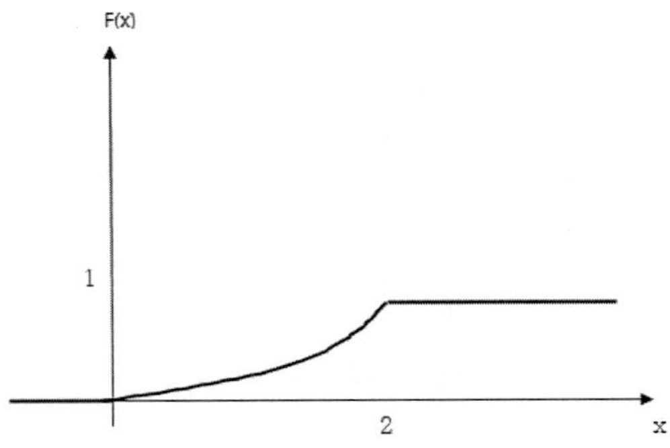

■

3.3 결합확률분포

하나의 확률변수가 만들어내는 분포를 고려하는 것과 같이, 두 개(이상)의 확률변수들이 만드는 분포를 생각할 필요가 있다. 이와 같이 두 개(이상)의 분포가 만들어내는 분포를 결합확률분포라고 한다. 즉, 확률변수 X, Y에 대해서 $P(X \in A, Y \in B)$를 X, Y의 결합확률분포라고 한다. 여기서 A, B는 실수의 부분집합이다.

3.3.1 이산결합확률분포

하나의 이산확률변수의 확률질량함수와 마찬가지로 두 개의 이산확률변수의 결합확률질량함수(joint probability mass function)는 각 값을 취하는 확률을 나타낸다.

정의

[결합확률질량함수]

$f(x,y)$가 이산확률변수 X, Y의 결합확률질량함수이다.

$\Leftrightarrow f(x,y) = P(X=x, Y=y)$

일변수의 경우와 마찬가지로 결합확률질량함수도 확률을 나타내므로 다음의 성질을 가진다.

〈결합확률질량함수의 성질〉

$f(x,y) \geq 0\,,\ \sum_{i=1}^{\infty}\sum_{j=1}^{\infty} f(x_i, y_j) = 1$

$P\{a < X \leqq b,\ c < Y \leqq d\} = \sum_{a < x_i \leqq b}\sum_{c < y_j \leqq d} f(x_i, y_j)$

다음의 예제를 통하여 각각의 확률변수의 분포만을 고려하는 것이 충분하지 않고, 결합분포가 필요한 이유를 생각해 보자.

예제 4 앞면과 뒷면이 나오는 확률이 같은 동전을 3회 던지는 실험을 한다. 여기서 확률변수 X, Y, Z를 다음과 같이 정의하자.

$$X = \begin{cases} 1, & \text{첫번째 시행에서 앞면이 나오면} \\ 0, & \text{그렇지 않을 때} \end{cases}$$

$$Y = \begin{cases} 1, & \text{첫번째, 두번째 시행에서 모두 앞면이 나오면} \\ 0, & \text{그렇지 않을 때} \end{cases}$$

$$Z = \begin{cases} 1, & \text{두번째, 세번째 시행에서 모두 앞면이 나오면} \\ 0, & \text{그렇지 않을 때} \end{cases}$$

이 때 확률변수 X와 Y, X와 Z의 결합확률분포를 구하라.

풀이 표본공간의 각 원소에 대응하는 확률변수 X, Y, Z의 값들은 다음과 같다.

표본공간	HHH	HHT	HTH	HTT	THH	THT	TTH	TTT
X	1	1	1	1	0	0	0	0
Y	1	1	0	0	0	0	0	0
Z	1	0	0	0	1	0	0	0

따라서 X와 Y, X와 Z의 결합확률분포는 다음과 같다.

y \ x	0	1	행의 합
0	$\frac{1}{2}$	$\frac{1}{4}$	$\frac{3}{4}$
1	0	$\frac{1}{4}$	$\frac{1}{4}$
열의 합	$\frac{1}{2}$	$\frac{1}{2}$	1

X와 Y의 결합확률분포

z \ x	0	1	행의 합
0	$\frac{3}{8}$	$\frac{3}{8}$	$\frac{3}{4}$
1	$\frac{1}{8}$	$\frac{1}{8}$	$\frac{1}{4}$
열의 합	$\frac{1}{2}$	$\frac{1}{2}$	1

X와 Z의 결합확률분포

동전을 던지는 시행을 반복하므로 확률변수 Y와 Z의 분포는 같다는 것을 알 수 있다. 그러나 확률변수 X, Y의 결합분포와 X, Z의 결합분포는 같지 않다. 즉, 각 변수의 분포만으로는 두 변수의 관계를 알 수는 없다. 이러한 이유로 결합확률분포가 필요하다. 위의 결합확률분포에서 행의 합은 X의 분포임을 알 수 있다. 마찬가지로 열의 합은 Y 또는 Z의 분포이다. 이를 각 변수의 주변확률질량함수(marginal probability mass function)라고 한다. ■

정의

[주변확률질량함수]

$f(x,y)$가 X와 Y의 결합확률질량함수일 때,

$f_X(x) = \sum_{j=1}^{\infty} f(x, y_j)$를 X의 주변확률질량함수라고 하고,

$f_Y(y) = \sum_{i=1}^{\infty} f(x_i, y)$를 Y의 주변확률질량함수라고 한다.

참고

주변확률질량함수를 반드시 f_X, f_Y와 같이 표시해야 하는 것은 아니지만 결합확률질량함수 f와 다른 이름을 쓰기 위해서 첨자에 변수 이름을 써서 표시하는 경우가 많다. 물론 f_1, f_2와 같이 표시해도 된다.

예제 5 (예제 4의 연속) 〈예제 4〉의 확률변수 X, Y, Z의 주변확률질량함수는 각각 행의 합과 열의 합으로 나타난다. ■

3.3.2 연속결합확률분포

하나의 연속확률변수의 확률밀도함수와 마찬가지로 두 개의 연속확률변수의 결합확률밀도함수(joint probability density function)는 (이중)적분을 하여 확률을 구할 수 있는 함수를 말한다.

정의

[결합확률밀도함수]

두 연속확률변수 X, Y의 결합확률밀도함수 $f(x,y)$는 이차원 평면의 영역 A에서

$$P((X,Y) \in A) = \iint_A f(x,y)\,dx\,dy$$

을 만족하는 함수를 말한다.

일변수의 경우와 마찬가지로 결합확률밀도함수도 다음의 성질을 가진다.

〈결합확률밀도함수의 성질〉

$f(x,y)$가 연속확률변수 X, Y의 결합확률밀도함수일 때

$$f(x,y) \geq 0, \quad \int_{-\infty}^{\infty}\int_{-\infty}^{\infty} f(x,y)\,dx\,dy = 1$$

이 성립한다.

두 확률변수 X, Y의 결합확률밀도함수는 이차원평면 전체에서 적분하여 확률 1을 가져야 한다. 그리고 특정영역에서의 확률을 구하기 위해서는 해당하는 이차원 영역에서 적분을 하여야 한다. 따라서 이를 다루기 위해서는 고등수학에서 다루는 이중적분의 개념과 방법이 필요하다.

결합확률밀도함수 $f(x,y)$는 이차원평면에서 정의되어 있는 곡면이다. [그림 4]는 결합확률밀도함수의 예를 보여준다. 영역 A에서 $f(x,y)$를 이중적분하면 이는 밑면을 A로 하고 높이

를 $f(x,y)$로 하는 입체의 부피가 될 것이다. 이 경우 전체 부피는 전체확률인 1이 된다.

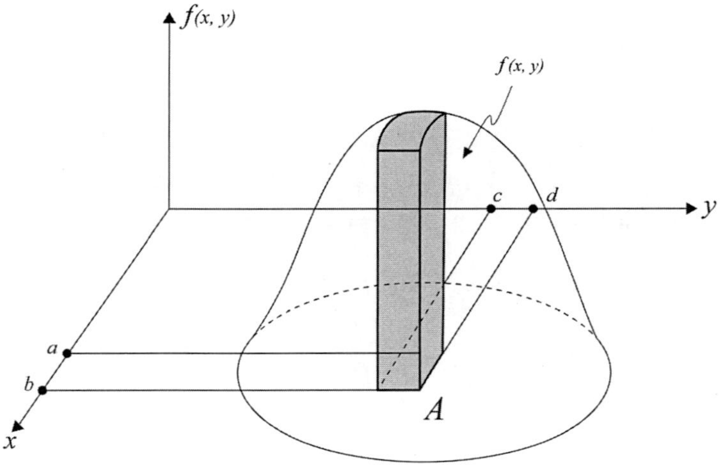

[그림 4] 결합확률밀도함수 $f(x,y)$

일변수의 경우와 마찬가지로 결합확률밀도함수의 값(높이) $f(c_1,c_2)$은 확률이 아님에 유의하라. 또한 $\Delta x \approx 0$, $\Delta y \approx 0$일 때

$$P\{c_1 \leqq X \leqq c_1 + \Delta x \ , \ c_2 \leqq Y \leqq c_2 + \Delta y\} \approx f(c_1)f(c_2)\Delta x \Delta y$$

이므로 $\Delta x \rightarrow 0$, $\Delta y \rightarrow 0$이면, $P(X=c_1, Y=c_2)=0$이 된다.

두 개의 이산확률변수에서와 마찬가지로 두 개의 연속확률변수에서도 각각의 확률변수의 분포를 주변확률분포라고 하고, 이는 주변확률밀도함수(marginal probability density function)로 나타낸다. 주변확률밀도함수는 결합확률밀도함수로부터 적분을 통하여 구할 수 있다.

정의

[주변확률밀도함수]

$f(x,y)$가 X, Y의 결합확률밀도함수일 때,

$f_X(x) = \int_{-\infty}^{\infty} f(x,y)\,dy$ 을 X의 주변확률밀도함수라고 하고

$f_Y(y) = \int_{-\infty}^{\infty} f(x,y)\,dx$ 을 Y의 주변확률밀도함수라고 한다

예제 6 두 확률변수 X와 Y의 결합확률밀도함수가

$$f(x,y) = \begin{cases} 2, & 0 \le x \le y \le 1 \\ 0, & \text{그외} \end{cases}$$

일 때, 확률변수 X와 Y의 주변확률밀도함수를 각각 구하라.

풀이 결합확률밀도함수가 양이 되는 구간을 xy평면에 표시하면 [그림 5]와 같다. 따라서 확률변수 X의 주변확률밀도함수를 구하려면 y를 $y=x$부터 $y=1$까지 적분해야한다. 마찬가지로 Y의 주변확률밀도함수는 x를 0부터 y까지 적분하면 된다.

$$f_X(x) = \int_x^1 f(x,y)dy = \int_x^1 2dy = 2(1-x),\ \ 0 \le x \le 1$$

$$f_Y(y) = \int_0^y f(x,y)dx = \int_0^y 2dx = 2y,\quad 0 \le y \le 1$$

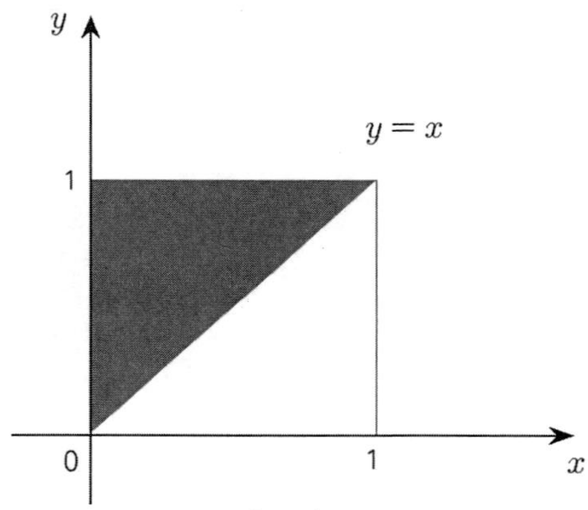

[그림 5] $f(x,y) \ge 0$인 구간

■

3.4 기댓값과 그 성질

3.4.1 평균

확률변수 X의 평균 또는 기댓값은 $E(X)$로 표시한다. 이는 X가 따르는 확률분포의 중심위치, 또는 균형점을 나타낸다. $E(X)$는 보통 μ로 표시하기도 한다. $X \sim F(x)$ 또는 $X \sim f(x)$와 같은 기호를 종종 사용하는데, 이는 확률변수 X가 누적분포함수 $F(x)$ 또는 확률질량함수나 확률밀도함수 $f(x)$인 분포를 따른다는 것을 의미한다.

정의

[확률변수의 평균 또는 기댓값]

확률변수 X가 $X \sim f(x)$ 일 때, X의 평균 또는 기댓값은

$$E(X) = \sum_i x_i f(x_i),\ X\text{가 이산확률변수일 때},$$

$$= \int_{-\infty}^{\infty} x f(x) dx,\ X\text{가 연속확률변수일 때},$$

이다.

평균은 다음과 같은 성질을 가진다. 이는 기본적으로 합이나 적분의 성질에서 나온 결과이다.

정리 3.1 평균의 성질

$$E(aX+b) = aE(X)+b\ ,\ a,b\text{는 상수}$$

증명 확률변수 X가 이산확률변수일 때

$$\begin{aligned} E(aX+b) &= \sum_j (ax_j+b) f(x_j) \\ &= a\sum_j x_j f(x_j) + b\sum_j f(x_j) \quad (\text{합}(\textstyle\sum)\text{의 성질 이용}) \\ &= aE(X)+b \quad (\text{확률질량함수와 기댓값의 정의}) \end{aligned}$$

으로 성립한다. 확률변수 X가 연속확률변수이면, 합($\sum$)대신에 적분($\int$) 성질을 이용하여 마찬가지 방법으로 증명할 수 있다. ■

3.4.2 분산

확률변수 X의 분산(variance)은 확률변수 X의 분포가 평균 μ로부터 얼마나 퍼져있는지를 나타내는 측도이다. 이는 $(X-\mu)^2$의 기댓값으로 정의되며 $Var(X)$로 표시한다. 표준편차(standard deviation) $sd(X)$는 분산의 양의 제곱근 $\sqrt{Var(X)}$ 이다.

정의

[확률변수의 분산과 표준편차]

$\mu = E(X)$ 일 때, X의 분산은

$$Var(X) = E[(X-\mu)^2] = \sum_i (x_i - \mu)^2 f(x_i),\ X\text{가 이산확률변수일 때,}$$
$$= \int_{-\infty}^{\infty} (x-\mu)^2 f(x)dx,\ X\text{가 연속확률변수일 때,}$$

이고 X의 표준편차는

$$sd(X) = \sqrt{Var(X)} = \sqrt{E(X-\mu)^2}$$

이다.

정리 3.2 분산과 표준편차의 성질

$$Var(aX+b) = a^2 Var(X)$$
$$sd(aX+b) = |a| sd(X)$$

증명 $Var(aX+b) = E[(aX+b-a\mu-b)^2] = a^2E[(X-\mu)^2] = a^2 Var(X)$이고, $\sqrt{a^2} = |a|$ 이므로 표준편차의 성질은 분산의 성질의 양변에 $\sqrt{\ }$ 를 취하면 성립한다. ■

정리 3.3 분산의 간편계산법

$$Var(X) = E(X^2) - (E(X))^2$$

증명 $Var(X) = E[(X-\mu)^2] = E[X^2 - 2X\mu + \mu^2] = E(X^2) - 2\mu^2 + \mu^2 = E(X^2) - \mu^2$

■

확률변수의 분산을 계산할 때, 정리 3.3 [분산의 간편계산법]을 이용하는 것이 편리한 경우가 많다. 즉, 분산을 계산하려면 $E(X)$, $E(X^2)$이 필요하다.

예제 7 확률변수 X의 확률분포가 다음과 같다. $E(X)$와 $Var(X)$을 구하라.

x	0	1	2
$f(x)$	1/4	1/2	1/4

풀이

$$E(X) = 0 \times \frac{1}{4} + 1 \times \frac{1}{2} + 2 \times \frac{1}{4} = 1\,,$$

$$E(X^2) = 0^2 \times \frac{1}{4} + 1^2 \times \frac{1}{2} + 2^2 \times \frac{1}{2} = \frac{3}{2}$$

에서

$$Var(X) = E(X^2) - [E(X)]^2 = \frac{1}{2}$$

이다. ■

예제 8 확률변수 X의 확률밀도함수가

$$f(x) = \begin{cases} 1, & 0 \le x \le 1 \\ 0, & \text{그 외} \end{cases}$$

이다. $E(X)$와 $Var(X)$을 구하라.

풀이

$$E(X) = \int_0^1 x dx = \frac{1}{2}\,,\ E(X^2) = \int_0^1 x^2 dx = \frac{1}{3}$$

에서 분산은 $Var(X) = \frac{1}{12}$ 이다. 이와 같은 확률밀도함수를 가진 분포를 균일분포라고 한다 (5장 참고). ■

3.4.3 두 확률변수의 함수에 대한 기댓값

X, Y의 결합분포가 $f(x,y)$ 일 때 두 확률변수의 함수인 $u(X, Y)$의 기댓값은 다음과 같이 계산한다.

$$E(u(X, Y)) = \sum_i \sum_j u(x_i, y_j) f(x_i, y_j)\,, \quad \text{이산확률변수일 때}$$

$$= \int_{-\infty}^{\infty} \int_{-\infty}^{\infty} u(x,y) f(x,y)\, dx\, dy\,, \quad \text{연속확률변수일 때}$$

예제 9 X, Y의 결합확률분포가 다음과 같을 때 $E(XY)$를 구하라.

$y \backslash x$	1	2	$P(Y=y)$
1	0	$\frac{1}{4}$	$\frac{3}{4}$
2	$\frac{1}{2}$	$\frac{1}{4}$	$\frac{1}{4}$
$P(X=x)$	$\frac{1}{2}$	$\frac{1}{2}$	1

풀이

$y \backslash x$	1	2	$P(Y=y)$
1	0×1	$\frac{1}{4}\times 2$	$\frac{3}{4}$
2	$\frac{1}{2}\times 2$	$\frac{1}{4}\times 4$	$\frac{1}{4}$
$P(X=x)$	$\frac{1}{2}$	$\frac{1}{2}$	1

각 셀의 확률 옆에 확률변수 XY가 취하는 값을 표시하였다. 따라서 해당하는 값을 곱하여 더하면 $E(XY)$를 얻을 수 있다. 즉,

$$E(XY) = 2\times\frac{1}{4} + 2\times\frac{1}{2} + 4\times\frac{1}{4} = \frac{5}{2}$$

가 된다. ■

예제 10 (예제 6의 연속) 두 확률변수 X와 Y의 결합확률밀도함수가

$$f(x,y) = \begin{cases} 2, & 0 \le x \le y \le 1 \\ 0, & \text{그 외} \end{cases}$$

일 때, 물음에 답하라.

(1) $E(X)$를 구하라.
(2) $E(XY)$를 구하라.

풀이 (1) (i) 〈예제 6〉에서 $f_X(x) = 2(1-x)$ 이므로

$$E(X) = \int_0^1 x f_X(x)dx = \int_0^1 2x(1-x)dx = \frac{1}{3}.$$

(ii) X를 $u(X, Y)$로 보고 기댓값을 계산하면 결합확률밀도함수를 이용하여

$$E(X) = \int\int_{0 \le x \le y \le 1} xf(x,y)dxdy = \int_0^1 \int_0^y 2xdxdy = \int_0^1 y^2 dy = \frac{1}{3}$$

로 구할 수도 있다. (ii)에서 적분순서를 $dydx$로 하면 이는 (i)과 완전히 같은 계산이 된다.

(2) $u(X, Y) = XY$인 경우이므로

$$E(XY) = \int\int_{0 \le x \le y \le 1} xyf(x,y)dxdy = \int_0^1 \int_0^y 2xydxdy = \int_0^1 y^3 dy = \frac{1}{4}$$

와 같이 계산할 수 있다. 물론 이중적분의 계산에서 적분의 순서를 $dydx$의 순서로 할 수도 있다. ■

참고

$u(X, Y) = X$일 때 $u(X, Y)$의 기댓값의 공식을 적용하면

$$E(X) = \int_{-\infty}^{\infty} \int_{-\infty}^{\infty} xf(x,y)dydx = \int_{-\infty}^{\infty} x \int_{-\infty}^{\infty} f(x,y)dydx = \int_{-\infty}^{\infty} xf_X(x)dx$$

이므로 이는 $E(X)$의 정의와 일치한다는 것을 확인할 수 있다. 여기에서 적분의 순서를 $dydx$로 했으므로 이러한 결과를 얻는다.

정리 3.4

$$E(X \pm Y) = E(X) \pm E(Y)$$

증명 X, Y의 결합확률밀도함수가 $f(x,y)$일 때,

$$\begin{aligned} E(X \pm Y) &= \int_{-\infty}^{\infty} \int_{-\infty}^{\infty} (x \pm y) f(x,y)dydx \\ &= \int_{-\infty}^{\infty} x \int_{-\infty}^{\infty} f(x,y)dydx \pm \int_{-\infty}^{\infty} y \int_{-\infty}^{\infty} f(x,y)dxdy \\ &= \int_{-\infty}^{\infty} xf_X(x)dx \pm \int_{-\infty}^{\infty} yf_Y(y)dy = E(X) \pm E(Y) \end{aligned}$$

으로 성립한다. 여기에서 모든 적분은 유한한 값을 가진다고 가정한다. X, Y가 이산확률변수일 때도 마찬가지로 보일 수 있다. ■

3.4.4 공분산과 상관계수

두 개의 확률변수의 관련성을 나타내기 위해서 공분산을 사용한다. 두 확률변수 X, Y의 평균을 각각 μ_1, μ_2라고 할 때, X, Y의 분포에서 X가 μ_1보다 클 때, Y도 μ_2보다 커질 확률과 X가 μ_1보다 작을 때, Y도 μ_2보다 작을 확률이 크다면 $(X-\mu_1)(Y-\mu_2)$의 기댓값은 양의 값을 가지게 될 것이다. 만일 반대의 경향이 강하다면 $(X-\mu_1)(Y-\mu_2)$의 기댓값은 음의 값을 가지게 될 것이다. 이를 X, Y의 공분산(covariance)이라고 하고 $Cov(X, Y)$로 쓴다. 그러나 공분산은 두 확률변수가 취하는 값의 단위에 영향을 받는다.

이러한 문제를 해결하기 위해서 단위에 관계없이 두 확률변수의 관계를 나타내기 위해서 공분산을 각각의 변수의 표준편차로 나눈 상관계수(correlation coefficient)가 자주 이용된다. 확률변수 X, Y의 상관계수 $Corr(X, Y)$는 보통 ρ로 쓰기도 한다. 이는 자료의 상관계수와 마찬가지로 확률변수 X, Y의 분포의 선형관계를 나타내며 그 값은 항상 -1에서 1의 값을 취한다.

정의

[X와 Y의 공분산과 상관계수]

$$Cov(X, Y) = E[(X-\mu_1)(Y-\mu_2)], \ \mu_1 = E(X), \ \mu_2 = E(Y),$$

$$Corr(X, Y) = \frac{Cov(X, Y)}{sd(X)sd(Y)}$$

정리 3.5 공분산의 간편계산법

$$Cov(X, Y) = E(XY) - E(X)E(Y)$$

증명 기댓값의 성질을 적용하면

$$\begin{aligned} Cov(X, Y) &= E[(X-\mu_1)(Y-\mu_2)] \\ &= E[XY - X\mu_2 - \mu_1 Y + \mu_1\mu_2] = E(XY) - \mu_1\mu_2 - \mu_1\mu_2 + \mu_1\mu_2 \\ &= E(XY) - \mu_1\mu_2 \end{aligned}$$

■

정리 3.6 공분산과 상관계수의 성질

(1) $Cov\,(aX+b, cY+d) = ac\,Cov\,(X, Y)$

(2) $Corr\,(aX+b, cY+d) = \begin{cases} Corr\,(X, Y), & ac > 0 \\ -Corr\,(X, Y), & ac < 0 \end{cases}$

(3) $-1 \le Corr\,(X, Y) \le 1$

(4) $Var(X+Y) = Var(X) + Var(Y) + 2Cov\,(X, Y)$

$Var(X-Y) = Var(X) + Var(Y) - 2Cov\,(X, Y)$

(5) $Var(X_1 + \cdots + X_n) = \sum_{i=1}^{n} Var(X_i) + 2\sum_{i<j} Cov(X_i, X_j)$

증명 (1) $Cov\,(aX+b, cY+d) = E[(aX+b-a\mu_1-b)(cY+d-c\mu_2-d)]$

$= acE[(X-\mu_1)(Y-\mu_2)] = ac\,Cov\,(X, Y)$,

$\mu_1 = E(X)$, $\mu_2 = E(Y)$

(2) $Corr(aX+b, cY+d) = \dfrac{Cov(aX+b, cY+d)}{sd(aX+b)sd(cY+d)} = \dfrac{ac\,Cov(X, Y)}{|ac|sd(X)sd(Y)}$

(4) $Var(X+Y) = E[(X+Y-\mu_1-\mu_2)^2]$

$= E[(X-\mu_1)^2 + (Y-\mu_2)^2 + 2(X-\mu_1)(Y-\mu_2)]$

$= E[(X-\mu_1)^2] + E[(Y-\mu_2)^2] + 2E[(X-\mu_1)(Y-\mu_2)]$

이고 $Var(X-Y) = Var(X) + Var(Y) - 2Cov\,(X, Y)$는 같은 방법으로 성립한다.

(5) $E(X_i) = \mu_i$라고 하면,

$Var(X_1 + \cdots + X_n) = E[(X_1 - \mu_1 + \cdots + X_n - \mu_n)^2]$

$= \sum_{i=1}^{n} E(X_i - \mu_i)^2 + 2\sum_{i<j} E[(X_i - \mu_i)(X_j - \mu_j)] = \sum_{i=1}^{n} Var(X_i) + 2\sum_{i<j} Cov(X_i, X_j)$

(3) (4)와 (1)을 이용하면,

$0 \le Var\left(\dfrac{Y-\mu_2}{\sigma_2} - \rho\dfrac{X-\mu_1}{\sigma_1}\right)$

$= Var\left(\dfrac{Y-\mu_2}{\sigma_2}\right) + \rho^2 Var\left(\dfrac{X-\mu_1}{\sigma_1}\right) - 2\rho Cov\left(\dfrac{X-\mu_1}{\sigma_1}, \dfrac{Y-\mu_2}{\sigma_2}\right) = 1-\rho^2$

이다. 여기서 $\rho = Corr(X, Y)$이다. 따라서 $1-\rho^2 \ge 0$이므로 $-1 \le \rho \le 1$이다. ■

예제 11 확률변수 X, Y가 다음의 결합분포를 가질 때, 공분산 $Cov(X, Y)$와 상관계수 $Corr(X, Y)$를 구하라.

Y \ X	1	2	3	Y의 주변분포
1	0	$\frac{1}{3}$	0	$\frac{1}{3}$
2	$\frac{1}{6}$	0	$\frac{1}{6}$	$\frac{1}{3}$
3	0	$\frac{1}{3}$	0	$\frac{1}{3}$
X의 주변분포	$\frac{1}{6}$	$\frac{2}{3}$	$\frac{1}{6}$	1

풀이 X, Y의 주변분포로부터

$$E(X) = 1 \times \frac{1}{6} + 2 \times \frac{2}{3} + 3 \times \frac{1}{6} = 2\,,\ E(Y) = 1 \times \frac{1}{3} + 2 \times \frac{1}{3} + 3 \times \frac{1}{3} = 2$$

이고

$$E(XY) = 2 \times \frac{1}{3} + 2 \times \frac{1}{6} + 6 \times \frac{1}{6} + 6 \times \frac{1}{3} = 4$$

이므로

$$Cov(X, Y) = E(XY) - E(X)E(Y) = 0$$

이다. 따라서 상관계수도 0이 된다. ■

3.5 두 확률변수의 독립성

2장에서는 두 사건의 독립성을 정의하였다. 이 절에서는 두 확률변수의 독립성(independence)에 대해서 알아보자. 이는 사건의 독립성을 확장한 것으로 두 확률변수가 만들 수 있는 모든 사건이 독립이라는 것을 의미한다. 즉, 다음과 같이 정의한다.

정의

[X와 Y의 독립성]

두 확률변수 X와 Y가 모든 실수의 부분집합 A, B에 대해서

$$P(X \in A, Y \in B) = P(X \in A)P(Y \in B)$$

가 성립하면 독립이라고 한다. 독립이 아니면 종속이다.

두 확률변수의 독립성을 알아보기 위해서 위의 정의보다는 다음의 정의(또는 정리)를 주로 사용한다. 즉, 이산형 확률변수 X와 Y가 독립이 되려면 모든 x, y에 대해서 사건 $(X=x)$와 $(Y=y)$가 독립이면 된다는 것이다. 즉, 모든 x, y에 대해서

$$P(X=x, Y=y) = P(X=x)P(Y=y)$$

이 성립하면 된다. 이는 확률질량함수로 표현하면 $f(x,y) = f_X(x)f_Y(y)$ 이다. 연속확률변수의 경우에는 확률밀도함수에 대해서 위의 사실이 성립하면 된다.

정의

X와 Y의 독립성

확률변수 X와 Y가 독립이다.

$\Leftrightarrow$ 모든 실수 x, y에 대해서 $f(x,y) = f_X(x)f_Y(y)$ 이다.

여기서 $f(x,y)$는 확률변수 X, Y의 결합확률질량함수 또는 결합확률밀도함수이다.

정의

[X와 Y의 종속성]

확률변수 X와 Y가 서로 종속이다.

$\Leftrightarrow$ 어떤 실수 x, y에 대해서 $f(x,y) \neq f_X(x)f_Y(y)$ 이다.

여기서 $f(x,y)$는 확률변수 X, Y의 결합확률질량함수 또는 결합확률밀도함수이다.

예제 12 〈예제 4〉에서 X와 Y는 종속이고, X와 Z는 독립이다.

정리 3.7

두 확률변수 X와 Y가 독립이면 다음이 성립한다.

(1) $E(XY) = E(X)E(Y)$

(2) $Cov(X, Y) = 0, \quad Corr(X, Y) = 0$

(3) $Var(X+Y) = Var(X) + Var(Y)$

증명 (1) $E(XY) = \sum_i \sum_j x_i\, y_j f(x_i, y_j) = \sum_i \sum_j x_i y_j f_X(x_i) f_Y(y_j)$ (독립성에 의해)

$$= \sum_i x_i f_X(x_i) \sum_j y_j\, f_Y(y_j) = E(X)E(Y)$$

(2) 공분산의 정의와 (1)로부터 성립한다.

(3) 정리 3.6 [공분산과 상관계수의 성질]의 (4)와 (2)로부터 성립한다. ■

참고

위의 정리의 역은 성립하지 않는다. 즉, X와 Y가 독립이면 $Cov(X, Y) = 0$ 이지만 $Cov(X, Y) = 0$ 이 독립을 의미하지는 않는다. 〈예제 11〉에서 두 확률변수는 종속이지만 $Cov(X, Y) = 0$ 이다. 다시 말해서, 두 확률변수의 공분산이 0이라는 것은 독립이기 위한 필요조건이지만 충분조건은 아니다.

R 실습

\# X가 주사위 눈을 나타내는 확률변수일 때, X의 분포를 그려보자.
\# 이를 위해서 R에 새로운 package를 설치해야 한다.
\# package "prob"는 현재 Cran에서 내려가 있으므로 수동설치가 필요하다.
\# 초기버전의 "prob"는 적절한 위치에 저장하여 아래의 command로 설치할 수 있다.
\# 버전이 높은 "prob"의 설치는 부록을 참고하도록 하자.

```
install.packages("~/prob_0.9-1.tar", repos = NULL, type = "source")
library(prob)
```

1. 주사위를 한번 던질 때

\# 주사위를 한 번 던질 때의 표본공간은 1,2,3,4,5,6이다.
\# 이를 생성해보자.

```
die1.sp=rolldie(1)
die1.sp
X1
1 1
2 2
3 3
4 4
5 5
6 6
```

\# 위의 분포를 그래프로 나타내보자.

```
barplot(table(die1.sp)/6, main="distribution of X", xlab="x", ylab="probability")
```

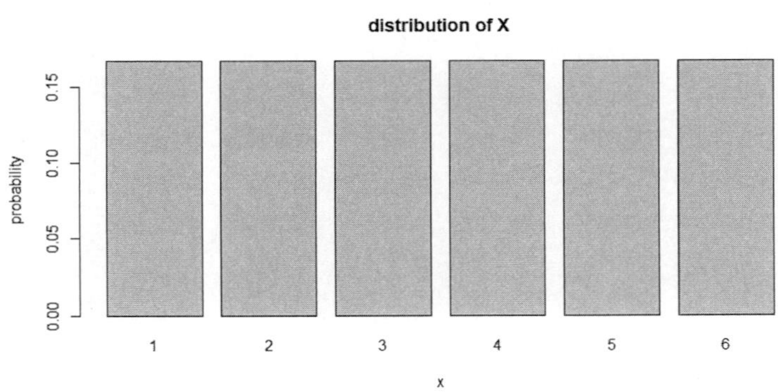

\# 세로축을 확률로 표시하기 위해서 6으로 나누었다.

2. 주사위를 두 번 던질 때

```
# 주사위를 두 번 던질 때의 표본공간은 몇 개의 원소를 가지는가?
die2.sp=rolldie(2)
die2.sp
   X1 X2
1   1  1
2   2  1
3   3  1
4   4  1
5   5  1
6   6  1
7   1  2
8   2  2
9   3  2
10  4  2
11  5  2
12  6  2
13  1  3
14  2  3
15  3  3
16  4  3
17  5  3
18  6  3
19  1  4
20  2  4
21  3  4
22  4  4
23  5  4
24  6  4
25  1  5
26  2  5
27  3  5
28  4  5
```

```
29 5 5
30 6 5
31 1 6
32 2 6
33 3 6
34 4 6
35 5 6
36 6 6
```

주사위를 두 번 던질 때 눈의 **합**의 확률분포를 구하고 그려보자.

```
die2.sum=apply(die2.sp,1,sum)
```

die2.sp 각 행의 sum을 구하라는 의미이다.

합은 2부터 12까지의 값을 취한다. 각각 몇 개가 있는지 세어보자.

```
table(die2.sum)
die2.sum
 2  3  4  5  6  7  8  9 10 11 12
 1  2  3  4  5  6  5  4  3  2  1
```

분포를 그래프로 그려보자.

```
barplot(table(die2.sum)/36, main="distribution of X1+X2", xlab="sum", ylab="probability")
```

세로축을 확률로 표시하기 위해서 36으로 나누었다.

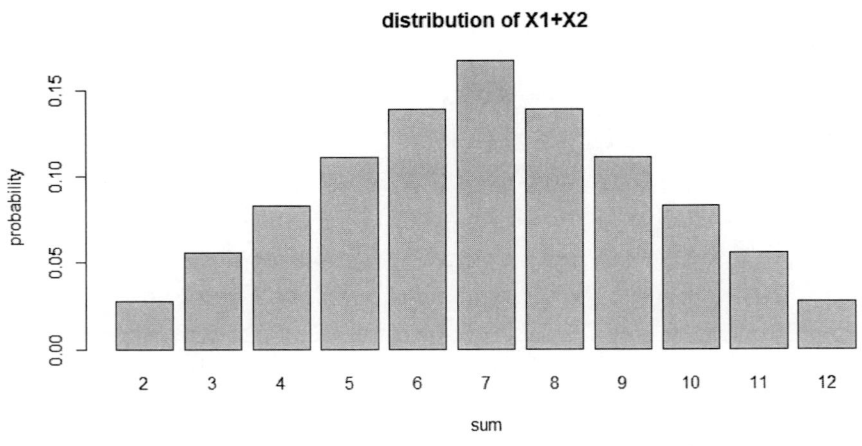

위의 분포의 기댓값 E(X1+X2)과 분산 Var(X1+X2)는 무엇인가?

주사위를 두 번 던질 때 눈의 **평균**의 확률분포를 구하고 그려보자.

```
die2.mean=apply(die2.sp,1,mean)
```

die2.sp 각 행의 mean을 구하라는 의미이다.

합의 경우와 같이 확률분포를 구해보자. 어떤 결과를 예상하는가?

```
table(die2.mean)
 die2.mean
  1 1.5   2 2.5   3 3.5   4 4.5   5 5.5   6
  1   2   3   4   5   6   5   4   3   2   1
```

분포를 그래프로 그려보자.

```
barplot(table(die2.mean)/36, main="distribution of (X1+X2)/2", xlab="barx", ylab="probability")
```

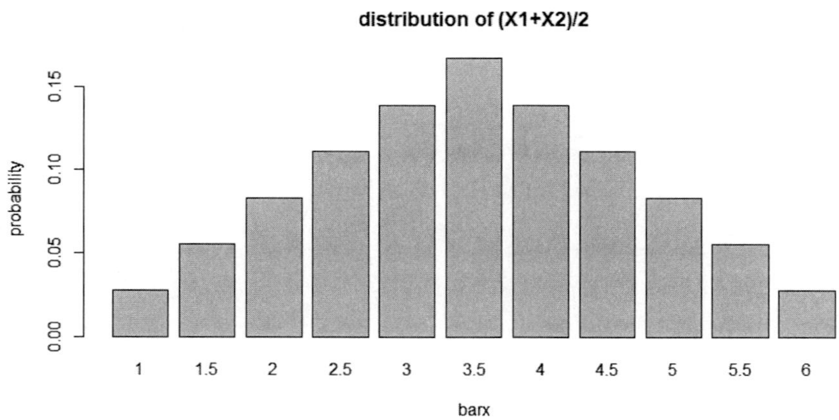

위 분포의 기댓값 E(Xbar)=E((X1+X2)/2)과 분산 Var(Xbar)=Var((X1+X2)/2)는 얼마인가?

주사위를 세 번, 네 번 던질 때도 마찬가지로 시행해보자. 어떤 결과를 기대하는가?

3. 일반적인 주머니의 경우

1이 1개, 2가 2개, 3이 3개, 4가 4개 들어있는 주머니에서 2개의 숫자를 꺼낸다고 하자.
이 경우 숫자의 합의 분포를 구해보자.

```
# 함수 urnsamples를 이용한다.
box.sp=c(1,2,2,3,3,3,4,4,4,4)
box2.sp=urnsamples(box.sp,size=2,replace=T,ordered=T)
# 복원추출이며, 순서를 고려한다.

box2.sum=apply(box2.sp,1,sum)
# box2.sp 각 행의 sum을 구하라는 의미이다.
table(box2.sum)/length(box2.sum)
box2.sum
   2    3    4    5    6    7    8
0.01 0.04 0.10 0.20 0.25 0.24 0.16
barplot(table(box2.sum)/length(box2.sum))
```

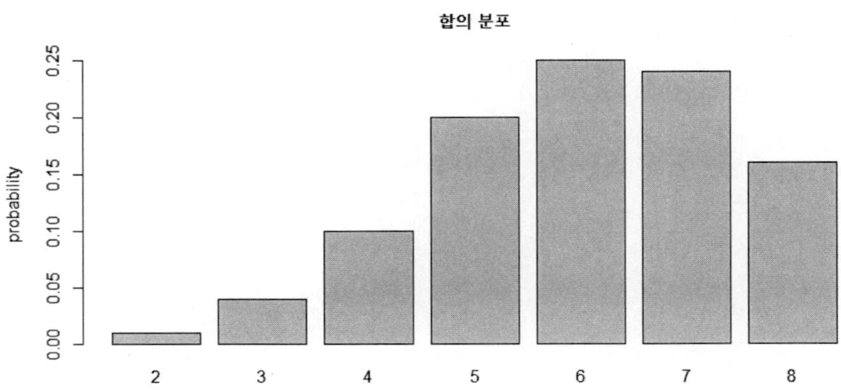

size를 2에서 증가시키면서 시행해보자. 어떤 결과를 기대하는가?

제3장

연습문제

❖ 이산확률분포

1. 확률변수 X의 누적분포함수가

$$F(x)=\begin{cases}0, & x<-1\\ \frac{1}{4}, & -1\le x<1\\ \frac{1}{2}, & 1\le x<3\\ \frac{3}{4}, & 3\le x<5\\ 1, & x\ge 5\end{cases}$$

일 때 X의 확률질량함수와 $E(X)$, $Var(X)$를 구하라.

❖ 연속확률분포

2. 확률변수 X가 확률밀도함수

$$f(x)=\begin{cases}ke^{-2x}, & x\ge 0\\ 0, & x<0\end{cases}$$

를 따른다.

(1) 상수 k를 구하라.

(2) $E(X)$와 $Var(X)$를 구하라.

3. 확률변수 X의 누적분포함수 $P(X\le x)=F(x)$가

$$F(x)=\begin{cases}1-e^{-2x}, & x\ge 0\\ 0, & x<0\end{cases}$$

과 같을 때 다음 물음에 답하라.

(1) X의 확률밀도함수를 구하라.

(2) $E(X)$를 구하라.

(3) $P(X>2)$를 구하라.

4. 연속확률변수 X의 확률밀도함수가 다음과 같을 때 물음에 답하라.

$$f(x) = \begin{cases} k(1-x^2), & -1 \le x \le 1 \\ 0, & \text{그 외} \end{cases}$$

(1) 상수 k를 구하라.

(2) $P(0 \le X \le 1)$을 구하라.

(3) $E(X)$, $Var(X)$를 구하라.

5. 연속확률변수X의 확률밀도함수가

$$f(x) = \begin{cases} a+bx^2, & 0 \le x \le 1 \\ 0, & \text{그 외} \end{cases}$$

이고 $E(X) = \dfrac{3}{5}$ 이다. 상수 a, b를 구하라.

6. 연속확률변수 X의 확률밀도함수가 다음과 같다.

$$f(x) = \begin{cases} x, & 0 \le x < a \\ 0, & a \le x < a+1 \\ k, & a+1 \le x < a+2 \end{cases}$$

$F(x)$를 X의 누적분포함수라고 할 때 $F(a+0.5) = 0.5$ 이다. a와 k를 구하라.

❖ 이산결합확률분포

7. 확률변수 X는 -1, 0, 1의 값을 취하고, 확률변수 Y는 0,1의 값을 취한다. 그리고 X, Y의 결합확률분포는 다음과 같다.

y \ x	−1	0	1
0	0.2	0.2	0.2
1	0.1	0.2	0.1

(1) X와 Y의 공분산 $Cov(X, Y)$를 구하라.

(2) $X+Y$의 분산 $Var(X+Y)$를 구하라.

(3) X와 Y는 독립인가 또는 종속인가? 물음에 답하고 그 이유를 설명하라.

8. 이산확률변수 X, Y의 결합확률분포는 다음과 같다. 또한 X와 Y는 독립이다. 다음 물음에 답하라.

y \ x	-1	0	1	행의 합
0	?	0.24	?	0.6
1	?	?	?	?
열의 합	0.3	?	?	1

(1) X, Y의 결합확률분포와 각각의 주변분포를 완성하라.

(2) $X+Y$의 분산 $Var(X+Y)$를 구하라.

(3) $E(|X-Y|)$를 구하라.

9. 이산확률변수 X, Y의 결합확률분포가 다음과 같을 때 다음 물음에 답하라.

y \ x	0	1	2	3
0	0	0	1/8	1/8
1	0	1/4	1/4	0
2	1/8	1/8	0	0

(1) $E(X)$, $E(Y)$, $Var(X)$, $Var(Y)$를 구하라.

(2) X와 Y의 공분산 $Cov(X, Y)$를 구하라.

10. 확률변수 X는 확률질량함수 $f_1(x) = \frac{1}{3}$, $x = -1, 0, 1$을 갖는다. 또한 확률변수 Y는

$$Y = \begin{cases} 1, & |X| = 1 \text{ 일 때} \\ 0, & X = 0 \text{ 일 때} \end{cases}$$

와 같이 정의된다. 다음 물음에 답하라.

(1) X, Y의 결합확률분포를 구하라.

(2) X와 Y의 공분산 $Cov(X, Y)$를 구하라.

(3) X와 Y는 독립인가? 종속인가? 그 이유는?

11. 동전 2개를 던질 때 앞면이 나오는 횟수를 확률변수 X라고 하고, 확률변수 Y는

$$Y = \begin{cases} 0, & X = 0,2 \text{ 일 때} \\ 1, & X = 1 \text{ 일 때} \end{cases}$$

와 같이 정의한다.

(1) X, Y의 주변확률분포와 결합확률분포를 구하라. 즉 다음 표를 완성하라.

x	0	1	2	합
$P(X=x)$				1

X의 (주변)확률분포

y	0	1	합
$P(Y=y)$			1

Y의 (주변)확률분포

y \ x	0	1	2	합
0				
1				
합				1

X, Y의 결합확률분포

(2) X와 Y의 상관계수 $Corr(X, Y)$를 구하라.

(3) $X+Y$의 분산 $Var(X+Y)$를 구하라.

(4) X와 Y는 독립인가? 종속인가? 답하고 이유를 명확히 서술하라.

12. 앞면과 뒷면이 나오는 확률이 같은 동전을 3회 던지는 실험을 한다. 여기서 확률변수 X, Y, Z를 다음과 같이 정의하자.

X : 처음 두 번의 시행에서의 앞면의 횟수

$$Y = \begin{cases} 1, & \text{두 번째 시행에서 앞면이 나올 때} \\ 0, & \text{그렇지 않을 때} \end{cases}$$

$$Z = \begin{cases} 1, & \text{세 번째 시행에서 앞면이 나올 때} \\ 0, & \text{그렇지 않을 때} \end{cases}$$

X, Y의 결합확률분포와 X, Z의 결합확률분포를 구하라.

❖ 연속결합확률분포

13. 연속확률변수 X, Y의 결합확률밀도함수가

$$f(x,y) = \begin{cases} c, & 0 \le x \le y \le 1 \\ 0, & \text{그 외} \end{cases}$$

일 때, 다음 물음에 답하라.

(1) 상수 c를 구하라.

(2) X와 Y의 상관계수 $Corr(X, Y)$를 구하라.

14. 연속확률변수 X, Y의 결합확률밀도함수가

$$f(x,y) = \begin{cases} 24xy, & x \geqq 0,\ y \geqq 0,\ x+y \leqq 1 \\ 0, & \text{그 외} \end{cases}$$

일 때, 다음 물음에 답하라.

(1) X, Y의 주변확률밀도함수를 구하라.

(2) $E(X),\ E(Y),\ Var(X),\ Var(Y)$를 구하라.

(3) X와 Y의 상관계수 $Corr(X, Y)$를 구하라.

단, $\int_0^1 x^a (1-x)^b dx = \dfrac{a!b!}{(a+b+1)!}$ 임을 이용해도 좋다.

15. 연속확률변수 X, Y의 결합확률밀도함수가

$$f(x,y) = \begin{cases} k(x-y), & 0 \le y \le x \le 1 \\ 0, & \text{그 외} \end{cases}$$

일 때, 다음 물음에 답하라.

(1) 상수 k를 구하라.

(2) X, Y의 주변확률밀도함수를 구하라.

(3) $E(X),\ E(Y),\ Var(X),\ Var(Y)$를 구하라.

(4) X와 Y의 상관계수 $Corr(X, Y)$를 구하라.

16. 연속확률변수 X, Y의 결합확률밀도함수가

$$f(x,y) = \begin{cases} x+y, & 0 \le x \le 1,\ 0 \le y \le 1 \\ 0, & \text{그 외} \end{cases}$$

일 때, 다음 물음에 답하라.

(1) X, Y의 주변확률밀도함수를 구하라.

(2) $P(X > 1/2,\ Y > 1/2)$을 구하라.

17. 연속확률변수 X, Y의 결합확률밀도함수가

$$f(x,y) = \begin{cases} 6x, & x \geqq 0,\ y \geqq 0,\ x+y \leqq 1 \\ 0, & \text{그 외} \end{cases}$$

일 때, 다음 물음에 답하라.

(1) X, Y의 주변확률밀도함수를 구하라.

(2) X와 Y는 독립인가? 종속인가? 답하고 이유를 설명하라.

(3) $E(X),\ E(Y),\ Var(X),\ Var(Y)$를 구하라.

(4) X와 Y의 상관계수 $Corr(X, Y)$를 구하라.

(5) $P(Y \geqq X)$를 구하라.

18. 연속확률변수 X, Y의 결합확률밀도함수가

$$f(x,y) = \begin{cases} 2, & x \ge 0,\ y \ge 0,\ x+y \le 1 \\ 0, & \text{그 외} \end{cases}$$

일 때, 다음 물음에 답하라.

(1) X, Y의 주변확률밀도함수를 구하라.

(2) $E(X),\ E(Y),\ Var(X), Var(Y)$를 구하라.

(3) X와 Y의 상관계수 $Corr(X, Y)$를 구하라.

19. 연속확률변수 X, Y의 결합확률밀도함수가

$$f(x,y) = \begin{cases} k(x+y), & 0 \le x \le y \le 1 \\ 0, & \text{그 외} \end{cases}$$

일 때, 다음 물음에 답하라.

(1) 상수 k를 구하라.

(2) X, Y의 주변확률밀도함수를 구하라.

(3) $E(X)$, $E(Y)$를 구하라.

(4) X와 Y의 공분산 $Cov(X, Y)$을 구하라.

(5) X와 Y는 독립인가? 종속인가? 답하고 이유를 설명하라.

20. 연속확률변수 X, Y의 결합확률밀도함수가

$$f(x,y) = \begin{cases} 3x, & 0 \le y \le x \le 1 \\ 0, & \text{그 외} \end{cases}$$

일 때, 다음 물음에 답하라.

(1) X, Y의 주변확률밀도함수를 구하라.

(2) X와 Y의 공분산 $Cov(X, Y)$을 구하라.

(3) X와 Y는 독립인가? 종속인가? 답하고 이유를 설명하라.

(4) $P(X+Y>1)$을 구하라.

제 4 장

이산확률분포

4.1 이산균일분포
4.2 베르누이분포
4.3 이항분포
4.4 초기하분포
4.5 포아송분포

제4장 이산확률분포

3장에서는 확률변수와 확률분포의 일반적인 사항에 대해서 알아보았다. 이미 언급했듯이 확률변수가 취하는 값들이 셀 수 있는(countable) 경우에 이산확률변수라고 한다. 그리고 이러한 확률변수가 따르는 분포를 이산확률분포라고 한다. 이 장에서는 특히 자주 이용하는 이산확률분포 몇 가지를 소개한다.

4.1 이산균일분포

이산균일분포(discrete uniform distribution)는 이산확률변수가 가질 수 있는 값들이 모두 똑같은 확률을 가지는 분포를 말한다.

정의

[이산균일분포]

확률변수 X가 $x_1, \ldots, x_k$의 k개의 값을 가지며, 각 값을 취할 확률이 같을 때, X는 이산균일분포를 따른다고 한다. 이 때 X의 확률질량함수는 다음과 같다.

$$f(x) = \begin{cases} \frac{1}{k}, & x = x_1, x_2, \ldots, x_k \\ 0, & \text{그 외} \end{cases}$$

예제 1 주사위를 한번 던지는 실험에서 나오는 눈의 수를 X라고 할 때, 확률변수 X의 확률질량함수는

$$f(x) = \begin{cases} \frac{1}{6}, & x = 1,2,3,4,5,6 \\ 0, & \text{그 외} \end{cases}$$

이고 X는 이산균일분포를 따른다. ■

4.2 베르누이분포

동전 던지기를 하는 경우 그 결과는 일반적으로 앞면 또는 뒷면이다. 주머니에 흰 공과 검은 공이 섞여 있다면 공을 뽑았을 때 흰 공 또는 검은 공이 나올 것이다. 이와 같이 어떤 실험이나 조사에서 결과가 두 가지만 나타날 때 이를 베르누이시행(Bernoulli trial)이라고 한다. 이때 관심이 있는 사건을 보통 '성공'(success), 그렇지 않은 사건은 '실패'(fail)라고 표현한다. 그리고 베르누이 시행은 '성공'이 일어날 확률인 성공률에 의해서 결정된다.

일반적으로 결과가 두 가지만 나오는 경우 베르누이시행을 생각한다. 그러나 관심 있는 사건과 그렇지 않은 사건으로 분류할 수 있는 경우는 모두 베르누이시행이 된다. 예를 들어 주사위를 던지는 경우를 생각해보자. 이 경우 보통 결과가 6가지라고 생각한다. 그런데 만약 3의 배수가 나오는 사건에 관심이 있다면, 그 결과는 3의 배수가 나오는 경우와 그렇지 않은 경우로 구분되고 이는 성공률이 1/3인 베르누이 시행이 된다.

정의

[베르누이시행]

시행결과가 '성공'('S'), '실패'('F') 두 가지뿐이며,

$$P(S)=p, \quad P(F)=1-p=q$$

인 시행을 성공률이 p인 베르누이시행이라고 한다.

또한 베르누이시행에서 '성공'에 1을 '실패'에 0을 대응한 확률변수를 X라고 할 때, X가 따르는 분포를 베르누이분포(Bernoulli distribution)라고 한다.

정의

[베르누이분포]

성공률이 $p(0<p<1)$인 베르누이시행에서 확률변수 X가 0과 1의 값을 취하며

$$P(X=1)=p, \quad P(X=0)=q$$

일 때 X가 따르는 분포를 베르누이분포라고 한다. X의 확률질량함수는

$$f(x)=p^x(1-p)^{1-x}, \quad x=0,1$$

로 쓸 수 있고, 성공률이 p인 베르누이분포는 $B(1,p)$로 나타낸다.

확률변수 X가 $B(1,p)$를 따를 때, 이의 평균과 분산은 정의에 의해서 쉽게 계산할 수 있다.

$$E(X) = 0 \cdot q + 1 \cdot p = p, \quad E(X^2) = p$$
$$Var(X) = E(X^2) - (E(X))^2 = p - p^2 = p(1-p) = pq$$

베르누이분포는 0과 1의 값만을 취하므로 $E(X^2) = E(X) = p$가 된다.

4.3 이항분포

만약 성공률이 p인 베르누이시행을 n번 독립적으로 반복시행할 때, n번의 시행 중 '성공' 횟수를 센다고 하자. 이 횟수를 확률변수 X라고 하면 X는 $0,1,2,...,n$의 값을 취한다. 여기서 X의 분포를 이항분포(binomial distribution)라고 한다. 이제 이항분포의 확률을 생각해 보자. 성공이 x번, 실패가 $n-x$번 나타나는 하나의 단일사건의 확률은

$$P(S \cdots S\ F \cdots F) = p \cdots pq \cdots q = p^x q^{n-x}$$

이다. 여기서 베르누이시행을 독립적으로 시행하기 때문에 각 확률을 곱할 수 있음에 유의하라. 성공이 x번인 사건은 순서가 뒤섞일 수도 있으므로 가능한 경우의 수는 $\binom{n}{x} = {}_nC_x$이다. 여기서 $\binom{n}{x}$ 또는 ${}_nC_x$는 n개 중에서 r개를 선택하는 경우의 수를 말하며 조합(combination)이라고 한다. 앞으로는 조합의 기호로 $\binom{n}{x}$를 사용하기로 하자. 따라서 이항분포를 따르는 확률변수 X의 분포는 $P(X=x) = \binom{n}{x} p^x (1-p)^{n-x}$가 된다.

정의

[이항분포]

성공률이 p인 베르누이시행을 n번 독립적으로 반복할 때 성공의 횟수를 확률변수 X라고 하자. 이때 X의 분포를 모수 n과 p를 가지는 이항분포라고 한다. X의 확률질량함수는

$$f(x) = \binom{n}{x} p^x (1-p)^{n-x}, \quad x = 0,1,...,n$$

이고 기호로는 $B(n,p)$로 나타낸다.

확률변수 X가 이항분포 $B(n,p)$를 따를 때, 이의 평균과 분산을 생각해보자. 직접 정의를 이용한다면,

$$E(X) = \sum_{x=0}^{n} xf(x) = \sum_{x=0}^{n} x\binom{n}{x}p^x q^{n-x} = np$$

$$Var(X) = E(X^2) - (E(X))^2 = npq$$

임을 알 수 있다. $E(X^2)$은 직접 계산하기 보다는 $E(X^2) = E(X(X-1)) + E(X)$인 관계를 이용하여 $E(X(X-1))$를 계산하여 구하는 것이 간편하다. 정의를 이용한 이항분포의 평균과 분산의 자세한 계산은 연습문제로 돌린다.

이항분포의 평균과 분산은 베르누이분포의 평균과 분산의 n배라는 것을 바로 알 수 있다. 여기서는 이항분포와 베르누이분포와의 관계를 이용하여 이 결과를 생각해보자. $Y_1, \ldots, Y_n$이 독립이고 성공률 p인 베르누이분포 $B(1,p)$를 따른다고 하자. $X \sim B(n,p)$일 때, X는 $X = \sum_{i=1}^{n} Y_i$로 나타낼 수 있다. 이 관계를 이용하면

$$E(X) = E\left(\sum_{i=1}^{n} Y_i\right) = \sum_{i=1}^{n} E(Y_i) = np$$

$$Var(X) = Var\left(\sum_{i=1}^{n} Y_i\right) = \sum_{i=1}^{n} Var(Y_i) = npq$$

이 됨을 쉽게 알 수 있다. 분산을 구할 때, Y_i들이 독립이므로 공분산이 모두 0이 됨에 유의하자.

위에서 $Y_1, \ldots, Y_n$과 같이 서로 독립이고 동일한 분포를 가지는 (independent, identically, distributed) 확률변수를 간단히 $i.i.d.$ 확률변수라고 표현한다. 그리고

$$Y_1, Y_2, \ldots, Y_n \overset{i.i.d.}{\sim} B(1,p)$$

로 표현하기도 한다. $i.i.d.$ 확률변수는 모집단으로부터 반복적으로 표본을 추출하는 상황을 표시할 때 자주 이용된다.

[이항분포의 평균과 분산]

시행횟수가 n이고 성공률이 p인 이항분포 $B(n,p)$의 평균과 분산은

$$\text{평균} = np, \quad \text{분산} = np(1-p) = npq$$

이다.

예제 2 두 프로야구 팀 A, B가 시즌 중 6번 시합을 한다. 매 시합에서 A팀이 이길 확률이 0.6일 때, 다음을 구하라. 단, 무승부인 경우는 없다고 가정한다.

(1) 6번 시합 중 A팀이 2번 이길 확률을 구하라.

(2) 6번 시합 중 A팀이 이길 횟수가 2번 이하일 확률을 구하라.

풀이 (1) A 팀이 이긴 횟수를 확률변수 X라고 하면, X는 $B(6,0.6)$을 따른다. 따라서 구하는 확률은

$$P(X=2) = \binom{6}{2}0.6^2 0.4^4 = 0.13824$$

이다.

(2)

$$\begin{aligned} P(X \le 2) &= P(X=0) + P(X=1) + P(X=2) \\ &= \binom{6}{0}0.6^0 0.4^6 + \binom{6}{1}0.6^1 0.4^5 + \binom{6}{2}0.6^2 0.4^4 \\ &= 0.004 + 0.037 + 0.138 = 0.179 \end{aligned}$$

■

이항분포의 확률을 구하기 위해서는 해당하는 확률질량함수의 값을 계산하여 더하면 된다. 이를 위해서 여러 가지 n과 p에 대해서 누적분포 $P(X \le x)$의 값을 부록에 표로 제시하였다. 모든 사건의 확률은 누적분포를 이용하여 표시할 수 있으므로 이를 이용하여 원하는 확률을 구할 수 있다. 다음 예제에서는 누적분포표를 이용하여 이항분포의 확률을 구해보자.

예제 3 5개 중 하나를 택하는 객관식 문제가 20문항이 있는 시험을 본다. 답을 랜덤하게 고르는 경우에 다음을 구하라.

(1) 정답이 하나도 없을 확률은 얼마인가?

(2) 8개 이상의 정답을 맞힐 확률은 얼마인가?

(3) 4개부터 6개 사이의 정답을 맞힐 확률은 얼마인가?

풀이 확률변수 X를 20문항 중 정답의 수라고 하면 X는 이항분포 $B(20, 0.2)$를 따른다. 이항분포의 누적분포표를 이용하자. 그러면 다음을 얻는다.

(1) $P(X=0)=0.012$

(2) $P(X \geq 8)=1-P(X \leq 7)=1-0.968=0.032$

(3) $P(4 \leq X \leq 6)=P(X \leq 6)-P(X<4)$

$=P(X \leq 6)-P(X \leq 3)=0.913-0.411=0.502$

모든 확률은 누적분포로 표현된다. 연속확률변수와 달리 이산확률변수는 $P(X<x)$와 $P(X \leq x)$의 확률이 같지 않다는 것에 유의하여 확률을 구해야 한다. ■

4.4 초기하분포

전체 모집단이 N개의 원소를 갖고, 그 중 특별한 속성을 가진 원소가 M개라고 하자. 이 중에서 n개의 원소를 단순임의추출(simple random sampling)하면 n개중 속성을 가진 원소의 개수는 변하게 될 것이다. 이를 확률변수 X라고 하고, X가 갖는 분포를 생각해보자. 단순임의추출(비복원)을 하므로 가능한 표본의 종류 $\binom{N}{n}$가지가 실제 표본으로 나타날 확률은 동일하다.

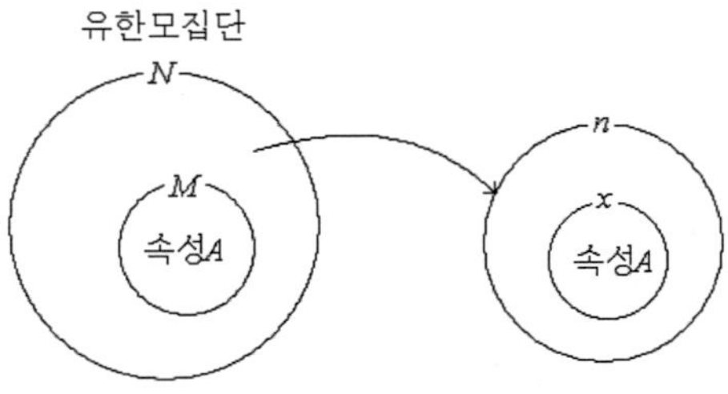

[그림 1] 초기하분포

확률의 정의를 적용하여 $P(X=x)$를 구하면

$$P(X=x)=\frac{\binom{M}{x}\binom{N-M}{n-x}}{\binom{N}{n}}$$

이 됨을 알 수 있다. 여기서 x의 범위를 생각해 보자. x는 n개중 속성의 개수를 나타내므로 $0 \leq x \leq n$이다. 또한 x는 전체 속성의 개수 M을 넘을 수 없으므로 $x \leq M$이다. 그리고 n개중 속성을 가지지 않는 $n-x$는 전체에서 속성을 가지지 않은 $N-M$을 넘을 수 없다. 즉, $n-x \leq N-M$, $n-(N-M) \leq x$이다. 이 세 개의 부등식을 종합하면

$$\max(0, n-(N-M)) \le x < \min(n, M)$$

이 된다. 만일 전체 집단의 수 N, M이 n에 비해서 충분히 크다면, 위의 부등식은 $0 \le x \le n$이 될 것이다. 앞으로는 이러한 가정을 하고, $x = 0, \ldots, n$으로 표기하기로 하자. 이러한 분포를 가지는 확률변수 X의 분포를 초기하분포(hypergeometric distribution)라고 한다.

정의

[초기하분포]

전체 집단의 크기가 N이고 속성을 가진 것의 개수가 M이다. 이 중에서 n개를 단순임의추출할 때 n개 중에서 속성을 가진 것의 개수를 확률변수 X라고 하자. 이때 X의 분포를 초기하분포라고 한다. 이의 확률질량함수는

$$f(x) = P(X = x) = \frac{\binom{M}{x}\binom{N-M}{n-x}}{\binom{N}{n}}$$

이다. 여기서 $\max(0, n-(N-M)) \le x < \min(n, M)$이지만 전체 집단의 수 N, M이 n에 비해서 충분히 크다면, $0 \le x \le n$이 성립한다. 기호로는 $H(n; N, M)$으로 나타낸다.

초기하분포 $H(n; N, M)$의 평균과 분산은 정의를 이용하여 계산하면, $\frac{M}{N} = p$, $1-p = q$라고 할 때, 평균은 np이고 분산은 $\frac{N-n}{N-1}npq$가 됨을 보일 수 있다. 즉, 초기하분포의 평균은 이항분포의 평균과 동일하고 전체 집단의 크기 N이 무한히 커진다면 $\frac{N-n}{N-1}$이 1에 가까이 가므로 초기하분포의 분산은 이항분포의 분산에 가까이 간다. $\frac{N-n}{N-1}$을 수정항이라고 부른다. 실제로 초기하분포는 전체 집단의 크기 N이 무한히 커질 때 이항분포와 가까워진다는 것을 보일 수 있다.

[초기하분포의 평균과 분산]

초기하분포 $H(n; N, M)$의 평균과 분산은

$$\text{평균} = np,\ \text{분산} = \frac{N-n}{N-1}npq$$

이다. 여기서 $p = \frac{M}{N}$, $q = 1-p$이다.

예제 4 흰 공 3개와 빨간 공 2개가 들어 있는 주머니에서 랜덤하게 2개를 (비복원추출로)꺼낼 때, X를 빨간 공의 개수라고 하자.

(1) X의 분포를 말하고, 확률질량함수를 구하라.

(2) 확률질량함수를 이용하여 X의 평균과 분산을 구하라.

풀이 (1) X의 분포는 $H(2;5,2)$이다. 이때 X는 0,1,2의 값을 취할 수 있으며 각 확률은 다음과 같다.

$$P(X=0)=\frac{\binom{2}{0}\binom{3}{2}}{\binom{5}{2}}=\frac{3}{10},\ P(X=1)=\frac{\binom{2}{1}\binom{3}{1}}{\binom{5}{2}}=\frac{6}{10},\ P(X=2)=\frac{\binom{2}{2}\binom{3}{0}}{\binom{5}{2}}=\frac{1}{10}$$

(2) 확률질량함수로부터 평균을 구하면 $E(X)=0\times\frac{3}{10}+1\times\frac{6}{10}+2\times\frac{1}{10}=\frac{4}{5}$이고

$E(X^2)=0^2\times\frac{3}{10}+1^2\times\frac{6}{10}+2^2\times\frac{1}{10}=1$에서 $Var(X)=1-(\frac{4}{5})^2=\frac{9}{25}$이다.

이를 [초기하분포의 평균과 분산]공식과 비교해보면

$$E(X)=np=2\times\frac{2}{5}=\frac{4}{5},\quad \frac{N-n}{N-1}npq=\frac{3}{4}\times 2\times\frac{2}{5}\times\frac{3}{5}=\frac{9}{25}$$

로 일치함을 확인할 수 있다. ■

예제 5 〈예제 4〉에서

$$Y_i=\begin{cases}1, & i\text{번째 공이 빨간 공이면}\\ 0, & i\text{번째 공이 흰 공이면}\end{cases},\ i=1,2$$

라고 정의하고 다음 물음에 답하라.

(1) $P(Y_1=1)=\frac{2}{5}$이다. 그러면 $P(Y_2=1)$은 얼마인지 구하라.

(2) Y_1, Y_2의 결합분포와 $Cov(Y_1, Y_2)$를 구하라. Y_1, Y_2는 독립인가? 종속인가?

(3) $X=Y_1+Y_2$을 이용하여 $E(X)$와 $Var(X)$를 구하라.

풀이 (1) $P(Y_2=1)=P(Y_2=1|Y_1=1)P(Y_1=1)+P(Y_2=1|Y_1=0)P(Y_1=0)$

$$=\frac{2}{5}\times\frac{1}{4}+\frac{3}{5}\times\frac{2}{4}=\frac{2}{5}$$

따라서 Y_1, Y_2는 베르누이 시행으로 $Y_1, Y_2\sim B(1,\frac{2}{5})$임을 알 수 있다. 또한 Y_1, Y_2의 정의에 의해서 $X=Y_1+Y_2$임을 알 수 있다.

(2) Y_1, Y_2의 결합분포를 구하면 다음과 같다.

y_2 \ y_1	0	1	$P(Y_2 = y_2)$
0	$\frac{3}{10}$	$\frac{3}{10}$	$\frac{3}{5}$
1	$\frac{3}{10}$	$\frac{1}{10}$	$\frac{2}{5}$
$P(Y_1 = y_1)$	$\frac{3}{5}$	$\frac{2}{5}$	1

$$E(Y_1 Y_2) = P(Y_1 = 1, Y_2 = 1) = \frac{1}{10},\ E(Y_1) = E(Y_2) = \frac{2}{5}$$

이므로

$$Cov(Y_1, Y_2) = \frac{1}{10} - \frac{2}{5} \times \frac{2}{5} = -\frac{3}{50} < 0$$

이다. 여기서 $Cov(Y_1, Y_2)$가 음수임에 주목하자.

$Cov(Y_1, Y_2) \neq 0$이므로, 또는 $P(Y_1 = y_1, Y_2 = y_2) \neq P(Y_1 = y_1)P(Y_2 = y_2)$ 이므로 Y_1, Y_2는 종속이다.

(3) $E(X) = E(Y_1 + Y_2) = E(Y_1) + E(Y_2) = \frac{2}{5} + \frac{2}{5} = \frac{4}{5}$,

$$\begin{aligned} Var(X) &= Var(Y_1 + Y_2) = Var(Y_1) + Var(Y_2) + 2Cov(Y_1, Y_2) \\ &= 2 \times \frac{2}{5} \times \frac{3}{5} - 2 \times \frac{3}{50} = \frac{9}{25} \end{aligned}$$

로 〈예제 4〉의 결과와 일치한다. ■

〈예제 4〉에서 2개의 공을 꺼낼 때, 비복원추출 대신 복원추출을 하면, X의 분포는 이항분포 $B(2, \frac{2}{5})$가 된다. 또한 Y_1, Y_2를 〈예제 5〉에서와 같이 정의하면, 마찬가지로 Y_1, Y_2는 베르누이 시행으로 $Y_1, Y_2 \sim B(1, \frac{2}{5})$이고 $X = Y_1 + Y_2$가 성립하지만, 복원추출의 경우에는 Y_1, Y_2가 독립이고 따라서 $Cov(Y_1, Y_2) = 0$이다.

X가 초기하분포를 따를 때는 〈예제 5〉에서 보인 바와 같이 시행 사이의 공분산 $Cov(Y_1, Y_2) < 0$이고 X가 이항분포를 따를 때는 $Cov(Y_1, Y_2) = 0$이 된다. 따라서

$$Var(X) = Var(Y_1 + Y_2) = Var(Y_1) + Var(Y_2) + 2Cov(Y_1, Y_2)$$

에서 초기하분포의 경우 이항분포보다 분산이 작아진다는 것을 확인할 수 있다.

앞에서 이항분포는 독립이고 성공률이 동일한 베르누이분포의 합으로 표현할 수 있다고 하였다. 만일 전체 모집단의 크기가 N이고 속성을 가진 것의 개수가 M인 유한모집단에서 복원추출(꺼낸 것을 다시 넣고 다음 것을 꺼냄)로 n개를 추출한다면 각각의 시행은 독립시행이 되므로 속성의 개수 X는 이항분포를 따를 것이다. 그러나 초기하분포에서는 비복원추출(꺼낸 것을 다시 넣지 않고 다음 것을 꺼냄)을 하므로 각각의 시행이 베르누이 시행이긴 하지만 각 시행은 독립시행이 아니고 종속시행이 된다. 즉,

$$X \sim B(n,p) \Leftrightarrow X = Y_1 + \cdots + Y_n,\ \ Y_1, \ldots, Y_n \overset{i.i.d.}{\sim} B(1,p)$$

$$X \sim H(n;N,M) \Leftrightarrow X = Y_1 + \cdots + Y_n,\ \ Y_1, \ldots, Y_n \sim B(1, \frac{M}{N}),\ \ Y_i \text{ 는 종속,}$$

이 된다(연습문제 참고).

비복원추출의 경우와 복원추출의 경우, 즉 X가 초기하분포인 경우와 이항분포인 경우 $Var(X)$를 비교해보면, 분산의 공식으로부터 $n > 1$일 때, 수정항 $\frac{N-n}{N-1} < 1$이므로 초기하분포의 분산이 이항분포보다 작다는 것을 알 수 있다. 이는 두 번의 시행을 하는 ⟨예제 4⟩의 공분산을 이용한 설명과 일치하며, 이 사실은 시행횟수가 많아져도 일반적으로 성립한다는 것이다. 실제로 초기하분포의 수정항은 유한모집단에서 비복원추출을 하므로 생기는 시행 사이의 공분산에서 얻어진 결과라는 것을 보일 수 있다.

만일 모집단의 크기 N이 무한히 커지며 n에 비해서 충분히 크다면 비복원추출과 복원추출은 거의 차이가 없게 된다. 따라서 초기하분포는 이항분포로 근사한다. 즉,

$$\lim_{N \to \infty} \frac{\binom{M}{x}\binom{N-M}{n-x}}{\binom{N}{n}} = \binom{n}{x} p^x (1-p)^{n-x}$$

이 성립함을 보일 수 있다. 여기서 $\frac{M}{N} = p$이다. 이 경우 시행 사이의 공분산은 거의 0이 되고, 수정항은 거의 1이 될 것이다.

이러한 이유로 크기가 충분히 큰 유한모집단에서 극히 일부를 비복원추출 할 때, 초기하분포 대신에 근사적으로 이항분포이론을 적용할 수 있다.

4.5 포아송분포

확률질량함수가 $P(X=x)=\dfrac{e^{-\lambda}\lambda^x}{x!}$, $x=0,1,2,\cdots$ 인 분포를 포아송분포(Poisson distribution)라고 하고 $P(\lambda)$로 나타낸다. 여기서 모수 λ는 $\lambda>0$이다. 포아송분포는 보통 단위시간이나 단위공간 내에서 (희귀하게) 일어나는 사건의 횟수를 모형화하는데 주로 이용한다. 예를 들면, 일정한 시간 동안 개인에게 걸려오는 전화 횟수, 어떤 지역에서 하루 동안 발생하는 교통사고의 사망자 수 또는 교정 중인 책이나 보고서의 페이지당 오자의 수 등에 포아송분포를 적용할 수 있다.

확률변수 X가 포아송분포 $P(\lambda)$를 따를 때,

$$E(X)=\sum_{x=0}^{\infty}x\frac{\lambda^x e^{-\lambda}}{x!}=\sum_{x=1}^{\infty}\frac{\lambda^x e^{-\lambda}}{(x-1)!}=\lambda\sum_{y=0}^{\infty}\frac{\lambda^y e^{-\lambda}}{y!}=\lambda \quad (x-1=y\text{로 바꿈})$$

$$Var(X)=E(X^2)-\lambda^2=E(X(X-1))+E(X)-\lambda^2=\lambda^2+\lambda-\lambda^2=\lambda$$

로 포아송분포 $P(\lambda)$의 평균과 분산은 모두 λ이다. $E(X(X-1))$은 $E(X)$와 마찬가지 방법으로 구할 수 있다(연습문제).

[포아송분포의 확률질량함수, 평균과 분산]

$$\text{확률질량함수} : P(X=x)=\frac{e^{-\lambda}\lambda^x}{x!},\ x=0,1,2,\ldots$$

$$\text{평균}=\lambda,\ \text{분산}=\lambda$$

포아송분포는 여러 가지로 응용되며 그 중 한 가지는 이항분포의 근사분포로 이용할 수 있다는 것이다. $n\to\infty$이고 $np=\lambda$일 때,

$$\binom{n}{x}p^x(1-p)^{n-x}=\frac{n(n-1)\cdots(n-x+1)}{x!}p^x(1-p)^{n-x}$$

$$=\frac{n(n-1)\cdots(n-x+1)}{x!}\left(\frac{\lambda}{n}\right)^x\left(1-\frac{\lambda}{n}\right)^{n-x} \quad \left(np=\lambda,\ p=\frac{\lambda}{n}\right)$$

$$= \frac{\lambda^x}{x!}\frac{n(n-1)\cdots(n-x+1)}{n^x}\left(1-\frac{\lambda}{n}\right)^n\left(1-\frac{\lambda}{n}\right)^{-x}$$

$$= \frac{\lambda^x}{x!}\cdot 1 \cdot \left(1-\frac{1}{n}\right)\cdots\left(1-\frac{x-1}{n}\right)\left(1-\frac{\lambda}{n}\right)^n\left(1-\frac{\lambda}{n}\right)^{-x}$$

이고 $n\rightarrow\infty$ 일 때, $\left(1-\frac{\lambda}{n}\right)^n \rightarrow e^{-\lambda}$이므로

$$\lim_{n\rightarrow\infty,\, np=\lambda}\binom{n}{x}p^x(1-p)^{n-x} = \frac{\lambda^x}{x!}e^{-\lambda},\quad x=0,1,2,\cdots$$

이 성립한다. 포아송분포를 이항분포의 근사분포로 이용할 때는 주로 n이 크고 p가 0에 가까울 정도로 작은 경우이다. 보통 $np<5$ 일 때 사용한다고 하나 이는 대략적인 기준일 뿐이다.

포아송분포의 확률은 확률질량함수로 구할 수도 있지만 부록에 포아송분포의 누적분포가 여러 가지 λ에 대해서 주어져 있다.

예제 6 특정 질병에 걸린 환자 중에 완치가 될 확률은 0.04라고 한다. 이 병에 걸린 100명의 환자 중에 10명 이상이 완치가 될 확률을 구하라.

풀이 확률변수 X를 100명 중 완치가 되는 사람의 수라고 하면, 적절한 가정에서 X는 모수 $n=100$, $p=0.04$ 인 이항분포 $B(100, 0.04)$를 따른다. 이항분포는 n이 크고 p가 작을 때, 주로 $np<5$ 일 때 포아송 분포로 근사시킬 수 있다. 이 경우 $\lambda=np=4<5$ 이다. 따라서 구하는 확률은 포아송분포의 누적분포표를 이용하면

$$P(X\geq 10)=1-P(X\leq 9)=1-0.992=0.008$$

이다.

■

R 실습

이항분포와 포아송분포에 대한 기본 command

R에서 이항분포를 사용하기 위해서는 이항분포의 모수 n,p를 지정해 주어야 한다. 다음은 이항분포의 확률밀도함수, 누적확률, 백분위수, 난수를 얻을 수 있는 명령문이다.

```
dbinom(x,size=n,p=p)
# density(probability) of binomial distribution
pbinom(q,size=n,p=p)
# (cumulative) probability of binomial distribution
qbinom(p,size=n,p=p)
# quantiles of binomial distribution
rbinom(n,size=n,p=p)
# random numbers from binomial distribution
```

R에서 포아송분포를 사용하기 위해서는 모수 λ를 지정해 주어야 한다. 다음은 포아송분포의 확률밀도함수, 누적확률, 백분위수, 난수를 얻을 수 있는 명령문이다.

```
dpois(x,lambda=m)
# density(probability) of Poisson distribution
ppois(q,lambda=m)
# (cumulative) probability of Poisson distribution
qpois(p,lambda=m)
# quantiles of  Poisson distribution
rpois(n,lambda=m)
# random numbers from Poisson distribution
```

이항분포와 포아송분포의 확률질량함수

이항분포의 확률질량함수를 계산해 보고 이를 그래프로 그려보자.

p=0.2,0.5,0.8일 때, B(10,p)의 확률질량함수를 그래프로 나타내보자.

```
par(mfrow=c(1,3))
plot(0:10,dbinom(0:10,10,0.2),type="h", main="B(10,0.2)", lwd=8,col=2)
plot(0:10,dbinom(0:10,10,0.5),type="h", main="B(10,0.5)", lwd=8,col=2)
plot(0:10,dbinom(0:10,10,0.8),type="h", main="B(10,0.8)", lwd=8,col=2)
```

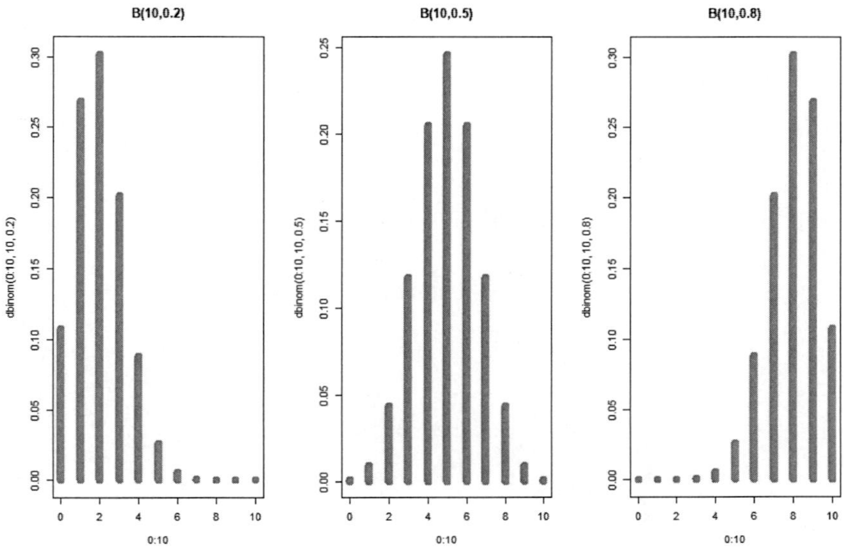

\# 포아송분포의 확률질량함수를 계산해 보고 이를 그래프로 그려보자.

\# lambda=1,2,5일 때, P(lambda)의 확률질량함수를 그래프로 나타내보자.

```
par(mfrow=c(1,3))
plot(0:20,dpois(0:20,1),type="h", main="P(1)", lwd=8,col=2)
plot(0:20,dpois(0:20,3),type="h", main="P(2)", lwd=8,col=2)
plot(0:20,dpis(0:20,5),type="h", main="P(5)", lwd=8,col=2)
```

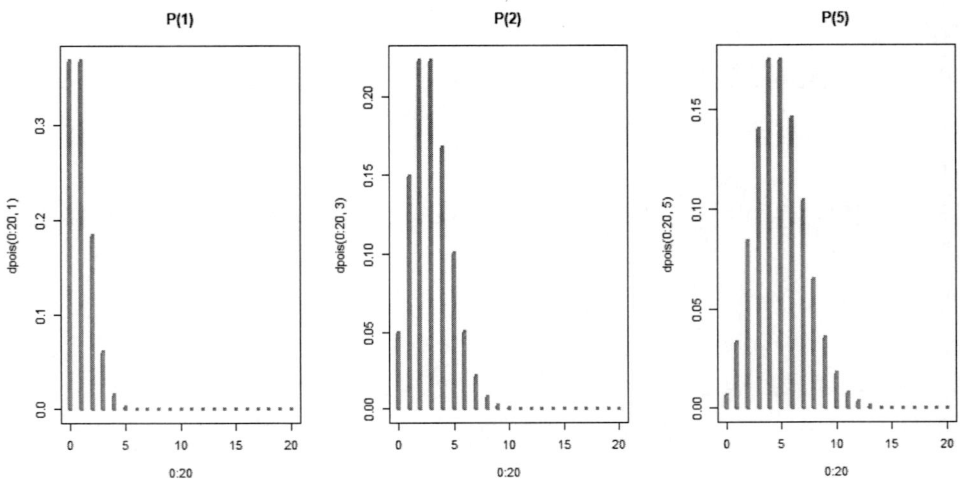

이항분포의 포아송근사
이항분포와 포아송분포의 확률을 비교해보자.
B(10,0.2)와 P(2)의 확률을 비교해보자.

```
par(mfrow=c(1,1))
plot(0:10,dbinom(0:10,10,0.2),type="h", main="B(10,0.2) and P(2)", lwd=8,col=2)
lines(0:10+0.1,dpois(0:10,2),type="h", lwd=8,col=4)
```

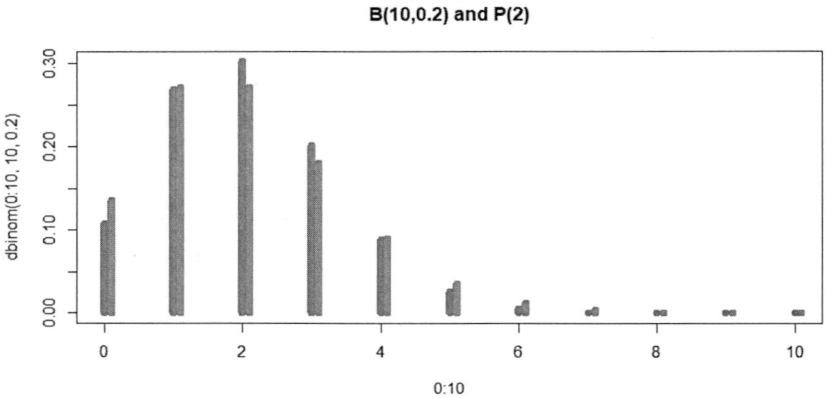

난수의 생성
만일 베르누이분포로부터 난수를 생성하려면 rbinom에서 size=1로 선택하면 된다.

```
x=rbinom(30,size=1,p=0.5)
x
[1] 1 1 1 0 1 0 0 1 0 0 0 1 0 0 1 1 0 1 0 0 0 0 0 0 1 0 1 1 1 1
```

베르누이분포에서 얻어진 난수이므로 값은 0 또는 1이 된다.

```
sum(x)
[1] 14
```

물론 위의 값은 이항분포 B(30,0.5)에서 하나의 난수를 생성한 것으로 생각할 수도 있다.

```
rbinom(1,size=30,p=0.5)
[1] 13
```

이는 위 세 개의 연속적인 명령문과 같은 효과를 가진다.
이를 통하여 베르누이분포와 이항분포사이의 관계를 다시 한번 생각해보자.

만일 이항분포 B(30,0.5)로부터 100개를 난수를 얻고 싶다면,

```
x=rbinom(100,size=30,p=0.5)
```

\# x에 100개의 수가 저장된다.

\# x의 histogram을 그려보자. 물론 이산형이므로 barplot을 이용해도 좋다.

hist(x)

\# 어떤 분포와 비슷하다고 생각하는가?

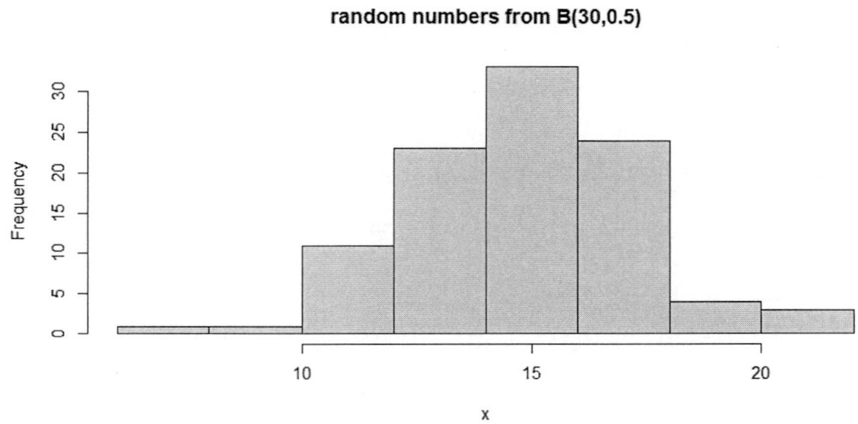

\# Poisson분포에서 난수를 생성해보자.

y=rpois(100,1)

\# 모수가 1인, 즉 평균이 1인 Poisson분포에서 100개의 난수를 생성한다.

\# y의 평균을 구해보자. 어느 정도의 값을 예상하는가?

mean(y)

[1] 1.1

\# y의 그래프를 그려보자.

barplot(table(y),main="random numbers from Poisson(1)")

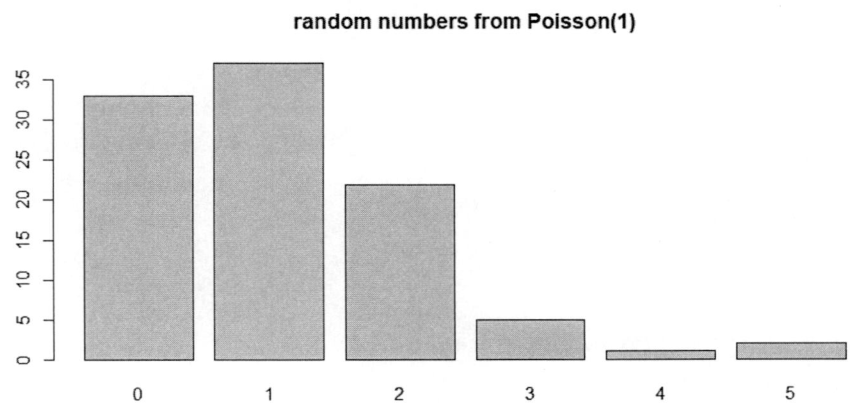

제4장 연습문제

❖ 초기하 분포

1. 어느 교수가 학생들에게 10문제를 내주면서 기말고사는 이 문제 중에서 5문제를 무작위로 선택하여 친다고 알려 주었다. 한 학생이 이 문제 중 해결할 수 있는 문제가 7개일 때 다음 물음에 답하라.

(1) 그 학생이 기말고사에서 정확히 답한 문제가 적어도 4문제일 확률은 얼마인가?

(2) 그 학생은 평균적으로 몇 문제의 정답을 맞힐 수 있을 것인가?

2. 흰 공 10개와 빨간 공 5개가 들어있는 주머니에서 랜덤하게 2개의 공을 꺼낸다. 확률변수 Y_i는

$$Y_i = \begin{cases} 1, & i\text{번째 공이 빨간 공이면} \\ 0, & i\text{번째 공이 흰 공이면} \end{cases}$$

이고,

$$X = Y_1 + Y_2$$

라고 하자. 다음 물음에 답하라.

(1) 2개의 공을 복원추출했을 때 Y_1, Y_2의 결합분포와 X의 분포를 구하라. $Cov(Y_1, Y_2)$와 $E(X)$, $Var(X)$는 얼마인가? 이 때 X의 분포는 [ ]라 부른다.

(2) 2개의 공을 비복원추출했을 때 Y_1, Y_2의 결합분포와 X의 분포를 구하라. $Cov(Y_1, Y_2)$와 $E(X)$, $Var(X)$는 얼마인가? 이 때 X의 분포는 [ ]라 부른다.

❖ 이항 분포

3. 확률변수 X가 이항분포 $B(n,p)$를 따를 때 X의 평균 $E(X)$가 np, 분산 $Var(X)$가 npq가 됨을 평균과 분산의 정의를 이용하여 보여라. 풀이 과정을 명확히 보여라.

4. 야구선수 A의 타율은 0.3이다. 이 선수가 10번 타석에 선다고 하자.

(1) 1개의 안타도 없을 확률을 구하라.

(2) 3개 이상의 안타를 칠 확률을 구하라.

5. 각 눈이 나올 확률이 동일한 주사위를 10번 던진다. 이 때 3의 배수가 나오는 횟수가 6번 이상일 확률을 구하라.

6. 확률변수 X는 평균이 8이고 분산이 4.8인 이항분포를 따른다. $P(X \geq 15)$를 구하라.

❖ 포아송 분포

7. 확률변수 X가 확률질량함수

$$P(X=x) = \frac{e^{-\lambda}\lambda^x}{x!},\ \ x = 0, 1, 2, 3, \dots$$

인 포아송분포 $P(\lambda)$을 따를 때 $E(X) = Var(X) = \lambda$ 임을 보여라.

8. 한 전염병에 대한 백신이 효과를 나타낼 확률은 0.995이다. 400명이 이 백신을 맞았을 때 2명 이상이 효과를 보지 못할 확률을 구하라.

9. H대학 신입생의 3%가 IQ 150이상이라고 한다. 신입생 중 100명을 임의로 선택하고 X를 이 중에서 IQ 150이상인 학생수라고 할 때 $P(X \geq 4)$, $P(X=3)$를 근사적으로 구하라.

10. 고속도로에서 매일 발생하는 교통사고의 수는 모수 $\lambda = 3$ 인 포아송분포를 따른다고 한다.

(1) 하루 동안 교통사고가 3건 이상 발생할 확률을 구하라.

(2) 하루 동안 교통사고가 적어도 1건 발생한다고 할 때, (1)의 확률을 구하라.

11. 어떤 전기제품이 처음 한 시간 작동하는 동안 고장이 날 확률은 0.005이다. 400개의 부품을 독립적으로 검사하여 처음 한 시간 동안 두 개 이하가 고장이 날 (근사)확률을 구하라.

12. 작업장에서 생산되는 물건의 3%가 결함이 있다. 검사관이 그 작업장에서 무작위로 100개의 물건을 선택했을 때 그중 7개 이상이 불량품일 확률을 포아송분포를 이용하여 구하라.

제 5 장

연속확률분포

제5장 연속확률분포

4장에서는 확률변수가 취하는 값이 셀 수 있는(countable) 경우인 이산확률변수와 그 변수가 따르는 이산확률분포에 대해서 알아보았다. 이 장에서는 실수 전체 또는 실수의 어떤 범위의 모든 값을 취하는 확률변수인 연속확률변수에 대해서 알아보자. 특히 통계학에서 가장 중요하게 쓰이는 정규분포에 대해서 알아보고, 이항분포와 정규분포의 관계를 알아보자.

5.1 균일분포

균일분포(uniform distribution)는 주어진 구간 $[a,b]$에서 확률밀도함수가 상수로 일정한 분포를 말한다. 따라서 구간 $[a,b]$에서 확률밀도함수는 $f(x)=\dfrac{1}{b-a}$이 된다. 이러한 분포는 기호 $U(a,b)$로 나타낸다. 이는 간단한 분포이지만, 매우 활용도가 높은 분포 중 하나이다.

정의

[균일분포]

확률변수 X가 구간 $[a,b]$에서 확률밀도함수

$$f(x)=\begin{cases} \dfrac{1}{b-a}, & a \le x \le b \\ 0, & \text{그 외} \end{cases}$$

를 가질 때, X는 균일분포를 따른다고 하고, $X \sim U(a,b)$로 나타낸다.

예제 1 $X \sim U(a,b)$일 때, X의 평균과 분산을 구하라.

풀이 $E(X)=\int_a^b \dfrac{x}{b-a}dx=\dfrac{a+b}{2}$이고 $E(X^2)=\int_a^b \dfrac{x^2}{b-a}dx=\dfrac{b^2+ab+a^2}{3}$에서

$Var(X)=\dfrac{(b-a)^2}{12}$이다. 특히 $X \sim U(0,1)$이면 $E(X)=\dfrac{1}{2}$, $Var(X)=\dfrac{1}{12}$이다. ■

예제 2 H대 학생이 집에서 학교까지 등교하는데 걸리는 시간(단위는 분) X는 30분에서 50분 사이의 균일분포를 따른다고 한다. 즉, $X \sim U(30,50)$이다. 그 학생은 오전 9시에 수업이 있고, 집에서 오전

8시 15분에 출발한다. 그 학생이 지각할 확률을 구하라.

풀이 $X \sim U(30,50)$이고 등교하는데 걸리는 시간이 45분 이상이면 지각을 하므로, 구하는 확률은

$$P(X \geq 45) = P(45 \leq X \leq 50) = \frac{5}{20} = \frac{1}{4}.$$ ■

5.2 정규분포

5.2.1 표준정규분포

확률밀도함수가

$$\phi(z) = \frac{1}{\sqrt{2\pi}} e^{-\frac{1}{2}z^2}, \quad -\infty < z < \infty$$

인 종모양의 연속분포를 표준정규분포(standard normal distribution)라고 하고, 확률변수 Z가 이러한 분포를 따를 때, $Z \sim N(0,1)$ 으로 나타낸다. 표준정규분포는 평균과 분산이 각각

$$E(Z) = 0, \quad Var(Z) = 1$$

이다. 그런데 $\phi(z)$는 기본함수의 범위에서 원시함수가 쉽게 구해지지 않으므로 표준정규분포의 누적분포함수

$$\Phi(z) = P(Z \leq z) = \int_{-\infty}^{z} \frac{1}{\sqrt{2\pi}} e^{-\frac{1}{2}t^2} dt$$

는 주어진 z 값에 대해서 부록에 표로 주어져 있다. 이러한 표를 표준정규분포표라고 한다.

[표의 사용-확률]

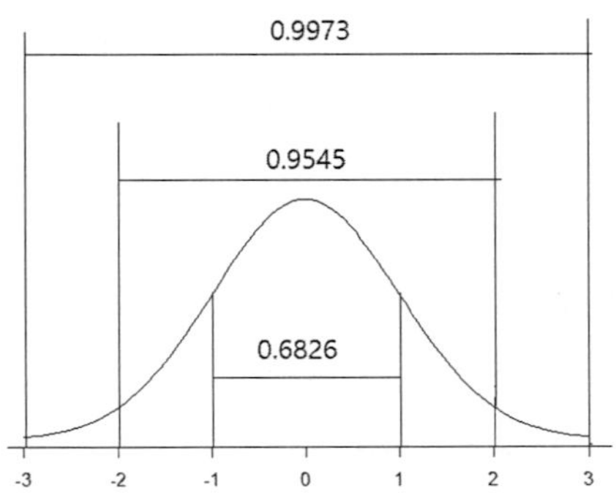

[그림 1] 표준정규분포 $N(0,1)$의 확률밀도함수

표준정규분포표를 이용할 때, 다음의 성질을 기억하자.

(1) $P(Z \leq 0) = 0.5$

(2) $P(Z < -z) = P(Z > z) = 1 - P(Z \leq z)$, $z > 0$

(3) $P(0 < Z \leq z) = P(Z \leq z) - 0.5$

예제 3 $Z \sim N(0,1)$일 때, 다음 확률을 구하라.

(1) $P(1.23 < Z < 2.34)$
(2) $P(-2.34 < Z < -1.23)$
(3) $P(Z < -1.23)$
(4) $P(-1.23 < Z < 1.34)$

풀이 (1) $P(1.23 < Z < 2.34) = P(Z < 2.34) - P(Z \leq 1.23) = 0.9904 - 0.8907 = 0.0997$

(2) $P(-2.34 < Z < -1.23) = P(1.23 < Z < 2.34) = 0.0997$

(3) $P(Z < -1.23) = P(Z > 1.23) = 1 - P(Z \leq 1.23) = 1 - 0.8907 = 0.1093$

(4) $P(-1.23 < Z < 1.34) = P(-1.23 < Z \leq 0) + P(0 < Z < 1.34)$
$= P(0 \leq Z < 1.23) + P(0 < Z < 1.34)$
$= (0.8907 - 0.5) + (0.9099 - 0.5) = 0.3097 + 0.4099 = 0.7196$ ■

[표의 사용–백분위수]

$Z \sim N(0,1)$ 일 때, $P(Z > z) = \alpha$ 인 z를 보통 z_α로 나타내고 (하방) $100(1-\alpha)\%$ 백분위수라고 한다[그림 2].

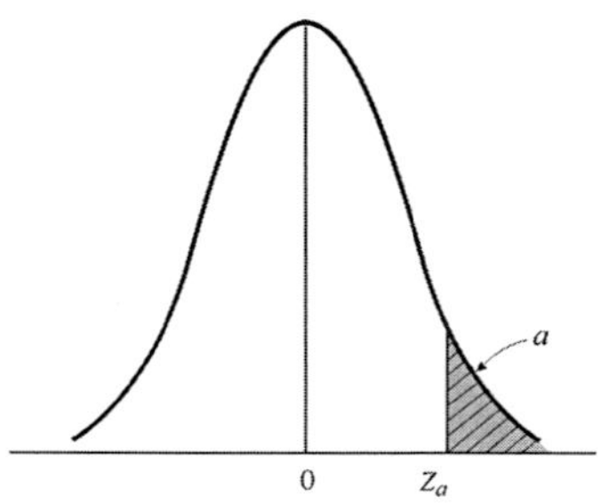

[그림 2] 표준정규분포 $N(0,1)$의 백분위수

표준정규분포표를 이용하여 이러한 값을 구하려면, 표준정규분포표에서 $1-\alpha$에 해당하는 확률을 찾아서 이 값을 가지는 z를 구하면 된다. 예를 들어 $z_{0.025}$를 구하려면 $\alpha = 0.025$에서

$1-\alpha=0.975$이고 이에 해당하는 z를 찾으면 1.96이 된다. 즉, $z_{0.025}=1.96$이다.

예제 4 $P(Z>z)=0.05$인 z를 구하라.

풀이 누적확률이 0.95인 z를 찾으면 된다. 연속확률분포인 표준정규분포를 소수 둘째짜리까지 표시해서 표를 작성했으므로 정확하게 0.95인 값을 찾을 수는 없다. 0.95에 가장 가까운 값을 찾으면 1.64 또는 1.65가 되고, 이 경우 주로 $z_{0.05}=1.645$를 이용한다.

z	0.03	0.04	0.05	0.06
1.6	.9484	.9495	.9505	.9515
1.7	.9582	.9591	.9599	.9608

■

5.2.2 정규분포

평균이 μ이고 분산이 σ^2인 (일반적인) 정규분포(normal distribution)의 확률밀도함수는

$$f(x)=\frac{1}{\sqrt{2\pi}\,\sigma}e^{-\frac{(x-\mu)^2}{2\sigma^2}},\quad -\infty<x<\infty$$

이며, 확률변수 X가 이러한 분포를 따를 때, $X\sim N(\mu,\sigma^2)$로 나타낸다. 정규분포의 확률밀도함수는 [그림 3]과 같은 종모양을 나타내며,

$$P(\mu-\sigma<X<\mu+\sigma)=0.6826$$
$$P(\mu-2\sigma<X<\mu+2\sigma)=0.9545$$
$$P(\mu-3\sigma<X<\mu+3\sigma)=0.9973$$

의 확률을 가진다. $\mu=0$, $\sigma=1$일 때는 표준정규분포 $N(0,1)$이 되며, 이 경우 [그림 1]의 종

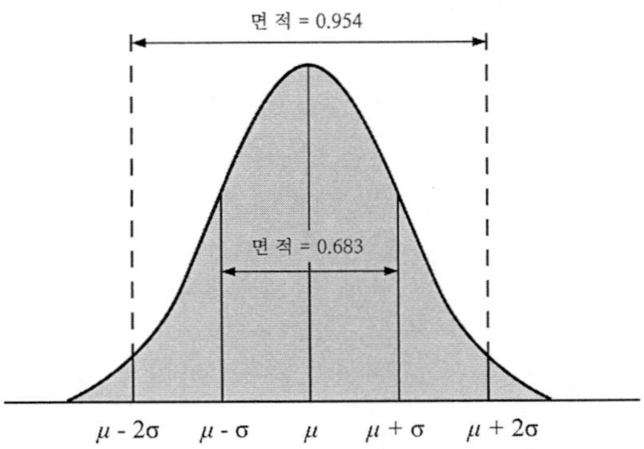

[그림 3] 정규분포 $N(\mu,\sigma^2)$의 확률밀도함수

모양 분포가 된다. [그림 4]는 표준정규분포와 μ와 σ가 각각 2일 때 정규분포의 모양을 비교한다. 예상하는 것과 같이 μ는 중심의 위치, σ는 분포의 퍼짐을 결정하나, 종모양은 그대로 유지된다. 이 관계는 다음의 [정규분포의 성질]로 설명된다.

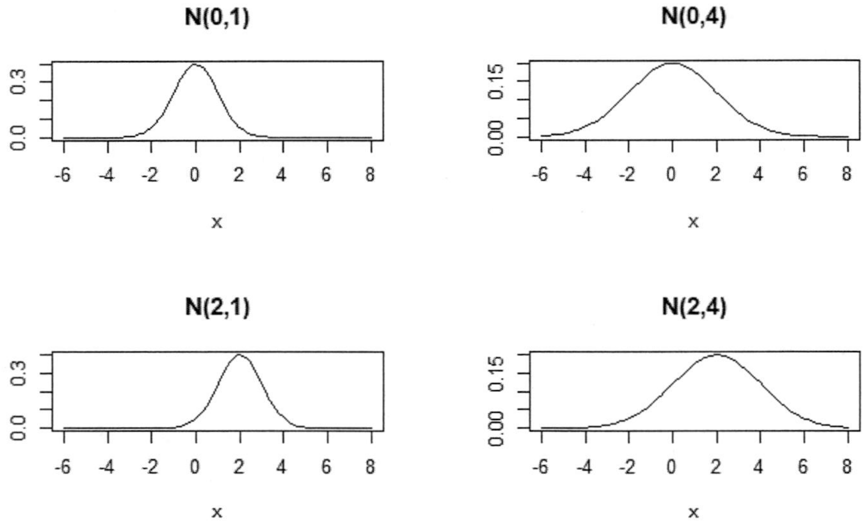

[그림 4] μ와 σ에 따른 정규분포의 확률밀도함수

5.2.3 정규분포의 성질

[정규분포의 성질]

(1) $X \sim N(\mu, \sigma^2)$ 이면, $aX + b \sim N(a\mu + b, a^2\sigma^2)$ 이다.

(2) $X \sim N(\mu_1, \sigma_1^2)$, $Y \sim N(\mu_2, \sigma_2^2)$ 이고 X, Y가 독립이면

$$X \pm Y \sim N(\mu_1 \pm \mu_2, \sigma_1^2 + \sigma_2^2).$$

[정규분포의 성질](1)을 적용하면, $X \sim N(\mu, \sigma^2)$ 일 때 이를 표준화하면

$$Z = \frac{X - \mu}{\sigma} \sim N(0,1)$$

가 성립하게 된다. 이를 이용하면 일반적인 정규분포의 확률은 표준화하여 표준정규분포를 이용하면 된다는 사실을 알 수 있다. 마찬가지로 Z가 표준정규분포 $N(0,1)$을 따를 때,

$X=\sigma Z+\mu \sim N(\mu,\sigma^2)$도 성립한다.

[정규분포의 성질](2)는 2개의 독립인 정규분포에 대한 것이고, 이는 독립인 n개의 정규분포에 대해서 일반화할 수 있다. 즉, $X_1, X_2, \cdots, X_n \sim N(\mu_i, \sigma_i^2)$, $i=1,2,\cdots,n$이고 독립일 때,

$$a_1X_1+\cdots+a_nX_n \sim N\left(\sum_{i=1}^{n} a_i\mu_i,\quad \sum_{i=1}^{n} a_i^2\sigma_i^2\right)$$

이 성립한다. 특히 $X_1, X_2, \cdots, X_n \overset{i.i.d.}{\sim} N(\mu,\sigma^2)$, $i=1,2,\cdots,n$이면 표본평균 $\overline{X}$는

$$\overline{X}=\frac{1}{n}\sum_{i=1}^{n}X_i \sim N\left(\mu, \frac{\sigma^2}{n}\right)$$

을 따른다. 위의 사실은 후반부의 통계적 추론에서 매우 중요하게 이용되는 사실이다.

[표의 사용]

(1) $X \sim N(\mu,\sigma^2)$일 때 $P(a \leqq X \leqq b)$을 구하기 위해서는 X를 표준화한 후, 표준정규분포표를 이용하면 된다. 즉, [정규분포의 성질](1)을 이용하여

$$P(a < X \leqq b)=P\left(\frac{a-\mu}{\sigma}<\frac{X-\mu}{\sigma}\leqq\frac{b-\mu}{\sigma}\right)=P\left(\frac{a-\mu}{\sigma}< Z \leqq \frac{b-\mu}{\sigma}\right)$$
$$=P\left(Z\leqq\frac{b-\mu}{\sigma}\right)-P\left(Z\leqq\frac{a-\mu}{\sigma}\right)$$

로 한 후, 표준정규분포표를 이용하면 된다.

(2) $X \sim N(\mu,\sigma^2)$ 일 때, $P(X \geqq \square)=\alpha$ 인 $\square$, 즉 $100(1-\alpha)\%$ 백분위수를 구해보자. 마찬가지로 [정규분포의 성질](1)을 이용하면 된다. $Z\sim N(0,1)$일 때, $\square$는 표준정규분포의 $100(1-\alpha)\%$ 백분위수로부터 $\square=\mu+\sigma z_\alpha$가 된다. 즉,

$$P\left(\frac{X-\mu}{\sigma}\geq\frac{\square-\mu}{\sigma}\right)=P\left(Z\geq\frac{\square-\mu}{\sigma}\right)=\alpha$$

에서 $\dfrac{\square-\mu}{\sigma}=z_\alpha$ 이므로 $\square=\mu+\sigma z_\alpha$ 이다.

예제 5 통계학 시험성적의 분포는 근사적으로 $N(60,20^2)$ 이다. 35점 이하의 성적을 받으면 재시험을 봐야 한다면 재시험을 보는 사람의 비율은 얼마인가?

풀이 $X \sim N(60,20^2)$ 이라고 하면

$$\begin{aligned} P(X \le 35) &= P\left(\frac{X-60}{20} \le \frac{35-60}{20}\right) \\ &= P(Z \le -1.25) = 1 - P(Z \le 1.25) = 1 - 0.8944 = 0.1056. \end{aligned}$$

즉, 10.56%가 재시험을 본다. ■

예제 6 어떤 집단에서 여자의 키는 평균 160cm, 표준편차 3cm인 정규분포를 따르고, 남자의 키는 평균 170cm, 표준편차 4cm인 정규분포를 따른다고 한다. 이 집단에서 남녀 한 명씩을 임의로 독립적으로 선택했을 때, 선택된 여자의 키가 남자의 키보다 클 확률은 얼마인지 구하라.

풀이 X를 선택된 여자의 키, Y를 선택된 남자의 키라고 하면

$$X \sim N(160,3^2)\,,\ Y \sim N(170,4^2)$$

이고 구하는 확률은 $P(X > Y)$이다. [정규분포의 성질](2)를 이용하면 $X-Y$는 평균 $160-170=-10$ 이고, 분산 $3^2+4^2=5^2$ 인 정규분포

$$X-Y \sim N(-10,5^2)$$

을 따른다. 따라서

$$\begin{aligned} P(X > Y) &= P(X-Y > 0) = P\left(\frac{X-Y+10}{5} > \frac{10}{5}\right) \\ &= P(Z > 2) = 1 - P(Z \le 2) = 1 - 0.9772 = 0.0228, \qquad Z \sim N(0,1) \end{aligned}$$

이 된다. ■

5.3 이항분포의 정규근사

이항분포 $B(n,p)$에서 시행횟수 n이 크면 성공확률 p에 관계없이 분포의 모양은 대칭의 형태가 되며, 실제로 평균이 np이고 분산이 npq인 정규분포와 비슷하게 된다. 이를 처음 증명한 사람의 이름을 따서 De Moivre-Laplace의 정리라고 한다.

정리 5.1 De Moivre-Laplace의 정리

$$X \sim B(n,p) \text{ 일 때 } \frac{X-np}{\sqrt{npq}} \overset{\cdot}{\underset{\cdot}{\sim}} N(0,1)$$

이다. 즉,

$$\lim_{n\to\infty} P\left(\frac{X-np}{\sqrt{npq}} \le z\right) = P(Z \le z)\,,\ Z \sim N(0,1)\,.$$

확률변수에 $\sim$ 기호를 이용하여 어떤 분포를 따른다는 것을 나타내었다. 유사하게 $\overset{\cdot}{\underset{\cdot}{\sim}}$ 은 확률변수가 근사적으로 해당 분포를 따른다는 의미로 사용하자.

[그림 5]는 $p=0.2$일 때, 시행횟수를 $n=5,10,15,20$으로 변화하면서 $B(n,0.2)$의 분포를 보여준다. n이 점점 커질수록 분포가 np에 대한 대칭의 형태로 바뀌는 것을 볼 수 있다. 여기서 성공확률 p는 $p=0.2$로 고정되어 있고, 시행횟수 n이 커지고 있음에 주목하라.

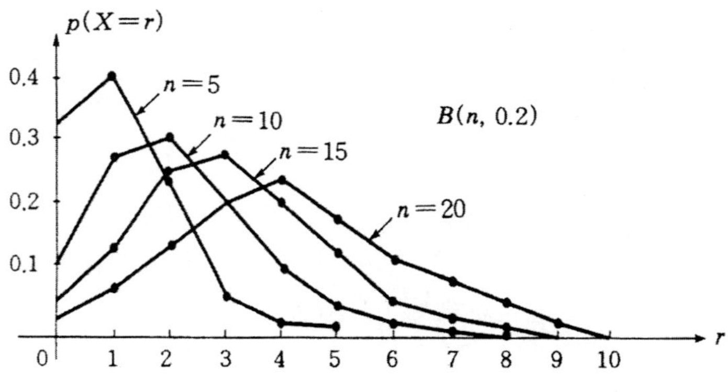

[그림 5] $p=0.2$일 때 시행횟수에 따른 이항분포의 변화

[연속성 수정]

이항분포 $B(n,p)$는 이산확률분포이고 이의 근사분포로 이용되는 정규분포 $N(np,npq)$는 연속확률분포이다. 이산확률분포인 이항분포에서는 a,b가 0 또는 자연수일 때,

$$P(a \le X \le b) = P(a-0.5 < X < b+0.5)$$

로 확률의 변화가 없지만, 연속확률분포인 정규분포에서는 그렇지 않다. 이러한 사실을 반영하여 좀 더 참값에 가까운 값을 얻을 수 있다. 이를 연속성 수정이라고 한다.

[이항분포의 정규근사]

$X \sim B(n,p)$일 때, n이 충분히 크고, p가 0이나 1에 가깝지 않으면 ($np > 5,\ nq > 5$), X의 분포는 정규분포 $N(np, npq)$에 가까워진다. 즉,

$$\frac{X-np}{\sqrt{nqp}} \overset{\cdot}{\underset{\cdot}{\sim}} N(0,1).$$

따라서

$$P(a \leqq X \leqq b) \approx P\left(\frac{a-np}{\sqrt{npq}} \leqq Z \leqq \frac{b-np}{\sqrt{npq}}\right) \text{ (연속성수정을 하지 않은 경우)}$$

$$P(a \leqq X \leqq b) = P(a-0.5 \leqq X \leqq b+0.5)$$
$$\approx P\left(\frac{a-0.5-np}{\sqrt{npq}} \leqq Z \leqq \frac{b+0.5-np}{\sqrt{npq}}\right) \text{ (연속성 수정을 하는 경우)}$$

이다. 여기서 Z는 표준정규분포 $N(0,1)$을 따른다.

참고

연속성수정을 하는 경우와 그렇지 않은 경우는 $\pm \frac{0.5}{\sqrt{npq}}$ 항이 있느냐 아니냐 하는 것이다. 그런데 이 항은 p가 고정되어 있고 n이 커지면 0으로 수렴한다($n \to \infty$ 일 때 $\pm \frac{0.5}{\sqrt{npq}} \to 0$). 즉 n이 클수록 연속성 수정의 효과는 거의 없다는 것을 알 수 있다. 역으로 n이 그리 크지 않은 경우에는 연속성 수정의 효과가 확실하게 나타난다고 할 수 있다. 따라서, 대부분의 경우에는 연속성수정을 시행하면 좀 더 참값에 가까운 근삿값을 얻을 수 있다.

4장에서 이항분포의 근사분포로 포아송분포를 이용할 수 있다고 배운 바 있다. 이 경우에는 n이 커지고 p는 작아지면서 np가 일정한 수로 수렴하는 상황을 가정하였다. 따라서 이항분포의 근사분포로 포아송분포를 이용하려면, n이 크고, p가 작을 때, 대략 $np < 5$일 때 이용하기를 권하였다. 이에 반해서 이항분포의 정규근사는 p가 고정되어 있고 n이 커지는 상황이다. 이때, p가 너무 0이나 1에 가까우면 이항분포가 대칭의 형태가 되기 위해서 필요한 n이 매우 커야 하므로 보통 p가 0이나 1에 가깝지 않을 때, $np > 5$, $nq > 5$일 때 사용하기를 권장한다. 물론 이러한 기준은 대략적인 것이다. $np < 5$일 때도 이항분포의 포아송분포로의 근사보다 연속성수정을 이용한 정규분포로의 근사가 좀 더 참값에 가까운 근삿값을 주기도 한다.

예제 7 X가 $B(15,0.4)$을 따를 때, $P(7 \le X \le 10)$의 정확한 값과 근사값을 비교하라.

풀이 [이항분포에 의한 계산]

실제 값은 이항분포표로부터 $P(7 \leqq X \leqq 10) = 0.991 - 0.610 = 0.381$ 임을 알 수 있다.

[정규근사에 의한 계산]

$np = 6$, $npq = 3.6 = 1.9^2$ 이고, 연속성 수정을 하지 않으면,

$$P(7 \leqq X \leqq 10) = P\left(\frac{7-6}{1.9} \le \frac{X-np}{\sqrt{npq}} \le \frac{10-6}{1.9}\right)$$
$$\approx P(0.53 \le Z \le 2.11) = 0.9826 - 0.7019 = 0.2807$$

의 근사확률을 얻고 이는 참값과 꽤 큰 차이를 보여준다. 연속성 수정을 하는 경우에는

$$P(7 \leqq X \leqq 10) = P(6.5 \le X \le 10.5) = P\left(\frac{6.5-6}{1.9} \le \frac{X-np}{\sqrt{npq}} \le \frac{10.5-6}{1.9}\right)$$

$$\approx P(0.26 \le Z \le 2.37) = 0.9911 - 0.6026 = 0.3885$$

을 얻는다.

이 경우는 $n = 15$로 그리 크지 않은 값이므로 연속성 수정을 통해서 참값에 매우 가까운 근삿값을 얻을 수 있다. [그림 6]를 보면 구해야 할 확률(면적)은 빗금 친 부분이다. 이를 정규분포의 곡선 아래의 면적으로 구할 때는 7부터 10까지의 면적을 구하는 것보다 6.5부터 10.5까지로 연속성 수정을 하여 면적을 구함으로써 구하려는 참값에 훨씬 가까운 근삿값을 구할 수 있다. 즉, 연속성 수정의 효과가 확실히 나타남을 이해할 수 있다.

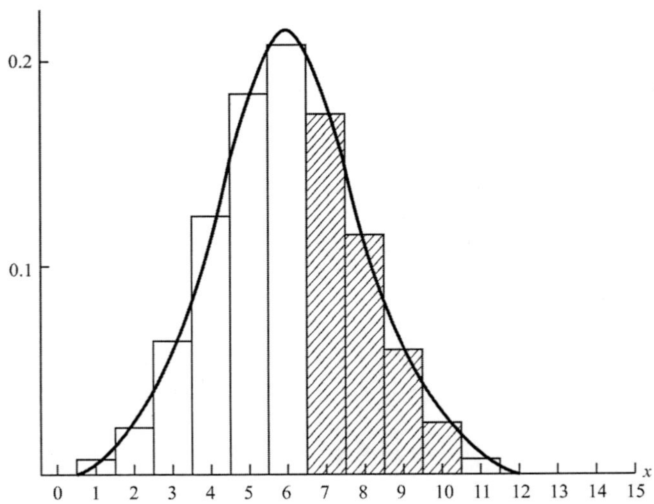

[그림 6] 이항분포 $B(15,0.4)$와 정규분포곡선 ■

예제 8 $X \sim B(25, 0.5)$ 일 때 $P(X=13)$의 실제 값과 정규근사를 이용한 값을 비교하라.

풀이 실제값은 이항분포표로부터

$$P(X=13) = P(X \leq 13) - P(X \leq 12) = 0.655 - 0.5 = 0.155$$

이다. 연속성 수정을 이용하여 정규근사를 해보자. 이 경우, $np = 12.5$, $npq = 6.25 = 2.5^2$ 이므로

$$\begin{aligned} P(X=13) &= P(12.5 < X < 13.5) \\ &= P\left(\frac{12.5 - 12.5}{2.5} < \frac{X - np}{\sqrt{npq}} < \frac{13.5 - 12.5}{2.5}\right) \\ &\approx P(0 < Z < 0.4) = 0.1554 . \end{aligned}$$

■

R 실습

 # 정규분포에 대한 기본 command

R에서 정규분포를 사용하기 위해서는 정규분포의 모수인 평균 μ와 표준편차 σ를 지정해 주어야 한다. 다음은 정규분포의 확률밀도함수, 누적확률, 백분위수, 난수를 얻을 수 있는 명령문이다.

```
dnorm(x,mean=0,sd=1)
# density of normal distribution
pnorm(q,mean=0,sd=1)
# (cumulative) probability of normal distribution
qnorm(p,mean=0,sd=1)
# quantiles of normal distribution
rnorm(n,mean=0,sd=1)
# random numbers from normal distribution
```

 # 표준정규분포에서 확률계산하기 & 백분위수 찾기

```
# P(1.22 < Z < 2.33 )
pnorm(2.33)-pnorm(1.22)
[1] 0.1013294
# P(-2.33 < Z < -1.22 )
pnorm(-1.22)-pnorm(-2.33)
[1] 0.1013294
# P(-0.12 < Z < 1.34 )
pnorm(1.34)-pnorm(-0.12)
[1] 0.4576358

# X~N(3,2^2)일 때 P(1<X<5)
pnorm(5,mean=3,sd=2)-pnorm(1,mean=3,sd=2)
[1] 0.6826895

# z_0.05
qnorm(0.95)
```

```
qnorm(0.05,lower.tail=F)
[1] 1.644854
# z_0.025
qnorm(0.975)
qnorm(0.025,lower.tail=F)
[1] 1.959964

# z_0.005
qnorm(0.995)
qnorm(0.005,lower.tail=F)
[1] 2.575829

# N(3,2^2)의 백분위수 구하기
qnorm(0.975,mean=3,sd=2)
[1] 6.919928
```

표준정규분포에서의 난수생성

```
# 표준정규분포 N(0,1)에서 난수를 생성해 보자.
x=rnorm(100)
# 평균과 분산을 지정하지 않으면 표준정규분포 N(0,1)에서 난수를 생성한다.
hist(x,probability=T,main="random numbers from N(0,1)")
# histgram의 세로축을 확률(상대돗수)로 잡는다.
curve(dnorm(x),add=T)
# 정규분포 곡선을 (난수로 그린) 히스토그램 위에 그려본다.
```

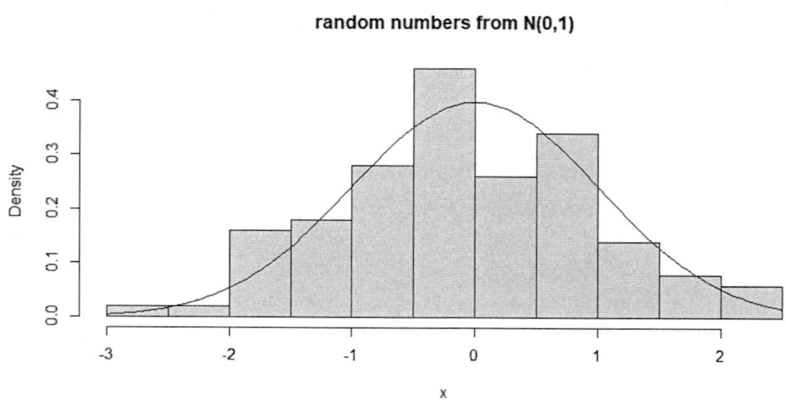

이항분포의 정규근사

```
# 이항분포와 정규분포를 비교해보자.
par(mfrow=c(1,3))
n=c(10,20,30)
p=0.2
for(i in 1:3){
plot(0:n[i],dbinom(0:n[i],n[i],p),type="h",
main=paste0("B(",n[i],",0.2) and Normal"),xlab="x", ylab="prob", lwd=4,col=2)
curve(dnorm(x,n[i]*p,sqrt(n[i]*p*(1-p))),add=T)}
# for를 이용하지 않고 반복해도 좋다.
# 다른 p에 대해서도 시행해보라.
```

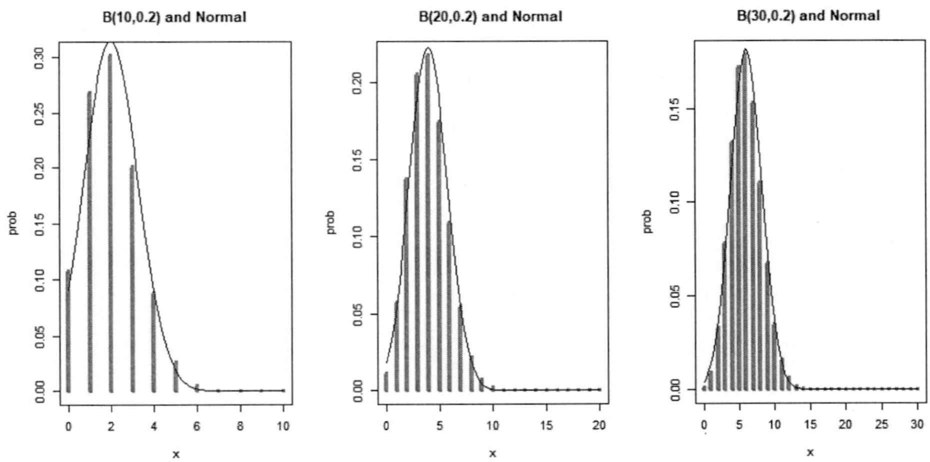


```
# 이항분포 B(n,0.2)에서 n=10,20,30으로 증가시키면서 각각 1,000개의 난수를 생성해서
  히스토그램을 그리고 해당하는 정규분포 곡선과 비교해보자.
n=c(10,20,30)
p=0.2
for(i in 1:3){
r.binom=rbinom(1000,n[i],p)
hist(r.binom,prob=T,breaks=0:n[i],main=paste0("random numbers from
B(",n[i],",0.2) and Normal"), xlab="x", ylab="freq")
curve(dnorm(x,n[i]*p,sqrt(n[i]*p*(1-p))),add=T)}
```

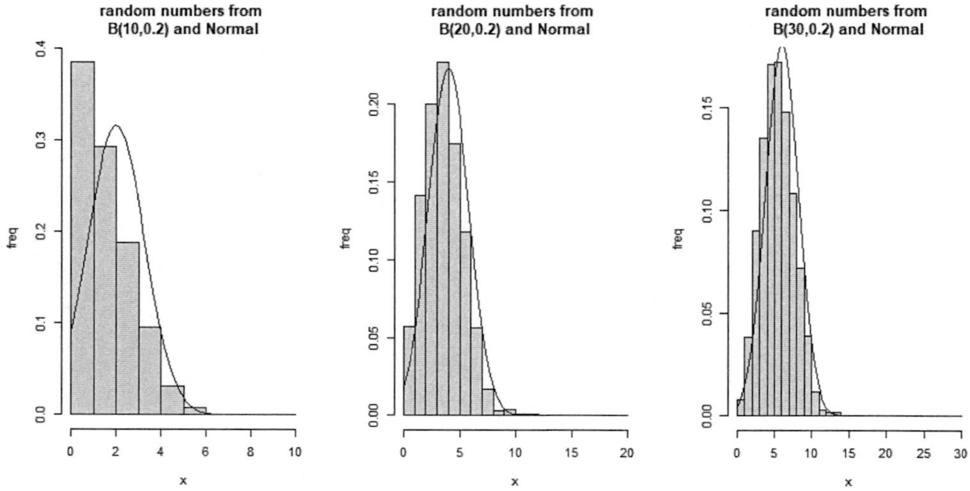
random numbers from B(10,0.2) and Normal
freq
x
random numbers from B(20,0.2) and Normal
freq
x
random numbers from B(30,0.2) and Normal
freq
x

제5장 연습문제

❖ 균일분포

1. 길이가 1인 선분 위에서 무작위로 한 점을 택한다. 그 점에 의해 양분된 두 선분 중 짧은 선분과 긴 선분의 비가 $\frac{1}{3}$보다 작을 확률을 구하라.

❖ 정규분포

2. 어떤 도시의 고등학생 전체의 IQ 점수는 평균이 105이고 분산이 σ^2인 정규분포를 따른다고 한다. 또한 하방 75% 백분위수가 120이라고 한다. σ를 구하라.

3. 480명이 모집정원인 시험에 5000명이 응시하였다. 응시자 전체의 성적분포가 평균 60점, 표준편차 10점인 정규분포를 이룬다면 합격자의 최저점수는 몇 점이겠는가?

4. H대학 신입생의 신장의 분포는 평균이 170cm인 정규분포를 따른다고 한다. 또한 하방 75% 백분위수가 177cm라고 한다. 5명의 신입생을 랜덤추출하는 경우 표본평균이 165cm 이상 175cm 이하일 확률을 구하라.

5. 어떤 합금의 강도는 평균이 70이고 표준편차가 4인 정규분포를 따른다.

(1) 어떤 표본재료의 강도가 66이상 74이하일 때 합격 판정을 받는다면 무작위로 선택된 표본재료가 합격판정을 받을 확률은 얼마인가?

(2) 만일 합격 판정을 받을 범위가 $70 \pm c$이면 c가 얼마일 때 모든 표본재료의 95%가 합격 판정을 받겠는가?

(3) 합금 강도의 하방 80% 백분위수를 구하라

6. 어느 수강반의 통계학 시험성적은 평균이 75점이고 표준편차가 8점인 정규분포를 근사적으로 따른다고 한다. 만일 성적이 나쁜 학생 10%는 F학점을 받는다고 하면, 학점을 받은 (F학점을 받지 않은) 가장 낮은 성적은 대략 몇 점 정도가 되겠는가?

7. $X_1,\ldots,X_n$ 은 $N(\mu,100)$ 을 따르는 독립인 확률변수이다. 표본평균을 $\overline{X}=\frac{1}{n}\sum_{i=1}^{n}X_i$라고 할 때 $P(\mu-5<\overline{X}<\mu+5)\geq 0.954$ 를 만족하는 최소의 n 을 구하라.

8. X는 원형통의 지름을 나타내고 $X\sim N(10,\sigma^2)$ 이며 Y는 원형뚜껑의 지름을 나타내고 $Y\sim N(10.5,\sigma^2)$ 이다. X, Y는 독립이라고 가정한다. 뚜껑의 지름은 통의 지름보다 커야 하므로 Y가 X보다 클 확률을 0.95이상이 되도록 조절하고자 한다. 이를 만족하기 위한 σ 의 범위를 구하라.

9. $X_1, X_2,\ldots, X_{25}, Y_1, Y_2,\ldots, Y_{25}$ 는 독립인 확률변수이다. $X_1, X_2,\ldots, X_{25}$ 은 각각 $N(0,16)$ 을 따르고 $Y_1, Y_2,\ldots, Y_{25}$ 은 각각 $N(1,9)$ 을 따른다. $\overline{X}=\frac{1}{25}\sum_{i=1}^{25}X_i$ 이고 $\overline{Y}=\frac{1}{25}\sum_{i=1}^{25}Y_i$ 이다. 다음 물음에 답하라.

(1) $\overline{X}-\overline{Y}$ 의 분포는?

(2) $P(\overline{X}>\overline{Y})$ 을 구하라.

❖ 이항분포의 정규근사

10. 주사위를 100번 던졌을 때 6의 눈이 정확히 20번 나올 확률을 이항분포의 정규근사를 이용하여 구하라.

11. 주사위를 36번 던져 눈금의 총합이 정확히 126이 될 확률을 근사적으로 구하라.

〈참고〉 확률변수 X를 주사위를 던져 나타난 눈금이라고 하면 $E(X)=\frac{7}{2}=3.5$ 이고 $Var(X)=\frac{35}{12}$ 이다.

12. 동전을 100번 던져서 앞면이 정확히 50번, 뒷면이 정확히 50번 나올 확률을 이항분포의 정규근사를 이용하여 구하라.

13. (1) 서로 다른 세 개의 동전을 던지는 시행을 40회 반복하여 앞면이 1개, 뒷면이 2개 나오는 횟수를 X라 할 때 X의 분포를 쓰고, $P(X=14)$일 (정확한) 확률을 식으로 써라.

(2) (1)의 상황에서 확률 $P(14 \le X \le 18)$을 정규근사를 이용하여 구하라. 연속성 수정을 고려하라. 이 때 정규근사를 이용할 수 있는 근거와 이유를 간단히 설명하라.

14. 어떤 공장에서 두 개의 공정에 의하여 제품을 생산한다. 공정 A의 불량률은 $p_1 = 0.08$ 이고 공정 B의 불량률은 $p_2 = 0.12$ 이다. 공정 A, B로부터 각각 100개의 제품을 독립적으로 랜덤추출한다고 하자. 이 때 200개의 제품 중 불량품의 수가 25개 이상일 확률을 정규근사를 이용하여 구하라. 연속성 수정을 하는 경우와 하지 않는 경우를 모두 구하라.

15. $X_1, \ldots, X_n$ 이 균일분포 $U(0,1)$ 에서의 독립인 확률변수이다. 다음 물음에 답하라.

(1) $n = 10$ 일 때 $X_1, \ldots, X_n$ 중에서 정확히 4개가 0.4를 초과할 확률을 구하라.

(2) $n = 50$ 일 때 $X_1, \ldots, X_n$ 중에서 27개 이상이 0.4를 초과할 확률을 정규근사를 이용하여 구하라. 연속성 수정을 하는 경우와 하지 않는 경우를 모두 구하라.

제 6 장

표본분포

제6장 표본분포

6.1 서론

[상자 모형]

모집단을 나타내기 위한 도구로 상자 모형(box model)을 생각해보자. 예를 들어 주사위를 던지는 실험의 경우 상자 모형은 아래 그림과 같이 1, 2, 3, 4, 5, 6이 각각 하나씩 (또는 같은 비율로) 들어 있는 상자를 생각하면 된다. 그러면 상자 안의 분포는 1부터 6이 $\frac{1}{6}$의 확률인 이산균일분포가 되므로 상자 안의 평균은 $\mu = 3.5$이고 표준편차는 $\sigma = \sqrt{\frac{35}{12}}$이다. 상자의 평균(average of box)은 모평균에 해당하고 상자의 표준편차(SD of the box)는 모표준편차에 해당한다. 이 값은 모두 상수이다.

만일 주사위를 반복하여 n번을 던진다면 이를 $i.i.d.$ 확률변수 (independent and identically distributed random variables) $X_1, X_2, ..., X_n$이라고 나타낼 수 있다. 이와 같이 서로 독립이고 동일한 분포를 따르는 확률변수들을 확률표본(random sample)이라고 한다.

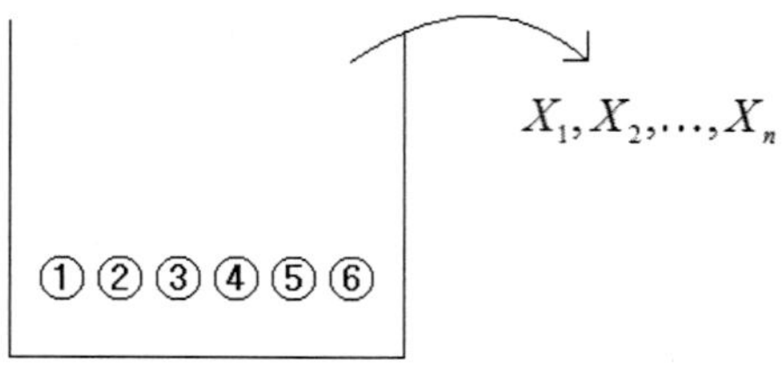

[그림 1] 상자 모형

실제의 상황에서는 모집단의 분포에 대해서 일부 또는 전체가 미지이고 모집단에 대한 추론을 위하여 표본을 추출하게 된다. 이와 같이 동일한 대상(모집단)을 독립적으로 n 번 관측하는 것의 수리적 표현으로 $X_1, \cdots, X_n$ 을 이용한다.

물론 단순임의추출(simple random sampling)의 경우, 비복원추출을 하므로 $X_1, \cdots, X_n$ 이 독립은 아니나 추출하는 표본의 크기에 비해서 모집단크기의 크기가 충분히 크면 근사적으로 확률표본이라 간주하고 이에 대한 이론을 적용할 수 있다.

정의

[확률표본]

$X_1, \cdots, X_n$ 이 누적분포함수 $F(x)$ 를 가지는 모집단에서의 확률표본이다.

$\Leftrightarrow$ $X_1, \cdots, X_n$ 이 독립이고 같은 누적분포함수 $F(x)$를 가지는 확률변수이다.

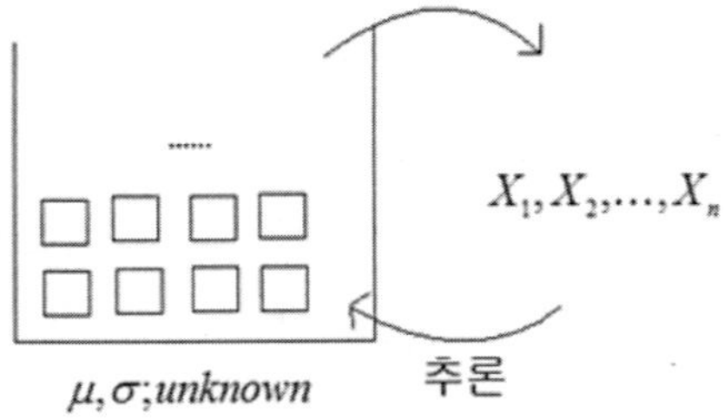

[그림 2] 확률표본

$X_1, \cdots, X_n$ 이 확률표본이라는 것은 동일한 대상인 모집단을 독립적으로 n번 관측하는 것을 수리적으로 표현한 것이라고 생각할 수 있다. 여기서 모집단의 분포를 이론적 모형으로 나타내는 $F(x)$는 통상적으로 전체가 미지이거나 부분적으로 미지라고 가정한다. 부분적으로 미지라는 것은 예를 들면 분포에 대한 정보는 있으나 분포를 결정하는 모수를 모르는 경우를 말한다. 여기서 모수(parameter)라는 것은 일반적으로 모집단의 특성을 나타내는 값을 말한다. 대표적인 모수는 모평균 μ, 모분산 σ^2, 모비율 p 등을 들 수 있다. 그러나 이외에 모상관계수 $\rho = \dfrac{Cov\,(X_1, Y_1)}{sd\,(X_1)\,sd\,(Y_1)}$ 등 그 이외에 다른 모수도 고려할 수 있다. 예를 들어 모평균 μ를 추론하려면 확률표본 $X_1, \cdots, X_n$ 의 표본평균 $\overline{X} = \dfrac{1}{n}\sum_{i=1}^{n} X_i$을 이용할 것이다. 모분산 σ^2의 추론에는 주로 표본분산 $S^2 = \dfrac{1}{n-1}\sum_{i=1}^{n}(X_i - \overline{X})^2$을 이용할 것이고, 모비율 p에는 표본비율을 이용할 것이다. 여기서 $\overline{X}$, S^2, 표본비율 등은 통계량(statistics)이라고 한다. 일반적으로 통계량이란 관측 가능한 확률표본의 함수를 말한다. 따라서 미지의 모수를 포함하는 경우는 통계량이라고 부르지 않는다.

정의

[모수와 통계량]

모수란 모집단의 특성을 나타내는 값을 말한다(μ, σ^2, p 등).
통계량이란 표본의 특성을 나타내는 값으로 확률표본 $X_1, \cdots, X_n$ 의 함수로 나타난다(표본평균, 표본분산, 표본비율 등).

$X_1, \cdots, X_n$ 은 확률변수이고 표본추출과정에서 나타날 수 있는 모든 값을 택할 수 있다. 실제로 관측된 자료는 $x_1, \cdots, x_n$ 으로 소문자로 나타내는 것이 일반적이다. 1장의 자료정리에서는 이러한 이유로 자료를 소문자로 나타내었다. 이 구분은 익숙해지면 혼용해서 쓰는 경우도 있지만, 정확한 개념을 익히기 전까지는 구분해서 쓰는 것이 이해에 도움이 된다.

6.2 표본분포

예제 1 주사위를 두 번 던질 때 나타나는 각각의 눈을 X_1, X_2라고 하자. 이때 통계량 $S_2 = X_1 + X_2$의 확률분포를 구하라. 표본평균 $\overline{X}_2 = \dfrac{X_1 + X_2}{2}$의 분포는 어떻게 되는가?

풀이 상자 모형의 분포는 1,2,3,4,5,6이 각각 $\dfrac{1}{6}$인 분포이므로 $\mu = 3.5$, $\sigma^2 = \dfrac{35}{12}$이다. X_1과 X_2의 합인 $S_2 = X_1 + X_2$는 최소 2부터 최대 12까지의 값을 가지며 각각의 확률은

$$P(X_1 + X_2 = 2) = P(X_1 = 1, X_2 = 1),$$
$$P(X_1 + X_2 = 3) = P(X_1 = 1, X_2 = 2) + P(X_1 = 2, X_2 = 1)$$

과 같이 (1,1),…, (6,6)의 36개의 표본공간에서 해당하는 경우의 수를 세면 바로 구할 수 있다. 이를 표와 그래프로 정리하면 다음과 같다.

〈표 1〉 주사위 눈의 합의 분포

$X_1 + X_2$	2	3	4	5	6	7	8	9	10	11	12
확률	$\frac{1}{36}$	$\frac{2}{36}$	$\frac{3}{36}$	$\frac{4}{36}$	$\frac{5}{36}$	$\frac{6}{36}$	$\frac{5}{36}$	$\frac{4}{36}$	$\frac{3}{36}$	$\frac{2}{36}$	$\frac{1}{36}$

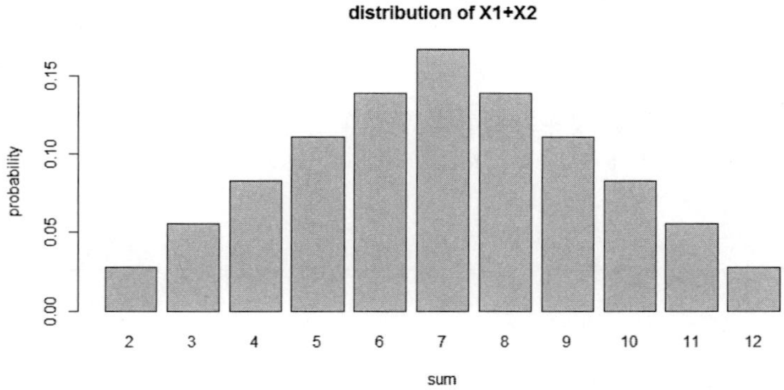

[그림 3] 주사위 눈의 합의 분포

위의 분포로부터 X_1+X_2의 기댓값과 분산은

$$E(X_1+X_2)=7$$

$$Var(X_1+X_2)=E((X_1+X_2)^2)-(E(X_1+X_2))^2=\frac{1974}{36}-7^2=\frac{70}{12}$$

이다. 이는 기댓값과 분산의 성질로부터 얻을 수 있는 결과인

$$E(X_1+X_2)=2\mu,\quad Var(X_1+X_2)=2\sigma^2$$

과도 일치한다. 표본평균 $\overline{X_2}=\dfrac{X_1+X_2}{2}$의 확률분포는 X_1+X_2에서 취하는 값이 1, 1.5, …, 6으로 바뀌면 될 것이다.

〈표 2〉 주사위 눈의 평균의 분포

$\overline{X_2}$	1	1.5	2	2.5	3	3.5	4	4.5	5	5.5	6
확률	$\frac{1}{36}$	$\frac{2}{36}$	$\frac{3}{36}$	$\frac{4}{36}$	$\frac{5}{36}$	$\frac{6}{36}$	$\frac{5}{36}$	$\frac{4}{36}$	$\frac{3}{36}$	$\frac{2}{36}$	$\frac{1}{36}$

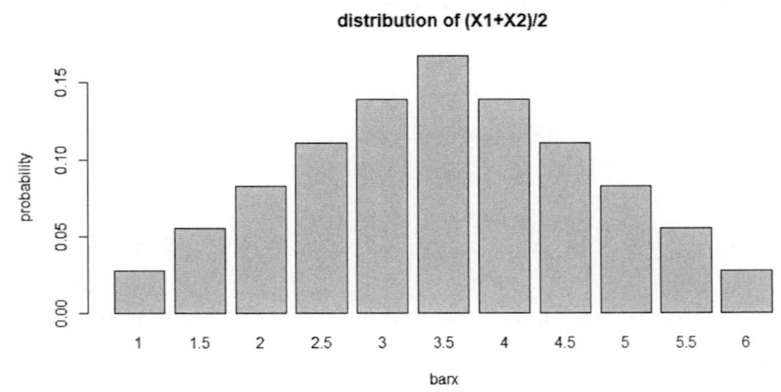

[그림 4] 주사위 눈의 평균의 분포

여기에서 통계량 $S_2 = X_1 + X_2$ 또는 $\overline{X_2}$의 확률분포를 S_2 또는 $\overline{X_2}$의 표본분포(sampling distribution)라고 한다. 합이나 표본평균 외에 최솟값 $\min(X_1, X_2)$나 최댓값 $\max(X_1, X_2)$ 등의 통계량은 새로운 형태의 확률분포를 가질 것이며 이들이 각각의 통계량의 표본분포가 될 것이다. ■

정의

[표본분포]

통계량의 확률분포를 표본분포라고 한다.

예제 2 $X_1, \ldots, X_n$이 베르누이분포 $B(1, p)$에서의 확률표본일 때 통계량 $X_1 + \cdots + X_n$의 표본분포는 이항분포 $B(n, p)$이다.

〈예제 1〉에서는 표본크기 n이 2이므로 확률표본의 합이나 표본평균의 분포를 쉽게 구할 수 있었다. 만일 표본크기가 2에서 그 이상으로 커지면 표본의 합 $\sum_{i=1}^{n} X_i$ 또는 표본평균 $\overline{X_n} = \frac{1}{n}\sum_{i=1}^{n} X_i$의 표본분포는 어떻게 될까? 또는 상자모형의 분포 (모집단의 확률분포)가 좀 더 복잡한 경우 또는 연속분포인 경우에는 표본의 합이나 표본평균의 분포는 어떻게 될까? 또는 합이나 표본평균 이외의 다른 통계량의 분포는 어떻게 될까? 각각의 경우에 정확한 표본분포를 구하는 것은 대부분의 경우 쉽지 않을 것이다. 그러나 표본의 합이나 표본평균의 근사분포는 어렵지 않게 짐작할 수 있다. 이에 대해서 생각해보자.

6.3 표본평균의 분포와 중심극한정리

[표본평균의 기댓값과 분산]

$X_1, \ldots, X_n$을 평균 μ, 분산 σ^2인 모집단으로부터의 크기 n인 확률표본이라고 하자. 표본의 합 $S_n = \sum_{i=1}^{n} X_i$과 표본평균 $\overline{X_n} = \frac{S_n}{n}$은 확률표본의 함수로 통계량이고, 이들 역시 확률변수이다. 따라서 확률분포를 가지게 될 것이다. 앞에서 언급한 바와 같이 이 확률분포가 각 통계량의 표본분포이며, 이들의 정확한 분포는 모집단의 분포와 표본크기 n에 따라 달라지게 된다. 그러나 적어도 이들 분포의 평균과 분산은 앞에서 배운 기댓값과 분산의 성질에 의해

서 쉽게 구할 수 있다. 우선 평균의 가법성에 의해서

$$E(S_n) = E(X_1 + \cdots + X_n) = E(X_1) + \cdots + E(X_n) = n\mu$$

이다. $X_1, \ldots, X_n$ 이 서로 독립이므로 분산의 가법성에 의해서

$$Var(S_n) = Var(X_1 + \cdots + X_n) = Var(X_1) + \cdots + Var(X_n) = n\sigma^2$$

이 된다. 표본평균 $\overline{X_n}$ 는

$$E(\overline{X_n}) = \frac{E(S_n)}{n} = \mu,$$

$$Var(\overline{X_n}) = \frac{1}{n^2} Var(S_n) = \frac{n\sigma^2}{n^2} = \frac{\sigma^2}{n}$$

을 가진다. 즉, 서로 독립이고 같은 분포를 가지는 확률변수를 합하게 되면 평균과 분산은 표본크기에 비례해서 커지게 된다. 이를 표본크기로 나눈 표본평균은 다시 그 중심이 모집단의 평균과 같게 되고 분산은 표본크기에 반비례해서 작아지게 된다.

[정규분포의 경우 표본의 합과 표본평균의 분포]

만일 $X_1, \ldots, X_n$ 이 평균이 μ이고 분산이 σ^2인 정규분포 $N(\mu, \sigma^2)$ 에서의 확률표본인 경우에는 $S_n = \sum_{i=1}^{n} X_i$과 $\overline{X_n} = \frac{S_n}{n}$ 의 평균과 분산뿐만 아니라 그 분포도 정확히 알고 있다.

5장에서 배운 정규분포의 성질로부터 이들은 다시 정규분포를 따르게 된다. 즉,

$$S_n \sim N(n\mu, n\sigma^2), \quad \frac{S_n - n\mu}{\sqrt{n}\,\sigma} \sim N(0,1)$$

$$\overline{X_n} = \frac{1}{n}\sum_{n=1}^{n} X_i \sim N\left(\mu, \frac{\sigma^2}{n}\right), \quad \frac{\overline{X_n} - \mu}{\sigma / \sqrt{n}} \sim N(0,1)$$

이 된다. 통계량 $\overline{X_n}$ 의 표본분포의 표준편차인 $\frac{\sigma}{\sqrt{n}}$ 는 주로 $\overline{X_n}$ 의 표준오차(standard error)라고 부르며 $SE(\overline{X_n}) = \frac{\sigma}{\sqrt{n}}$ 이라고 쓴다.

[임의의 분포의 경우 표본평균의 근사분포]

모집단이 정규분포일 때 표본의 합이나 표본평균의 분포도 역시 정규분포를 따른다는 정규분포의 성질이 모집단이 임의의 분포일 경우에도 n 이 크면 근사적으로 성립한다. 따라서 합

이나 표본평균의 표본분포는 모집단에 관계없이 n 이 크면 정규분포로 근사할 수 있다. 이것을 중심극한정리(central limit theorem)라고 한다. 이때 실용상 n 의 크기는 대략 30 이상이다.

정리 6.1 중심극한정리

평균이 μ 이고 분산이 σ^2 인 임의의 모집단에서 크기 n 인 확률표본을 추출한다고 하자. 이때 표본평균 $\overline{X_n}$ 는 n 이 충분히 크면 근사적으로 정규분포 $N(\mu, \frac{\sigma^2}{n})$ 을 따른다. 즉

$$\frac{\overline{X_n} - \mu}{\sigma / \sqrt{n}} \;\dot{\sim}\; N(0,1)$$

이 성립한다.

예제 3 A고등학교 남학생의 건강검진 기록을 분석해 보니 신장의 평균값이 172cm이고, 표준편차는 8cm였다. 100명의 남학생을 임의추출할 경우 표본평균이 171cm 이상 174cm 이하일 확률을 구하라.

풀이 모평균 $\mu = 172$, 모표준편차 $\sigma = 8$ 이고, 표본의 크기 $n = 100$ 이 $n > 30$ 으로 충분히 크므로 $\overline{X}$ 는 중심극한정리에 의해서 근사적으로 정규분포를 따른다. $\overline{X}$ 의 평균은 $\mu = 172$ 이고 $\overline{X}$ 의 표준오차는 $\frac{\sigma}{\sqrt{n}} = 0.8$ 이므로

$$P(171 \le \overline{X} \le 174) = P\left(\frac{171-172}{0.8} \le \frac{\overline{X} - 172}{0.5} \le \frac{174-172}{0.8}\right)$$
$$\approx P(-1.25 \le Z \le 2.5) = 0.3944 + 0.4938 = 0.8882$$

가 된다. ■

[중심극한정리의 특수한 경우 : 이항분포의 정규근사]

Y가 $B(n,p)$ 일 때 Y는 베르누이 시행 $B(1,p)$의 합, 즉

$$Y = X_1 + X_2 + \cdots + X_n$$

임을 알고 있다. 여기서 $X_1, \ldots, X_n$ 은 $B(1,p)$ 에서의 확률표본이다. 따라서 $\overline{X}$ 또는 Y에 중심극한정리를 적용하면 $\mu = p$, $\sigma^2 = p(1-p)$ 이므로

$$\frac{\overline{X} - p}{\sqrt{pq/n}} = \frac{Y - np}{\sqrt{npq}} \;\dot{\sim}\; N(0,1), \quad q = 1-p$$

이다. 여기서 $\overline{X}=\sum_{i=1}^{n}\frac{X_i}{n}$ 는 표본에서의 성공 횟수의 비율, 즉 표본비율(sample proportion) 이므로 이 경우 $\hat{p}$ 을 사용하는 것이 좀 더 일반적이다. 즉,

$$\frac{\hat{p}-p}{\sqrt{pq/n}} \overset{\cdot}{\underset{\cdot}{\sim}} N(0,1)$$

이다. 이와 같이 이항분포의 정규근사는 모집단이 $B(1,p)$ 일 때의 중심극한정리이다. 즉, 이항분포의 정규근사는 중심극한정리의 특별한 경우라고 할 수 있다. 이를 표로 정리하면 다음과 같다.

	모집단	모평균	모분산
중심극한정리	임의의 모집단	μ	σ^2
이항분포의 정규근사	$B(1,p)$	p	pq

정리하면,

(1) $i.i.d.$ 정규분포를 합하면 (정확하게) 정규분포를 따른다.

(2) $i.i.d.$ 확률변수를 합하면 근사적으로 정규분포를 따른다.

(3) 이항분포 $B(n,p)$는 그 자체가 $i.i.d.$ 확률변수 $B(1,p)$의 합이므로 n이 크면 근사적으로 정규분포를 따른다.

중심극한정리의 내용을 표로 정리하면 다음과 같다.

모집단이 정규분포일 때	중심극한정리	이항분포의 정규근사
$X_1,\dots,X_n \overset{i.i.d.}{\sim} N(\mu,\sigma^2)$	$X_1,\dots,X_n \overset{i.i.d.}{\sim} \square(\mu,\sigma^2)$	$X_1,\dots,X_n \overset{i.i.d.}{\sim} B(1,p)$
$S_n = X_1+X_2+\cdots+X_n$ $S_n \sim N(n\mu,n\sigma^2)$ $\frac{S_n-n\mu}{\sqrt{n}\,\sigma} \sim N(0,1)$	$S_n = X_1+X_2+\cdots+X_n$ $S_n \overset{\cdot}{\underset{\cdot}{\sim}} N(n\mu,n\sigma^2)$ $\frac{S_n-n\mu}{\sqrt{n}\,\sigma} \overset{\cdot}{\underset{\cdot}{\sim}} N(0,1)$	$Y= X_1+\cdots+X_n$ $Y \overset{\cdot}{\underset{\cdot}{\sim}} N(np,npq)$ $\frac{Y-np}{\sqrt{npq}} \overset{\cdot}{\underset{\cdot}{\sim}} N(0,1)$
$\overline{X_n}=\frac{S_n}{n}$ $\overline{X_n} \sim N(\mu,\frac{\sigma^2}{n})$ $\frac{\overline{X_n}-\mu}{\sigma/\sqrt{n}} \sim N(0,1)$	$\overline{X_n}=\frac{S_n}{n}$ $\overline{X_n} \overset{\cdot}{\underset{\cdot}{\sim}} N(\mu,\frac{\sigma^2}{n})$ $\frac{\overline{X_n}-\mu}{\sigma/\sqrt{n}} \overset{\cdot}{\underset{\cdot}{\sim}} N(0,1)$	$\hat{p}=\frac{Y}{n}$ $\hat{p} \overset{\cdot}{\underset{\cdot}{\sim}} N(p,\frac{pq}{n})$ $\frac{\hat{p}-p}{\sqrt{pq/n}} \overset{\cdot}{\underset{\cdot}{\sim}} N(0,1)$

다음 그림은 여러 형태의 분포(모집단)에서 크기 n인 확률표본에 대해서 표본평균 $\overline{X_n}$의 표본분포를 구해 본 결과이다. 모집단이 어떤 형태이든 표본평균의 표본분포는 n이 커지면서 정규분포로 근사해 간다는 것을 볼 수 있다.

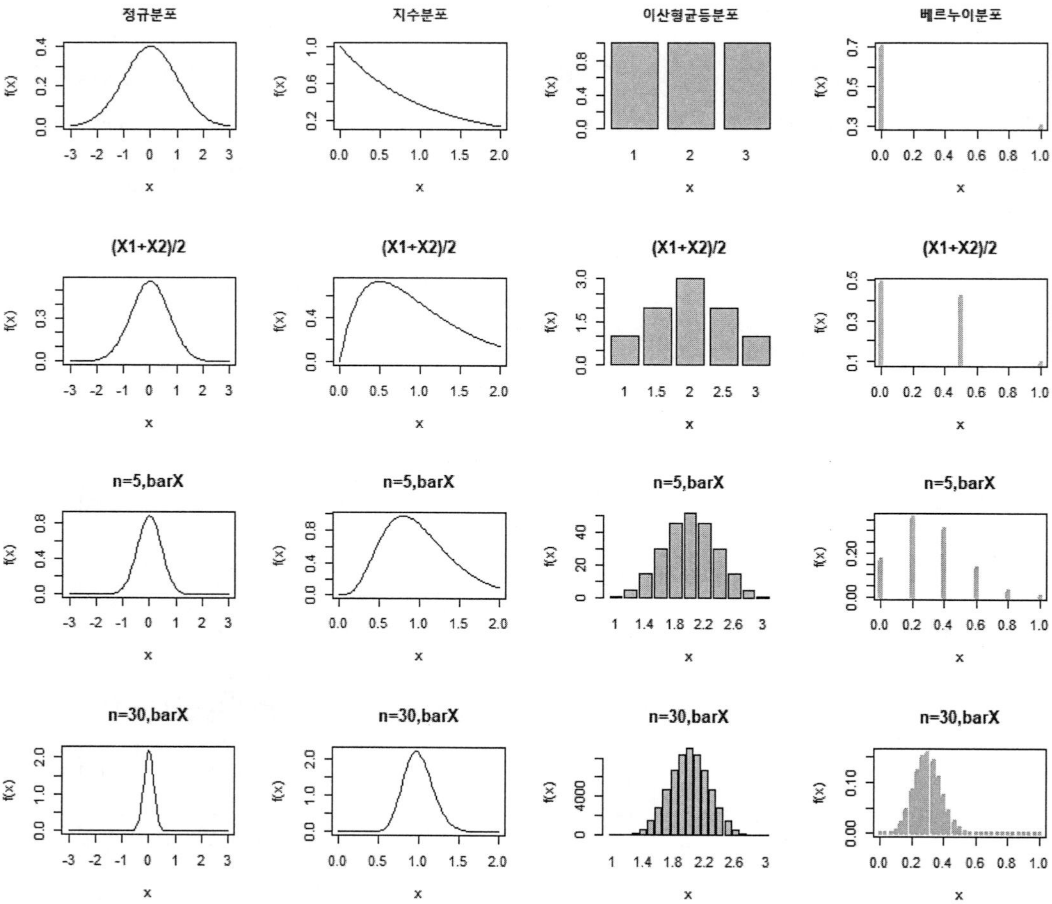

[그림 5] 여러 형태의 모집단에서 n의 크기에 따른 $\overline{X}$의 표본분포

[대수의 법칙]

⟨예제 1⟩에서와 같이 주사위를 던지는 실험을 하자. 이 때 확률변수 X를 주사위의 눈을 나타내는 확률변수라고 하면 X의 분포는 1,2,3,4,5,6이 각각 $\frac{1}{6}$의 확률을 가지는 이산균일분포로 아래 [그림 6]과 같다. 그리고 $E(X)=3.5$이고 $Var(X)=\frac{35}{12}$, $sd(X)=\sqrt{\frac{35}{12}}=1.7$이다.

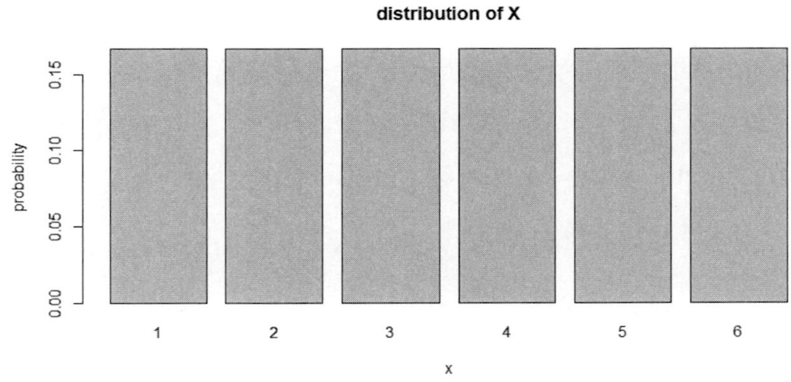

[그림 6] 주사위 눈의 분포

만일 주사위를 1,000번 던져서 얻어진 수로 그래프를 그리면 위의 이산균일분포와 똑같지는 않으나 비슷한 형태를 보여줄 것이다. 예를 들면 아래와 같은 그래프를 보여줄 것이다.

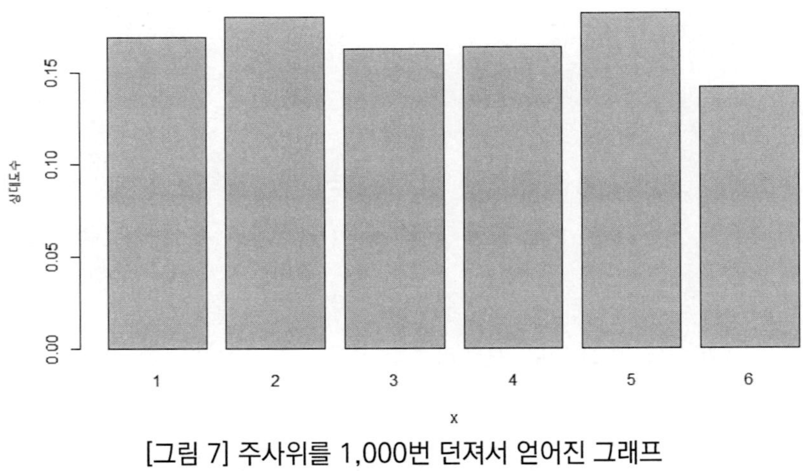

[그림 7] 주사위를 1,000번 던져서 얻어진 그래프

또한 위의 1,000개의 숫자의 평균을 구하면 약 3.5가 될 것이며 표준편차는 약 1.7정도가 될 것이다. 만일 주사위를 1,000번보다 더 늘려 10,000번, 100,000번 던진다면 각 숫자가 나오는 비율은 좀 더 $\frac{1}{6}$에 가깝게 될 것이다. 이는 대수의 법칙(law of large numbers)에 의한 결과이다.

앞에서 주사위를 두 번 던져서 합 또는 평균을 구할 때, 즉 $S_2 = X_1 + X_2$ 또는 $\overline{X_2} = \frac{X_1 + X_2}{2}$의 정확한 표본분포를 구한 바 있다. 만일 주사위를 5번 던져서 즉, $n = 5$일 때의 합 S_5 또는 표본평균 $\overline{X_5}$의 분포를 구하려면 어떻게 할까? 같은 방법을 쓰면 되겠지만 경우의 수가 많으므로 컴퓨터의 도움 없이는 힘들다. 아래의 그래프는 R 프로그램을 이용하여 S_5의 표본분포와 $\overline{X_5}$의 표본분포를 구한 결과이다. $\overline{X_5}$는 S_5의 표본분포의 가로축의 값만 바뀐 형태이다. 이 경우 중심극한정리를 적용하면 어떨까? 그러나 중심극한정리를 적용하기에는 표본크기 $n=5$가 그렇게 크지 않다.

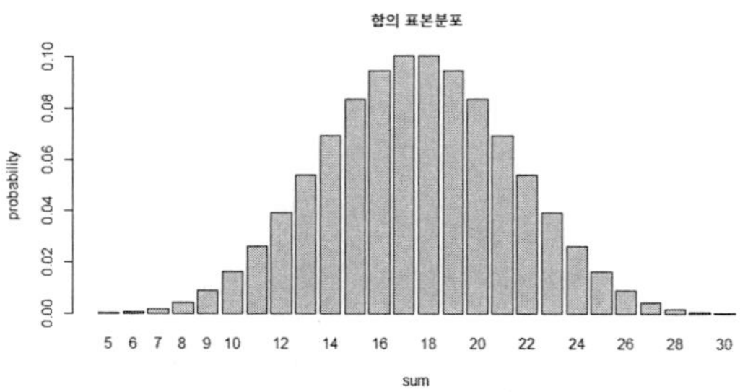

[그림 8] 합 S_5의 표본분포

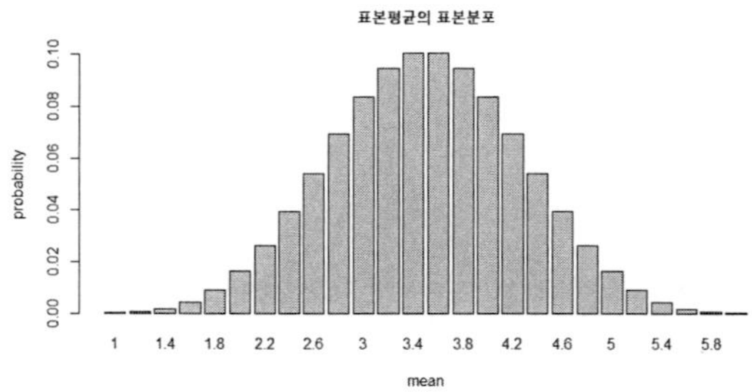

[그림 9] 표본평균 $\overline{X_5}$의 표본분포

만일 위와 같이 $n=5$일 때의 합이나 표본평균 $\overline{X_5}$를 구하기 힘든 경우에는 어떻게 $\overline{X_5}$의 분포를 짐작할 수 있을까? 이를 위해서 $\overline{X_5}$를 여러 번, 예를 들면 $NR=100$번(Number of Repetition, 반복수) 관측해보자. 당연히 $\overline{X_5}$를 한번 관측하기 위해서는 주사위를 5번 던져야 한다. 이와 같은 과정을 $NR=100$ 번 반복하면 100개의 $\overline{x_5}$를 얻게 된다. 실제로는 컴퓨터의 난수를 이용하여 이와 같은 과정을 시행하였다. 그 결과 아래 〈표 3〉을 얻었다. 즉, 표본크기 $n=5$ 인 $NR=100$ 개의 확률표본을 추출해서 100개의 $\overline{x_5}$의 값을 얻었다. 관측된 100개의 $\overline{x}$ 에 대한 상대도수 히스토그램을 그리면 다음과 같다. 이는 $\overline{X}_5$의 표본분포를 실험적으로 (empirically) 얻은 결과이다.

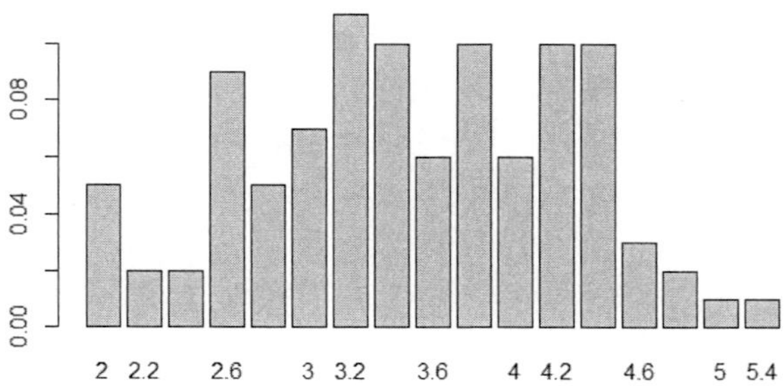

[그림 10] $\overline{x_5}$들의 상대도수 그래프

[그림 10]에서 보는 바와 같이 비록 모집단의 분포가 이산균일분포로 정규분포와는 전혀 다르더라도 표본크기가 5인 표본평균의 히스토그램은 중간의 돗수가 높고 양끝의 돗수가 낮은 형태를 보여준다. 위의 히스토그램은 모의실험(simulation)에 의해 실험적으로 얻어진 자료를 가지고 그린 히스토그램이므로 $n=5$ 인 표본평균 $\overline{X}_5$ 의 정확한 이론적인 표본분포와는 차이가 있다. 만일 $NR=100$ 개의 확률표본 대신 $NR=1{,}000,\ 10{,}000$개의 확률표본을 추출하여 각 표본에서 $\overline{x_5}$ 를 구한 후 히스토그램을 그린다면 이를 통하여 얻어진 그래프가 좀 더 [그림 9]의 표본평균 $\overline{X}_5$ 의 정확한 표본분포에 근접할 것이다(R실습의 그래프 참고). 이것 또한 확률론에서의 대수의 법칙에 의하여 성립하는 사실이다.

위에서 $n=5$ 인 표본평균 $\overline{X_5}$ 대신 $n=10,\ 100$ 으로 증가시켜서 $\overline{X}_{10}$, $\overline{X}_{100}$ 의 표본분포를 고려하면 이들이 좀 더 정규분포에 가까운 형태가 될 것이다. 이는 중심극한정리에 의해서 성립한다.

이와 같이 표본크기 n 과 확률표본의 개수, 즉 반복수 NR 을 구별하고 대수의 법칙과 중심극한정리에 대한 이해를 확실히 할 필요가 있다.

〈표 3〉 이산균일분포로부터 크기 5인 표본을 100번 추출한 결과

표본번호	관측값	합계	평균 $\overline{x_5}$	표본번호	관측값	합계	평균 $\overline{x_5}$
1	6,5,6,6,4	27	5.4	51	2,6,6,5,4	23	4.6
2	5,4,2,3,2	16	3.2	52	2,3,5,2,5	17	3.4
3	4,4,6,1,3	18	3.6	53	3,1,6,2,1	13	2.6
4	3,5,6,3,5	22	4.4	54	6,2,2,3,5	18	3.6
5	3,3,4,3,1	14	2.8	55	5,6,1,1,4	17	3.4
6	6,3,3,3,5	20	4	56	2,6,2,4,1	15	3
7	3,2,1,2,2	10	2	57	5,3,4,6,1	19	3.8
8	1,1,2,5,6	15	3	58	2,3,1,3,1	10	2
9	3,3,1,2,4	13	2.6	59	6,4,4,5,2	21	4.2
10	2,3,6,5,4	20	4	60	2,1,5,4,1	13	2.6
11	6,4,5,3,4	22	4.4	61	4,6,2,6,4	22	4.4
12	1,5,1,1,2	10	2	62	1,3,6,1,1	12	2.4
13	6,6,5,1,1	19	3.8	63	4,5,6,6,1	22	4.4
14	5,2,1,5,5	18	3.6	64	1,4,1,4,3	13	2.6
15	4,2,6,5,6	23	4.6	65	6,6,2,3,5	22	4.4

표본번호	관측값	합계	평균 $\overline{x_5}$	표본번호	관측값	합계	평균 $\overline{x_5}$
16	1,1,4,3,4	13	2.6	66	4,1,1,5,6	17	3.4
17	6,5,3,4,1	19	3.8	67	2,1,2,5,2	12	2.4
18	5,5,1,1,4	16	3.2	68	6,5,1,2,5	19	3.8
19	4,4,4,3,6	21	4.2	69	2,5,4,4,4	19	3.8
20	4,3,6,4,4	21	4.2	70	2,3,3,5,1	14	2.8
21	3,3,1,5,1	13	2.6	71	2,6,2,4,1	15	3
22	6,6,6,5,1	24	4.8	72	3,2,6,2,2	15	3
23	2,5,6,6,3	22	4.4	73	3,1,1,4,4	13	2.6
24	5,4,2,1,3	15	3	74	3,2,5,4,5	19	3.8
25	4,5,3,5,2	19	3.8	75	6,61,4,5	22	4.4
26	2,1,3,4,1	11	2.2	76	3,6,1,2,5	17	3.4
27	3,4,1,6,4	18	3.6	77	1,6,6,3,4	20	4
28	4,6,4,6,4	24	4.8	78	2,5,6,1,6	20	4
29	2,3,3,2,3	13	2.6	79	5,2,1,3,3	14	2.8
30	1,3,3,4,5	16	3.2	80	4,6,5,4,6	25	5
31	5,5,6,4,1	21	4.2	81	6,6,1,1,6	20	4
32	4,6,5,3,1	19	3.8	82	5,4,3,5,5	22	4.4
33	6,3,1,6,1	17	3.4	83	4,6,3,5,3	21	4.2
34	1,5,1,6,4	17	3.4	84	5,2,5,6,4	22	4.4
35	3,5,2,5,1	16	3.2	85	1,2,3,5,5	16	3.2
36	3,5,4,2,2	16	3.2	86	6,6,1,6,2	21	4.2
37	1,4,1,6,2	14	2.8	87	1,2,3,6,5	17	3.4
38	6,1,3,5,2	17	3.4	88	2,6,4,4,5	21	4.2
39	3,5,4,2,5	19	3.8	89	4,3,2,4,3	16	3.2
40	3,6,1,3,3	16	3.2	90	4,6,2,3,2	17	3.4
41	6,2,5,4,1	18	3.6	91	6,6,5,3,1	21	4.2
42	2,4,2,2,5	15	3	92	2,3,6,2,2	15	3
43	2,4,4,5,1	16	3.2	93	4,3,2,2,5	16	3.2
44	4,1,6,3,5	19	3.8	94	4,4,5,1,4	18	3.6
45	3,2,2,5,1	13	2.6	95	1,1,5,2,1	10	2
46	1,1,3,5,4	14	2.8	96	5,5,6,3,3	22	4.4
47	2,6,6,4,2	20	4	97	3,6,5,2,5	21	4.2
48	1,2,4,3,1	11	2.2	98	4,5,6,2,6	23	4.6
49	5,3,2,6,5	21	4.2	99	1,4,1,1,3	10	2
50	6,2,1,6,1	16	3.2	100	2,4,3,5,3	17	3.4

6.4 정규모집단에서의 표본분포

이 절에서는 모집단의 분포가 정규분포일 때 사용되는 통계적 추론 방법과 밀접하게 관련된 분포를 소개한다. 5장에서 모집단이 정규분포일 때 표본평균 $\overline{X}$의 분포는 이론적으로 정규분포를 따른다는 것을 배웠다. 그러면 모집단이 정규분포일 때 표본분산 S^2의 표본분포는 어떤 형태일까? 이를 알아보기 위해서 우선 카이제곱분포라는 새로운 분포를 소개한다.

6.4.1 카이제곱분포

정의

[카이제곱분포]

$Z_1, \dots, Z_n$ 이 서로 독립이고, $N(0,1)$ 을 따르는 확률변수일 때

$$V = \sum_{i=1}^{n} Z_i^2$$

의 분포를 자유도(degrees of freedom) n 인 카이제곱분포라고 하고, $V \sim \chi^2(n)$ 으로 나타낸다.

참고로 $\chi^2(n)$의 확률밀도함수를 소개하면

$$f(x) = \frac{1}{\Gamma\left(\frac{n}{2}\right)2^{\frac{n}{2}}} x^{\frac{n}{2}-1} e^{-\frac{x}{2}}, \quad x > 0$$

이다. 여기서 $\Gamma(\alpha) = \int_0^\infty x^{\alpha-1}e^{-x}dx$, $\alpha > 0$이다. Γ함수는 자연수 n에 대해서 $\Gamma(n) = (n-1)!$ 이 성립한다.

카이제곱분포의 정의나 확률밀도함수를 이용하면, $V \sim \chi^2(n)$일 때 $E(V) = n$, $Var(V) = 2n$ 이 성립함을 보일 수 있다. 카이제곱분포는 비대칭이며 양의 왜도를 가진다. 그러나 자유도 n이 커지면서 점점 대칭의 형태로 변하는 것을 알 수 있다. 이는 카이제곱분포의 정의와 중심극한정리를 적용하면 예상할 수 있는 결과이다.

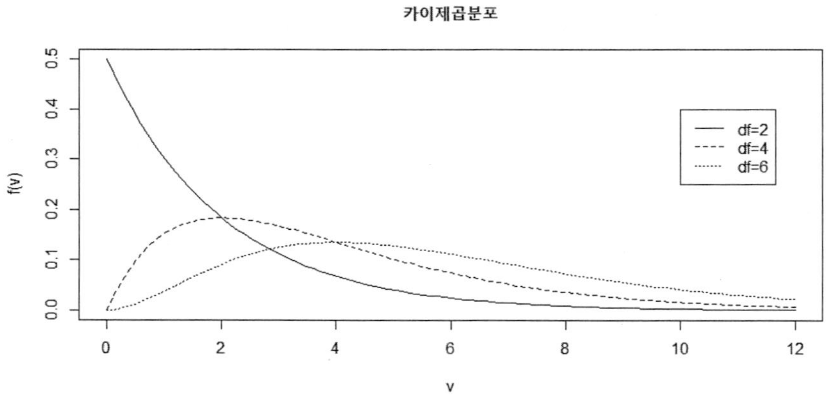

[그림 11] 카이제곱분포

[누적분포표]

카이제곱분포의 확률밀도함수도 정규분포와 마찬가지로 쉽게 적분이 되지 않는 형태이다. 따라서 필요한 확률과 백분위수는 부록의 분포표나 R 등의 프로그램을 활용해야 한다. $V \sim \chi^2(n)$일 때, $P(V \geq v) = \alpha$ 인 v, 즉 $100(1-\alpha)\%$ 백분위수를 $\chi^2(n;\alpha)$로 나타낸다. 이러한 기호를 이용하면 $100\alpha\%$ 백분위수는 $\chi^2(n;1-\alpha)$로 나타낼 것이다. 부록의 분포표에는 몇 개의 α에 대해서 $\chi^2(n;1-\alpha)$와 $\chi^2(n;\alpha)$가 주어져 있다.

예를 들어 자유도가 20일 때, 확률분포표를 이용하면 $\chi^2(20;0.05) = 31.4104$, $\chi^2(20;0.95) = 10.8508$이다. 따라서 V가 $\chi^2(20)$을 따를 때,

$$P(10.8508 \leq V \leq 31.4104) = 0.9$$

가 된다.

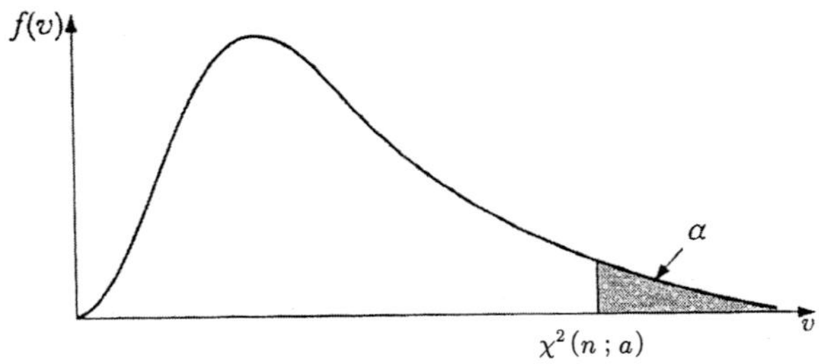

[그림 12] 카이제곱분포의 백분위수

다음의 정리는 카이제곱분포의 정의에 의해서 성립함을 알 수 있다.

정리 6.1 카이제곱분포의 가법성

(1) V_1이 $\chi^2(n_1)$, V_2가 $\chi^2(n_2)$이고 V_1 과 V_2가 서로 독립이면, V_1+V_2는 $\chi^2(n_1+n_2)$이다.

(2) V가 $\chi^2(n)$, V_1이 $\chi^2(n_1)$, $n>n_1$, $V=V_1+V_2$이고 V_1과 V_2가 서로 독립이면, V_2는 $\chi^2(n-n_1)$이다.

다음은 모집단이 정규분포일 때 성립하는 중요한 표본분포이론이다.

정리 6.2

$X_1,\ldots,X_n$이 정규분포 $N(\mu,\sigma^2)$에서의 확률표본일 때,

(1) 표본평균 $\overline{X}=\frac{1}{n}\sum_{i=1}^{n}X_i$의 분포는 $N(\mu, \frac{\sigma^2}{n})$이다. 따라서 $\frac{\overline{X}-\mu}{\sigma/\sqrt{n}}$는 표준정규분포 $N(0,1)$를 따른다.

(2) 표본평균 $\overline{X}$과 표본분산 $S^2=\frac{1}{n-1}\sum_{i=1}^{n}(X_i-\overline{X})^2$은 독립이다.

(3) $\frac{(n-1)S^2}{\sigma^2}=\frac{\sum_{i=1}^{n}(X_i-\overline{X})^2}{\sigma^2}$은 $\chi^2(n-1)$을 따른다.

(1)은 정규분포의 기본적인 성질이며 5장에서도 언급하였다. (2)는 이 책의 수준을 넘으므로 설명을 생략한다. (3)을 살펴보자. $\sum_{i=1}^{n}(X_i-\overline{X})=0$이므로

$$\sum_{i=1}^{n}(X_i-\mu)^2=\sum_{i=1}^{n}(X_i-\overline{X}+\overline{X}-\mu)^2=\sum_{i=1}^{n}(X_i-\overline{X})^2+n(\overline{X}-\mu)^2$$

이고 양변을 σ^2으로 나누면

$$\frac{\sum_{i=1}^{n}(X_i-\mu)^2}{\sigma^2}=\frac{\sum_{i=1}^{n}(X_i-\overline{X})^2}{\sigma^2}+\frac{n(\overline{X}-\mu)^2}{\sigma^2}$$

이다. 좌변은 $\sum_{i=1}^{n}\left(\frac{X_i-\mu}{\sigma}\right)^2$이므로 카이제곱분포의 정의로부터 $\chi^2(n)$을 따른다. 우변의 두 번

째 항 $\left(\dfrac{\overline{X}-\mu}{\sigma/\sqrt{n}}\right)^2$은 $\dfrac{\overline{X}-\mu}{\sigma/\sqrt{n}}$이 $N(0,1)$이므로 $\chi^2(1)$을 따른다. $\dfrac{\sum_{i=1}^{n}(X_i-\overline{X})^2}{\sigma^2}=\dfrac{(n-1)S^2}{\sigma^2}$은 $\overline{X}$와 독립이므로 카이제곱분포의 가법성에 의해서 $\chi^2(n-1)$을 따른다.

6.4.2 t분포

정의

[t분포]

Z가 $N(0,1)$, V가 $\chi^2(n)$이고 Z와 V가 서로 독립일 때,

$$T=\frac{Z}{\sqrt{V/n}}$$

의 분포를 자유도가 n인 t분포라고 하고 $T\sim t(n)$으로 나타낸다.

자유도가 n인 t분포, $t(n)$의 확률밀도함수는

$$f(t)=\frac{\Gamma((n+1)/2)}{\Gamma(n/2)\sqrt{n\pi}}\left(1+\frac{t^2}{n}\right)^{-\frac{n+1}{2}},\quad -\infty<x<\infty$$

이다. t분포는 표준정규분포와 마찬가지로 0에 대해서 대칭이지만 표준정규분포에 비해서 꼬리가 두꺼운 것이 특징이다. 그러나 자유도가 커지면서 점점 꼬리가 가늘어지며 표준정규분포와 비슷해진다. 이는 t분포의 확률밀도함수로부터도 예상할 수 있다.

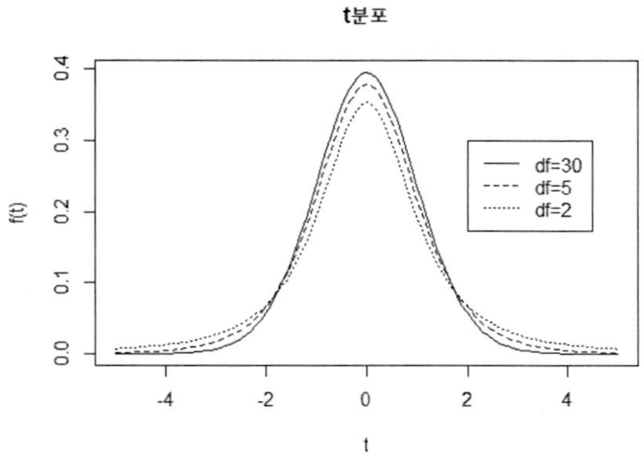

[그림 13] t 분포

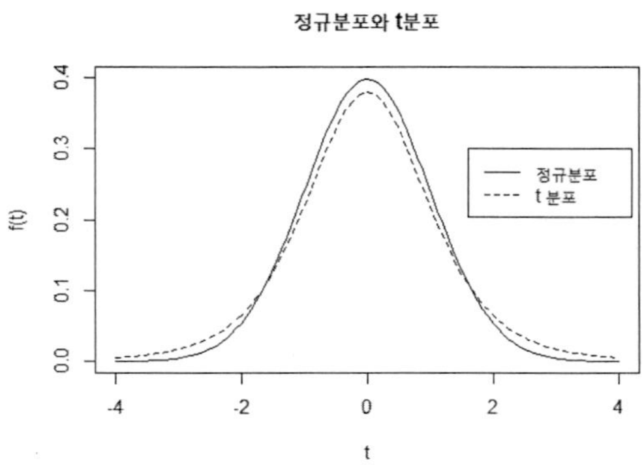

[그림 14] 정규분포와 t 분포

[누적분포표]

t분포의 확률밀도함수도 쉽게 적분이 되지 않으므로 분포의 확률이나 백분위수를 부록의 분포표에서 찾을 수 있다. 또는 R 등의 프로그램을 이용해서 구할 수 있다. 자유도가 n인 t분포, $t(n)$의 $100(1-\alpha)\%$ 백분위수를 $t(n;\alpha)$로 나타내면, 분포표로부터

$$t(5;0.05) = 2.015,\quad t(25;0.05) = 1.708,\quad t(\infty;0.05) = 1.645 = z_{0.05}$$

임을 알 수 있다.

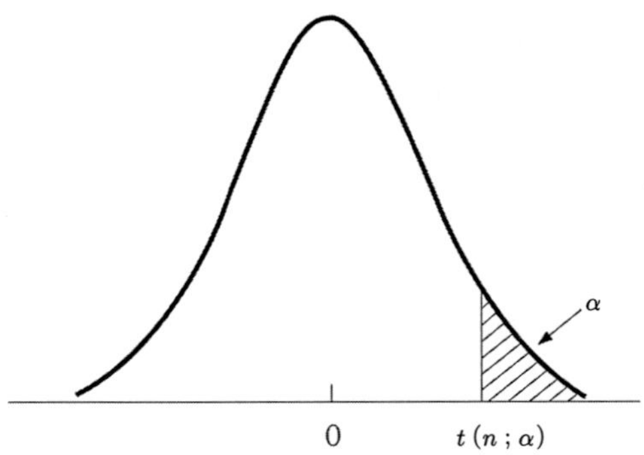

[그림 15] t 분포의 백분위수

정리 6.3

$X_1,\ldots,X_n$ 이 정규분포 $N(\mu,\sigma^2)$ 에서의 확률표본일 때,

$$T = \frac{\overline{X}-\mu}{S/\sqrt{n}}$$

는 자유도 $n-1$인 t분포, $t(n-1)$을 따른다.

증명 $\dfrac{\overline{X}-\mu}{S/\sqrt{n}} = \dfrac{\dfrac{\overline{X}-\mu}{\sigma/\sqrt{n}}}{\sqrt{\dfrac{(n-1)S^2}{\sigma^2}/(n-1)}}$ 에서 분자는 표준정규분포를 따르고 분모의 $\dfrac{(n-1)S^2}{\sigma^2}$ 는 $\chi^2(n-1)$을 따르며, $\overline{X}$와 S^2이 독립이므로 분자와 분모는 독립이다. 따라서 이는 t 분포의 정의에 의해서 $t(n-1)$을 따른다. ■

R 실습

\# X_1, …, X_5 가 주사위 눈을 나타내는 확률변수일 때, 합 또는 평균의 분포를 그려보자.
\# 이를 위해서 R에 새로운 package를 설치해야 한다.
\# 이는 3장의 R실습에서 이용한 package이다.

```
install.packages("prob")
library(prob)
```

 # 주사위를 5번 던질 때의 표본평균의 분포

\# 주사위를 5번 던질 때의 표본공간을 구한다. 몇 개의 원소를 가지는가?

```
die5.sp=rolldie(5)
dim(die5.sp)
[1] 7776    5
head(die5.sp)
X1 X2 X3 X4 X5
 1  1  1  1  1  1
 2  2  1  1  1  1
 3  3  1  1  1  1
 4  4  1  1  1  1
 5  5  1  1  1  1
 6  6  1  1  1  1
die5.sum=apply(die5.sp,1,sum)
die5.mean=apply(die5.sp,1,mean)
```

\# die5.sp 각 행의 sum 또는 mean을 구하라는 의미이다.

```
barplot(table(die5.sum)/length(die5.sum),
main="합의 표본분포", xlab="sum", ylab="probability")
```

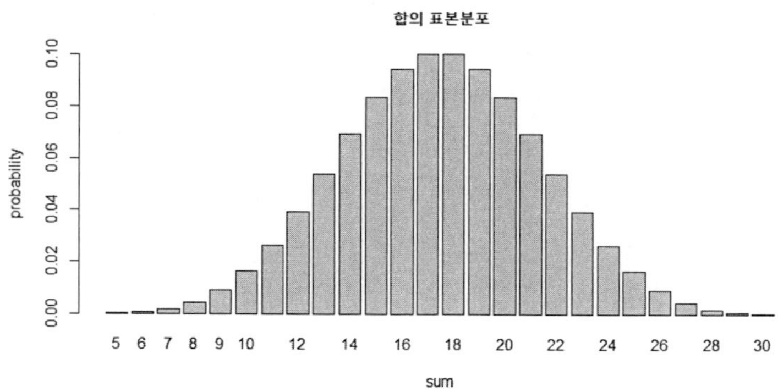

```
barplot(table(die5.mean)/length(die5.mean),
main="표본평균의 표본분포", xlab="mean", ylab="probability")
```

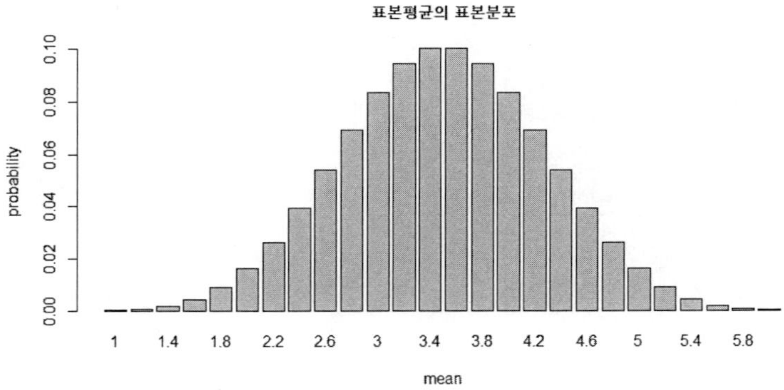

위의 분포의 중심 즉, $E(\overline{X_5})$와 $Var(\overline{X_5})$는 얼마인가?

$E(\overline{X_5}) = \mu$, $Var(\overline{X_5}) = \dfrac{\sigma^2}{n}$

난수의 생성

실제로 주사위를 5번 던져서 합 또는 평균을 구하는 과정을 NR=100번 시행해보자.

이를 위해서는 주사위를 5*NR번 던져야 한다.

```
NR=100
die5.sample=sample(1:6,5*NR,replace=T)
# 1부터 6까지의 수에서 500개의 난수를 복원추출로 뽑는다.
die5.sample=matrix(die5.sample,ncol=5)
# 난수를 한 행에 5개의 숫자를 가진 행렬로 구성한다.
die5.sample.mean=apply(die5.sample,1,mean)
# 각 행의 평균을 구한다.
barplot(table(die5.sample.mean))
```

NR=1000으로 하여 같은 작업을 반복해보자.

```
NR=1000
```

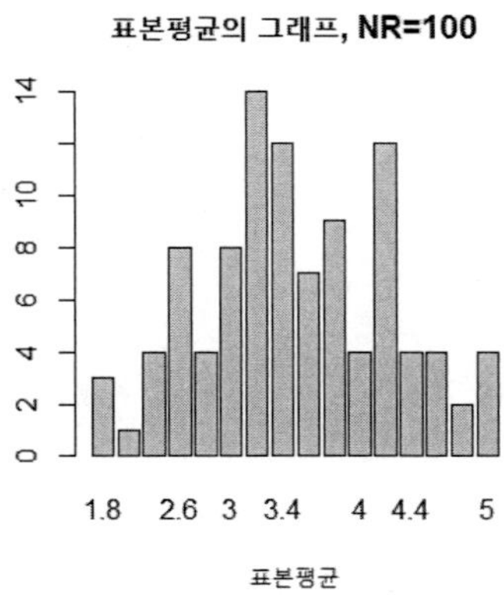

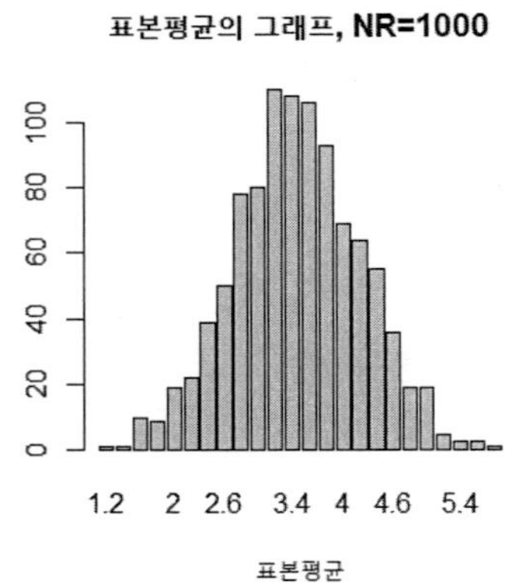


```
# 둘 중 어느 쪽이 표본평균의 (이론적인) 표본분포와 비슷한가?
# NR=1,000일 때, 1,000개의 표본평균의 평균과 분산, 표준편차를 구하면 어느 정도일 것이라
# 생각하는가? 예상할 수 있는가?
mean(die5.sample.mean)
[1] 3.461
var(die5.sample.mean)
[1] 0.5734525
sd(die5.sample.mean)
[1] 0.7572664
```

카이제곱분포에 대한 기본 command

```
# R에서 카이제곱분포를 사용하기 위해서는 t분포와 마찬가지로 자유도(df)를 지정해 주
# 어야 한다. 다음은 카이제곱분포의 확률밀도함수, 누적확률, 백분위수, 난수를 얻을 수
# 있는 명령문이다.
dchisq(x,df=a)
# density of chi square distribution
pchisq(q,df=a)
# (cumulative) probability of chi square distribution
qchisq(p,df=a)
# quantiles of chi square distribution
rchisq(n,df=a)
# random numbers from chi square distribution
```

\# 카이제곱분포에서 백분위수 찾기 & 확률계산하기

\# 카이제곱분포의 백분위수 $\chi^2(20, 0.05)$, $\chi^2(20, 0.95)$를 구해보자.

```
qchisq(1-0.05,df=20)
[1] 31.41043
qchisq(0.05,df=20)
[1] 10.85081
# P(10.85 < X < 31.41), X ~ χ²(20)
pchisq(31.41,20)-pchisq(10.85,20)
[1] 0.9000148
```

\# 자유도에 따른 카이제곱분포를 비교해보자.

```
curve(dchisq(x,df=3),0,20,lty=1,main="카이제곱분포",ylab="f(x)")
curve(dchisq(x,df=6),add=T,lty=2)
curve(dchisq(x,df=9),add=T,lty=3)
legend(15,0.20,c("df=3","df=6","df=9"),lty=c(1,2,3))
```

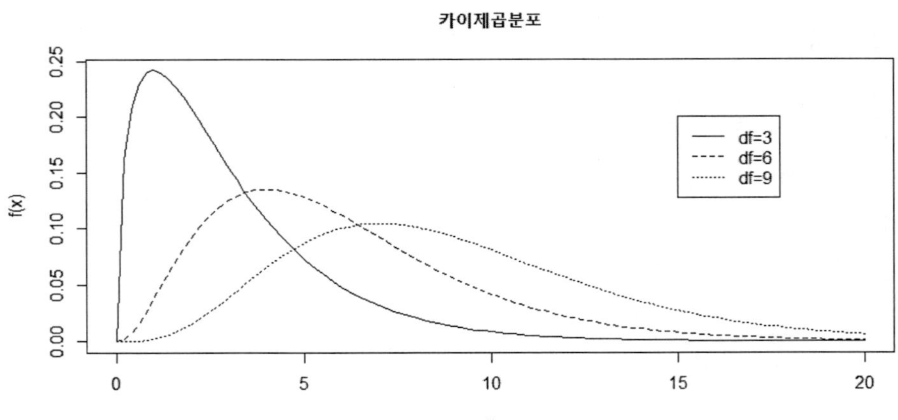

t 분포에 대한 기본 command

\# R에서 t분포를 사용하기 위해서는 자유도(df)를 지정해 주어야 한다. 다음은 t분포의

\# 확률밀도함수, 누적확률, 백분위수, 난수를 얻을 수 있는 명령문이다.

```
dt(x,df=a)
# density of t distribution
pt(q,df=a)
```

```
# (cumulative) probability of t distribution
qt(p,df=a)
# quantiles of t distribution
rt(n,df=a)
# random numbers from t distribution

# t분포에서 확률계산하기 & 백분위수 찾기
# P(1.22 < T < 2.33 ), T~t(5)
pt(2.33,df=5)-pt(1.22,df=5)
[1] 0.1048263
# 표준정규분포에서의 확률과 비교해보자.
# P(1.22 < Z < 2.33 )
pnorm(2.33)-pnorm(1.22)
[1] 0.1013294
# t분포의 백분위수 t(5;0.05)를 구해보자.
qt(1-0.05,df=5)
[1] 2.015048

# 정규분포와 자유도가 5인 t분포를 비교해보자.
curve(dnorm(x),from=-4,to=4,main="정규분포와 t분포",ylab="f(x)")
curve(dt(x,5),col=2,add=T)
```

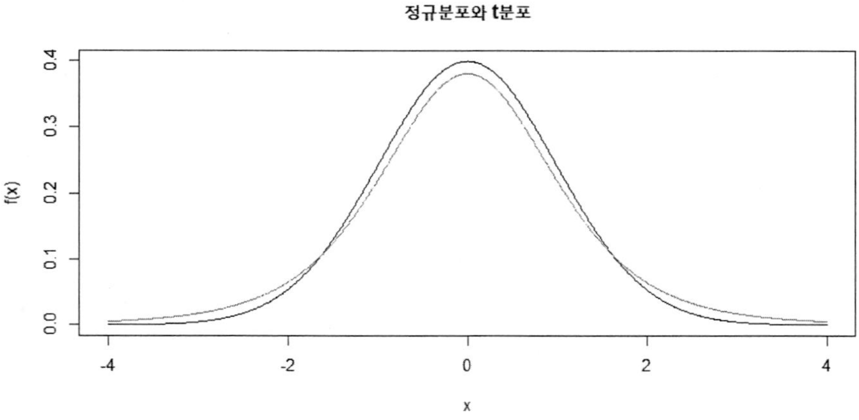

제6장
연습문제

❖ 표본분포의 기본개념

1. 어느 모집단에서 크기 $n=2$ 인 표본을 복원추출 했을 때, 표본평균 $\overline{X}=\dfrac{X_1+X_2}{2}$ 의 표본분포가 다음과 같이 주어진다. 이 때 모집단의 분산은 얼마인지 구하라.

x	−1	1/2	2
$P(\overline{X}=x)$	4/9	4/9	1/9

❖ 대수의 법칙과 중심극한 정리에 대한 이해

2. 주사위를 던지는 실험을 한다고 하자. 이 때 확률변수 X를 주사위의 눈을 나타내는 확률변수라고 하면 $E(X)=3.5$ 이고 $sd(X)=\sqrt{\dfrac{35}{12}}=1.7$ 이다. 다음 문장이 참인지 거짓인지를 말하고 그 이유를 설명하라.

(1) 주사위를 1,000번 던져서 얻어진 수로 히스토그램을 그리면 근사적으로 정규분포를 따를 것이다.

(2) 주사위를 100번 던져서 평균을 구하는 과정을 1,000번 반복하여 얻어진 1,000개의 평균으로 히스토그램을 그리면 근사적으로 정규분포를 따를 것이다.

(3) (2)에서 얻어진 1,000개의 평균들의 평균을 구하면 약 3.5이고, 평균들의 표준편차는 약 1.7일 것이다.

(4) 주사위를 400번 던져서 (2)와 같은 과정을 행하여 얻어진 히스토그램은 정규분포에 좀 더 가까울 것이다.

(5) 주사위를 2번 던져서 합을 구하는 과정을 1,000번 반복하여 합의 히스토그램을 그리고, 또한 5,000번 반복하여 히스토그램을 그리면 5,000번 반복하여 얻어진 히스토그램이 좀 더 정규분포에 가까울 것이다.

3. 어느 도시의 가구당 연소득은 평균이 1,800만 원, 표준편차는 300만 원이라고 한다. 소득의 분포는 왜도가 양수인(오른쪽 꼬리가 긴) 형태이다. 다음 문장이 참인지 거짓인지를 말하고 그 이유를 설명하라.

(1) 100가구를 단순임의추출하여 표본평균을 구한다. 이러한 과정을 1,000번 반복하여 얻어진 표본평균의 히스토그램을 그리면 근사적으로 정규분포를 따를 것이다.

(2) (1)에서 얻어진 1,000개의 표본평균의 평균을 구하면 약 1,800만 원이고, 표준편차는 300만 원일 것이다.

(3) (1)의 과정을 400가구에 대하여 행하면 좀 더 정규분포에 가까운 히스토그램을 얻을 것이다.

(4) (1)의 과정을 5가구에 대해서 500번 반복하여 행하여 표본평균의 히스토그램을 그리고, 또한 1,000번 반복하여 히스토그램을 그리면, 1,000번 반복하여 얻어진 히스토그램의 형태가 좀 더 정규분포와 가까울 것이다.

(5) 이 도시의 가구 중 약 95%정도는 연소득이 1,800만 원±600만 원 일 것이다.

4. $0,1,\ldots,9$까지의 표 10장이 상자에 들어 있다. 확률변수 X가 상자에서 표 한 장을 뽑을 때 나오는 숫자를 나타낸다고 하자. 그러면 X의 확률분포는 0부터 9까지의 각 정수가 $\frac{1}{10}$의 확률을 갖는 이산균일분포가 되고

$$E(X)=4.5\,,\ \sqrt{Var\,(X)}=\sqrt{8.25}=2.87$$

이다. 상자에서 숫자를 뽑을 때 항상 복원추출을 한다고 가정할 때 다음 문장이 참인지 거짓인지를 말하고 그 이유를 설명하라.

(1) 상자에서 50개의 숫자를 추출하여 합을 구한다고 하자. 이 때 합의 확률분포는 근사적으로 정규분포를 따를 것이다.

(2) 상자에서 100개의 숫자를 추출하여 합을 구한다고 하자. 이 때 합의 확률분포는 50개의 합을 구할 때보다 좀 더 정규분포에 가까울 것이다.

(3) 상자에서 1,000개의 숫자를 추출하여 얻어진 수로 히스토그램을 그리면 근사적으로 정규분포를 따를 것이다.

(4) 상자에서 숫자를 2개 뽑아 합을 구하는 과정을 1,000번 반복하여 얻어진 합으로 히스토그램을 그리고 또한 5,000번 반복하여 얻어진 합으로 히스토그램을 그리면, 5,000번 반복하여 얻어진 합의 히스토그램이 좀 더 정규분포에 가까울 것이다.

(5) 상자에서 숫자를 50개 뽑아서 평균($\overline{x_{50}}$)을 구하는 과정을 1,000번 반복하여 1,000개의 평균($\overline{x_{50}}$)을 얻었다. 이 1,000개의 평균($\overline{x_{50}}$)들의 평균을 구하면 약 4.5이고, 1,000개의 평균들의 표준편차를 구하면 약 2.87일 것이다.

5. 다음과 같이 번호가 쓰여 있는 구슬을 상자에서 꺼낸다.

② ④ ⑥ ⑧ ⑩

확률변수 X가 상자에서 구슬을 뽑을 때 나오는 숫자를 나타낸다고 하자. 그러면 X는 $E(X)=6$, $Var(X)=8$ 인 이산균일분포를 따른다. 상자에서 구슬을 뽑을 때 항상 복원추출을 한다고 가정하고 다음 문장이 참인지 거짓인지를 말하라. 또한 그 이유를 설명하라.

(1) 상자에서 n 개의 구슬을 추출하여 얻어진 수로 히스토그램을 그리면 n 이 커질수록 정규분포에 가까울 것이다.

(2) 상자에서 n 개의 구슬을 추출하여 얻어진 수의 평균을 구하면 약 6이고 분산을 구하면 약 $\frac{8}{n}$ 일 것이다.

(3) 상자에서 구슬을 2개 뽑아 합을 구하는 과정을 1,000번 반복하여 얻어진 합으로 히스토그램을 그리고 또한 5,000번 반복하여 얻어진 합으로 히스토그램을 그리면, 5,000번 반복하여 얻어진 합의 히스토그램이 좀 더 정규분포에 가까울 것이다.

(4) 상자에서 50개의 구슬을 추출하여 합을 구한다고 하자. 이 때 합의 확률분포는 근사적으로 정규분포에 가까울 것이다.

(5) 상자에서 구슬을 50개 뽑아서 평균($\overline{x_{50}}$)을 구하는 과정을 1,000번 반복하여 1,000개의 평균($\overline{x_{50}}$)을 얻었다. 이 1,000개의 평균($\overline{x_{50}}$)들의 평균을 구하면 약 6이고, 1,000개의 평균들의 분산을 구하면 약 8일 것이다.

❖ 중심극한정리

6. 상자 안에 여러 장의 표가 들어있고, 각각의 표에 숫자가 적혀있다. 이 숫자들의 평균이 3이고 표준편차가 5라고 한다. 이 상자에서 100개의 표를 복원추출할 때 합이 400 이상일 확률을 근사적으로 구하라.

7. 포아송분포 $P(\lambda)$ 는 평균과 분산이 모두 λ 이다. $X_1, \dots, X_{50}$ 을 $\lambda=2$ 인 포아송분포 $P(2)$ 에서의 확률표본이라고 하자. $S=X_1+\cdots+X_{50}$이라고 할 때, $P(85 \le S \le 115)$ 의 확률을 근사적으로 구하라.

8. $X_1, X_2, \ldots, X_{20}$ 은 평균이 1인 포아송분포에서 추출된 확률표본이다.

(1) 중심극한정리를 이용하여 $P(\sum_{i=1}^{20} X_i \geq 15)$ 를 근사적으로 구하라.

(2) $\sum_{i=1}^{20} X_i$ 의 90% 백분위수, 즉 $P(\sum_{i=1}^{20} X_i \leq x) = 0.9$ 를 만족하는 x 를 근사적으로 구하라.

9. 0에서 1 사이의 임의의 실수를 랜덤하게 100개를 뽑는다. 이 수의 합이 55를 초과할 확률을 근사적으로 구하라. 단 균일분포 $U(0,1)$ 의 분산이 $\frac{1}{12}$ 임은 증명 없이 사용해도 된다.

10. 어떤 사람이 100개의 전구를 가지고 있다. 각각의 전구의 수명은 독립이며 평균과 표준편차가 5인 분포를 따른다. 만일 한 번에 한 개의 전구를 사용하며 고장난 전구는 즉시 새 전구로 교환한다면, 525시간이 지난 후에도 여전히 사용할 확률은 얼마인가?

11. 확률변수 V가 자유도 120인 카이제곱분포 $\chi^2(120)$ 를 따른다고 할 때, $P(V \geq x) = 0.025$ 인 x , 즉 97.5% 백분위수 $\chi^2(120\,;\,0.025)$ 를 근사적으로 구하라. 카이제곱분포의 정의와 중심극한정리를 이용하라. 참고로 Z가 표준정규분포 $N(0,1)$ 을 따르는 확률변수일 때 $E(Z^4) = 3$ 이다.

12. 표가 6장 들어있는 상자

상자 : -3 -2 0 1 1 3

에서 100개의 표를 복원추출한다고 하자. 추출된 100개의 숫자들의 평균이 정확하게 0이 될 확률을 근사적으로 구하라.

13. $X_1, \ldots, X_{100}$ 을 $\lambda = 1$ 인 포아송분포 $P(1)$ 에서의 확률표본이라고 하자.

$S = X_1 + \cdots + X_{100}$, $\overline{X} = \frac{S}{100}$ 이라고 할 때, $P(\overline{X} = 1)$ 을 근사적으로 구하라.

14. $X_1, \ldots, X_{50}$ 이 표준정규분포 $N(0,1)$에서 추출된 확률표본이라고 할 때 50개의 표본 중에서 10개 이상이 1을 초과할 확률을 근사적으로 구하라.

15. $X_1, \dots, X_n$ 은 확률밀도함수가 $f(x) = \begin{cases} 1, & 0 \le x \le 1 \\ 0, & \text{그 외} \end{cases}$ 인 균일분포에서 추출된 확률표본이다. 다음 물음에 답하라.

(1) $n = 10$ 인 확률표본에서 정확히 6개가 0.4를 초과할 확률을 정확하게 구하라.

(2) $n = 50$ 인 확률표본에서 25개 이상이 0.4를 초과할 확률을 근사적으로 구하라.

16. $X_1, \dots, X_{50}$ 이 확률밀도함수 $f(x) = \begin{cases} e^{-x}, & x \ge 0 \\ 0, & \text{그 외} \end{cases}$ 에서 추출된 확률표본이라고 할 때 50개의 표본 중에서 20개 이상이 1을 초과할 확률을 근사적으로 구하라.

❖ 정규모집단에서의 표본분포

17. 정규모집단 $N(0, \sigma^2)$ 에서 크기 $n = 9$ 인 확률표본을 추출하였다. 표본표준편차 S를 표본평균 $\overline{X}$ 로 나눈 값($\frac{S}{\overline{X}}$)을 변동계수라고 한다. 이 때

$$P\left(\left|\frac{S}{\overline{X}}\right| \ge x\right) = 0.95$$

를 만족하는 x 를 찾아라.

18. $X_1, X_2, \dots, X_9$ 은 정규분포 $N(6, 25)$ 에서의 확률표본이고, $\overline{X}$ 와 S^2 은 표본평균과 표본분산이다. 다음을 구하라.

(1) $P(3 \le \overline{X} \le 7)$ (2) $P\left(1.86 \le \frac{3(\overline{X} - 6)}{S}\right)$ (3) $P(S^2 \le 48.46)$

19. $\overline{X}$ 와 $S^2 = \frac{1}{n-1}\sum_{i=1}^{n}(X_i - \overline{X})^2$ 이 $N(3, 100)$ 에서 추출한 크기 $n = 25$ 인 확률표본의 표본평균과 표본분산일 때 $P(0 \le \overline{X} \le 6,\ 57.5 \le S^2 \le 151.67)$ 을 구하라.

20. $X_1, X_2, \dots, X_9$ 와 $Y_1, Y_2, \dots, Y_9$ 를 각각 $N(0, 4)$ 과 $N(1, 5)$ 에서 추출한 독립인 확률표본이라 하자. $\overline{X}$ 와 $\overline{Y}$ 를 각 확률분포에 대응되는 표본평균, S_1^2 을 $X_1, X_2, \dots, X_9$ 의 표본분산, S_2^2 을 $Y_1, Y_2, \dots, Y_9$ 의 표본분산이라고 할 때 다음을 구하라.

(1) $P(\overline{X} \ge \overline{Y})$ (2) $P\left(\frac{\overline{X}}{S_1} \le x\right) = 0.95$ 을 만족하는 x (3) $P(S_2^2 \le 9.7)$

제 7 장

통계적 추정

제7장 통계적 추정

7.1 서론

일반적으로 모집단 전체를 조사하기는 어려운 경우가 대부분이다. 따라서 모집단으로부터 표본을 추출하고 이를 이용하여 모집단에 대한 추론을 해야 한다. 이러한 일련의 과정을 통계적 추론이라고 한다.

앞에서 모집단의 특성을 나타내는 값을 모수(parameter)라고 불렀다. 대부분의 경우 모수를 모르기 때문에 이에 대한 추론을 위해서 표본을 추출한다. 이 교재에서 다루는 고전적인 통계학의 방법에서는 모수를 고정된 상수로 취급함에 유의하라.

통계적 추론은 크게 추정과 검정으로 나눌 수 있고, 추정의 대표적인 내용은 점추정과 구간추정이다.

7.2 점추정

모집단의 특성을 나타내는 미지의 모수를 θ 라고 하자. θ에 대한 추론을 위해서 확률표본 $X_1,...,X_n$을 추출하여 이의 함수인 통계량 $T(X_1,...,X_n)$ 으로 θ 를 추정할 때, $T(X_1,...,X_n)$을 θ의 추정량(estimator)이라고 한다. 일반적으로 $X_1,...,X_n$의 관측값은 소문자 $x_1, \ldots, x_n$ 으로 나타낸다. 마찬가지로 $T(X_1,...,X_n)$의 관측값은 $T(x_1, \ldots, x_n)$ 로 나타내고, 이를 추정값(estimate)라고 한다.

예제 1 미지의 모수 μ 를 추정하기 위해서 확률표본 $X_1,...,X_n$을 추출한다고 할 때, $T(X_1,...,X_n) = \overline{X}$ 을 μ의 추정량이라고 하고, 관측값(자료) $x_1, \ldots, x_n$ 의 함수인 $T(x_1, \ldots, x_n) = \overline{x}$ 을 μ의 추정값이라고 한다. ■

관례적으로 θ 의 추정에 사용되는 통계량은 흔히 $\hat{\theta}(X_1, \ldots, X_n)$ 또는 $\hat{\theta}$ 으로 나타낸다. 추정값은 $\hat{\theta}(x_1, \ldots, x_n)$ 또는 $\hat{\theta}$ 으로 나타낸다. $\hat{\theta}$ 으로 쓸 경우 추정량인지 추정값인지는 구분할 수 없다. 이는 문맥의 의미에 따라 판단해야 한다.

예제 2 모평균 μ의 추정량으로 자주 이용되는 것은 표본평균 $\hat{\mu}(X_1, \dots, X_n) = \overline{X}$ 또는 $\hat{\mu} = \overline{X}$이다. 관측값이 10, 10, 20일 때 추정값은 $\hat{\mu} = \overline{x} = \dfrac{10+10+20}{3}$ 이다. ■

예제 3 미지의 모평균 μ를 추정하기 위해서 확률표본 X_1, X_2, X_3을 추출하기로 하고, 이의 관측값 x_1, x_2, x_3이 3,5,7이라고 하자. μ의 추정량 $\hat{\mu}(X_1, X_2, X_3)$으로 다음의 4가지 추정의 방법을 생각해 보자.

$$\hat{\mu}(X_1, X_2, X_3) = \widehat{\mu_1} = \frac{X_1 + X_2 + X_3}{3} \qquad \hat{\mu}(x_1, x_2, x_3) = \widehat{\mu_1} = \frac{3+5+7}{3} = 5$$

$$\widehat{\mu_2} = \frac{X_1 + 2X_2 + X_3}{4} \qquad \widehat{\mu_2} = \frac{3 + 2\times 5 + 7}{4} = 5$$

$$\widehat{\mu_3} = \frac{2X_1 + X_2 + 2X_3}{4} \qquad \widehat{\mu_3} = \frac{2\times 3 + 5 + 2\times 7}{4} = 6.25$$

$$\widehat{\mu_4} = med(X_1, X_2, X_3) \qquad \widehat{\mu_4} = 5$$

이때, $\widehat{\mu_1}$, $\widehat{\mu_2}$, $\widehat{\mu_4}$가 관측값 3,5,7에 대해서 모두 같은 결과 5을 준다고 해서 이들이 같은 방법이라고 생각하지는 않을 것이다. 왜냐하면 관측값이 달라지면 당연히 추정의 결과도 달라지기 때문이다. 이처럼 특정한 하나의 추정값으로 추정의 방법을 평가하고 비교하기는 힘들다. 즉, 좋은 추정의 방법이란 이 방법을 반복적으로 사용했을 때, 추정값들이 이루는 분포가 얼마나 참값 주위에 가깝게 나타나는 지로 평가하고 비교해야 한다는 것이다. ■

7.2.1 추정량의 성질

불편추정량(unbiased estimator)은 불편기추정량이라고도 한다. 이는 추정량 $\hat{\theta}$의 표본분포의 중심이 추정하려는 모수 θ가 된다는 성질이다. 이 성질을 만족하는 경우 $\hat{\theta}$이 추정하려는 모수 θ근방에서 관측될 것이라 기대할 수 있다. 따라서 추정량의 좋은 성질 중 하나로 간주한다.

[불편추정량]

정의

[불편추정량]

$\hat{\theta} = \hat{\theta}(X_1, \dots, X_n)$이 θ의 불편추정량이다.

⇔ 모든 θ에 대해서 $E(\hat{\theta}(X_1, \dots, X_n)) = \theta$가 성립한다.

예제 4 (예제 3 연속) 〈예제 3〉의 추정량 $\widehat{\mu_1}$, $\widehat{\mu_2}$, $\widehat{\mu_3}$의 기댓값을 구해보면, 모든 μ에 대해서

$$E(\widehat{\mu_1}) = E\left(\frac{X_1 + X_2 + X_3}{3}\right) = \mu,$$
$$E(\widehat{\mu_2}) = E\left(\frac{X_1 + 2X_2 + X_3}{4}\right) = \mu,$$
$$E(\widehat{\mu_3}) = E\left(\frac{2X_1 + X_2 + 2X_3}{4}\right) = \frac{5}{4}\mu \neq \mu$$

가 된다. 따라서 $\widehat{\mu_1}$, $\widehat{\mu_2}$은 모평균 μ의 불편추정량이고, $\widehat{\mu_3}$은 불편추정량이 아니다. ■

〈예제 4〉에서 보는 바와 같이 불편추정량은 여러 가지가 있을 수 있다. 위의 $\widehat{\mu_1}$, $\widehat{\mu_2}$외에도 $a_1X_1 + a_2X_2 + a_3X_3$형태의 추정량이 $a_1 + a_2 + a_3 = 1$을 만족하면 모두 μ의 불편추정량이 된다. 이 경우 어떤 불편추정량을 선택해야 할까? 이를 위해서 불편추정량을 비교하는 척도를 생각해 보아야 한다. 이 경우 추정량의 표준오차(standard error of the estimator, SE)를 비교하여 표준오차가 작은 추정량을 더 좋은 추정량으로 간주한다.

정의

[추정량의 표준오차]

$\hat{\theta} = \hat{\theta}(X_1, \cdots, X_n)$이 θ에 대한 추정량일 때, $\hat{\theta}$의 표본분포의 표준편차를 $\hat{\theta}$의 표준오차라고 하고

$$SE(\hat{\theta})$$

이라고 쓴다.

추정량의 표준오차는 일반적으로 분포에서의 표준편차에 해당하지만, 추정량의 표본분포에 대해서는 표준오차라는 용어를 주로 사용한다.

[유효의 개념]

$\widehat{\theta_1}$ 과 $\widehat{\theta_2}$ 이 모두 θ 의 불편추정량일 때

$$SE(\widehat{\theta_1}) \ \langle \ SE(\widehat{\theta_2})$$

이면, $\widehat{\theta_1}$ 이 $\widehat{\theta_2}$ 보다 유효하다고 한다.

예제 5 (예제 4 연속) 〈예제 4〉에서 $\widehat{\mu_1}$, $\widehat{\mu_2}$ 이 모평균 μ의 불편추정량이라는 것을 살펴보았다. 두 추정량의 표준오차를 구해보면, 분산의 성질에 의해서

$$Var(\widehat{\mu_1}) = \frac{\sigma^2}{3}, \quad Var(\widehat{\mu_2}) = \frac{\sigma^2 + 4\sigma^2 + \sigma^2}{16} = \frac{6}{16}\sigma^2$$

이므로

$$SE(\widehat{\mu_1}) = \frac{\sigma}{\sqrt{3}}, \quad SE(\widehat{\mu_2}) = \frac{\sqrt{6}}{4}\sigma$$

이 됨을 알 수 있다. 따라서

$$SE(\widehat{\mu_1}) < SE(\widehat{\mu_2})$$

으로 $\widehat{\mu_1}$ 이 $\widehat{\mu_2}$ 보다 유효하다. ■

[일치추정량]

$\hat{\theta} = \widehat{\theta_n}$ 이 θ의 일치추정량(consistent estimator)이란 말은 표본 크기 n이 커질수록 $\widehat{\theta_n}$ 이 θ를 정확하게 추정해 낼 수 있다는 뜻으로 해석할 수 있다. 여기서 $\widehat{\theta_n}$ 으로 n을 첨자로 쓰는 것은 추정량이 표본크기 n에 따라 결정된다는 것을 나타내기 위해서이다.

정의

[일치추정량]

미지의 모수 θ 에 대한 추정량 $\widehat{\theta_n} = \hat{\theta}\,(X_1, \cdots, X_n)$ 이 일치 추정량이다.

⇔ 모든 $\epsilon > 0$에 대해서 $\lim_{n \to \infty} P(|\widehat{\theta_n} - \theta| > \epsilon) = 0$ 이 성립한다.

[일치성의 증명에 사용되는 부등식]

추정량의 일치성을 보이기 위해서 위의 정의를 직접 이용하기는 쉽지 않다. 이를 보이기 위해서는 주로 체비셰프(Chebyshev) 부등식을 이용한다.

정리 7.1 체비셰프(Chebyshev) 부등식

$$P(|X-EX| \geqq \epsilon) \leqq \frac{1}{\epsilon^2} Var(X)$$

증명 X가 연속확률변수이고 확률밀도함수 $f(x)$를 가진다고 하자. 그러면 다음과 같이 증명할 수 있다.

$$\begin{aligned} P(|X-EX| \geqq \epsilon) &= \frac{1}{\epsilon^2}\int_{|x-\mu| \geqq \epsilon} \epsilon^2 f(x)dx \\ &\leqq \frac{1}{\epsilon^2}\int_{|x-\mu| \geqq \epsilon} (x-\mu)^2 f(x)dx \\ &\leqq \frac{1}{\epsilon^2}\int_{-\infty}^{\infty} (x-\mu)^2 f(x)dx = \frac{\sigma^2}{\epsilon^2} \end{aligned}$$ ■

[불편추정량에 대한 일치성의 증명]

(1) $\widehat{\theta_n}$ 이 θ 의 불편추정량 즉, $E(\widehat{\theta_n}) = \theta$ 이고

(2) $\lim_{n \to \infty} Var(\widehat{\theta_n}) = 0$이면

$\widehat{\theta_n}$ 은 θ 의 일치추정량이다.

위의 사실은 다음과 같이 설명할 수 있다. 체비셰프 부등식의 X에 $\widehat{\theta_n}$을 대입하면

$$P\left(\left|\widehat{\theta_n} - E(\widehat{\theta_n})\right| \geqq \epsilon\right) \leqq \frac{1}{\epsilon^2} Var(\widehat{\theta_n})$$

이고 위의 조건 (1),(2)로부터

$$0 \leqq \lim_{n \to \infty} P\left(\left|\widehat{\theta_n} - \theta\right| \geqq \epsilon\right) \leqq \frac{1}{\epsilon^2} \lim_{n \to \infty} Var(\widehat{\theta_n}) = 0$$

이다. 따라서

$$\lim_{n\to\infty} P(|\widehat{\theta_n} - \theta| \geq \epsilon) = 0$$

이 된다.

참고

(1)이 $\lim_{n\to\infty} E(\widehat{\theta_n}) = \theta$이 되어도 $\widehat{\theta_n}$은 θ의 일치추정량이 된다. $E(\widehat{\theta_n}) - \theta$를 편기(bias)라고 부른다. 즉 n이 커지면서 편기와 통계량의 분산이 동시에 0으로 수렴하면 일치추정량이 된다는 것이다. 일치추정량의 개념이 반드시 불편추정량에만 적용되는 개념은 아니라는 것에 주의하자.

7.2.2 모수의 점추정량

[모평균의 추정]

이제 구체적으로 미지의 모평균 μ의 추정에 대해서 생각해 보자. 모평균 μ를 가진 모집단으로부터의 확률표본을 $X_1, \ldots, X_n$ 이라고 할 때, 모평균 μ의 통상적인 추정량은 표본평균 $\hat{\mu} = \frac{1}{n}\sum_{i=1}^{n} X_i = \overline{X}$이다. 표본평균 $\overline{X}$는 앞에서 언급한 추정량의 두 가지 성질을 만족한다. 즉, $E(\overline{X}) = \mu$로 μ의 불편추정량이며 $\lim_{n\to\infty} Var(\overline{X}) = \lim_{n\to\infty} \frac{\sigma^2}{n} = 0$으로 μ의 일치추정량이 된다. 그리고 $\overline{X}$의 표준오차는 $SE(\overline{X}) = \frac{\sigma}{\sqrt{n}}$이다. 그러나 일반적으로 σ도 모르는 모수인 경우가 대부분이므로 실제의 경우에는 σ를 $\hat{\sigma} = S$로 추정하여 $\overline{X}$의 표준오차의 추정량 $\widehat{SE}(\overline{X}) = \frac{\hat{\sigma}}{\sqrt{n}} = \frac{S}{\sqrt{n}}$을 보는 경우가 대부분이다. 여기서 $S^2 = \frac{1}{n-1}\sum_{i=1}^{n}(X_i - \overline{X})^2$이다. 즉, 우리가 자료로부터 계산하는 값은 정확하게 표현하면 표본평균의 표준오차의 추정값이다.

모평균 μ의 점추정량 : 표본평균 $\overline{X}$

표본평균 $\overline{X}$는 μ의 불편추정량($E(\overline{X}) = \mu$)이고 일치추정량($\lim_{n\to\infty} Var(\overline{X}) = 0$)이다.

표본평균 $\overline{X}$의 표준오차 : $SE(\overline{X}) = \frac{\sigma}{\sqrt{n}}$

표본평균 $\overline{X}$의 표준오차의 추정량 : $\widehat{SE}(\overline{X}) = \frac{S}{\sqrt{n}}$

[모비율의 추정]

취업률, 찬성률 등과 같은 모집단의 비율에 관심이 있는 경우는 모집단을 미지의 비율 p를 가진 $B(1,p)$로 생각할 수 있다. 이 경우 확률표본 $X_1,\dots,X_n$의 합인 $Y = X_1 + \cdots + X_n$는 표본크기 n에서의 속성의 개수를 나타내는 통계량으로 $B(n,p)$를 따른다. p의 통상적인 추정량으로는 표본비율 $\hat{p} = \frac{Y}{n}$이 이용된다. 표본비율 $\hat{p}$는 $E(\hat{p}) = p$, $Var(\hat{p}) = \frac{p(1-p)}{n}$이다. 따라서 p의 불편추정량이며, $\lim_{n\to\infty} Var(\hat{p}) = 0$이므로 p의 일치추정량이다. 표본비율 $\hat{p}$은 $\mu = p$, $\sigma^2 = p(1-p)$인 0 또는 1의 값을 취하는 모집단에서의 표본평균에 해당하므로 일반적인 표본평균에 성립하는 성질이 그대로 성립함을 알 수 있다.

> **모비율 p의 점추정량 : 표본비율 $\hat{p}$**
>
> 표본비율 $\hat{p}$은 p의 불편추정량($E(\hat{p}) = p$)이고 일치추정량($\lim_{n\to\infty} Var(\hat{p}) = 0$)이다.
>
> 표본비율 $\hat{p}$의 표준오차 : $SE(\hat{p}) = \sqrt{\frac{p(1-p)}{n}}$
>
> 표본평균 $\hat{p}$의 표준오차의 추정량 : $\widehat{SE}(\hat{p}) = \sqrt{\frac{\hat{p}(1-\hat{p})}{n}}$

[모분산의 추정]

모평균 μ와 모분산 σ^2이 미지인 모집단으로부터의 확률표본 $X_1,\dots,X_n$에서 모분산 σ^2에 대한 정보는 편차의 제곱의 합 $\sum_{i=1}^{n}(X_i - \overline{X})^2$에 들어있다고 볼 수 있다. 여기서 $E(\sum_{i=1}^{n}(X_i - \overline{X})^2)$ $= (n-1)\sigma^2$ 임을 보이자. $Var(X) = E(X^2) - (E(X))^2$임을 이용하면,

$$
\begin{aligned}
E\left(\sum_{i=1}^{n}(X_i - \overline{X})^2\right) &= E\left(\sum_{i=1}^{n}X_i^2 - n\overline{X}^2\right) = nE(X_1^2) - nE(\overline{X}^2) \\
&= n(Var(X_1) + (E(X_1))^2) - n(Var(\overline{X}) + (E(\overline{X}))^2) \\
&= n(\sigma^2 + \mu^2) - n\left(\frac{\sigma^2}{n} + \mu^2\right) \\
&= (n-1)\sigma^2
\end{aligned}
$$

이 된다. 따라서 $\widehat{\sigma^2} = \frac{1}{n-1}\sum(X_i - \overline{X})^2 = S^2$ (표본분산)은 $E(S^2) = \sigma^2$으로 σ^2의 불편추정량이 된다.

7.3 구간추정

점추정은 어떤 모수의 값을 말 그대로 어떤 값으로 예상하며, 이 방법에 대한 오차는 어느 정도라고 표준오차를 제시하는 방법이다. 이에 반해 구간추정은 미지의 모수가 속하는 범위를 말해주는 추정의 방법이다.

모집단으로부터의 확률표본이 $X_1,...,X_n$이고 이의 관측값이 $x_1,...,x_n$일 때, 미지의 모수 θ의 신뢰구간(confidence interval) 또는 구간추정량(interval estimator)은 일반적으로 $(\widehat{\theta_L}(X_1,...,X_n),\widehat{\theta_U}(X_1,\dots,X_n))$ 형태로 주어진다. 구간 추정량의 상한, 하한은 확률표본 $X_1,...,X_n$의 함수로 랜덤임에 주의하라. 반면 자료 $x_1,...,x_n$에 대해서 관측된 구간 $(\widehat{\theta_L}(x_1,\dots,x_n),\widehat{\theta_U}(x_1,\dots,x_n))$은 신뢰구간 또는 구간 추정값(interval estimate)이라고 한다. 신뢰구간이라는 용어를 이용할 때는 구간 추정량을 의미하기도 하고 구간 추정값을 의미하기도 하니 문맥에 따라 구분하여야한다.

전통적인 구간 추정의 방법은 미리 주어진 $1-\alpha$에 대하여

$$P(\theta \in (\widehat{\theta_L}(X_1,\dots.,X_n),\widehat{\theta_U}(X_1,\dots,X_n)) \geq 1-\alpha$$

이 모든 θ에 대해서 만족하는 $(\widehat{\theta_L}(X_1,\dots,X_n),\widehat{\theta_U}(X_1,\dots,X_n))$을 사용하는 것이다. 이 때, $(\widehat{\theta_L}(X_1,\dots,X_n),\widehat{\theta_U}(X_1,\dots,X_n))$를 θ의 $100(1-\alpha)\%$ 신뢰구간이라고 하고, $1-\alpha$를 신뢰수준(confidence level)이라고 한다. 자주 이용하는 $1-\alpha$는 0.90, 0.95, 0.99 등이다.

그럼 이제 구체적인 상황, 즉 모평균 μ의 신뢰구간을 구체적으로 어떻게 설정할 수 있는지 생각해 보자.

7.3.1 모평균의 구간추정

[모분산 σ^2을 아는 정규모집단의 경우]

$X_1,\dots,X_n$이 정규분포 $N(\mu,\sigma^2)$에서의 확률표본일 때 표본평균 $\overline{X}$의 분포도 역시 정규분포를 따르며, $E(\overline{X})=\mu$, $SE(\overline{X})=\frac{\sigma}{\sqrt{n}}$임을 배웠다. 즉,

$$\overline{X} \sim N(\mu, \frac{\sigma^2}{n}), \quad \frac{\overline{X}-\mu}{\sigma/\sqrt{n}} \sim N(0,1)$$

이다. 이를 이용하면

$$P\left(-z_{\alpha/2} \le \frac{\overline{X}-\mu}{\sigma/\sqrt{n}} \le z_{\alpha/2}\right) = 1-\alpha$$

이고 이를 모평균 μ에 대한 구간으로 정리하면

$$P\left(\mu \in \left(\overline{X} - z_{\alpha/2}\frac{\sigma}{\sqrt{n}}, \overline{X} + z_{\alpha/2}\frac{\sigma}{\sqrt{n}}\right)\right) = 1-\alpha$$

이므로 모평균 μ의 $1-\alpha$ 신뢰구간 또는 $100(1-\alpha)\%$ 신뢰구간은 다음과 같이 주어진다.

[모평균 μ의 $100(1-\alpha)\%$ 신뢰구간]

모분산 σ^2이 알려진 정규모집단의 경우, 모평균 μ의 $100(1-\alpha)\%$ 신뢰구간은

$$\overline{X} \pm z_{\alpha/2}\frac{\sigma}{\sqrt{n}}.$$

예제 6 어느 공장의 하루 생산량은 표준편차가 $\sigma = 21$(톤)인 정규분포를 따른다고 한다. 이 공장에서 9일간 하루 생산량을 기록한 결과, 평균이 $\overline{x} = 592$(톤)이었다. 하루 생산량의 평균 μ에 대한 90% 신뢰구간을 구하라.

풀이 $\sigma = 21$로 값을 알고 있고, $n = 9$, $\overline{x} = 592$이다. μ의 90% 신뢰구간을 구하기 위해서 표준정규분포표로부터 $z_{0.05} = 1.645$를 구한다. 그러면

$$\overline{x} \pm z_{\alpha/2}\frac{\sigma}{\sqrt{n}} = 592 \pm z_{0.05}\frac{21}{\sqrt{9}} = 592 \pm 1.645 \times 7 = 592 \pm 11.515$$

이 신뢰수준이 90%인 모평균 μ의 구간추정값이다. ■

위의 예제에서 592 ± 11.515가 신뢰수준 90%인 구간추정값이라는 것의 구체적인 의미는 무엇인지 생각해 보자. 우선

$$P(\mu \in (572 - 11.515,\ 572 + 11.515))$$

일 확률이 0.9, 그러니까 구간추정값 592 ± 11.515이 미지의 모평균 μ를 포함할 확률이 90%라고 말할 수 있을까? 이에 대한 답을 하기 위해서 우선 확률 P는 표본공간이나 확률변수가

있을 때 의미가 있음을 상기하자.

$$P(\mu \in (\overline{X} - 11.515, \overline{X} + 11.515)) = 0.9$$

에서는 $\overline{X}$가 확률변수이므로 90%라는 확률이 의미를 가진다. 그러나 $\overline{X}$를 관측값인 572로 바꾸게 되면 확률변수가 없는 상수인 구간으로 바뀌게 되고, 모평균 μ도 비록 그 값을 모르긴 하지만 상수이므로 이제 확률은 그 의미를 잃는다. 즉, 상수인 μ가 관측된 신뢰구간에 속하든지, 속하지 않든지 하는 두 가지 경우만 있을 수 있다.

그러면 신뢰수준 90%의 의미는 무엇일까? 이는 $\overline{X} \pm z_{0.05}\dfrac{21}{\sqrt{9}}$ 라는 신뢰구간을 사용할 때 $(X_1, \ldots, X_n)$ 의 확률표본을 뽑는 일을 100번 정도 반복하면 90번 정도는 미지의 모평균 μ 를 포함할 것이라는 의미이다. 물론 우리가 관측한 572 ± 11.515 는 그 중 하나이기를 기대할 뿐이다. 즉 신뢰수준 90%라는 것은 우리가 이용하는 방법이 미지의 모수 μ를 포함할 확률을 말하는 것이지, 관측된 하나의 신뢰구간이 μ를 포함할 확률이 아니라는 것이다. 이를 그림으로 표현하면 아래와 같다.

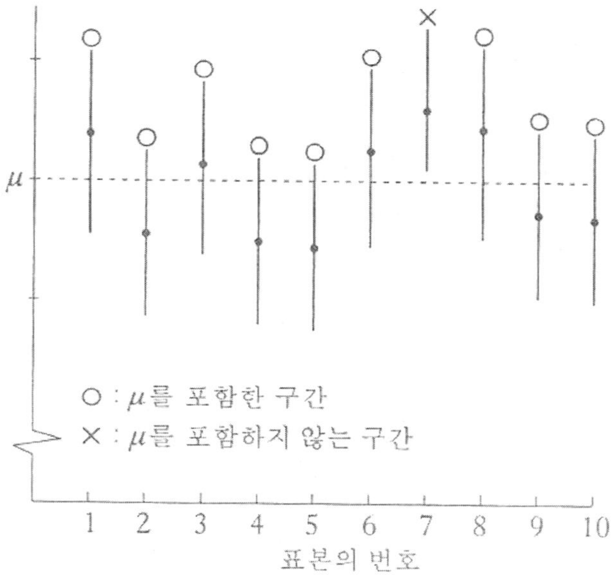

[그림 1] 90% 신뢰구간의 의미

[모분산 σ^2 을 모르는 정규모집단인 경우]

$X_1, \ldots, X_n$ 이 $N(\mu, \sigma^2)$ 에서의 확률표본이고 σ^2을 모르는 경우, σ^2을 표본분산

$S^2 = \frac{1}{n-1}\sum_{i=1}^{n}(X_i - \overline{X})^2$으로 추정하면

$$\frac{\overline{X}-\mu}{S/\sqrt{n}} \sim t(n-1)$$

임을 배웠다. 따라서 모분산 σ^2을 알고 있는 경우 정규분포를 이용해서 μ의 신뢰구간을 구하는 것과 마찬가지로 이 경우는 t분포를 이용하여 μ의 신뢰구간을 구할 수 있다. 그러면

$$P\left(-t\left(n-1;\frac{\alpha}{2}\right) \le \frac{\overline{X}-\mu}{S/\sqrt{n}} \le t\left(n-1;\frac{\alpha}{2}\right)\right) = 1-\alpha$$

$$P\left(\mu \in \left(\overline{X}-t\left(n-1;\frac{\alpha}{2}\right)\frac{S}{\sqrt{n}}, \overline{X}+t\left(n-1;\frac{\alpha}{2}\right)\frac{S}{\sqrt{n}}\right)\right) = 1-\alpha$$

이 된다.

[모평균 μ의 $100(1-\alpha)\%$ 신뢰구간]

모분산 σ^2이 알려지지 않은 정규모집단의 경우, 모평균 μ의 $100(1-\alpha)\%$ 신뢰구간은

$$\overline{X} \pm t\left(n-1;\frac{\alpha}{2}\right)\frac{S}{\sqrt{n}}.$$

예제 7 보수공사에 사용되는 시멘트가 굳을 때까지의 평균시간을 추정하고자 한다. 9개 지역의 보수공사 기록으로부터 시멘트가 굳을 때까지 걸린 시간의 평균과 표준편차는 35분과 4분이었다. 이 결과를 이용하여 평균시간 μ의 90% 신뢰구간을 구하라. 단, 시멘트가 굳을 때까지 걸리는 시간은 정규분포를 따른다고 가정하자.

풀이 주어진 정보를 정리하면 $n=9$, $\overline{x}=35$, $s=4$이다. t분포표로부터 $t(8;0.05)=1.86$이므로 μ의 90% 신뢰구간은

$$\overline{x} \pm t(n-1;\alpha/2)\frac{s}{\sqrt{n}} = 35 \pm t(8;0.05)\frac{4}{\sqrt{9}} = 35 \pm 1.86 \times \frac{4}{3}$$

$$= 35 \pm 2.48 = (32.52, 37.48).$$ ■

[표본크기가 큰 경우]

앞에서는 $X_1, \dots, X_n$이 정규모집단으로부터 얻어진 확률표본일 때 사용하는 방법을 알아보았다. 만일 모집단이 정규분포가 아니거나, 정규분포라는 확신이 없다면 어떻게 할까? 즉

$X_1, \cdots, X_n$ 이 평균이 μ 이고 분산이 σ^2 인 임의의 모집단으로부터의 확률표본이라면 모평균 μ의 신뢰구간을 어떻게 구할 수 있을까 생각해 보자. 앞에서의 내용을 살펴보면 정규모집단이라는 사실보다 중요하게 이용된 것은 표본평균의 분포가 정규분포를 따른다는 사실이다. 따라서 이 사실이 근사적으로 성립하면 위의 방법은 모평균의 근사신뢰구간이 될 것이다. 6장에서 n이 충분히 크면 모집단의 분포와 관계없이 표본평균의 분포는 근사적으로 정규분포가 된다는 중심극한 정리를 배웠다. 즉, n 이 충분히 클 경우

$$\frac{\overline{X}-\mu}{\sigma/\sqrt{n}} \mathrel{\dot{\sim}} N(0,1)$$

이다. 이 경우에도 σ를 모른다면 다시 추정을 해야 한다. 근사이론에 의해서 σ를 일치추정량인 표본표준편차 S로 바꾸어도 근사분포는 그대로 성립한다. 즉,

$$\frac{\overline{X}-\mu}{S/\sqrt{n}} \mathrel{\dot{\sim}} N(0,1)$$

이다. 이와 같은 분포이론을 이용하면 다음을 얻는다.

[모평균 μ의 $100(1-\alpha)\%$ 근사신뢰구간]

임의의 모집단이고 표본크기 n이 클 때, 모평균 μ의 $100(1-\alpha)\%$ 근사신뢰구간은

$$\sigma^2 \text{ 을 알 때 : } \overline{X} \pm z_{\alpha/2}\frac{\sigma}{\sqrt{n}}$$

$$\sigma^2 \text{ 을 모를 때 : } \overline{X} \pm z_{\alpha/2}\frac{S}{\sqrt{n}}.$$

예제 8 〈예제 7〉에서 모집단의 분포를 모른다고 하자. 랜덤으로 추출된 100개 지역의 보수공사 기록으로부터 시멘트가 굳을 때까지 걸린 시간의 평균과 표준편차가 35분과 4분이었다고 할 때, 모평균 μ에 대한 90% 신뢰구간을 구하라.

풀이 $n=100$ 이 충분히 크므로 정규분포의 가정이 없어도 중심극한정리에 의해서 표본평균의 분포는 근사적으로 정규분포를 따른다. 따라서 모평균 μ의 90% 근사신뢰구간은

$$\overline{x} \pm z_{\alpha/2}\frac{s}{\sqrt{n}} = 35 \pm z_{0.05}\frac{4}{\sqrt{100}} = 35 \pm 1.645 \times 0.4 = 35 \pm 0.66 = (34.34, 35.66).$$

■

7.3.2 모비율의 구간추정

모비율의 점추정에서 언급한 바와 같이, 이 경우는 모집단이 비율 p를 가진 $B(1,p)$ 이다. 그리고 확률표본 $X_1,\dots,X_n$ 의 합인 $Y=X_1+\cdots+X_n$ 는 표본크기 n에서의 속성의 개수를 나타내고 $B(n,p)$를 따른다. 또한 p의 통상적인 추정량으로는 표본비율 $\hat{p}=\dfrac{Y}{n}$이 이용된다.

여기서 이항분포의 정규근사에 의하면 표본비율 $\hat{p}$의 분포는 근사적으로 정규분포가 된다. 즉,

$$\frac{\hat{p}-p}{\sqrt{pq/n}} \overset{\cdot}{\underset{\cdot}{\sim}} N(0,1)$$

이 성립한다. 이를 이용하여 모비율 p의 근사신뢰구간을 얻어낼 수 있다. 그러나 이 경우 모수 p를 모르므로 $\hat{p}$의 표준오차 $\sqrt{\dfrac{pq}{n}}$ 도 알 수가 없으므로 이를 다시 추정할 필요가 있다. 이 경우 $\hat{p}$, $\hat{q}$은 각각 p, q에 대한 일치 추정량임을 앞에서 배웠다. 근사분포이론에서 모수를 일치추정량으로 대치해도 근사분포가 그대로 성립한다는 사실이 알려져 있다. 따라서

$$\frac{\hat{p}-p}{\sqrt{\hat{p}\hat{q}/n}} \overset{\cdot}{\underset{\cdot}{\sim}} N(0,1)$$

도 성립한다. 이 사실을 이용하면

$$P\left(-z_{\alpha/2} \le \frac{\hat{p}-p}{\sqrt{\hat{p}\hat{q}/n}} \le z_{\alpha/2}\right) \approx 1-\alpha$$

$$P\left(p \in \left(\hat{p} \pm z_{\alpha/2}\sqrt{\frac{\hat{p}\hat{q}}{n}}\right)\right) \approx 1-\alpha$$

이 성립한다. 물론 위의 신뢰구간은 $\hat{p}$의 근사분포가 정규분포가 되어야 성립하므로 n이 커야 하고, p가 0이나 1에 가깝지 않으면 된다. 이를 확인하기 위해서 앞에서 $np \geq 5$, $nq \geq 5$가 성립하는지 살펴보았다. 그러나 이 경우 p를 모르므로 $n\hat{p} \geqq 5$, $n\hat{q} \geqq 5$ 으로 확인한다.

[모비율 p의 $100(1-\alpha)\%$ 근사신뢰구간]

n이 크고 $n\hat{p} \geqq 5$, $n\hat{q} \geqq 5$ 일 때, 모평균 p의 $100(1-\alpha)\%$ 근사신뢰구간은

$$\hat{p} \pm z_{\alpha/2}\sqrt{\frac{\hat{p}\hat{q}}{n}}.$$

예제 9 서울에 거주하는 20대의 취업률 p 을 조사한다. 이를 위해서 500명을 랜덤으로 추출하여 취업 여부를 조사한 결과 100명이 취업을 한 것으로 조사되었다. 이 때 모비율 p 에 대한 95% 신뢰구간을 구하라.

풀이 $n=500$, $\hat{p}=0.2$ 이고 $n\hat{p}\geqq 5$, $n\hat{q}\geqq 5$ 이므로 p 의 95% 근사 신뢰구간은

$$\hat{p}\pm z_{\alpha/2}\sqrt{\frac{\hat{p}\hat{q}}{n}}=0.2\pm z_{0.025}\sqrt{\frac{0.2\times 0.8}{500}}=0.2\pm 1.96\sqrt{\frac{0.2\times 0.8}{500}}$$
$$=0.2\pm 0.035=(0.165,0.235).$$

■

7.3.3 모분산의 구간추정

$X_1,\dots,X_n$ 이 정규분포 $N(\mu,\sigma^2)$에서의 확률표본일 때, $S^2=\frac{1}{n-1}\sum_{i=1}^{n}(X_i-\overline{X})^2$이 σ^2 의 불편추정량이 되고,

$$\frac{(n-1)S^2}{\sigma^2}\ \sim\ \chi^2(n-1)$$

이 됨을 배웠다. 이를 이용하면

$$P\left(\chi^2(n-1;1-\alpha/2)\le\frac{(n-1)S^2}{\sigma^2}\le\chi^2(n-1;\alpha/2)\right)=1-\alpha$$

이다. 이를 σ^2에 대해서 정리하면

$$P\left(\frac{(n-1)S^2}{\chi^2(n-1;\alpha/2)}\le\sigma^2\le\frac{(n-1)S^2}{\chi^2(n-1;1-\alpha/2)}\right)=1-\alpha$$
$$P\left(\sigma^2\in\left(\frac{(n-1)S^2}{\chi^2(n-1;\alpha/2)},\frac{(n-1)S^2}{\chi^2(n-1;1-\alpha/2)}\right)\right)=1-\alpha$$

이다.

[모분산 σ^2의 $100\,(1-\alpha)\%$ 신뢰구간]

정규모집단의 경우, 모분산 σ^2의 $100\,(1-\alpha)\%$ 신뢰구간은

$$\left(\frac{(n-1)S^2}{\chi^2(n-1;\alpha/2)},\frac{(n-1)S^2}{\chi^2(n-1;1-\alpha/2)}\right).$$

예제 10 기계에 의하여 자동적으로 생산되는 플라스틱판의 두께는 약간의 변이 정도는 필연적인 것으로 생각하지만, 두께의 표준편차가 일정 수준을 넘으면 생산 공정에 이상이 있는 것으로 간주한다. 이를 점검하기 위해서 10개의 판을 랜덤추출하여 그 두께를 측정한 결과 표준편차 $s=2.27$을 얻었다. 플라스틱판 두께의 분포가 정규분포라고 가정할 때, 판 두께의 표준편차 σ에 대한 90% 신뢰구간을 구하라.

풀이 $n=10$, 표본분산은 $s^2=5.15$ 이므로 모분산 σ^2의 90% 신뢰구간은

$$\left(\frac{(n-1)s^2}{\chi^2(n-1;\alpha/2)}, \frac{(n-1)s^2}{\chi^2(n-1;1-\alpha/2)}\right)$$

$$=\left(\frac{9\times 5.15}{\chi^2(9;0.05)}, \frac{9\times 5.15}{\chi^2(9;0.95)}\right)=\left(\frac{9\times 5.15}{16.919}, \frac{9\times 5.15}{3.325}\right)=(2.7395, 13.9398)$$

이고 모표준편차 σ의 90% 신뢰구간은 $(\sqrt{2.7935}, \sqrt{13.9398})=(1.67, 3.73)$ 이다. ■

참고

모평균의 신뢰구간과 모분산의 신뢰구간을 구하기 위해서 정규모집단의 가정을 하였다. 만일 모집단이 정규분포라는 가정이 맞지 않더라도 모평균의 신뢰구간은 앞에서 언급한 바와 같이 표본크기 n이 크면 근사적으로 성립한다. 따라서 모평균의 신뢰구간은 정규분포의 가정에 크게 영향을 받지 않는다. 그러나 모분산의 신뢰구간은 그 분포이론이 정규모집단일 때 성립하는 것이므로 정규모집단의 가정에 영향을 받는다는 것에 주의해야 한다.

7.4 표본크기의 결정

표본을 추출할 때 제일 먼저 생각해야 하는 문제는 과연 표본크기는 어느 정도가 적절한지 하는 문제일 것이다. 물론 표본크기가 크면 (측정오차를 고려하지 않는 경우) 일반적으로 추정량의 표준오차가 작아지므로 표본크기가 큰 것이 추정에 이로울 것이다. 그러나 현실적으로 표본크기를 크게 하려면 시간과 비용이 더 들게 되므로 우리는 어느 정도 추정의 정확도를 만족하는 범위에서 최소의 표본크기를 원할 것이다. 여기서는 주어진 조건에서 표본크기를 결정하는 방법을 알아보자. 이를 위해서 오차한계(limit of error)라는 용어를 소개한다.

정의

[오차한계]

모수 θ를 $\hat{\theta}$로 추정할 때,

$$P(|\hat{\theta}-\theta| \le d) = 1-\alpha$$

을 만족하는 d를 $\hat{\theta}$의 $100(1-\alpha)\%$ 오차한계라고 한다.

정규모집단의 경우

$$\frac{\overline{X}-\mu}{\sigma/\sqrt{n}} \sim N(0,1)$$

에서

$$P\left(|\overline{X}-\mu| \le \frac{2\sigma}{\sqrt{n}}\right) = 0.9544$$

이므로 $\frac{2\sigma}{\sqrt{n}}$가 $\hat{\mu}=\overline{X}$의 95.44% 오차한계이다.

[모평균의 추정에서 σ가 기지인 경우 표본크기의 결정]

만일 $100(1-\alpha)\%$ 신뢰구간의 길이를 $2d$ 이하로 또는 $100(1-\alpha)\%$ 오차한계를 d 이하로 하길 원한다면

$$z_{\alpha/2}\frac{\sigma}{\sqrt{n}} \le d, \quad n \geq \left(z_{\alpha/2}\frac{\sigma}{d}\right)^2$$

가 성립하면 된다. 위의 식을 이용하여 표본크기를 결정한다면, 정규모집단일 경우는 정확한 결과를 얻게 될 것이다. 모집단의 정규성을 가정할 수 없으면 표본평균의 분포가 근사적으로 정규분포가 되므로 결과적인 n이 크면 사용할 수 있을 것이다. 위의 공식을 적용하기 위해서는 모분산 σ^2을 알아야 하지만 대부분의 경우에 이는 표본으로부터 추정해야 한다. 그러나 현재 우리는 표본을 가지고 있지 않은 상태이므로 추정을 할 수가 없다. 이를 해결하기 위해서는 우선 예비 조사에서 몇 개의 표본을 추출하고 여기서 구한 표본분산 s^2으로 위의 공식을 적용하여 $n \geq \left(z_{\alpha/2}\frac{s}{d}\right)^2$인 n을 구하는 방법을 쓰면 될 것이다.

[모평균의 추정에서 표본크기의 결정]

$100(1-\alpha)\%$ 오차한계를 d이하로 하기 위해서 필요한 표본크기 n은

$$z_{\alpha/2}\frac{\sigma}{\sqrt{n}} \leqq d\,,\, n \geqq \left(z_{\alpha/2}\frac{\sigma}{d}\right)^2.$$

예제 11 새로운 전구를 개발하여 판매하는 회사에서 전구의 평균수명 μ를 추정하고자 한다. 전구의 수명은 정규분포를 따르고 과거의 기록으로부터 전구 수명의 표준편차는 $\sigma = 70$ 시간임을 알고 있다. 90% 오차한계를 25시간 이내가 되도록 하려할 때, 필요한 표본크기를 구하라.

풀이 $z_{\alpha/2}\frac{\sigma}{\sqrt{n}} \leqq d$, $z_{0.05}\frac{70}{\sqrt{n}} \leq 25$, $n \geq \left(1.645 \times \frac{70}{25}\right)^2 = 21.2152$ 이므로 이를 만족하는 최소의 크기는 $n = 22$ 이다. ■

[모비율의 추정에서 표본크기의 결정]

표본비율로 모비율을 추정할 때, 표본비율 $\hat{p}$의 근사분포는 적절한 조건에서

$$\frac{\hat{p}-p}{\sqrt{pq/n}} \stackrel{\cdot}{\underset{\cdot}{\sim}} N(0,1)$$

이므로

$$P\left(|\hat{p}-p| \leq z_{\alpha/2}\sqrt{\frac{pq}{n}}\right) \approx 1-\alpha$$

이다. 따라서 $100(1-\alpha)\%$ 근사오차한계는 $z_{\alpha/2}\sqrt{\frac{pq}{n}}$ 이므로 이를 d보다 작게 하는

$$z_{\alpha/2}\sqrt{\frac{pq}{n}} \leqq d\,,\;\; n \geqq pq\left(\frac{z_{\alpha/2}}{d}\right)^2$$

인 최소의 n을 찾으면 된다. 그러나 모비율 p를 모르므로 이 공식을 직접 적용할 수는 없다. 이 경우 p에 대한 지식이 전혀 없다면 위의 식이 p가 어떤 값이 되건 성립하도록 하면 될 것이다. 즉, 모든 p에 대해서

$$n \geqq pq\left(\frac{z_{\alpha/2}}{d}\right)^2,\;\; n \geqq \max_{0<p<1} p(1-p)\left(\frac{z_{\alpha/2}}{d}\right)^2$$

이 성립하면 될 것이다. $p(1-p)$는 $p=\frac{1}{2}$일 때, 최댓값 $\frac{1}{4}$를 가지므로

$$n \geqq \frac{1}{4}\left(\frac{z_{\alpha/2}}{d}\right)^2$$

을 만족하는 최소의 n을 찾으면 된다. 만일 p에 대한 사전지식이 있거나 예비조사를 통해서 p를 $\widehat{p_1}$을 추정할 수 있다면 이를 이용하여 $n \geqq \widehat{p_1}\,\widehat{q_1}\left(\frac{z_{\alpha/2}}{d}\right)^2$ 으로 구할 수도 있다.

[모비율의 추정에서 표본 크기의 결정]

$100(1-\alpha)\%$ 오차한계를 d이하로 하기 위해서 필요한 표본크기 n은

n에 대한 지식이 전혀 없을 때 : $n \geqq \frac{1}{4}\left(\frac{z_{\alpha/2}}{d}\right)^2$

n이 $\widehat{p_1}$정도라고 예상할 때 : $n \geqq \widehat{p_1}\,\widehat{q_1}\left(\frac{z_{\alpha/2}}{d}\right)^2$.

예제 12 보건소에서 한 도시의 사람들 중 시력저하자의 비율 p를 추정하고자 한다. 95%의 확신을 갖고 오차한계가 0.05 이하가 되려면 필요한 표본크기는 어느 정도인지 구하라. 단, 다른 도시의 예로 보아 p는 약 0.3 근방이라고 예상된다. 만일 p에 대한 사전 정보가 없다면 n은 얼마이겠는가?

풀이 p가 0.3정도라는 정보를 이용하면

$$n \geq 0.3\times 0.7\times\left(\frac{1.96}{0.05}\right)^2 = 322.69,\ n = 323$$

이 된다. 만일 p에 대한 사전 정보가 없다면

$$n \geq 0.5\times 0.5\times\left(\frac{1.96}{0.05}\right)^2 = 384.16\ ,\ n = 385$$

가 된다.

■

R 실습

```
# 표본들의 신뢰구간을 그래프로 표시해보자. 이를 위해서 다음의 package를 설치하자.
install.packages("plotrix")
library(plotrix)

# 표본크기가 n=10인 10개의 표본을 추출하여 각 표본의 표본평균과 표준오차를 계산한다.
NR=10 ; avg.s=rep(0,NR) ; se.s=rep(0,NR)
n=10

for ( i in 1:NR) {
  ss=rnorm(n)
  avg.s[i]=mean(ss)
  se.s[i]=sd(ss)/sqrt(n)
}

# 모분산이 미지일때 t분포에 근거한 모평균의 신뢰구간
plotCI(1:NR,avg.s,qt(1-0.05,df=n-1)*se.s,
main="90% confidence intervals",xlab="samples",ylab="CI")
abline(h=0)

plotC(1:NR,avg.s,qt(1-0.025,df=n-1)*se.s,
main="95% confidence intervals",xlab="samples",ylab="CI")
abline(h=0)
```

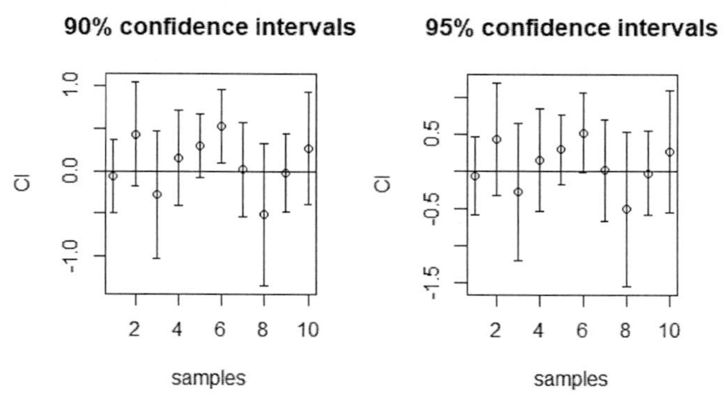

제7장 연습문제

1. 모평균 μ, 모분산 σ^2인 모집단으로부터 크기 3인 확률표본 X_1, X_2, X_3을 추출하고, μ에 대한 추정량으로서 다음의 통계량들을 고려한다.

$$T_1 = \frac{X_1 + X_2 + X_3}{3},\ T_2 = \frac{3X_1 + X_2 + X_3}{5},\ T_3 = \frac{2X_1 + X_2 + 2X_3}{5}$$

이 추정량들 중에서 불편추정량은 어느 것인가? 가장 유효한 추정량은 어느 것인가?

2. 어느 제과점에서 매일 사용하는 밀가루의 평균량을 추정하려 한다. 랜덤으로 14일을 추출하여 사용된 밀가루의 양을 알아보았더니, 표본평균이 173kg, 표본표준편차는 45kg이었다.

(1) 모평균과 모표준편차의 추정값을 적어라.

(2) 표본평균의 표준오차를 적어라.

(3) 정규모집단을 가정하고 모평균에 대한 90% 신뢰구간을 구하라.

3. H대학 4학년 학생들의 취업 현황을 알기 위해서 4학년 전체 학생 중에서 300명을 뽑아 조사한 결과 90명이 취업을 한 것으로 조사되었다. 4학년 학생 전체의 취업률에 대한 추정값을 구하고 이의 (추정된) 표준오차를 구하라.

4. 대학생을 대상으로 한 여론조사에서 정부의 사회복지정책기조에 대해 찬성하는지를 조사하였다. 남학생 500명, 여학생 200명을 대상으로 조사한 결과 남학생 200명, 여학생 115명이 찬성했다. 그러나 과거의 경험으로 이러한 사안에 대해서는 남학생과 여학생의 찬성률은 차이가 없다고 할 수 있다. 그렇다면 이 조사를 바탕으로 찬성률 p의 점추정값과 이의 (추정된) 표준오차는 얼마이겠는가?

5. 고속도로의 부분적 보수에 쓰이는 새로운 시멘트 혼합물이 굳을 때까지의 시간은 평균이 μ이고 표준편차 $\sigma = 2$인 정규분포를 따른다고 한다.

(1) 81곳의 보수공사의 기록으로부터 평균이 30분으로 나타났다. 이로부터 평균시간 μ의

98% 신뢰구간을 구하라.

(2) n 곳의 보수공사의 평균시간을 $\overline{X}$ 라고 할 때 $|\overline{X}-\mu| \le \frac{1}{2}$ 인 확률이 95% 이상이 되게 하려면 n 의 크기를 얼마로 하면 되겠는가?

6. 종합검진을 받는데 걸리는 시간은 표준편차가 12분인 정규분포를 따른다고 한다. 종합검진을 받은 사람 40명을 임의추출하여 검진시간을 조사해본 결과 표본평균이 55분이었다.

(1) 모집단의 평균 검진시간에 대한 90% 신뢰구간을 구하라.

(2) 이 경우 정규모집단에 대한 가정이 없다면 위의 신뢰구간을 이용할 수 있는가? 답하고 이유를 설명하라.

(3) 만일 90% 신뢰구간의 길이를 4분 이하로 얻기를 원한다면 즉, 90% 오차한계를 2분 이하로 하기를 원한다면 표본크기는 얼마 이상으로 하여야 하는가?

7. 어떤 도시의 공장에서 일하는 근로자의 한 달간 임금을 알아보기 위하여 100명을 임의로 뽑아 조사한 결과 평균은 130만원, 표준편차는 23만원이었다.

(1) 근로자의 평균임금 μ 에 대한 90% 신뢰구간을 구하라. 위의 신뢰구간을 이용하기 위해서 전체 근로자의 임금분포가 정규분포를 이룬다는 가정이 필요한가 ? 답하고 이유를 간단히 설명하라.

(2) n 명의 근로자의 평균임금을 $\overline{X}$라고 할 때, $|\overline{X}-\mu| \le 4$ 인 확률을 95% 이상이 되게 하려면 n은 얼마나 커야 하나?

8. 150만 원 이상의 자동차보험에 가입하는 사람들의 비율을 추정하고자 한다. 다음 물음에 답하라.

(1) 모비율의 95% 오차한계가 0.08 이내이도록 하려면 표본크기가 얼마이어야 하는가? 단, 모비율 p에 대한 정보는 전혀 없다고 가정한다.

(2) 400명의 자동차소유자를 임의추출하여 조사한 결과 56명이 150만원 이상의 보험에 가입한 것으로 나타났다. 이 때 모비율에 대한 95% 신뢰구간을 구하여라.

9. 두 제조과정에 의한 제품의 불량률을 추정하려고 한다. 제조과정 A에서는 10개의 제품을 추출하고, 이와 독립적으로 제조과정 B에서는 40개의 제품을 추출한다. 그런데 여러 가지

조사결과 두 제조과정의 불량률에 차이가 없음이 밝혀졌다. 이 사실을 이용하여 불량률 p의 추정에 다음과 같은 두 가지 방법이 제안되었다. 제조과정 A에서 관측되는 불량품의 개수를 X_1이라고 하고 제조과정 B에서 관측되는 불량품의 개수를 X_2라고 할 때

(ⅰ) 두 제조과정의 불량품의 개수의 합을 전체 표본의 수로 나누어 불량률을 추정한다.

즉 $\hat{p}=\dfrac{X_1+X_2}{50}$로 p를 추정한다.

(ⅱ) 각 제조과정에서 불량률을 추정한 후 이를 평균하여 불량률을 추정한다.

즉 $\tilde{p}=\dfrac{1}{2}\hat{p_1}+\dfrac{1}{2}\hat{p_2}$로 p를 추정한다. 여기서 $\hat{p_1}=\dfrac{X_1}{10}$, $\hat{p_2}=\dfrac{X_2}{40}$이다.

(1) (ⅰ)의 $\hat{p}$와 (ⅱ)의 $\tilde{p}$는 p의 불편추정량인가?

(2) $\hat{p}$과 $\tilde{p}$의 분산(표준오차의 제곱) $Var(\hat{p})$, $Var(\tilde{p})$를 구하라. 두 개의 추정량 중 어느 것이 더 유효한 추정량이라고 생각하는가? 그 이유는?

10. 어느 지역의 가구당 월소득을 조사하기 위하여 그 지역의 400가구를 임의추출한 결과 이들 400가구의 월소득은 152만원, 표준편차는 24만원이었다. 소득분포는 알려진 바와 같이 양의 왜도를 가진다. 이 조사를 근거로 그 지역의 가구당 월소득을 152만원으로, 이 추정량의 표준오차를 1.2만원으로 추정한다. 다음 문장의 참, 거짓을 말하고 그 이유를 설명하라.

(1) 이 지역의 가구당 월소득의 95.44% 근사신뢰구간은 (152-2.4, 152+2.4)이다.

(2) 소득분포는 양의 왜도를 가지므로 가구당 월소득의 신뢰구간을 구하기 위하여 정규분포를 이용할 수 없다.

(3) 신뢰구간 (152-2.4, 152+2.4)이 이 지역의 가구당 월소득을 포함할 확률이 95.44%이다.

(4) 400가구 중 약 95.44%의 가구가 152-48만 원에서 152+48만 원의 월소득을 갖는다.

(5) 400가구 중 약 95.44%의 가구가 152-2.4만 원에서 152+2.4만 원의 월소득을 갖는다.

제 8 장

가설검정

제8장 가설검정

8.1 서론

예제 1 A회사에서 기존의 생산방식으로 생산된 배터리의 수명은 정규분포 $N(1500, 180^2)$ 을 따른다. 최근 이 회사의 연구소에서 새로운 생산방식을 사용하여 배터리를 생산하면 평균수명이 기존의 1500시간보다 더 길다고 주장한다. 회사의 CEO는 이를 확인하기 위하여 새로운 공법으로 생산된 제품 중에서 36개를 무작위로 추출하여 조사한 결과 표본평균 $\bar{x} = 1,560$ 시간을 얻었다. 이 결과를 이용하여 연구원의 주장을 받아 들일만 한지 유의수준 $\alpha = 0.05$ 로 검정하고자 한다. 모평균 μ 에 대한 가설을 설정하라.

풀이 우리의 관심은 배터리의 수명분포이므로 이를 모집단의 분포라고 할 때, 평균수명 μ에 대한 추론을 해야 한다. 연구소의 주장은 새로운 기술방식에 의해 생산된 부품의 수명은 기존의 1,500시간보다 길다라는 것이다. 즉, "$\mu > 1,500$"이라는 통계적 가설 (hypothesis)을 검정하고자 하는 것이다. ■

[가설검정에서 사용되는 용어 및 의미]

① 귀무가설과 대립가설

〈예제 1〉에서 기존의 배터리는 평균수명시간이 1,500시간이다. 가설검정에서 이와 같은 기존의 사실을

$$H_0 \ : \ \mu = 1,500$$

라고 나타내고 이를 귀무가설(歸無假說, null hypothesis)이라고 한다. 이는 입증하고자 하는 주장이 무효가 된다는 의미인데, 이를 영가설이라고도 한다. 이에 반해서 자료로부터 확인 또는 주장하고자 하는 가설, 위의 예제에서는

$$H_1 \ : \ \mu > 1,500$$

을 대립가설(alternative hypothesis)이라고 한다. 주장하고자 하는 대립가설이 통계적으로 입증되기 위해서는 그것을 뒷받침할 만한 합당한 증거가 자료에 나타나야 한다. 그렇게 되지 않을 경우에는 기존의 귀무가설을 그대로 유지해야 한다. 이것은 법정에서 판사가 유죄의 증거가 확실치 않은 경우 검사의 주장을 받아들이지 못하는 것과 유사하게 생각할 수 있다.

② 검정 통계량

위의 귀무가설 H_0 와 대립가설 H_1 중에서 어느 것을 택할 것인지를 결정하는데 사용되는 통계량을 말한다. 〈예제 1〉은 모평균 μ에 대한 검정이므로 자연스럽게 표본평균 $\overline{X}$를 검정 통계량(test statistic)으로 이용할 것이다.

③ 기각역

기각역(rejection region)은 검정 통계량이 취할 수 있는 값의 영역 중 귀무가설 H_0 을 기각하는 (H_1을 택하는) 영역이다. 기각의 대상은 귀무가설임에 주의하자. 즉, 검정통계량이 기각역에 속하면 귀무가설을 기각하고, 기각역에 속하지 않으면 귀무가설을 기각하지 못한다(채택한다). 주어진 귀무가설과 대립가설에서 검정의 방법은 검정통계량과 기각역에 의해서 결정된다.

〈예제 1〉에서 귀무가설과 대립가설은

$$H_0 \ : \ \mu = 1,500 \, , \quad H_1 \ : \ \mu > 1,500$$

이고 표본평균 $\overline{X}$를 검정통계량으로 할 때, 합리적인 기각역의 형태는 $\overline{X} \geq c$일 것이다. 표본평균이 크게 나올 경우 이를 대립가설의 증거로 생각하고 귀무가설을 기각할 것이다. 그러면 이제 결정해야 할 것은 구체적인 기각역이다. 즉, 기각의 기준이 되는 c를 어떻게 정하느냐 하는 것이다. 이를 위해서 아래의 오류의 종류를 생각해보자.

④ 오류의 종류

검정을 할 때 나타날 수 있는 경우를 살펴보자. 귀무가설 H_0가 사실일 때는 (〈표 1〉의 첫 번째 열) H_0를 채택하여 옳은 결정을 하든지, H_0를 기각하여 오류를 범하든지 둘 중 하나이다. 대립가설 H_1이 사실일 경우에는 (〈표 1〉의 두 번째 열) H_0를 채택하여 오류를 범하든지 H_0를 기각하여 옳은 결정을 하든지 둘 중 하나이다. 여기서 첫 번째 오류인 H_0가 사실일 때, H_0를 기각하는 오류를 제 1종의 오류(Type I error)라고 하고, 두 번째 오류인 H_1이 사실일 때, H_0를 채택하는 오류를 제 2종의 오류(Type II error)라고 한다.

〈표 1〉 오류의 종류

	H_0 가 사실	H_1 이 사실
H_0 를 채택	옳은 결정	제2종의 오류
H_0 를 기각	제1종의 오류	옳은 결정

오류의 종류를 소개하는 이유는 검정의 구체적인 방법을 소개하기 위해서이다. 당연히 오류는 그 발생빈도, 또는 발생확률이 작은 것이 바람직하다. 그러나 이 경우 각각의 오류를 동시에 모두 최소로 하는 것은 불가능하다. 전통적인 검정의 이론에서 적용하는 검정의 원칙은 "하나의 오류를 범할 확률에 대해 허용한계를 주고 이 조건에서 다른 오류를 범할 확률을 작게 하자."는 것이다. 일반적으로 H_0 를 기각하는 것이 중요한 의미를 갖는 결정이므로, 제 1종의 오류가 발생할 확률에 허용한계를 주고 이 범위에서 제 2종의 오류가 발생할 확률을 되도록 작게 하는 검정 방법을 이용한다. 〈예제 1〉의 경우에서 제 1종의 오류가 발생한다는 것은 평균수명이 별로 증가하지 않은 새로운 배터리를 기존의 것보다 좋은 제품이라고 판단한다는 것이다. 이 경우 회사의 CEO는 잘못된 투자를 통하여 실질적인 손해를 입을 수도 있다. 반면에 제 2종의 오류가 발생하는 경우는 품질이 좋아진 배터리에 투자하지 않고 기존의 물건을 판매하게 되므로 (연구개발비를 고려하지 않는다면) 회사측에서 실질적으로 입은 손해는 없다고 할 수 있다. 물론 회사 입장에서 바람직한 투자를 통하여 수익을 볼 잠재적인 기회를 놓칠 수도 있을 것이다. 전통적인 검정의 이론에서는 실질적인 손해가 발생하는 제 1종의 오류를 중요하게 다룬다는 것이다.

⑤ 유의수준

위에서 제 1종의 오류의 허용한계를 유의수준(significance level)이라고 하고 보통 α로 나타낸다. 즉,

$$P(\text{제 1종의 오류}) = P(H_0 \text{를 기각} \mid H_0 \text{가 사실}) \le \alpha$$

가 되도록 검정방법을 설정하고자 한다. 관례적으로 $\alpha = 0.10$ $\alpha = 0.05$ $\alpha = 0.01$ 등이 자주 이용된다. 예를 들어 유의수준 $\alpha = 0.05$의 검정법이란 이 방법을 반복적으로 사용했을 때, H_0를 잘못 기각하는 기회가 5% 이하가 된다는 의미이다.

⑥ 검정력

H_0가 사실일 때 H_0를 기각하는 확률, 즉 $P(H_0 \text{ 기각} \mid H_0)$을 제 1종의 오류라고 했다. 반면에 $P(H_0 \text{ 기각} \mid H_1)$은 맞는 결정을 하는 확률로 이를 검정력(power)이라고 한다.

$$P(H_0 \text{ 기각} \mid H_1) = 1 - P(H_0 \text{ 채택} \mid H_1) = 1 - 2\text{종의 오류} = \text{검정력}$$

즉, H_0를 기각하는 결정을 H_0가 사실일 때는 제 1종의 오류라 하고, H_1이 사실일 때는 검정력이라고 한다는 것이다.

예제 2 〈예제 1 연속〉〈예제 1〉에서 새로운 배터리의 수명도 정규분포 $N(\mu, 180^2)$을 따른다고 하자. 귀무가설과 대립가설을 적고 알맞은 기각역을 정하라. 표본평균 $\overline{x}= 1{,}560$이 관측되었을 때 귀무가설 H_0의 기각 또는 채택 여부를 결정하라. 유의수준은 $\alpha = 0.05$를 사용한다. 또한 $\mu = 1{,}570$일 때, 제 2종의 오류를 구하고, 관측값 $\overline{x}= 1{,}560$에 대한 p값을 구하라.

풀이 (1) 우선 귀무가설과 대립가설은

$$H_0 \ : \ \mu = 1{,}500 \ , \ H_1 \ : \ \mu > 1{,}500$$

이 적절하다. 검정통계량은 $\overline{X}$이고 기각역의 형태는 $\overline{X} \geq c$이다. 이제 구체적인 기각역을 구하면 된다. 즉, c를 결정하면 된다. 앞에서 배운 바와 같이 확률표본 $X_1, \ldots, X_n$이 정규분포 $N(\mu, \sigma^2)$일 때, 표본평균 $\overline{X}$의 표본분포는 $N(\mu, \frac{\sigma^2}{n})$이다. 따라서 이 경우는 $\overline{X} \sim N(\mu, \frac{180^2}{36})$이므로 제 1종의 오류를 5%로 하기 위해서는

$$P(\overline{X} \geq c \,|\, \mu = 1500) = 0.05$$

인 c를 구하면 된다. 이는 정규분포에서 하방 95%백분위수, 또는 상방 5%백분위수를 구하는 문제이므로 표준화해서 쉽게 해결할 수 있다. 즉, Z가 표준정규분포를 따를 때,

$$P(Z \geq \frac{c - 1500}{180/\sqrt{36}}) = 0.05$$

인 c를 구하면 되므로

$$\frac{c - 1500}{180/\sqrt{36}} = z_{0.05} = 1.645 \ , \ c = 1.645 \times \frac{180}{6} + 1500 = 1549.35$$

가 된다. 따라서 검정방법은 $\overline{X} \geq 1549.35$이면 귀무가설 H_0를 기각하게 된다. 관측값이 $\overline{x}_{obs} = 1560 \geq 1549.35$로 기각역에 속하므로 유의수준 $\alpha = 0.05$에서 귀무가설 H_0를 기각한다. 여기서 첨자 obs는 관측값(observed)이란 것을 강조하기 위함이다.

(2) 이 문제에서는 모분산 $\sigma^2 = 180^2$으로 주어졌으므로 검정통계량 $\overline{X}$를 H_0가 사실일 때 표준화한 통계량 $Z = \frac{\overline{X} - 1500}{\sigma/\sqrt{n}}$를 검정통계량으로 이용해도 된다. 통계량 Z를 이용하면 유의수준 $\alpha = 0.05$에서의 기각역은 $Z \geq z_{0.05} = 1.645$가 된다. 관측값은 $z_{obs} = \frac{1560 - 1500}{180/\sqrt{36}} = 2 \geq 1.645$로 기각역에 포함되므로 H_0 기각한다.

(1)와 (2)는 물론 같은 방법을 원래의 척도로 쓰느냐, 표준화된 척도로 쓰느냐의 차이일 뿐, 정확히 같은 방법이다. 앞으로는 통계량을 표준화하여 (2)와 같이 표현하기로 하자.

(3) $\mu = 1570$일 때 제 2종의 오류를 구하면, $Z \sim N(0,1)$일 때

$$P(\overline{X} < 1549.35 | \mu = 1570) = P(\frac{\overline{X} - 1570}{30} < \frac{1549.35 - 1570}{30} | \mu = 1570)$$
$$= P(Z < -0.688) = 1 - 0.7549 = 0.2451$$

이다. 여기서 μ가 1570보다 크다면 제 2종의 오류는 작아 질 것이다. 일반적으로 검정력과 제 2종의 오류는 대립가설의 μ의 범위에서 μ의 함수로 표현할 수 있다.

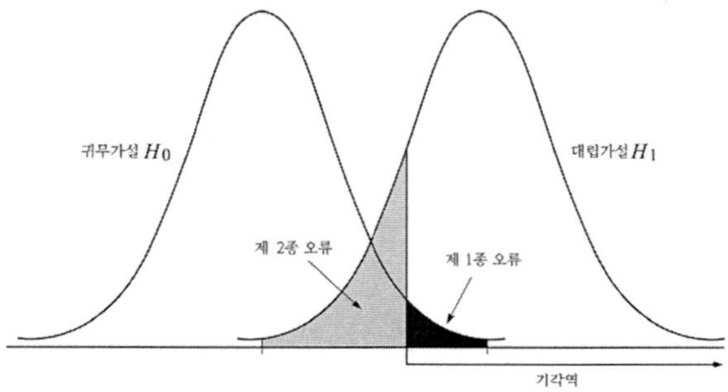

[그림 1] 제 1종의 오류와 제 2종의 오류

(4) p값은 관측값 $\overline{x}_{obs}$에 대한 제 1종의 오류로

$$P(\overline{X} \geq \overline{x}_{obs} | H_0 : \mu = 1500) = P(\overline{X} \geq 1560 | H_0 : \mu = 1500) = P(Z \geq 2) = 0.0228$$

이다. $\overline{x}_{obs} = 1560$이 기각역에 속하는 경우 p값은 유의수준 $\alpha = 0.05$보다 작아진다. $p \leq 0.05$ 이므로 H_0를 기각한다. p값은 아래에서 다시 살펴보기로 하자. ■

참고

(1) P(제 1종의 오류) $\leq \alpha$, 즉 제 1종의 오류는 일반적으로 α이하이면 되나, 검정력을 크게 또는 P(제 2종의 오류)를 작게 하려면 기각역은 유의수준을 만족하는 범위에서 되도록 넓게 해야 한다. 따라서 검정통계량의 분포가 연속형이면 〈예제 2〉에서와 같이 P(제 1종의 오류) $= \alpha$를 만족하도록 기각역을 정한다. 그러나 검정통계량의 분포가 이산형일 때는 P(제 1종의 오류) $< \alpha$일 수 도 있다.

(2) 제 2종의 오류나 검정력은 모수에 대한 함수이다.

⑦ 유의확률

p값(p value) 또는 유의확률(significance probability, observed significance level)은 〈예제 2〉에서 본 바와 같이 H_0 하에서 즉, 귀무가설이 맞을 경우 관측값이나 관측값보다 더 대립가설 쪽의 값이 나올 (최대)확률을 구한 것이다. 이는 관측된 검정통계량의 값을 기준으로 할 때 제 1종

의 오류를 범할 확률 또는 관측값에 대하여 귀무가설을 기각할 수 있는 최소의 유의수준을 말한다. 〈예제 2〉에서 $\bar{x}_{obs} = 1560$을 기각하려면 유의수준을 최소 $\bar{x}_{obs} = 1560$의 p값인 0.0228이상으로 잡아야 한다. 만일 유의수준이 위의 예제와 같이 $\alpha = 0.05$인 경우는 H_0를 기각하나, $\alpha = 0.01$인 경우는 H_0를 기각하지 못할 것이다.

〈예제 2〉에서 만일 표본평균의 관측값이 $\bar{x}_{obs} = 1590$이라면 이는 $\bar{x}_{obs} = 1560$보다 훨씬 더 H_0에 대한 강한 반증이고 H_1에 대한 강한 증거가 될 것이다. 이 경우 p 값은 0.0013으로 훨씬 작아질 것이다. 이와 같이 p값은 작을수록 H_0에 대한 강한 반증이고 H_1에 대한 강한 증거가 됨을 이해하자. 가설검정에서 검정통계량이 기각역에 속하는지의 여부로 검정을 시행하는 것은 p값과 유의수준 α를 비교하여 $p \leqq \alpha$이면 H_0를 기각하는 것과 동일하다. 간혹 p값을 귀무가설 H_0가 사실일 확률로 오인하는 경우가 있다. 이는 당연히 잘못된 해석이며 p값은 H_0가 사실이라는 가정 하에서 계산된 확률임에 유의해야한다.

〈p값을 이용한 검정의 판정법〉

$p \leqq \alpha$ 이면 귀무가설 H_0를 기각한다.

가설검정은 일반적으로 다음의 절차에 따라 시행하게 된다.

가설검정의 절차

(1) 귀무가설 H_0과 대립가설 H_1을 설정한다.
(2) 유의수준 α를 정한다.
(3) 검정통계량을 결정하고 기각역을 구한다.
(4) 검정통계량의 관측값을 구한다.
(5) 계산된 검정통계량의 값으로 유의성 여부를 판정한다.

p값을 이용한 가설검정의 절차

(1) 귀무가설 H_0과 대립가설 H_1을 설정한다.
(2) 유의수준 α를 정한다.
(3) 검정통계량을 결정한다.
(4) 검정통계량의 값과 p값을 구한다.
(5) $p \leqq \alpha$ 이면 H_0를 기각한다.

8.2 모평균의 검정

8.2.1 σ^2 을 아는 정규모집단

$X_1, \ldots, X_n$이 정규분포 $N(\mu, \sigma^2)$에서 얻어진 확률표본이고, 이를 이용하여 μ에 대한 검정을 하고자 한다. 일단 σ^2의 값을 안다고 가정하자. 검정통계량 $\overline{X}$를 사용하여 검정을 할 때, $\overline{X}$의 표본분포가 정규분포 $N(\mu, \frac{\sigma^2}{n})$이고 이를 표준화한

$$Z = \frac{\overline{X} - \mu}{\sigma / \sqrt{n}}$$

은 표준정규분포 $N(0,1)$을 따르게 된다.

귀무가설과 대립가설이 $H_0 : \mu = \mu_0$, $H_1 : \mu > \mu_0$라고 하자. 그러면 귀무가설이 사실일 때 $Z = \frac{\overline{X} - \mu_0}{\sigma / \sqrt{n}}$는 $\mu = \mu_0$로 주어지고, σ^2을 알고 있으므로 미지의 모수는 없다. 따라서 이는 통계량이 되며, 표준정규분포를 따르게 된다. 해당 통계량이 크면 귀무가설을 기각하게 되므로 유의수준 α에서의 기각역은 $Z \geq z_\alpha$가 될 것이다. 귀무가설과 대립가설이 $H_0 : \mu = \mu_0$, $H_1 : \mu < \mu_0$로 방향이 바뀌게 되면 $Z = \frac{\overline{X} - \mu_0}{\sigma / \sqrt{n}}$가 작을 경우 귀무가설을 기각하게 되므로 기각역은 $Z \leq -z_\alpha$가 될 것이다. 만일 $H_0 : \mu = \mu_0$, $H_1 : \mu \neq \mu_0$로 양측검정을 하게 되면 $Z = \frac{\overline{X} - \mu_0}{\sigma / \sqrt{n}}$가 너무 크거나, 너무 작으면 귀무가설을 기각하게 되고, 이 경우는 기각역을 양쪽 꼬리에 $\alpha/2$씩 나누어 $|Z| \geq z_{\alpha/2}$이면 기각하는 방법을 쓴다. 이와 같이 표준정규분포를 사용하여 모평균에 대한 검정을 하는 방법을 정규검정법(normal test)이라고 한다.

〈모평균의 검정 : 정규검정법〉

모분산 σ^2 이 알려진 정규모집단에서 아래의 가설에 대한 검정 통계량은

$$Z = \frac{\overline{X} - \mu_0}{\sigma / \sqrt{n}}$$

이며 기각역은 다음과 같다.

	귀무가설	대립가설	유의수준α 에서의 기각역
(1)	$H_0 : \mu = \mu_0$	$H_1 : \mu > \mu_0$	$Z \geq z_\alpha$
(2)	$H_0 : \mu = \mu_0$	$H_1 : \mu < \mu_0$	$Z \leq -z_\alpha$
(3)	$H_0 : \mu = \mu_0$	$H_1 : \mu \neq \mu_0$	$\lvert Z\rvert \geq z_{\alpha/2}$

참고

(1)과 (2)의 가설을 단측검정이라고 하고 (3)의 가설을 양측검정이라고 한다. 단측검정의 귀무가설에 부등호가 들어가도 즉,

$$H_0 \ : \ \mu \le \mu_0,\ H_1 \ : \ \mu > \mu_0 \text{ 또는 } H_0 \ : \ \mu \ge \mu_0,\ H_1 \ : \ \mu < \mu_0$$

일 때도, 검정의 방법은 동일하다. 이 경우 귀무가설이 주어져도 통계량의 분포가 결정되지 않는다. 그러나 $\mu = \mu_0$에서 제 1종의 오류가 최대가 됨을 알 수 있고, 따라서 제 1종의 오류의 최댓값이 유의수준을 만족하는 검정법을 찾으면 동일한 검정방법이 얻어진다.

예제 3 H대학교 기숙사 식당을 이용하는 학생들이 식사를 위해 대기하는 시간이 1시간보다 더 걸린다고 학교에 항의를 하였다. 이를 확인하기 위하여 학교 본부에서는 식당을 이용하는 9명의 학생을 랜덤으로 추출하여 대기시간을 측정하였다. 그 결과 $\overline{x} = 66$ 분이었다. 이 자료로부터 대기시간이 1시간보다 더 걸린다는 학생들의 주장이 타당한지를 유의수준 $\alpha = 0.05$ 로 검정하여라. 단 대기시간은 $\sigma = 6$ 분인 정규분포를 따른다고 가정한다.

풀이 (1) 가설 $H_0 : \mu = 60$, $H_1 : \mu > 60$

(2) 유의수준 $\alpha = 0.05$

(3) 검정통계량과 기각역 : $Z = \dfrac{\overline{X} - \mu_0}{\sigma / \sqrt{n}} \ge z_{0.05} = 1.645$ 이면 H_0를 기각.

(4) 검정통계량의 관측값 : $z_{obs} = \dfrac{66 - 60}{6/\sqrt{9}} = 3$, p값은 0.013.

(5) 판정 : $z_{obs} \geqq z_{0.05} = 1.645$ 이므로 귀무가설 H_0 를 기각한다. 또는 $p \leqq \alpha$ $(0.013 \le 0.05)$ 이므로 H_0를 기각한다. 즉, 대기시간이 1시간보다 더 걸린다는 학생들의 주장이 타당하다.

■

〈예제 3〉의 검정에서 우리가 판단하고자 하는 것은 표본평균 66분이 과연 $\mu = 60$이라는 귀무가설이 사실일 때 자주 나올 수 있는 값이냐 하는 것이다. 이를 판단하기 위해서 표본평균의 표준오차 $SE(\overline{X}) = \dfrac{\sigma}{\sqrt{n}} = 2$를 하나의 단위로 생각하여 66분과 60분의 차이인 6분을 단위인 2로 나누어본 것이다. 그 결과 $z_{obs} = 3$ 이다. 즉, 관측값인 66분은 모평균으로부터 $3SE(\overline{X})$ 떨어져 있는 값이고 표본평균의 귀무가설에서의 분포인 정규분포에서는 그리 자주 나오는 값이 아니다. 따라서 귀무가설을 의심하고 이를 기각하겠다는 논리이다. 모평균의

검정에서 주로 이용되는 기본적인 통계량의 형태는 정규검정법과 유사하다. 그러나 σ^2 을 모르면 표본평균의 표준오차 $SE(\overline{X}) = \frac{\sigma}{\sqrt{n}}$ 도 모르므로 이를 추정해야 한다. 다음에서 이러한 경우를 생각해보자.

8.2.1 σ^2 을 모르는 정규모집단

앞에서와 마찬가지로 $X_1,...,X_n$이 정규분포 $N(\mu,\sigma^2)$에서 얻어진 확률표본이고, 이를 이용하여 μ에 대한 검정을 하고자 한다. 만일 σ^2의 값을 모른다면 이를 표본분산 $S^2 = \frac{1}{n-1}\sum_{i=1}^{n}(X_i - \overline{X})^2$ 으로 추정하게 되고 6.3절에서 배운 바와 같이

$$\frac{\overline{X}-\mu}{S/\sqrt{n}} \sim t(n-1)$$

가 된다. 따라서 σ^2 을 아는 정규모집단의 경우 표준정규분포를 이용하여 기각역을 설정하는 대신, 이 경우는 $T = \frac{\overline{X}-\mu_0}{S/\sqrt{n}}$ 를 검정통계량으로 하고, t분포를 이용하여 기각역을 설정하면 될 것이다. 이와 같은 검정법을 t검정법(t test)이라고 한다.

〈모평균의 검정 : t검정법〉

모분산 σ^2 이 알려지지 않은 정규모집단에서 아래의 가설에 대한 검정 통계량은

$$T = \frac{\overline{X}-\mu_0}{S/\sqrt{n}}$$

이며 기각역은 다음과 같다.

	귀무가설	대립가설	유의수준α 에서의 기각역
(1)	$H_0 : \mu = \mu_0$	$H_1 : \mu > \mu_0$	$T \geq t(n-1;\alpha)$
(2)	$H_0 : \mu = \mu_0$	$H_1 : \mu < \mu_0$	$T \leq -t(n-1;\alpha)$
(3)	$H_0 : \mu = \mu_0$	$H_1 : \mu \neq \mu_0$	$\vert T\vert \geq t(n-1;\alpha/2)$

예제 4 어느 제약회사에서 생산하는 약 한 알의 무게를 150mg으로 맞추기로 하였다. 회사에서는 품질이 제대로 관리되고 있는지 확인하기 위해 15개 알약의 무게를 조사한 결과 평균과 표준편차 $\overline{x} = 142$ mg, $s = 25$ mg을 얻었다. 알약의 무게가 정규분포를 따른다고 가정하고, 유의수준 $\alpha = 0.05$ 로 알약의 무게가 150mg으로 관리되고 있는지를 검정하라.

풀이 알약의 평균무게를 μ 라고 하자.

(1) 가설 $H_0 : \mu = 150$, $H_1 : \mu \neq 150$

(2) 유의수준 $\alpha = 0.05$

(3) 검정통계량과 기각역 : $|T| = \left| \dfrac{\overline{X} - \mu_0}{S/\sqrt{n}} \right| \geq t(14;0.025) = 2.145$ 이면 H_0를 기각.

(4) 검정통계량의 관측값 : $|t_{obs}| = \left| \dfrac{142-150}{25/\sqrt{15}} \right| = 1.24$ (p값은 0.2354)

(5) 판정 : $|t_{obs}| < t(14;0.025) = 2.145$ 이므로 ($p > \alpha$ 이므로) 귀무가설 H_0 를 기각할 수 없다.

즉, 알약의 무게가 150mg으로 관리되고 있지 않다는 증거가 없다.

여기에서 p값은 부록의 t 분포표를 이용해서는 정확히 구할 수 없다. 이는 R 또는 EXCEL 등의 프로그램을 이용하여 구해야 한다. 양측검정이므로 $t(14)$에서 1.24의 오른쪽과 −1.24의 왼쪽의 확률을 구해야 한다. ■

8.2.3 임의의 모집단 : n 이 클 때

만일 $X_1, \ldots, X_n$이 정규모집단에서의 확률표본이 아니거나, 또는 모집단의 형태를 모를 경우에는 어떠한 방법을 사용하여 검정을 할지 생각해보자. 정규모집단의 가정이 있을 때에도 결국 우리가 이용하는 것은 표본평균 $\overline{X}$의 표본분포가 정규분포를 따른다는 사실이다. 따라서 이 사실이 근사적으로 성립한다면 정규모집단의 가정이 사실 꼭 필요하지는 않다. 우리는 중심극한정리로부터 $X_1, \ldots, X_n$이 모평균이 μ이고 모분산이 σ^2인 임의의 모집단으로부터의 확률표본일 때,

$$\frac{\overline{X} - \mu}{\sigma/\sqrt{n}} \stackrel{\cdot}{\underset{\cdot}{\sim}} N(0,1) \quad (n \to \infty)$$

가 성립함을 배웠다. 또한 표본표준편차 S가 σ의 일치추정량임이 알려져 있고, 일치추정량으로 모수를 대치해도 근사분포가 그대로 성립한다는 근사분포이론도 알려져 있다. 따라서

$$\frac{\overline{X} - \mu}{S/\sqrt{n}} \stackrel{\cdot}{\underset{\cdot}{\sim}} N(0,1) \quad (n \to \infty)$$

도 역시 성립한다. 즉, 임의의 모집단에서는 표본크기 n이 크다면 모집단의 정규성과 관계없이, σ^2을 알든 모르든 정규검정법을 그대로 시행할 수 있다.

〈모평균의 검정 : 정규검정법〉

표본크기가 큰 경우에 임의의 모집단에서 아래의 가설에 대한 검정 통계량은

$$\sigma^2 \text{을 알 때} : Z = \frac{\overline{X} - \mu_0}{\sigma/\sqrt{n}}$$

$$\sigma^2 \text{을 모를 때} : Z = \frac{\overline{X} - \mu_0}{S/\sqrt{n}}$$

이며 근사 기각역은 다음과 같다.

	귀무가설	대립가설	유의수준 α 에서의 근사 기각역
(1)	$H_0 : \mu = \mu_0$	$H_1 : \mu > \mu_0$	$Z \geq z_\alpha$
(2)	$H_0 : \mu = \mu_0$	$H_1 : \mu < \mu_0$	$Z \leq -z_\alpha$
(3)	$H_0 : \mu = \mu_0$	$H_1 : \mu \neq \mu_0$	$\lvert Z \rvert \geq z_{\alpha/2}$

예제 5 담배제조사에서는 특정 종류 담배의 한 개피 당 평균 니코틴 함유량이 2.6mg 미만이라고 한다. 소비자 보호단체에서는 이를 확인하기 위하여 해당 담배 100개피를 랜덤으로 추출하여 조사하였다. 그 결과 니코틴의 평균 함유량은 2.55mg, 표준편차는 0.5mg이었다. 이를 바탕으로 회사의 주장이 맞는지를 유의수준 $\alpha = 0.05$ 에서 검정하라.

풀이 담배 한 개피 당 평균 니코틴 함유량을 μ 라고 하자.

(1) 가설 $H_0 : \mu = 2.6$, $H_1 : \mu < 2.6$

(2) 유의수준 $\alpha = 0.05$

(3) 검정통계량과 기각역 : $Z = \dfrac{\overline{X} - \mu_0}{S/\sqrt{n}} \leq -z_{0.05} = -1.645$ 이면 H_0를 기각.

(4) 검정통계량의 관측값 : $z_{obs} = \dfrac{2.55 - 2.6}{0.5/\sqrt{100}} = -1.0$ (p값은 0.1587)

(5) 판정 : $z_{obs} > -z_{0.05} = -1.645$ 이므로 (또는 $p > \alpha$ 이므로) 귀무가설 H_0 를 기각할 수 없다. 즉, 담배의 한 개피 당 평균 니코틴 평균 함유량이 2.6mg 미만이라는 회사의 주장이 사실이라는 증거가 없다. ■

8.3 모비율의 검정

찬성률, 취업률, 불량률, 치유율 등과 같은 모집단의 특정한 성질 또는 속성의 비율 p에 대한 검정을 생각해보자. 이 경우 모비율이 p인 베르누이분포를 따르는 모집단에서 크기 n인

확률표본을 추출할 때, X를 n개 중 속성을 가지는 수라고 하면 개수 X 또는 표본비율 $\hat{p}=\dfrac{X}{n}$을 모비율 p의 검정통계량으로 이용할 수 있을 것이다. X의 정확한 분포는 물론 이항분포 $B(n,p)$이다. 앞에서 이항분포는 적절한 조건에서 정규분포로 근사할 수 있음을 배웠다. 즉,

$$\frac{X-np}{\sqrt{npq}}=\frac{\hat{p}-p}{\sqrt{pq/n}} \;\dot{\sim}\; N(0,1) \qquad (n\rightarrow\infty,\ np\geq 5,\ nq\geq 5)$$

이다. 이러한 근사분포를 이용해서 검정을 할 수 있다.

〈모비율의 검정 : 정규검정법〉

X가 이항분포 $B(n,p)$를 따르고, 표본크기 n이 크며 $np_0 \geq 5$, $nq_0 \geq 5$일 때 모비율 p에 관한 검정통계량은

$$Z=\frac{X-np_0}{\sqrt{np_0q_0}}=\frac{\hat{p}-p_0}{\sqrt{p_0q_0/n}}$$

이며 근사 기각역은 다음과 같다.

	귀무가설	대립가설	유의수준 α 에서의 근사 기각역
(1)	$H_0 : p=p_0$	$H_1 : p>p_0$	$Z\geq z_\alpha$
(2)	$H_0 : p=p_0$	$H_1 : p<p_0$	$Z\leq -z_\alpha$
(3)	$H_0 : p=p_0$	$H_1 : p\neq p_0$	$\lvert Z\rvert \geq z_{\alpha/2}$

예제 6 한 제약회사에서는 새로 개발한 흉터 제거 연고를 한 달 사용하면 완치율이 기존의 70% 보다 높다고 주장한다. 소비자보호협회에서는 이를 확인하기 위하여 유사한 정도의 흉터를 가진 20명을 랜덤으로 추출하여 이 약을 사용하게 하였다. 그 결과 이 중 16명이 완치되었다. 이 제약회사의 주장이 옳은지를 유의수준 $\alpha=0.05$ 에서 검정하라.

풀이 완치율을 p 라고 하자.

(1) 가설 $H_0 : p=0.7$, $H_1 : p>0.7$

(2) 유의수준 $\alpha=0.05$

(3) 검정통계량과 기각역 : $Z=\dfrac{X-np_0}{\sqrt{np_0q_0}}=\dfrac{\hat{p}-p_0}{\sqrt{p_0q_0/n}}\geq z_{0.05}=1.645$ 이면 H_0를 기각.

(4) 검정통계량의 관측값 : $z_{obs}=\dfrac{16-14}{\sqrt{20\times0.7\times0.3}}=\dfrac{0.8-0.7}{\sqrt{(0.7\times0.3)/20}}=0.98$

(p값은 0.1635)

(5) 판정 : $z_{obs} < z_{0.05} = 1.645$ 이므로 (또는 $p > \alpha$ 이므로) 귀무가설 H_0 를 기각할 수 없다. 즉, 새로 개발된 연고의 완치율이 기존보다 높다는 주장에 대한 확실한 증거가 없다. ■

[이항분포의 이용]

〈예제 6〉에서는 X의 근사분포인 정규분포를 이용하였다. 표본크기 n이 크며 $np_0 \geqq 5$, $nq_0 \geqq 5$라는 조건은 귀무가설이 사실일 때 정규근사가 가능한지를 보기 위해서이다. 그러나 X의 정확한 분포는 이항분포임을 알고 있다. 그렇다면 근사분포인 정규분포 대신 이항분포를 이용하여 검정을 시행할 수도 있을 것이다. 이를 위해서 검정의 기본이론을 다시 한번 생각해보자. 〈예제 6〉에서 기각역의 형태는 $X \geq c$이다. 제 1종의 오류가 유의수준 $\alpha = 0.05$를 만족하기 위해서는

$$P(X \geq c | H_0 : p = 0.6) \leq 0.05$$

인 c를 찾으면 된다. 이항분포표를 이용하면

$$P(X \geq 16 | H_0 : p = 0.7) = 1 - P(X \leq 15 | H_0 : p = 0.7) = 1 - 0.762 = 0.238 > 0.05$$
$$P(X \geq 17 | H_0 : p = 0.7) = 1 - P(X \leq 16 | H_0 : p = 0.7) = 1 - 0.893 = 0.107 > 0.05$$
$$P(X \geq 18 | H_0 : p = 0.7) = 1 - P(X \leq 17 | H_0 : p = 0.7) = 1 - 0.965 = 0.035 < 0.05$$
$$P(X \geq 19 | H_0 : p = 0.7) = 1 - P(X \leq 18 | H_0 : p = 0.7) = 1 - 0.992 = 0.008 < 0.05$$

이다. 즉, 유의수준 $\alpha = 0.05$를 만족하는 기각역 $X \geq c$는 $c \geq 18$이면 된다. 한편, 기각역이 넓을수록 (c가 작을수록) 제 2종의 오류가 작아지므로 c는 최소값인 18을 택해야 한다. 즉, 유의수준 $\alpha = 0.05$를 만족하고, 제 2종의 오류를 최소로 하는 기각역은

$$X \geq 18$$

이다. 관측값은 $x_{obs} = 16 < 18$으로 기각역에 속하지 않으므로 귀무가설 H_0를 기각할 수 없다.

〈예제 6〉의 풀이에서 기각역 $Z = \dfrac{X - np_0}{\sqrt{np_0 q_0}} \geq z_{0.05} = 1.645$을 다시 쓰면 $X \geq 17.37$이고 X는 정수만을 취하므로 $X \geq 18$로 이항분포를 이용한 것과 같은 기각역을 준다. 그러나 두 방법이 항상 같은 기각역을 주지는 않을 것이다.

검정통계량이 이항분포와 같은 이산확률분포를 따르는 경우에는 연속확률분포에서와 달리 제 1종의 오류와 유의수준이 반드시 일치하지는 않는다. 위의 풀이에서 제 1종의 오류는

$$P(X \geq 18 | H_0 : p = 0.7) = 0.035$$

로 0.05보다 작으므로 유의수준 $\alpha = 0.05$를 만족하는 검정법이다. p값은 관측값 $x_{obs} = 16$로 계산되며

$$P(X \geq x_{obs} | H_0 : p = 0.7) = P(X \geq 16 | H_0 : p = 0.7) = 0.238 > 0.05$$

로 p값이 $p > \alpha$이므로 귀무가설을 기각하지 못한다.

8.4 모분산의 검정

모분산 σ^2에 대한 검정을 위해서는 표본분산을 검정통계량으로 이용할 것이다. $X_1, \cdots, X_n$이 정규분포 $N(\mu, \sigma^2)$에서의 확률표본일 때 표본분산 $S^2 = \frac{1}{n-1}\sum_{i=1}^{n}(X_i - \overline{X})^2$에 대해서

$$\frac{(n-1)S^2}{\sigma^2} \sim \chi^2(n-1)$$

이 성립함을 배웠다. 이 사실을 이용하여 모분산 σ^2에 대한 검정방법을 생각해보자. 가설이 $H_0 : \sigma^2 = \sigma_0^2,\ H_1 : \sigma^2 > \sigma_0^2$ 일 때, $S^2 > c$이면 또는 $V = (n-1)S^2/\sigma_0^2 \geqq c'$이면 귀무가설을 기각할 것이다. 그런데 V는 귀무가설이 사실일 때, $\chi^2(n-1)$을 따르므로 $c' = \chi^2(n-1;\alpha)$로 택하면 될 것이다. $H_0 : \sigma^2 = \sigma_0^2,\ H_1 : \sigma^2 < \sigma_0^2$ 인 경우는 마찬가지로 생각하면 기각역은 $V = (n-1)S^2/\sigma_0^2 \leqq \chi^2(n-1;1-\alpha)$가 될 것이다. 만일 가설이 $H_0 : \sigma^2 = \sigma_0^2,\ H_1 : \sigma^2 \neq \sigma_0^2$로 양측검정이면 $V = (n-1)S^2/\sigma_0^2$가 너무 크거나 너무 작으면 기각할 것이다. 이 경우 유의수준 α를 만족하도록 하기 위해서 양쪽에 $\alpha/2$로 나누어 기각역을 설정한다. 즉, $V \geqq \chi^2(n-1;\alpha/2)$ 또는 $V \leqq \chi^2(n-1;1-\alpha/2)$이면 귀무가설을 기각한다.

〈모분산의 검정 : 카이제곱검정법〉

정규모집단에서 아래의 가설에 대한 검정 통계량은

$$V = \frac{(n-1)S^2}{\sigma_0^2}$$

이며 기각역은 다음과 같다.

귀무가설	대립가설	기각역
(1) $H_0 : \sigma^2 = \sigma_0^2$	$H_1 : \sigma^2 > \sigma_0^2$	$V \geqq \chi^2(n-1\ ;\ \alpha)$
(2) $H_0 : \sigma^2 = \sigma_0^2$	$H_1 : \sigma^2 < \sigma_0^2$	$V \leqq \chi^2(n-1\ ;\ 1-\alpha)$
(3) $H_0 : \sigma^2 = \sigma_0^2$	$H_1 : \sigma^2 \neq \sigma_0^2$	$V \geqq \chi^2(n-1\ ;\ \frac{\alpha}{2})$ 또는 $V \leqq \chi^2(n-1\ ;\ 1-\frac{\alpha}{2})$

예제 7 시계공장에서 완성된 시계 성능의 변이도는 분산이 0.1를 초과하면 곤란하다고 한다. 이를 조사하기 위하여 15개의 시계를 랜덤으로 추출하여 한 달 후의 시각을 표준시계와 비교하여 차이를 기록한 결과 표본분산은 0.15이었다. 정규분포를 가정하고, 생산된 시계 성능에 이상이 있는지를 유의수준 $\alpha = 0.05$ 에서 검정하라.

풀이 모분산을 σ^2 이라고 하자.

(1) 가설 $H_0 : \sigma^2 = 0.1$, $H_1 : \sigma^2 > 0.1$

(2) 유의수준 $\alpha = 0.05$

(3) 검정통계량과 기각역 : $V = \dfrac{(n-1)S^2}{\sigma_0^2} \geqq \chi^2(14\,;0.05) = 23.68$ 이면 H_0 를 기각.

(4) 검정통계량의 관측값 : $v_{obs} = \dfrac{14 \times 0.15}{0.1} = 21$ (p값은 0.1016)

(5) 판정 : $v_{obs} < \chi^2(14\,;0.05) = 23.68$ 이므로 (또는 $p > \alpha$ 이므로) 귀무가설을 기각할 수 없다. 즉, 시계성능의 변이도에 문제가 있다는 증거는 없다.

위의 풀이에서 p값은 부록의 카이제곱분포표로는 구하기 힘들고, R을 이용해서 구한 결과이다. ■

R 실습

\# 표준정규분포에서 난수를 생성하여 평균이 0인지 검정해보자.

```
dta1=rnorm(10)
mean(dta1); sd(dta1)
[1] -0.2317461
[1] 1.041415
t.test(dta1,mu=0)
        One Sample t-test
data:  dta1
t = -0.7037, df = 9, p-value = 0.4994
alternative hypothesis: true mean is not equal to 0
95 percent confidence interval:
 -0.9767292  0.5132370
sample estimates:
 mean of x
-0.2317461
```

\# 카이제곱분포에서 난수를 생성하여 평균이 0인지 검정해보자.

```
dta2=rchisq(10,df=3)
mean(dta2); sd(dta2)
[1] 2.196346
[1] 1.670319
t.test(dta2,mu=0)
        One Sample t-test
data:  dta2
t = 4.1582, df = 9, p-value = 0.002454
alternative hypothesis: true mean is not equal to 0
95 percent confidence interval:
 1.001472 3.391220
sample estimates:
mean of x
 2.196346
```

제8장

연습문제

❖ 검정의 기본개념

1. 확률변수 X는 1부터 6까지의 값을 취하며, 아래 표에 주어진 2개의 분포 중 하나를 갖는다. 다음과 같은 가설

$$H_0 : \theta = \theta_0 , \quad H_1 : \theta = \theta_1$$

를 검정하고자 한다.

x	1	2	3	4	5	6
θ_0	1/40	1/40	1/40	1/40	2/10	7/10
θ_1	1/2	1/4	1/16	1/16	1/16	1/16

(1) $X \le 2$ 이면 H_0 를 기각하는 검정법을 고려한다. 이 검정법은 유의수준 $\alpha = 0.05$ 를 만족하는 검정법인가? 또한 이 검정법의 검정력은 얼마인가? 질문에 답하고 설명하라.

(2) $3 \le X \le 4$ 이면 H_0 를 기각하는 검정법을 고려할 때 제 1종의 오류를 범할 확률과 제 2종의 오류를 범할 확률을 구하라.

(3) (1), (2)번의 검정법 중 어느 것이 합리적인 검정법이라고 생각하는지 답하고 그 이유를 설명하라.

❖ 모평균의 검정

2. 어떤 질병에 대한 기존 치료법의 치료기간은 평균 15일, 표준편차 3일인 정규분포를 따른다고 알려져 있다. 이 질병에 대한 새로운 치료법을 개발한 의료진들은 이 치료법이 치료기간을 단축시킨다고 주장한다. 이를 확인하기 위하여 9명의 환자를 임의추출하여 치료기간을 조사한 결과 표본평균 $\bar{x} = 13$ 을 얻었다. 새로운 치료법에 의한 치료기간도 표준편차가 3일인 정규분포를 따른다고 가정한다.

(1) μ를 평균 치료기간이라고 할 때, 귀무가설과 대립가설을 세우고 유의수준 $\alpha = 0.05$ 에서 의료진의 주장을 검정하라.

(2) 위의 조사결과에 대한 p값을 구하라. p값을 이용하여 가설을 검정하라.

3. 한 제약회사에서 생산하고 있는 기존의 진통제는 진통효과가 나타나는 시간이 평균 30분, 표준편차 5분인 것으로 알려져 있다. 새로운 진통제를 개발한 연구원들은 새로 개발한 진통제의 진통효과가 더 빨리 나타난다고 주장한다. 새로운 진통제의 진통효과가 나타나는 평균시간을 μ분이라고 할 때, 가설

$$H_0 \ : \ \mu = 30 \ , \quad H_1 \ : \ \mu < 30$$

을 검정하고자 한다. 회사의 경영진들은 이를 확인하기 위해 25명의 환자를 랜덤추출하여 새로운 진통제를 복용시킨 후 진통효과가 나타나는 시간을 적절한 방법으로 측정하였다. 25명의 환자의 진통효과가 나타나는 평균시간을 $\overline{X}$라고 하고 다음 물음에 답하라.

(1) 유의수준 $\alpha = 0.05$ 인 검정법을 구하라.

(2) 실제로 $\mu = 27$ 분으로 진통시간이 줄어들었을 때 (1)의 검정법의 제 2종의 오류를 범할 확률을 구하라.

(3) 만일 $\overline{x} = 28$ 로 관측되었다면 p값은 얼마인가? 이를 바탕으로 유의수준 $\alpha = 0.05$ 에서 검정의 결과를 기술하라.

4. 어떤 회사의 캔커피 한 개당 들어 있는 카페인의 양은 20mg 이라고 표기되어 있다. 한 소비자 단체는 이 제품의 카페인 함량이 표시된 것보다 많다고 주장한다. 그리고 이를 조사하기 위하여 제품 25개를 랜덤추출하였다. 기존의 정보로부터 모집단의 표준편차는 $\sigma = 3$ 이라고 알려져 있고, 또한 캔커피의 카페인 양은 정규분포를 따른다고 할 수 있다. 다음 물음에 답하라.

(1) 평균 카페인 함량을 μ 라고 할 때 알맞은 귀무가설과 대립가설을 세워라.

(2) 표본평균을 $\overline{X}$ 라고 할 때 $\overline{X} \geq 21.5$ 이면 귀무가설 H_0 를 기각하는 검정법을 고려한다. 이 검정법은 유의수준 $\alpha = 0.05$ 를 만족하는 검정법인가?

(3) 실제 카페인 함량이 $\mu = 22$ 일 때 (2)에서 제안하는 검정법의 검정력은 얼마인가? 검정력은 $1 - P$(제 2종의 오류)를 말한다.

(4) 유의수준 $\alpha = 0.05$ 를 만족하는 검정법 중 제 2종의 오류를 최소로 하는 검정법을 구하라. 또한 이 검정법에 대해서 $\mu = 22$ 일 때의 검정력을 구하라.

5. 한 설탕회사에서는 한 부대에 평균 16kg씩 담아 설탕을 출하한다. 그런데 설탕을 담는 기계 한 대가 한 부대에 16kg 이하를 담아 봉한다고 공장장이 의심하고 있다. 이는 소비자에게 매우 불리하고 만약의 경우 회사로서도 이미지 손상이 우려되므로 표본조사를 하여 이를

확인하고자 한다. 9부대에 담긴 설탕의 무게를 각각 조사한 결과 표본평균은 15.71kg 표본표준편차는 0.3kg이 관측되었다. 설탕의 무게는 정규분포를 따른다고 할 때, 이 결과를 바탕으로 다음 물음에 답하라.

(1) 한 부대의 설탕의 평균무게는 μ라고 할 때 귀무가설과 대립가설을 세워라.

(2) 유의수준 $\alpha = 0.05$ 에서 (1)의 가설을 검정하라.

(3) 위의 조사결과에 대한 p값을 구하라. p값을 이용하여 가설을 검정하라.

6. 가정에서 이용하는 여러 가지 가전기구의 연간 전력 소비량을 조사하였다. 이 조사에 의하면 진공청소기는 일년에 평균 46kw의 전력을 소비한다고 한다. A 전자회사에서는 신제품으로 출시한 진공청소기가 기존의 제품보다 전력소비량이 적다는 개발팀의 주장을 확인하기 위하여 12가구를 임의로 추출하여 관측하였다. 그 결과 평균 41.3kw의 전력을 소비하였고 표준편차는 12kw이었다. 이 조사결과가 신제품의 연간 전력 소비량이 46kw 이하라는 명백한 증거가 되는지를 검정하고자 한다. 전력소비량은 정규분포를 따른다고 가정하고 다음 물음에 답하라.

(1) 진공청소기의 연간 전력 소비량을 μ라고 할 때 귀무가설과 대립가설을 세워라.

(2) 유의수준 $\alpha = 0.05$ 에서 (1)의 가설을 검정하라.

(3) 위의 조사결과에 대한 p값을 구하라. p값을 이용하여 가설을 검정하라.

7. 어느 타이어 회사에서는 승용차용 타이어의 평균수명이 42,000km이라고 선전하고 있다. 소비자 보호 단체에서 이 선전이 과대광고라고 이의를 신청하여 조사하기로 하고 랜덤으로 16개의 타이어를 선택하여 수명을 조사하였다. 그 결과 1,000km 단위로 관측하였을 때 평균 41, 표준편차 4를 얻었다. 이 자료를 이용하여 소비자 보호 단체의 주장이 근거 있는지 검정하고자 한다. 단, 타이어의 평균수명은 정규분포를 따른다고 가정한다.

(1) 타이어의 평균수명을 μ 라고 할 때 검정하는 귀무가설과 대립가설을 세워라.

(2) 유의수준 $\alpha = 0.05$ 에서 (1)의 가설을 검정하라.

(3) 위의 조사결과에 대한 p값을 구하라. p값을 이용하여 가설을 검정하라.

8. 한 제약회사에서 생산하고 있는 기존의 진통제는 효과가 나타나는 시간이 평균 40분, 표준편차 10분인 것으로 알려져 있다. 새로운 진통제를 개발한 연구원들은 새로운 진통제의 효과가 더 빨리 나타난다고 주장한다. 이를 확인하기 위해 100명의 환자를 랜덤으로 추출하여 새로운 진통제를 복용시킨 후 진통효과가 나타나는 평균시간 $\overline{x} = 37$ 을 얻었다. 새로운

진통제도 표준편차는 10분인 것으로 가정할 수 있다. 다음 물음에 답하라.

(1) 진통효과가 나타나는 평균시간을 μ 라고 할 때 알맞은 귀무가설과 대립가설을 세워라.

(2) 유의수준 $\alpha = 0.05$ 에서 (1)의 가설을 검정하라.

(3) 위의 조사결과에 대한 p값을 구하라. p값을 이용하여 가설을 검정하라.

(4) 위의 검정방법을 이용하기 위하여 진통효과가 나타나는 시간이 정규분포를 따른다는 가정이 필요한가? 예 또는 아니요로 답하고 이유를 간단하고 명확하게 설명하라.

9. 특정 담배 브랜드의 한 개피 당 평균 니코틴 함유량이 0.5mg 이라고 표기되어 있다. 한 소비자 단체에서는 니코틴 함유량이 이보다 많다고 주장하며 이에 대해 조사하고자 100개피의 담배를 임의추출하였다. 그 결과 평균 함유량은 0.53mg, 표준편차는 0.12mg로 나타났다.

(1) 평균 니코틴 함유량을 μ 라고 할 때 알맞은 귀무가설과 대립가설을 세워라.

(2) 유의수준 $\alpha = 0.05$ 에서 (1)의 가설을 검정하라.

(3) 실제로 평균 니코틴 함유량이 0.55mg인 경우 (2)에서 구한 검정방법의 검정력을 근사적으로 구하라.

❖ 모비율의 검정

10. 기존의 위장약의 치유율은 60%라고 한다. 어떤 제약회사에서 만든 새로운 위장약의 치유율은 기존의 위장약보다 높다고 주장하고 있다. 이를 확인하기 위하여 25명의 위장병 환자에게 일정기간동안 새로운 위장약을 투여한 결과 17명이 치유가 되었다. 다음 물음에 답하라.

(1) 알맞은 귀무가설과 대립가설을 세워라. 단, p 는 새로운 위장약에 의한 치유율을 나타낸다고 하자.

(2) 정규검정법을 이용하여 유의수준 $\alpha = 0.05$ 에서 (1)의 가설을 검정하라.

(3) 위의 조사결과에 대한 p값을 구하라. p값을 이용하여 가설을 검정하라.

(4) $p = 0.8$ 일 때 (2)의 검정법의 검정력은 얼마인가?

(5) 이항분포를 이용하여 유의수준 $\alpha = 0.05$ 에서 (1)의 가설을 검정하라. 이 검정법에 대하여 제 1종의 오류를 범할 (최대)확률을 구하라.

(6) 이항분포를 이용하여 검정했을 때, 위의 조사결과에 의한 p값을 구하라. p값을 이용하여 가설을 검정하라.

(7) $p = 0.8$ 일 때 (5)의 검정법의 검정력은 얼마인가?

11. 과거의 경험과 기록에 의하면 수술에 의해 치료되는 암 환자는 5%이하인 것으로 알려져 있다. 이제 새로운 화학 요법에 의한 치료가 수술보다 더 효과적인가를 확인하기 위하여, 25명의 환자들에게 이 화학 요법을 실시한 결과 2명이 치료되었다.

(1) 알맞은 귀무가설과 대립가설을 세워라. 단, p 는 새로운 화학요법에 의한 치유율을 나타낸다고 하자.

(2) 유의수준 $\alpha = 0.05$ 에서 (1)의 가설을 검정하라. 이 검정법에 대하여 제 1종의 오류를 범할 (최대)확률을 구하라.

(3) 위의 조사결과에 대한 p값을 구하라. p값을 이용하여 가설을 검정하라.

(4) $p = 0.2$ 일 때 (2)의 검정법의 검정력은 얼마인가?

12. 컴퓨터 케이블을 제작하는데 로봇을 이용한다. 로봇이 제작한 케이블 500개를 조사했더니 14개가 불량이었다. 인간 조립공의 불량률은 3%이다. 로봇의 불량률이 인간보다 더 낮은지 유의수준 $\alpha = 0.05$ 에서 검정하라.

제 9 장

두 모집단의 비교

제9장 두 모집단의 비교

9.1 서론

지금까지는 하나의 모집단에 대한 추론을 다루었다. 그러나 실제의 상황에서는 하나의 모집단에 대한 문제보다는 두 개 이상의 모집단을 비교해야 하는 경우가 대부분이다. 이 장에서는 특히 두 개의 모집단을 고려할 때, 이들의 모평균, 모비율, 모분산 등을 비교하는 방법에 대해서 배우기로 한다.

예를 들어 남녀 대학생의 졸업 후 취업률이나 특정군에서의 연봉을 비교한다든지, 또는 어느 제약회사에서 개발한 다이어트약이 복용 전후로 각 개인에게 효과가 있는지를 비교하는 문제 등을 생각해 볼 수 있다.

9.2 두 모평균의 비교 : 독립표본

두 모집단의 모평균이 각각 μ_1, μ_2이고 모분산이 각각 σ_1^2, σ_2^2일 때, 각 모집단으로부터 표본크기가 n_1, n_2인 확률표본을 추출하는 경우를 생각해보자. 이 경우는 6장의 상자모형을 적용하면 [그림 1]과 같이 두 개의 상자(모집단)로부터 각각 크기가 n_1, n_2인 표본을 추출하는 것으로 이해할 수 있다. 따라서 두 확률표본은 독립이라고 가정해도 무방하고, 이러한 경우 두 표본을 독립표본(independent samples)이라고 부른다. 여기서 두 모평균의 차이인 $\mu_1 - \mu_2$에 대한 추론을 생각해 보자. 하나의 모집단에서의 추론을 생각하면 직관적으로 이 경우에 사용할 수 있는 통계량은 $\overline{X} - \overline{Y}$임을 예상할 수 있다. 우선은 각 표본이 정규분포를 따른다는 가정에서 추론의 방법을 생각해보자.

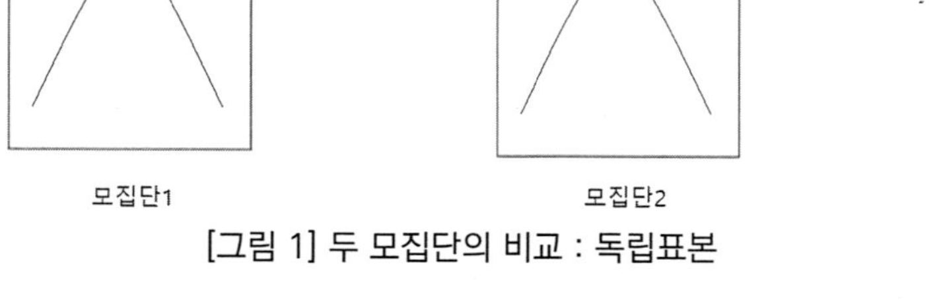

[그림 1] 두 모집단의 비교 : 독립표본

[모형 : 독립표본]

(1) 모집단 1에서의 확률표본 $X_1, X_2, \ldots, X_{n_1}$이 $N(\mu_1, \sigma_1^2)$에서의 확률표본이다.

(2) 모집단 2에서의 확률표본 $Y_1, Y_2, \ldots, Y_{n_2}$이 $N(\mu_2, \sigma_2^2)$에서의 확률표본이다.

(3) $X_1, X_2, \ldots, X_{n_1}$과 $Y_1, Y_2, \ldots, Y_{n_2}$은 독립이다.

(4) 두 모집단의 분산 σ_1^2, σ_2^2이 알려져 있다.

추론에 사용할 통계량은 다음과 같이 표본평균과 표본분산이다.

$$X_1, X_2, \ldots, X_{n_1} \text{의 표본평균 } \overline{X} = \frac{1}{n_1}\sum_{i=1}^{n_1} X_i, \text{ 표본분산 } S_1^2 = \frac{1}{n_1 - 1}\sum_{i=1}^{n_1}(X_i - \overline{X})^2$$

$$Y_1, Y_2, \ldots, Y_{n_2} \text{의 표본평균 } \overline{Y} = \frac{1}{n_2}\sum_{i=1}^{n_2} Y_i, \text{ 표본분산 } S_2^2 = \frac{1}{n_2 - 1}\sum_{i=1}^{n_2}(Y_i - \overline{Y})^2$$

9.2.1 두 모평균의 차에 대한 추론 : 정규모집단이고 σ_1^2, σ_2^2이 알려진 경우

하나의 모집단에 대한 추론에서 배운 바와 같이, $\overline{X} \sim N(\mu_1, \frac{\sigma_1^2}{n_1})$, $\overline{Y} \sim N(\mu_2, \frac{\sigma_2^2}{n_2})$이고 $X_1, X_2, \ldots, X_{n_1}$과 $Y_1, Y_2, \ldots, Y_{n_2}$가 독립이므로 $\overline{X}$와 $\overline{Y}$도 독립이다. 따라서 5장의 [정규분포의 성질]로부터 $\overline{X} - \overline{Y}$도 정규분포를 따르며 분포의 평균과 분산은

$$E(\overline{X} - \overline{Y}) = E(\overline{X}) - E(\overline{Y}) = \mu_1 - \mu_2,$$

$$Var(\overline{X} - \overline{Y}) = Var(\overline{X}) + Var(\overline{Y}) = \frac{\sigma_1^2}{n_1} + \frac{\sigma_2^2}{n_2}$$

이므로

$$\overline{X} - \overline{Y} \sim N(\mu_1 - \mu_2, \frac{\sigma_1^2}{n_1} + \frac{\sigma_2^2}{n_2})$$

이고, 표준화하면

$$Z = \frac{(\overline{X} - \overline{Y}) - (\mu_1 - \mu_2)}{\sqrt{\frac{\sigma_1^2}{n_1} + \frac{\sigma_2^2}{n_2}}} \sim N(0,1)$$

이다. 따라서 이제부터는 일모집단에서와 같은 방법으로 추론을 할 수 있다.

[신뢰구간 : 독립표본, 정규모집단, 모분산을 아는 경우]

모평균의 차 $\mu_1 - \mu_2$의 $100(1-\alpha)\%$ 신뢰구간

$$\overline{X} - \overline{Y} \ \pm \ z_{\alpha/2}\sqrt{\frac{\sigma_1^2}{n_1} + \frac{\sigma_2^2}{n_2}}$$

[가설검정 : 독립표본, 정규모집단, 모분산을 아는 경우]

모평균의 차 $\mu_1 - \mu_2$에 대한 가설검정

$$\text{검정통계량 : } Z = \frac{\overline{X} - \overline{Y} - \delta_0}{\sqrt{\frac{\sigma_1^2}{n_1} + \frac{\sigma_2^2}{n_2}}}$$

	귀무가설	대립가설	유의수준 α일 때의 기각역
(1)	$H_0 \ : \ \mu_1 - \mu_2 = \delta_0$	$H_1 : \mu_1 - \mu_2 < \delta_0$	$Z \geq z_\alpha$
(2)	$H_0 \ : \ \mu_1 - \mu_2 = \delta_0$	$H_1 : \mu_1 - \mu_2 > \delta_0$	$Z \leq - z_\alpha$
(3)	$H_0 \ : \ \mu_1 - \mu_2 = \delta_0$	$H_1 : \mu_1 - \mu_2 \neq \delta_0$	$\|Z\| \geq z_{\alpha/2}$

예제 1 시중의 약국에서 판매되고 있는 두 종류의 지혈제 A, B의 효과를 비교하고자 한다. 이를 위하여 실험용 쥐들에게 작은 상처를 내어 피가 나오게 한 후, 지혈제를 투여하여 완전히 지혈될 때 까지의 시간(단위: 분)을 측정한 결과 다음 자료를 얻었다. 지혈제 A의 지혈시간은 $N(\mu_1, 0.58)$, 지혈제 B의 지혈시간은 $N(\mu_2, 0.81)$을 따른다고 가정한다.

지혈제 A	8.8	8.4	8.7	7.9	9.6	9.1	
지혈제 B	9.9	9.0	9.6	9.5	8.7	10.4	11.1

(1) 평균 지혈시간의 차에 대한 95% 신뢰구간을 구하라.

(2) 평균 지혈시간에 차이가 있는지를 유의수준 $\alpha = 0.05$로 검정하라.

풀이 (1) 평균지혈시간의 차 $\mu_1 - \mu_2$에 대한 신뢰구간 : 지혈제 A의 평균을 $\overline{x}$, B의 평균을 $\overline{y}$ 라고

하면

$$\bar{x} - \bar{y} \ \pm \ z_{\alpha/2}\sqrt{\frac{\sigma_1^2}{n_1} + \frac{\sigma_2^2}{n_2}} = (8.75 - 9.74) \pm 1.96\sqrt{\frac{0.58}{6} + \frac{0.81}{7}}$$
$$= -0.99 \pm 0.903 = (-1.893, -0.087).$$

(2) 평균지혈시간의 차 $\mu_1 - \mu_2$에 대한 검정 ;

1) 가설 $H_0 : \mu_1 = \mu_2$, $H_1 : \mu_1 \neq \mu_2$

2) 유의수준 $\alpha = 0.05$

3) 검정통계량과 기각역 : $|Z| = \left| \frac{\overline{X} - \overline{Y}}{\sqrt{\sigma_1^2/n_1 + \sigma_2^2/n_2}} \right| > z_{0.025} = 1.96$ 이면 H_0 기각.

4) 검정통계량의 관측값 : $|z_{obs}| = \left| \frac{8.75 - 9.74}{\sqrt{0.58/6 + 0.81/7}} \right| = 2.15$ (p값은 0.0316)

5) 판정 : $|z_{obs}| > z_{0.025}$ $(p < 0.05)$이므로 유의수준 $\alpha = 0.05$에서 귀무가설 H_0를 기각한다. 즉, 두 지혈제의 평균지혈시간에 차이가 있다고 할 수 있다. ■

9.2.2 두 모평균의 차에 대한 추론 : 정규모집단이고 σ_1^2, σ_2^2을 모르는 경우

[정규모집단, σ_1^2, σ_2^2을 모르고 $\sigma_1^2 = \sigma_2^2$ 일 경우 (소표본)]

앞의 경우와 같이 정규모집단이고 모분산 σ_1^2, σ_2^2을 아는 경우는 두 모평균의 차 $\mu_1 - \mu_2$에 대한 추론의 방법을 이해하는 데에는 도움이 된다. 그러나 실제 상황에서 모분산을 아는 경우는 드물고 이는 표본으로부터 추정을 해야 하는 경우가 대부분이다. 그러나 일모집단에서와 같이 σ_1^2, σ_2^2을 각각 표본분산 S_1^2, S_2^2으로 추정하게 되면 추론을 위한 분포이론이 복잡해진다. 그리하여 정규모집단이라는 가정 이외에 두 모집단의 분산은 모르지만, 동일한 모분산 즉, $\sigma_1^2 = \sigma_2^2 = \sigma^2$이라고 가정하고 추론의 방법을 생각해보자. 이와 같이 공통 모분산의 가정을 하게 되면 두 개의 모분산이 아니라 하나의 모분산 σ^2을 추정하면 된다.

[모형 : 독립표본]

(1) 모집단 1에서의 확률표본 $X_1, X_2, \ldots, X_{n_1}$이 $N(\mu_1, \sigma^2)$에서의 확률표본이다.

(2) 모집단 2에서의 확률표본 $Y_1, Y_2, \ldots, Y_{n_2}$이 $N(\mu_2, \sigma^2)$에서의 확률표본이다.

(3) $X_1, X_2, \ldots, X_{n_1}$과 $Y_1, Y_2, \ldots, Y_{n_2}$은 서로 독립이다.

(4) 두 모집단의 분산은 모르나 σ^2으로 동일하다.

[공통 모분산의 추정]

앞에서와 마찬가지로 기본적으로 $\mu_1 - \mu_2$의 추론에 사용되는 통계량은 $\overline{X} - \overline{Y}$이고

$$E(\overline{X} - \overline{Y}) = \mu_1 - \mu_2, \quad Var(\overline{X} - \overline{Y}) = \sigma^2 \left(\frac{1}{n_1} + \frac{1}{n_2}\right)$$

도 동일하다. 단, 여기서 공통 모분산 σ^2이 미지이므로 이를 추정해야 한다. 이제 σ^2의 추정 방법에 대해서 생각해보자. 우선 모집단 1로부터의 표본 $X_1, X_2, \ldots, X_{n_1}$과 모집단 2로부터의 표본 $Y_1, Y_2, \ldots, Y_{n_2}$이 모두 σ^2에 대한 정보를 제공하고 있다는 사실에 주목하라. 표본 $X_1, X_2, \ldots, X_{n_1}$에서는 $\sum_{i=1}^{n_1}(X_i - \overline{X})^2$, 표본 $Y_1, Y_2, \ldots, Y_{n_2}$에서는 $\sum_{i=1}^{n_2}(Y_i - \overline{Y})^2$이 σ^2에 대한 정보를 제공하고 있고, 7장에서 배운 것을 적용하면

$$E\left(\sum_{i=1}^{n_1}(X_i - \overline{X})^2 + \sum_{i=1}^{n_2}(Y_i - \overline{Y})^2\right) = (n_1 - 1)\sigma^2 + (n_2 - 1)\sigma^2 = (n_1 + n_2 - 2)\sigma^2$$

인 것을 알 수 있다. 따라서 공통 모분산 σ^2에 대한 추정량으로 다음과 같은 합동추정량(pooled estimator) S_p^2을 생각할 수 있다. 위의 식으로부터 $E(S_p^2) = \sigma^2$, 즉 S_p^2이 공통 모분산 σ^2의 불편추정량이 된다는 것을 알 수 있다.

[공통 모분산 σ^2의 합동추정량]

$$S_p^2 = \frac{\sum_{i=1}^{n_1}(X_i - \overline{X})^2 + \sum_{i=1}^{n_2}(Y_i - \overline{Y})^2}{n_1 + n_2 - 2} = \frac{(n_1 - 1)S_1^2 + (n_2 - 1)S_2^2}{n_1 + n_2 - 2}$$

합동추정량 S_p^2은 각각의 표본분산 S_1^2, S_2^2의 가중평균의 형태이며 가중치는 표본크기에 의해 결정된다는 것에 유의하자. 물론 $n_1 = n_2 = n$으로 표본크기가 같으면 가중치는 각각 $\frac{1}{2}$이 되고, 합동추정량은 두 표본분산의 산술평균이 된다.

[분포이론]

앞에서 설명한 바와 같이 통계량 $\overline{X}-\overline{Y}$의 분포는

$$Z=\frac{(\overline{X}-\overline{Y})-(\mu_1-\mu_2)}{\sigma\sqrt{\frac{1}{n_1}+\frac{1}{n_2}}}\sim N(0,1)$$

이다. 또한 일모집단에서의 이론으로부터

$$\frac{\sum_{i=1}^{n}(X_i-\overline{X})^2}{\sigma^2}\sim\chi^2(n_1-1),\quad \frac{\sum_{i=1}^{n}(Y_i-\overline{Y})^2}{\sigma^2}\sim\chi^2(n_2-1)$$

이고 정리 6.1 [카이제곱분포의 가법성]을 이용하면

$$V=\frac{(n_1+n_2-2)S_p^2}{\sigma^2}=\frac{\sum_{i=1}^{n_1}(X_i-\overline{X})^2}{\sigma^2}+\frac{\sum_{i=1}^{n_2}(Y_i-\overline{Y})^2}{\sigma^2}\sim\chi^2(n_1+n_2-2)$$

이다. 그리고 V는 $\overline{X}$, $\overline{Y}$ 에 독립이다. 따라서 t분포의 정의로부터 $\frac{Z}{\sqrt{V/(n_1+n_2-2)}}$는 자유도 n_1+n_2-2인 t분포를 따른다. 다시 말해서, 공통 모분산 σ^2을 위의 합동추정량 S_p^2으로 추정하면 일모집단의 경우와 같이 t분포를 따른다는 것이다. 즉

$$T=\frac{\overline{X}-\overline{Y}-(\mu_1-\mu_2)}{S_p\sqrt{\frac{1}{n_1}+\frac{1}{n_2}}}=\frac{\frac{\overline{X}-\overline{Y}-(\mu_1-\mu_2)}{\sigma\sqrt{\frac{1}{n_1}+\frac{1}{n_2}}}}{\sqrt{\frac{(n_1+n_2-2)S_p^2}{\sigma^2}/(n_1+n_2-2)}}$$

$$=\frac{Z}{\sqrt{V/(n_1+n_2-2)}}\sim t(n_1+n_2-2)$$

이 성립한다.

$$T=\frac{\overline{X}-\overline{Y}-(\mu_1-\mu_2)}{S_p\sqrt{\frac{1}{n_1}+\frac{1}{n_2}}}\sim t(n_1+n_2-2)$$

[신뢰구간 : 독립표본, 정규모집단, $\sigma_1^2 = \sigma_2^2 = \sigma^2$이고 공통 모분산 σ^2을 모르는 경우]

모평균의 차 $\mu_1 - \mu_2$의 $100(1-\alpha)\%$ 신뢰구간

$$\overline{X} - \overline{Y} \pm t(n_1 + n_2 - 2\ ;\ \alpha/2) S_p \sqrt{\frac{1}{n_1} + \frac{1}{n_2}}$$

[가설검정 : 독립표본, 정규모집단, $\sigma_1^2 = \sigma_2^2 = \sigma^2$이고 공통 모분산 σ^2을 모르는 경우]

모평균의 차 $\mu_1 - \mu_2$에 대한 가설검정

$$\text{검정통계량 : } T = \frac{\overline{X} - \overline{Y} - \delta_0}{S_p \sqrt{\frac{1}{n_1} + \frac{1}{n_2}}}$$

	귀무가설	대립가설	유의수준 α 일 때의 기각역
(1)	$H_0 : \mu_1 - \mu_2 = \delta_0$	$H_1 : \mu_1 - \mu_2 < \delta_0$	$T \geqq t(n_1 + n_2 - 2\ ;\ \alpha)$
(2)	$H_0 : \mu_1 - \mu_2 = \delta_0$	$H_1 : \mu_1 - \mu_2 > \delta_0$	$T \leqq -t(n_1 + n_2 - 2\ ;\ \alpha)$
(3)	$H_0 : \mu_1 - \mu_2 = \delta_0$	$H_1 : \mu_1 - \mu_2 \neq \delta_0$	$\lvert T \rvert \geqq t(n_1 + n_2 - 2\ ;\ \alpha/2)$

예제 2 두 종류의 사료가 젖소의 우유 생산량에 미치는 영향을 조사하고자 31마리의 젖소를 대상으로 실험을 하였다. 31마리 중에서 랜덤하게 선택된 16마리에게는 사료 A를 주고 나머지 15마리에게는 사료 B를 준 결과 다음 자료를 얻었다. 단, 두 모집단은 각각 $N(\mu_1, \sigma^2)$, $N(\mu_2, \sigma^2)$으로 정규분포와 공통 모분산을 가정한다.

사료 A	41, 45, 42, 45, 49, 46, 48, 50, 42, 44, 46, 46, 47, 48, 47, 44
사료 B	40, 42, 46, 46, 45, 45, 42, 42, 44, 40, 44, 40, 44, 46, 42

사료 A를 사용할 경우 사료 B에 비하여 우유생산량이 많다고 할 수 있는지를 유의수준 $\alpha = 0.05$로 검정하라.

풀이 사료 A, B의 표본크기, 평균, 표준편차는 각각

$$n_1 = 16,\ \overline{x} = 45.625,\ s_1 = 2.58$$

$$n_2 = 15,\ \overline{y} = 43.2,\ s_2 = 2.21$$

이며, 공통 모분산 σ^2 의 추정값 s_p^2 은

$$s_p^2 = \frac{(n_1-1)s_1^2+(n_2-1)s_2^2}{n_1+n_2-2} = \frac{15\times 2.58^2+14\times 2.21^2}{16+15-2} = 5.8\ ,\ s_p = \sqrt{s_p^2} = 2.4$$

이다. 이를 이용하여 우유생산량의 차 $\mu_1 - \mu_2$에 대한 검정을 실시한다.

1) 가설 $H_0 : \mu_1 = \mu_2$, $H_1 : \mu_1 > \mu_2$

2) 유의수준 $\alpha = 0.05$

3) 검정통계량과 기각역 : $T = \dfrac{\overline{X} - \overline{Y}}{S_p\sqrt{\dfrac{1}{n_1}+\dfrac{1}{n_2}}} > t(29;0.05) = 1.699$ 이면 H_0 를 기각.

4) 검정통계량의 관측값 : $t_{obs} = \dfrac{45.625-43.2}{2.4\sqrt{\dfrac{1}{16}+\dfrac{1}{15}}} = 2.8$ (p값은 0.0045)

5) 판정 : $t_{obs} > t(29;0.05)$ $(p < 0.05)$이므로 유의수준 $\alpha = 0.05$에서 귀무가설 H_0 를 기각한다. 즉, 사료 A가 더 효과적이라고 할 수 있다. ■

[정규모집단, σ_1^2, σ_2^2을 모르고 $\sigma_1^2 \neq \sigma_2^2$ 일 경우 (소표본)]

앞에서 언급한대로, 기본적으로 $\mu_1 - \mu_2$의 추론에 사용되는 통계량은 $\overline{X} - \overline{Y}$이고

$$E(\overline{X} - \overline{Y}) = \mu_1 - \mu_2,\quad Var(\overline{X} - \overline{Y}) = \frac{\sigma_1^2}{n_1} + \frac{\sigma_2^2}{n_2}$$

이다. σ_1^2, σ_2^2을 모르므로 $Var(\overline{X} - \overline{Y})$을 추정해야 하며 합리적인 추정량은 $\dfrac{S_1^2}{n_1} + \dfrac{S_2^2}{n_2}$이라고 할 수 있다. 그러나 앞의 경우와 같이 $\sigma_1^2 = \sigma_2^2$으로 공통 모분산을 가정하지 않고 $\overline{X} - \overline{Y}$의 표준오차를 $\sqrt{\dfrac{S_1^2}{n_1} + \dfrac{S_2^2}{n_2}}$ 로 추정할 경우에는 공통모분산을 가정했을 때와 달리 분포이론이 단순하지가 않다. 다시 말해서, $T^* = \dfrac{\overline{X} - \overline{Y} - (\mu_1 - \mu_2)}{\sqrt{\dfrac{S_1^2}{n_1} + \dfrac{S_2^2}{n_2}}}$은 정확하게 t분포를 따르지는 않는다. 그러나 이는 t분포와 상당히 비슷하며, 자유도는

$$d.f. = \frac{(S_1^2/n_1 + S_2^2/n_2)^2}{(S_1^2/n_1)^2/(n_1-1) + (S_2^2/n_2)^2/(n_2-1)}$$

이 된다는 것이 알려져 있다. 위의 자유도를 Satterthwaite의 자유도라고 하고, 이러한 방법으로

t검정을 하는 것을 Welch의 t검정이라고 한다.

이 경우의 이론은 본 교재의 범위를 벗어나기는 하지만, 실제 상황에서 두 모집단의 모분산이 같다고 하기 힘든 경우가 발생하기 때문에 위의 방법을 이용해야 하는 경우가 종종 있다.

예제 3 초등학생 중 부모와 같이 살고 있는 아이와 그렇지 않은 아이에 대해 심리검사를 한 결과 다음과 같은 자료를 얻었다. 부모와 같이 살고 있는 아이의 심리검사 점수가 그렇지 않은 아이의 점수보다 높다고 할 수 있는지를 유의수준 $\alpha = 0.05$ 에서 검정하라. 단, 두 모집단의 분포는 각각 정규분포이며, 공통 모분산은 가정하지 않는다.

부모와 같이 사는 아이	80, 85, 90, 88, 96, 78, 82, 84
그렇지 않은 아이	58, 78, 52, 79, 85, 89, 60, 70, 62, 88

풀이 두 집단의 표본크기, 평균, 분산은 각각

$$n_1 = 8,\ \overline{x} = 85.375,\ s_1^2 = 33.98,\ s_1 = 5.83$$

$$n_2 = 10,\ \overline{y} = 72.1,\ s_2^2 = 182.54,\ s_2 = 13.51$$

이며, 이때 Satterthwaite의 자유도는 공식에 따라 계산하면 12.786이다.

부모와 같이 사는 아이 집단의 모평균을 μ_1, 그렇지 않은 아이 집단의 모평균을 μ_2 라고 할 때 모평균의 차이 $\mu_1 - \mu_2$ 에 대한 검정 절차는 다음과 같다.

1) 가설 $H_0 : \mu_1 = \mu_2$, $H_1 : \mu_1 > \mu_2$

2) 유의수준 $\alpha = 0.05$

3) 검정통계량과 기각역 : $T^* = \dfrac{\overline{X} - \overline{Y}}{\sqrt{S_1^2/n_1 + S_2^2/n_2}} > t(12.786\,;0.05) = 1.77$ 이면 H_0 기각.

4) 검정통계량의 관측값 : $t_{obs}^* = \dfrac{85.375 - 72.1}{\sqrt{33.98/8 + 182.54/10}} = 2.7985$ (p값은 0.00764)

5) 판정 : $t_{obs}^* > t\ (12.786\,;0.05)$ $(p < 0.05)$이므로 유의수준 $\alpha = 0.05$에서 귀무가설 H_0를 기각한다. 즉, 부모와 같이 살고 있는 아이의 심리검사 점수가 그렇지 않은 아이보다 더 높다고 할 수 있다. ■

9.2.3 두 모평균의 차에 대한 추론 : 임의의 모집단이고 표본크기가 큰 경우

[모형 : 독립표본]

(1) 모집단 1에서의 확률표본 $X_1, X_2, \ldots, X_{n_1}$이 임의의 모집단에서의 확률표본이다.

(2) 모집단 2에서의 확률표본 $Y_1, Y_2, \ldots, Y_{n_2}$이 임의의 모집단에서의 확률표본이다.

(3) $X_1, X_2, \ldots, X_{n_1}$과 $Y_1, Y_2, \ldots, Y_{n_2}$은 서로 독립이다.

두 모집단의 분포가 정규분포가 아닌 경우, 또는 정규분포인지 아닌지 모를 경우에는, 표본크기 n_1, n_2가 충분히 크다면 중심극한정리에 의해서

$$\frac{\overline{X} - \overline{Y} - (\mu_1 - \mu_2)}{\sqrt{\dfrac{\sigma_1^2}{n_1} + \dfrac{\sigma_2^2}{n_2}}} \overset{\cdot}{\underset{\cdot}{\sim}} N(0,1)$$

이 성립한다. 그리고 표본분산 S_1^2, S_2^2은 σ_1^2, σ_2^2의 일치추정량임이 알려져 있으므로 σ_1^2, σ_2^2을 각각 S_1^2, S_2^2으로 추정해도 근사분포는 그대로 유지된다. 이는 점근분포이론으로부터 성립하는 사실이다. 즉,

$$\frac{\overline{X} - \overline{Y} - (\mu_1 - \mu_2)}{\sqrt{\dfrac{S_1^2}{n_1} + \dfrac{S_2^2}{n_2}}} \overset{\cdot}{\underset{\cdot}{\sim}} N(0,1)$$

도 역시 성립한다. 이 사실을 이용하면 앞의 경우와 마찬가지로 모평균의 차에 대한 추론을 할 수 있다.

[신뢰구간 : 독립표본, 임의의 모집단, 표본크기가 큰 경우]

모평균의 차 $\mu_1 - \mu_2$의 $100(1-\alpha)\%$ 근사 신뢰구간

$$\overline{X} - \overline{Y} \ \pm \ z_{\alpha/2}\sqrt{\frac{S_1^2}{n_1} + \frac{S_2^2}{n_2}}$$

[가설검정 : 독립표본, 임의의 모집단, 표본크기가 큰 경우]

모평균의 차 $\mu_1 - \mu_2$에 대한 가설검정

$$\text{검정통계량} : Z = \frac{\overline{X} - \overline{Y} - \delta_0}{\sqrt{\frac{S_1^2}{n_1} + \frac{S_2^2}{n_2}}}$$

	귀무가설	대립가설	유의수준 α일 때의 근사 기각역
(1)	$H_0 : \mu_1 - \mu_2 = \delta_0$	$H_1 : \mu_1 - \mu_2 < \delta_0$	$Z \geq z_\alpha$
(2)	$H_0 : \mu_1 - \mu_2 = \delta_0$	$H_1 : \mu_1 - \mu_2 > \delta_0$	$Z \leq -z_\alpha$
(3)	$H_0 : \mu_1 - \mu_2 = \delta_0$	$H_1 : \mu_1 - \mu_2 \neq \delta_0$	$\lvert Z \rvert \geq z_{\alpha/2}$

9.2.2절에서는 정규모집단일 경우에 두 모집단의 차이에 대한 추론을 다루었다. 정규모집단이고 표본크기가 크면 어떤 방법을 써도 무방하므로 9.2.2절은 소표본일 경우에 좀 더 의미가 있다. 결국 표본크기가 크면 모집단의 분포에 대한 가정은 추론에 크게 영향을 미치지 않는다고 할 수 있다.

예제 4 도시와 지방의 학력 비교를 위해 전국적으로 도시의 중학교 1학년생 100명과 지방의 중학교 1학년생 90명을 임의추출하여 같은 학력시험을 시행한 결과 다음과 같은 결과를 얻었다.

	도시	지방
표본크기	100	90
평균	81.2	76.4
표준편차	17.6	18.2

(1) 전체 도시학생의 평균점수를 μ_1, 전체 지방학생의 평균점수를 μ_2 라고 할 때 $\mu_1 - \mu_2$ 에 대한 98% 신뢰구간을 구하라.

(2) 이들 평균점수간에 차이가 있는지를 유의수준 $\alpha = 0.02$에서 검정하라.

풀이 (1) 모평균점수의 차인 $\mu_1 - \mu_2$ 에 대한 98% 신뢰구간 ;

$$(\overline{x} - \overline{y}) \pm z_{0.01}\sqrt{\frac{s_1^2}{n_1} + \frac{s_2^2}{n_2}} = (81.2 - 76.4) \pm 2.33\sqrt{\frac{17.6^2}{100} + \frac{18.2^2}{90}}$$
$$= 4.8 \pm 6.1 = (-1.3, 10.9)$$

(2) 모평균점수의 차인 $\mu_1 - \mu_2$에 대한 검정 ;

1) 가설 $H_0 : \mu_1 = \mu_2$, $H_1 : \mu_1 \neq \mu_2$

2) 유의수준 $\alpha = 0.02$

3) 검정통계량과 기각역 : $|Z| = \left| \dfrac{\overline{X} - \overline{Y}}{\sqrt{S_1^2/n_1 + S_2^2/n_2}} \right| > z_{0.01} = 2.33$ 이면 H_0 기각.

4) 검정통계량의 관측값 : $|z_{obs}| = \left| \dfrac{81.2 - 76.4}{\sqrt{17.6^2/100 + 18.2^2/90}} \right| = |1.84| = 1.84$

(p값은 0.0658)

5) 판정 : $|z_{obs}| < z_{0.01}$ $(p > 0.05)$이므로 유의수준 $\alpha = 0.02$에서 귀무가설 H_0를 기각할 수 없다. 즉, 두 지역의 평균점수에 차이가 있다고 할 수 없다. ■

9.3 두 모평균의 비교 : 대응표본

앞에서는 두 확률표본이 서로 독립이라는 가정에서의 추론방법을 다루었다. 그러나 동일한 대상 또는 동질적인 실험단위로 짝을 지어 처리를 적용하는 경우에는 두 확률표본이 독립이라는 가정을 만족하기는 힘들다. 예를 들어 어떤 강좌의 전반부와 후반부의 성취도를 비교하기 위해서 두 번의 시험을 치룬다면 각 학생에 대한 두 번의 시험결과가 독립이라고 할 수는 없다. 또는 혈압약의 효과를 알아보기 위해서 복용 전후의 혈압을 측정하거나, 다이어트약의 효능여부를 알아보려고 복용 전후의 몸무게를 측정한다고 하면, 전후의 자료가 독립이라고 하기는 힘들다. 이러한 경우에는 두 자료가 짝을 이루고 있으므로 대응표본(paired sample)이라고 한다.

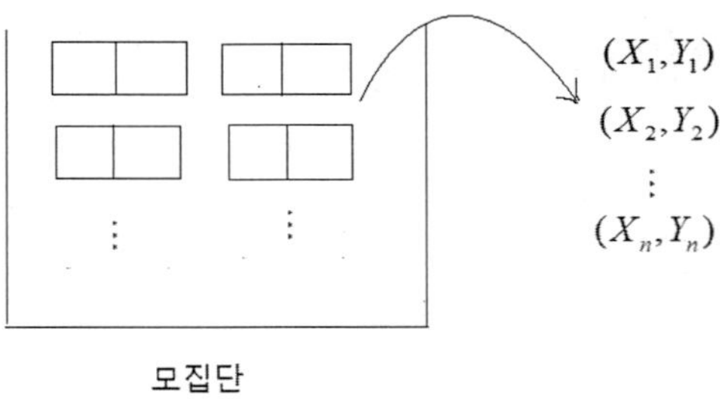

[그림 2] 대응비교

대응표본일 경우 비교하는 두 모평균에 차이가 없다면 관측되는 자료의 값도 크게 차이가 나지 않을 것이다. 즉, 관측값을 $(X_1, Y_1), (X_2, Y_2), \ldots, (X_n, Y_n)$이라고 할 때, X_i와 Y_i가 비슷한 값으로 나타날 것이다. 물론 모평균의 차이가 크면, 관측값도 크게 차이가 날 것이다. 따라서 모평균의 차이에 대한 추론을 위해서 표본의 차이 $D_i = X_i - Y_i$를 이용하면 될 것이다. $D_1, D_2, \ldots, D_n$은

$$E(D_i) = E(X_i - Y_i) = \mu_1 - \mu_2 = \mu_D$$
$$Var(D_i) = Var(X_i - Y_i) = \sigma_D^2$$

인 모집단에서의 확률표본이라고 생각할 수 있다. 따라서 이를 이용하면 두 모평균의 차이인 $\mu_1 - \mu_2$에 대한 추론은 $D_1, D_2, \ldots, D_n$을 이용하여 μ_D에 대한 추론을 하는 문제가 된다. 즉, 일 모집단에서의 문제로 돌아가므로 7장과 8장에서 다룬 추론의 방법을 그대로 적용할 수 있다.

[모형 : 대응표본]

1 (X_1, Y_1) $D_1 = X_1 - Y_1$

2 (X_2, Y_2) $D_2 = X_2 - Y_2$

$\vdots$ $\vdots$

n (X_n, Y_n) $D_n = X_n - Y_n$

$(X_1, Y_1), (X_2, Y_2), \ldots, (X_n, Y_n)$은 서로 독립이다.

$D_1, D_2, \ldots, D_n$은 독립이며 $N(\mu_D, \sigma_D^2)$을 따른다.

[모평균의 차 $\mu_D = \mu_1 - \mu_2$에 대한 추론]

$D_i = X_i - Y_i$는 서로 독립이고 정규분포 $N(\mu_D, \sigma_D^2)$을 따른다고 했으므로, $\overline{D} = \frac{1}{n}\sum_{i=1}^{n} D_i$, $S_D^2 = \frac{1}{n-1}\sum_{i=1}^{n}(D_i - \overline{D})^2$일 때

$$\frac{\overline{D} - \mu_D}{S_D/\sqrt{n}} \sim t(n-1)$$

이 성립한다. 따라서 다음과 같이 추론할 수 있다.

[신뢰구간 : 대응비교]

모평균의 차 $\mu_D = \mu_1 - \mu_2$의 $100(1-\alpha)\%$ 신뢰구간

$$\overline{D} \pm t(n-1, \alpha/2) S_D/\sqrt{n}$$

[가설검정 : 대응비교]

모평균의 차 $\mu_D = \mu_1 - \mu_2$에 대한 검정 : 대응비교

$$\text{검정통계량 : } T = \frac{\overline{D} - \delta_0}{S_D / \sqrt{n}}$$

	귀무가설	대립가설	유의수준 α 일 때의 기각역
(1)	$H_0 \ : \ \mu_1 - \mu_2 = \delta_0$	$H_1 : \mu_1 - \mu_2 < \delta_0$	$T \geqq t(n-1\ ;\ \alpha)$
(2)	$H_0 \ : \ \mu_1 - \mu_2 = \delta_0$	$H_1 : \mu_1 - \mu_2 > \delta_0$	$T \leqq -t(n-1\ ;\ \alpha)$
(3)	$H_0 \ : \ \mu_1 - \mu_2 = \delta_0$	$H_1 : \mu_1 - \mu_2 \neq \delta_0$	$\lvert T \rvert \geqq t(n-1\ ;\ \alpha/2)$

예제 5 특정한 첨가제의 사용 여부가 자동차의 주행거리에 영향을 미치는지 조사하고자 한다. 이를 위하여 다섯 종류의 새로 제조된 차에 대하여, 한번은 첨가제를 사용하지 않고, 한번은 첨가제를 사용하여 주행거리를 측정하였다. 첨가제의 사용 여부를 제외한 다른 요인은 거의 같도록 하기 위해서 같은 장소에서 같은 운전자가 운전한 결과 다음 자료를 얻었다.

차의 종류	1	2	3	4	5
첨가제를 사용한 경우 (x_i)	11.8	13.9	16.3	11.6	8.3
첨가제를 사용하지 않은 경우 (y_i)	11.4	13.1	16.1	10.9	8.4

위의 자료를 근거로 첨가제의 사용이 주행거리를 증가한다고 할 수 있는지 유의수준 $\alpha = 0.05$에서 검정하라. 단, 정규모집단의 가정을 한다.

풀이 $n = 5$ 이고 각 쌍에서 주행거리의 차 d_i 는

$$0.4,\ 0.8,\ 0.2,\ 0.7,\ -0.1$$

이고 평균과 표준편차는

$$\overline{d} = \frac{\sum_{i=1}^{n} d_i}{n} = 0.4\ ,\ s_D = \sqrt{\frac{\sum_{i=1}^{n} (d_i - \overline{d})^2}{4}} = 0.3674.$$

첨가제를 사용할 때와 사용하지 않을 때의 평균 주행거리의 차를 $\mu_D = \mu_1 - \mu_2$ 라고 하고 이에 대한 가설 검정을 시행한다.

1) 가설 $H_0 : \mu_1 = \mu_2,\ H_1 : \mu_1 > \mu_2$ 또는 $H_0 : \mu_D = 0,\ H_1 : \mu_D > 0$

2) 유의수준 $\alpha = 0.05$

3) 검정통계량과 기각역 : $T = \dfrac{\overline{D}}{S_D/\sqrt{n}} > t(4;0.05) = 2.132$ 이면 H_0 기각.

4) 검정통계량의 관측값 : $t_{obs} = \dfrac{0.4}{0.3674/\sqrt{5}} = 2.434$ (p값은 0.0358)

5) 판정 : $t_{obs} > t\ (4;0.05)$ $(p < 0.05)$이므로 유의수준 $\alpha = 0.05$에서 귀무가설 H_0를 기각한다. 즉, 첨가제의 사용이 효과적이라고 할 수 있다. ■

〈예제 5〉에서 대응표본이라는 자료구조를 무시하고 독립표본이라고 간주하고, 가설 검정을 시행해 보자. 공통 모분산을 가정하면, 필요한 통계량은

$$n_1 = 5\,,\quad \overline{x} = 12.38\,,\quad \sum_{i=1}^{n_1}(x_i - \overline{x})^2 = 35.268$$

$$n_2 = 5\,,\quad \overline{y} = 11.98\,,\quad \sum_{i=1}^{n_2}(y_i - \overline{y})^2 = 32.548$$

$$s_p^2 = \frac{\sum_{i=1}^{n_1}(x_i - \overline{x})^2 + \sum_{i-1}^{n_2}(y_i - \overline{y})^2}{n_1 + n_2 - 2} = \frac{35.268 + 32.548}{8} = 8.477,\quad s_p = 2.9115.$$

1) 가설 $H_0 : \mu_1 = \mu_2,\ H_1 : \mu_1 > \mu_2$

2) 유의수준 $\alpha = 0.05$

3) 검정통계량과 기각역 : $T = \dfrac{\overline{X} - \overline{Y}}{S_p\sqrt{\dfrac{1}{n_1} + \dfrac{1}{n_2}}} > t(8;0.05) = 1.860$ 이면 H_0 기각.

4) 검정통계량의 관측값 : $t_{obs} = \dfrac{12.38 - 11.98}{2.9115\sqrt{\dfrac{1}{5} + \dfrac{1}{5}}} = 0.217$ (p값은 0.417)

5) 판정 : $t_{obs} < t\ (8;0.05)$ $(p > 0.05)$이므로 유의수준 $\alpha = 0.05$에서 귀무가설 H_0를 기각할 수 없다. 즉, 첨가제의 사용이 효과적이라고 할 수 없다.

이와 같이 자료의 대응 구조를 무시하면 전혀 반대의 결론을 얻는다. 즉, 존재하는 처리간의 차이를 밝혀낼 수가 없다.

독립표본과 대응표본의 검정통계량의 형태를 살펴보자. 일단 $\overline{D} = \overline{X} - \overline{Y}$임을 주목하자. 즉, 두 경우 모두 기본적으로 이용하는 통계량은 표본평균의 차이이고 $\delta_0 = 0$일 때 검정통계

량의 형태는

$$\frac{\overline{X}-\overline{Y}}{SE(\overline{X}-\overline{Y})}$$

이라는 것을 알 수 있다. 따라서 독립표본과 대응표본에서 검정통계량의 큰 차이는 결국 분모의 $SE(\overline{X}-\overline{Y}) = \sqrt{Var(\overline{X}-\overline{Y})}$ 의 추정방법에 있다. 〈예제 5〉의 경우 대응표본에서는 $\frac{0.305}{\sqrt{5}} = 0.1364$ 로 작은 반면, 독립표본이라고 가정하면 $2.9115\sqrt{\frac{2}{5}} = 1.8414$ 로 표준오차의 추정값이 커지게 된다. 따라서 독립표본으로 잘못 분석하면 t 통계량의 값은 작아져 일반적으로 귀무가설을 기각하기가 힘들어진다.

이론적으로 간단히 살펴보자. 일반적으로

$$Var(\overline{X}-\overline{Y}) = Var(\overline{X}) + Var(\overline{Y}) - 2Cov(\overline{X}, \overline{Y})$$

이다. 독립표본의 경우는 $Cov(\overline{X}, \overline{Y})$ 가 0이지만 대응표본의 경우는 $Cov(\overline{X}, \overline{Y})$ 가 양이 되는 경우가 많으므로 $Var(\overline{X}-\overline{Y})$ 가 작아지게 되고 이의 추정값도 일반적으로 작아지게 된다. 따라서 t 통계량의 값은 커져 귀무가설을 기각하게 될 가능성이 높아진다.

물론 자유도 측면에서 생각하면 $n_1 = n_2 = n$일 때, 독립표본의 경우는 자유도가 $2n-2$이고 대응표본의 경우는 $n-1$이므로 독립표본의 경우에 자유도가 2배가 되며 이는 기각역을 넓히는 효과가 있다. 그러나 자유도보다는 표본평균의 표준오차가 추론에 미치는 영향이 크다고 할 수 있다.

9.4 F 분포

정규모집단에서의 표본분포와 관련된 분포로 카이제곱분포, t분포를 배웠다. 이와 관련된 또 하나의 분포가 F 분포이다. F 분포는 두 정규모집단의 분산의 비교에 대한 추론에 사용된다.

정의

[F 분포]

$V_1 \sim \chi^2(n_1)$, $V_2 \sim \chi^2(n_2)$ 이고, V_1과 V_2가 서로 독립일 때,

$$F = \frac{V_1/n_1}{V_2/n_2}$$

의 분포를 자유도 (n_1, n_2)인 F분포라고 하고 기호로

$$F \sim F(n_1, n_2)$$

로 나타낸다.

F 분포의 모양은 자유도에 따라 다르지만 대체적으로 비대칭 형태이다. $F \sim F(n_1, n_2)$ 일 때, $P(F \geq f) = \alpha$인 f, 즉 $100(1-\alpha)\%$ 백분위 수를 $F(n_1, n_2\,;\alpha)$로 나타낸다.

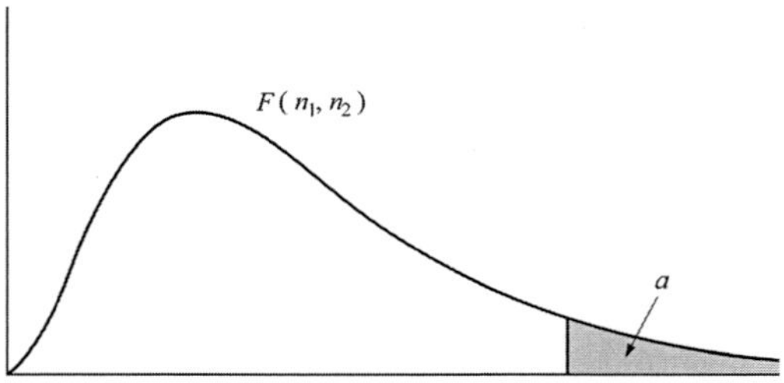

[그림 3] F 분포의 백분위수

참고

F 분포의 확률밀도함수는

$$f(x) = \frac{\Gamma((n_1+n_2)/2)}{\Gamma(n_1/2)\Gamma(n_2/2)} \left(\frac{n_1}{n_2}\right)^{\frac{n_1}{2}} \frac{\left(\frac{n_1}{n_2}x\right)^{\frac{n_1}{2}-1}}{\left(1+\frac{n_1}{n_2}x\right)^{\frac{n_1+n_2}{2}}}, \ x > 0$$

이다.

정규분포와 마찬가지로 F 분포도 확률밀도함수를 직접 이용하여 확률이나 백분위수를 구

하는 것은 쉽지 않다. 따라서 F 분포도 부록의 분포표를 이용한다.

예제 6 $F \sim F(3,5)$일 때, $F(3,5\,;0.05)$ 즉 하방 95%백분위수를 구하라.

풀이 부록의 표로부터 $\alpha = 0.05$, $n_1 = 3$, $n_2 = 5$일 때의 값을 찾으면 $F(3,5\,;\,0.05) = 5.41$이다.

■

[F 분포의 성질]

$$F \sim F(n_1, n_2) \text{ 이면 } \frac{1}{F} \sim F(n_2, n_1).$$

이를 이용하면

$$F(n_1, n_2\ ;\ 1-\alpha) = \frac{1}{F(n_2, n_1\ ;\ \alpha)}.$$

증명

(1) $F \sim F(n_1, n_2)$이면 정의에 의해서 $F = \dfrac{V_1/n_1}{V_2/n_2}$, $V_1 \sim \chi^2(n_1)$, $V_2 \sim \chi^2(n_2)$이고 V_1, V_2는 서로 독립이다. 따라서 $\dfrac{1}{F} = \dfrac{V_2/n_2}{V_1/n_1}$이므로 $\dfrac{1}{F} \sim F(n_2, n_1)$이다.

(2) $F \sim F(n_1, n_2)$에서 $P(F \geqq F(n_1, n_2\ ;\ \alpha)) = \alpha$이므로

$$P\left(\frac{1}{F} \leqq \frac{1}{F(n_1, n_2\ ;\ \alpha)}\right) = \alpha$$

이다. [F 분포의 성질]로부터 $\dfrac{1}{F} \sim F(n_2, n_1)$ 이고 백분위수의 정의로부터

$$P\left(\frac{1}{F} \leqq F(n_2, n_1\ ;\ 1-\alpha)\right) = \alpha$$

이다. 따라서

$$F(n_2, n_1\ ;\ 1-\alpha) = \frac{1}{F(n_1, n_2\ ;\ \alpha)}.$$

■

가끔 F 분포에서 $F(n_1, n_2\,;1-\alpha)$, 즉 하방 $100\alpha\%$ 백분위수를 찾아야 하는 경우가 있다. 그러나 부록의 분포표에는 주어져 있지 않다. 이를 위해서는 [F 분포의 성질]을 이용하면 된다.

예제 7 $F(3,5)$의 하방 5%백분위수, 즉 $F(3,5\,;0.95)$를 구하라.

풀이 $F(3,5\;;\;0.95) = \dfrac{1}{F(5,3\;;\;0.05)} = \dfrac{1}{9.01} = 0.11$ 이 된다. ■

다음으로 t분포와 F 분포의 관계를 살펴보자.

[t 분포와 F 분포의 관계]

확률변수 T가 자유도가 n인 t 분포, $t(n)$을 따르면

$$T^2 \sim F(1,n).$$

증명 $T \sim t(n)$이면 정의에 의해서

$$T = \frac{Z}{\sqrt{V/n}},\ Z \sim N(0,1),\quad V \sim \chi^2(n)$$

이고 Z와 V는 독립이다. 따라서

$$T^2 = \frac{Z^2}{V/n},\ Z^2 \sim \chi^2(1),\ V \sim \chi^2(n)$$

이고 Z^2과 V는 독립이므로 F 분포의 정의에 의해서 $T^2 \sim F(1,n)$이다. ■

9.5 두 모분산의 비교

앞에서 두 모평균의 비교를 위하여 공통 모분산의 가정을 하기도 하였다. 그런데 이 가정이 적절한지 아닌지를 판단하기 위해서는 표본을 바탕으로 추론을 해야 한다. 이에 대한 방법을 생각해보자. 모형은 두 모평균의 비교에서와 같이 독립표본이며 정규분포를 가정한다.

[모형 : 독립표본]

(1) 모집단 1에서의 확률표본 $X_1, X_2, \ldots, X_{n_1}$이 $N(\mu_1, \sigma_1^2)$에서의 확률표본이다.

(2) 모집단 2에서의 확률표본 $Y_1, Y_2, \ldots, Y_{n_2}$이 $N(\mu_2, \sigma_2^2)$에서의 확률표본이다.

(3) $X_1, X_2, \ldots, X_{n_1}$과 $Y_1, Y_2, \ldots, Y_{n_2}$은 서로 독립이다.

[통계량과 분포이론]

$$S_1^2 = \frac{1}{n_1 - 1}\sum_{i=1}^{n_1}(X_i - \overline{X})^2,\ \ S_2^2 = \frac{1}{n_2 - 1}\sum_{i=1}^{n_2}(Y_i - \overline{Y})^2$$

일 때, 일모집단에 대한 분포이론에서

$$\frac{(n_1 - 1)S_1^2}{\sigma_1^2} \sim \chi^2(n_1 - 1),\ \ \frac{(n_2 - 1)S_2^2}{\sigma_2^2} \sim \chi^2(n_2 - 1)$$

이고, 독립이다. 따라서 F 분포의 정의로부터

$$\frac{\dfrac{(n_1 - 1)S_1^2}{\sigma_1^2}/(n_1 - 1)}{\dfrac{(n_2 - 1)S_2^2}{\sigma_2^2}/(n_2 - 1)} = \frac{\sigma_2^2 S_1^2}{\sigma_1^2 S_2^2} \sim F(n_1 - 1,\ n_2 - 1)$$

이 된다. 이를 이용하여 추론을 해보자. [F 분포의 성질]로부터,

$F = \dfrac{S_2^2/\sigma_2^2}{S_1^2/\sigma_1^2} = \dfrac{\sigma_1^2}{\sigma_2^2} \cdot \dfrac{S_2^2}{S_1^2}$ 은 자유도 $(n_2 - 1, n_1 - 1)$ 인 F분포를 따르므로

$$P\left(F(n_2 - 1,\ n_1 - 1\,;\,1 - \alpha/2) \le \frac{\sigma_1^2}{\sigma_2^2} \cdot \frac{S_2^2}{S_1^2} \le F(n_2 - 1,\ n_1 - 1\,;\,\alpha/2)\right) = 1 - \alpha$$

이 성립한다. 따라서 모분산의 비 σ_1^2/σ_2^2에 대한 신뢰구간은 다음과 같다.

[모분산의 비의 신뢰구간]

모분산의 비 σ_1^2/σ_2^2 의 $100(1-\alpha)\%$ 신뢰구간

$$\frac{S_1^2}{S_2^2}\frac{1}{F(n_1 - 1,\ n_2 - 1\,;\,\alpha/2)} \le \frac{\sigma_1^2}{\sigma_2^2} \le \frac{S_1^2}{S_2^2}F(n_2 - 1,\ n_1 - 1\,;\,\alpha/2)$$

$H_0\ :\ \sigma_1^2 = \sigma_2^2$ 즉, $H_0\ :\ \dfrac{\sigma_1^2}{\sigma_2^2} = 1$을 검정하기 위하여 통계량 $\dfrac{S_1^2}{S_2^2}$ 을 이용하면 H_0하에서

$\dfrac{S_1^2}{S_2^2} \sim F(n_1 - 1,\ n_2 - 1)$이다. 따라서 다음과 같은 검정법을 생각할 수 있다.

[모분산의 비에 대한 가설검정]

정규모집단의 가정하에 모분산의 비 σ_1^2/σ_2^2에 대한 검정통계량은

$$F=\frac{S_1^2}{S_2^2}$$

이며 기각역은 다음과 같다.

	귀무가설	대립가설	유의수준 α에서의 기각역
(1)	$H_0:\sigma_1^2/\sigma_2^2=1$	$H_1:\sigma_1^2/\sigma_2^2>1$	$F\geq F(n_1-1,\ n_2-1\,;\alpha)$
(2)	$H_0:\sigma_1^2/\sigma_2^2=1$	$H_1:\sigma_1^2/\sigma_2^2<1$	$F\leq F(n_1-1,\ n_2-1\,;1-\alpha)$
(3)	$H_0:\sigma_1^2/\sigma_2^2=1$	$H_1:\sigma_1^2/\sigma_2^2\neq 1$	$F\geq F(n_1-1,\ n_2-1\,;\alpha/2)$ 또는 $F\leq F(n_1-1,\ n_2-1\,;1-\alpha/2)$

위의 검정은 정규모집단의 가정에 크게 영향을 받음에 주의하라.

예제 8 다음은 H대학교 체육학과 남녀학생들의 100m 육상기록(단위: 초)이다. 정규모집단을 가정하고 다음을 구하라.

성별	100m 육상기록	명수	평균	표준편차
남학생	12.2 14.7 12.5 11.2 12.2 13.1 10.2 11.3 12.4	9명	12.2	1.2748
여학생	14.2 12.4 13.2 13.0 12.1 14.8 14.3 13.9 12.6 14	10명	13.45	0.9144

(1) 남학생의 모분산을 σ_1^2, 여학생의 모분산을 σ_2^2이라할 때, σ_1^2/σ_2^2에 대한 90% 신뢰구간을 구하라.

(2) 남학생과 여학생의 모분산이 같은지, 아니면 남녀집단의 분산이 다르다고 할 수 있는지를 유의수준 $\alpha=0.05$에서 검정하라.

풀이 (1)

$$\left(\frac{s_1^2}{s_2^2}\frac{1}{F(8,9;0.05)},\frac{s_1^2}{s_2^2}F(9,8;0.05)\right)=\left(\frac{1.2748^2}{0.9144^2}\times\frac{1}{3.23},\frac{1.2748^2}{0.9144^2}\times 3.39\right)$$
$$=(0.6017,6.5889)$$

(2) 모분산의 비 σ_1^2/σ_2^2에 대한 검정.

1) 가설 $H_0:\dfrac{\sigma_1^2}{\sigma_2^2}=1,\quad H_1:\dfrac{\sigma_1^2}{\sigma_2^2}\neq 1$

2) 유의수준 $\alpha=0.05$

3) 검정통계량과 기각역 :

$$F = \frac{S_1^2}{S_2^2} > F(8,9\,;0.025) = 4.10 \text{ 또는}$$

$$F = \frac{S_1^2}{S_2^2} < F(8,9\,;0.975) = \frac{1}{F(9,8\,;0.025)} = \frac{1}{4.36} = 0.23 \text{ 이면 } H_0 \text{를 기각.}$$

4) 검정통계량의 관측값 : $f_{obs} = \dfrac{1.2748^2}{0.9144^2} = 1.9436$

5) 판정 : f_{obs}가 기각역에 속하지 않으므로 유의수준 $\alpha = 0.05$에서 귀무가설 H_0 를 기각할 수 없다. 즉, 남녀학생들의 100m 육상기록의 분산이 다르다고 할 확실한 증거는 없다. ■

〈예제 8〉에서 만일 남녀학생의 모평균 μ_1, μ_2를 비교하는 것이 목적이라면, 독립표본 t검정을 시행할 것이고, 이를 위하여 동일분산의 가정($\sigma_1^2/\sigma_2^2 = 1$)이 적합한 지를 조사할 것이다.

이러한 목적으로 분산의 동일성 검정을 우선 시행할 필요가 있다. 〈예제 8〉의 자료를 이표본 t검정을 이용하여 분석하면 다음과 같은 결과를 얻는다. 대립가설은 남학생의 모평균이 여학생보다 작다로 단측검정을 시행하였다.

t-검정 분석결과

이표본 검정 (독립비교)

변수명	개수	평균	표준편차
남	9	12.2	1.2748
여	10	13.45	0.9144

H : μ1 = μ2 vs. K : μ1 < μ2 (μ1 : 남, μ2 : 여)

분산	t-통계량	자유도	유의확률	F 값	자유도	유의확률
등분산	-2.4759	17	0.0121	1.9435	(8 , 9)	0.3419
이분산	-2.432	14.3831	0.0143	H : 두 집단의 분산이 동일하다.		

두 번째 표의 오른쪽이 분산의 동일성에 대한 F검정의 결과이다. 이 경우 p값(유의확률)이 0.3419로 두 집단의 분산이 동일하다는 귀무가설은 기각할 수 없다. 그 다음, t 검정의 결과는 두 번째 표의 왼쪽에 있다. 등분산의 가정에 무리가 없으므로 첫째 줄의 결과를 보면 된다. 이 경우 유의수준 $\alpha = 0.05$로 검정한다면, 유의확률이 0.0121〈0.05이므로 두 집단의 모평균이 같다는 귀무가설은 기각되고, 남학생이 더 빠르다고 할 수 있다.

물론 같은 자료로 여러 번의 검정을 하는 것에 대한 이견이 있기는 하나, 위의 방법이 아직까지는 통상적으로 자주 이용되고 있다.

9.6 두 모비율의 비교

확률변수 X를 성공률 p_1인 베르누이분포를 따르는 모집단에서 크기 n_1인 확률표본을 추출했을 때의 성공횟수(관심 있는 속성을 가진 표본의 개수)라고 하고, 확률변수 Y를 성공률 p_2인 베르누이분포를 따르는 모집단에서 크기 n_2인 확률표본을 추출했을 때의 성공횟수라고 하고 X와 Y는 독립이라고 하자. 그러면 X, Y는 각각 이항분포를 따르며 $X \sim B(n_1, p_1)$, $Y \sim B(n_2, p_2)$ 이다. 또한

$$\hat{p}_1 = \frac{X}{n_1}, \;\; \hat{p}_2 = \frac{Y}{n_2}$$

라고 하면 이는 각각의 표본에서의 성공비율, 즉 표본비율이다. 두 모집단의 성공률의 차이인 $p_1 - p_2$ 의 추론을 위하여 직관적으로 제일 먼저 생각할 수 있는 통계량은 표본비율의 차 $\widehat{p_1} - \widehat{p_2}$ 이다.

[분포이론]

표본비율에 대해

$$E(\widehat{p_1}) = p_1, \;\; E(\widehat{p_2}) = p_2, \;\; Var(\widehat{p_1}) = \frac{p_1(1-p_1)}{n_1}, \;\; Var(\widehat{p_2}) = \frac{p_2(1-p_2)}{n_1}$$

이고 $\widehat{p_1}$ 과 $\widehat{p_2}$ 이 서로 독립이므로

$$E(\widehat{p_1} - \widehat{p_2}) = p_1 - p_2, \;\; Var(\widehat{p_1} - \widehat{p_2}) = \frac{p_1(1-p_1)}{n_1} + \frac{p_2(1-p_2)}{n_2}$$

이 성립한다. 또한 중심극한정리에 의해서

$$\frac{\hat{p}_1 - \hat{p}_2 - (p_1 - p_2)}{\sqrt{p_1 q_1 / n_1 + p_2 q_2 / n_2}} \overset{\cdot}{\underset{\cdot}{\sim}} N(0,1)$$

이 성립하며 $\widehat{p_1}$과 $\widehat{p_2}$ 가 각각 p_1과 p_2 의 일치추정량이므로

$$\frac{\hat{p}_1 - \hat{p}_2 - (p_1 - p_2)}{\sqrt{\hat{p_1}\hat{q_1}/n_1 + \hat{p_2}\hat{q_2}/n_2}} \overset{\cdot}{\underset{\cdot}{\sim}} N(0,1)$$

도 성립한다. 이를 이용하여 $p_1 - p_2$ 에 대한 추론이 가능하다.

[모비율의 차의 신뢰구간]

표본크기가 큰 경우 모비율의 차 $p_1 - p_2$의 $100(1-\alpha)\%$ 근사 신뢰구간은

$$\hat{p_1} - \hat{p_2} \ \pm \ z_{\alpha/2}\sqrt{\frac{\hat{p_1}(1-\hat{p_1})}{n_1} + \frac{\hat{p_2}(1-\hat{p_2})}{n_2}} .$$

[가설검정]

두 모비율의 차 $p_1 - p_2$의 가설검정에 대해서 알아보자. 귀무가설 $H_0 : p_1 = p_2$하에서 $\hat{p_1} - \hat{p_2}$은 $p_1 = p_2 = p$라고 할 때,

$$E(\hat{p_1} - \hat{p_2}) = p_1 - p_2 = 0 , \quad Var(\hat{p_1} - \hat{p_2}) = p(1-p)\left(\frac{1}{n_1} + \frac{1}{n_2}\right)$$

이고 공통 모비율의 추정량은

$$\hat{p} = \frac{X + Y}{n_1 + n_2} = \frac{n_1\hat{p}_1 + n_2\hat{p}_2}{n_1 + n_2}$$

이고 $\hat{p_1} - \hat{p_2}$ 의 분산의 추정량으로 $\hat{p}(1-\hat{p})\left(\frac{1}{n_1} + \frac{1}{n_2}\right)$을 사용할 수 있다. 따라서 표본크기 n_1, n_2가 충분히 크면 통계량

$$Z = \frac{\hat{p_1} - \hat{p_2}}{\sqrt{\hat{p}(1-\hat{p})\left(\frac{1}{n_1} + \frac{1}{n_2}\right)}}$$

은 귀무가설하에서 근사적으로 표준정규분포 $N(0,1)$을 따르게 된다. 이 사실을 이용하여 모비율의 차 $p_1 - p_2$에 대한 검정을 할 수 있다.

[모비율의 차에 대한 가설검정]

표본크기가 큰 경우 모비율의 차 $p_1 - p_2$에 대한 검정통계량은

$$Z = \frac{\hat{p_1} - \hat{p_2}}{\sqrt{\hat{p}(1-\hat{p})}\sqrt{\frac{1}{n_1}+\frac{1}{n_2}}}$$

이며 이는 귀무가설하에서 근사적으로 $N(0,1)$ 을 따른다. 근사 기각역은 다음과 같다.

	귀무가설	대립가설	유의수준 α 에서의 근사 기각역
(1)	$H_0 : p_1 = p_2$	$H_1 : p_1 > p_2$	$Z \geq z_\alpha$
(2)	$H_0 : p_1 = p_2$	$H_1 : p_1 < p_2$	$Z \leq -z_\alpha$
(3)	$H_0 : p_1 = p_2$	$H_1 : p_1 \neq p_2$	$\lvert Z \rvert \geq z_{\alpha/2}$

모평균에 대한 추론에서 대부분의 경우 신뢰구간과 가설검정에서 추정량의 표준오차는 같은 형태를 가지게 된다. 그러나 두 모비율의 차이에 대한 검정에서는 귀무가설이 사실이라고 가정하고 검정통계량을 계산하게 되므로 추정량의 표준오차가 신뢰구간의 경우와 똑같지 않음에 주의하라.

예제 9 초등학생을 위한 수학교육에서 교구 등을 이용한 새로운 강의방법이 학생들의 이해도 향상에 도움이 되는지를 조사하려 한다. 이를 위하여 새로운 강의방법과 기존의 강의방법을 비교하고자 350명의 학생 중 150명의 학생을 랜덤 추출하여 새로운 강의방법으로 수업을 받도록 하고 나머지 200명의 학생에게는 종전의 방식으로 수업을 받게 하였다. 그리고 학기말에 이들 350명이 모두 같은 시험을 보았다. 그 결과 각 수업에서 시험에 통과한 학생의 수는 다음과 같았다.

	새로운 강의방법	기존의 강의방법
합격	110	120
불합격	40	80
합계	150	200

(1) 새로운 강의방법과 기존의 강의방법의 합격률을 각각 p_1 , p_2 라고 할 때 합격률의 차 $p_1 - p_2$ 에 대한 95% 신뢰구간을 구하라.

(2) 새로운 강의방법이 기존의 강의방법보다 합격률이 높다고 할 수 있는지 유의수준 $\alpha = 0.05$에서 검정하라.

풀이 (1) $\hat{p_1}=\dfrac{110}{150}=0.73$ 이고 $\hat{p_2}=\dfrac{120}{200}=0.60$ 이므로 p_1-p_2 에 대한 95% 신뢰구간은

$$\hat{p_1}-\hat{p_2} \ \pm \ z_{\alpha/2}\sqrt{\frac{\hat{p_1}(1-\hat{p_1})}{n_1}+\frac{\hat{p_2}(1-\hat{p_2})}{n_2}}$$

$$=(0.73-0.60)\pm z_{0.025}\sqrt{\frac{0.73\times 0.27}{150}+\frac{0.60\times 0.40}{200}}$$

$$=0.13\pm 1.96\times 0.0501=0.13\pm 0.098=(0.032, 0.228).$$

(2) 모비율 차 p_1-p_2에 대한 검정 :

1) 가설 $H_0: p_1=p_2$, $H_1: p_1>p_2$

2) 유의수준 $\alpha=0.05$

3) 검정통계량과 기각역 : $Z=\dfrac{\hat{p_1}-\hat{p_2}}{\sqrt{\hat{p}(1-\hat{p})}\sqrt{\dfrac{1}{n_1}+\dfrac{1}{n_2}}}>z_{0.05}=1.645$이면 H_0 기각.

4) 검정통계량의 관측값 : 귀무가설하에서 공통 모비율의 추정값 $\hat{p}$ 은

$$\hat{p}=\frac{110+120}{150+200}=\frac{230}{350}=0.657$$

이므로

$$z_{obs}=\frac{0.73-0.60}{\sqrt{0.657\times 0.343}\sqrt{\dfrac{1}{150}+\dfrac{1}{200}}}=2.534 \ (p\text{값은 } 0.0054).$$

5) 판정 : $z_{obs}>z_{0.05}$ $(p<0.05)$이므로 유의수준 $\alpha=0.05$에서 귀무가설 H_0 를 기각한다. 즉, 새로운 강의방법의 합격률이 높다고 할 수 있다. ■

R 실습

(1) 독립표본

본문의 〈예제 8〉을 R에서 계산해보자.

```
men=c(12.2, 14.7, 12.5, 11.2, 12.2, 13.1, 10.2, 11.3, 12.4)
women=c(14.2, 12.4, 13.2, 13.0, 12.1, 14.8, 14.3, 13.9, 12.6, 14)
```

우선 등분산 가정이 성립하는지 검정해보자.

```
var.test(men,women)
        F test to compare two variances
data:  men and women
F = 1.9435, num df = 8, denom df = 9, p-value = 0.3419
alternative hypothesis: true ratio of variances is not equal to 1
95 percent confidence interval:
 0.4738037 8.4683766
sample estimates:
ratio of variances
          1.943522
```

F통계량은 1.9435이며 p값은 0.3419 〉 $\alpha = 0.05$이므로 귀무가설을 기각하지 못한다.

즉, 유의수준 5%에서 두 그룹의 분산이 다르다는 증거는 없다.

```
t.test(men,women) # default (아무런 조건을 주지 않았을 때)
        Welch Two Sample t-test

data:  men and women
t = -2.432, df = 14.383, p-value = 0.02862
alternative hypothesis: true difference in means is not equal to 0
95 percent confidence interval:
 -2.3496107 -0.1503893
sample estimates:
mean of x mean of y
    12.20     13.45
```

default(아무런 조건을 주지 않았을 때)로는 공통 모분산 가정없이 양측검정을 시행한다.

두 집단의 모평균이 같은지 아닌지를 공통 모분산을 가정하고 양측검정을 해보자.

```
t.test(men,women,var.equal=T,alternative="two.sided")
        Two Sample t-test
data:  men and women
t = -2.4759, df = 17, p-value = 0.02411
alternative hypothesis: true difference in means is not equal to 0
95 percent confidence interval:
 -2.3151657 -0.1848343
sample estimates:
mean of x mean of y
    12.20     13.45
```

공통 모분산을 가정하고 남학생의 평균이 작은지 단측검정을 하려면,

```
t.test(men,women,var.equal=T,alternative="less")
        Two Sample t-test
data:  men and women
t = -2.4759, df = 17, p-value = 0.01205
alternative hypothesis: true difference in means is less than 0
95 percent confidence interval:
       -Inf -0.3717387
sample estimates:
mean of x mean of y
    12.20     13.45
```

p값이 0.01205 〈 0.05이므로 유의수준 5%에서 귀무가설을 기각한다.

(2) 대응표본

본문의 〈예제 5〉를 R에서 계산해보자.

```
add=c(11.8,13.9,16.3,11.6,8.3)
no.add=c(11.4,13.1,16.1,10.9,8.4)
```

첨가제의 사용이 주행거리를 증가할 수 있는지 검정하려면,

```
t.test(add,no.add,alternative="greater",paired=TRUE)
        Paired t-test
```

```
data:  add and no.add
t = 2.4343, df = 4, p-value = 0.03582
alternative hypothesis: true difference in means is greater than 0
95 percent confidence interval:
 0.04970183        Inf
sample estimates:
mean of the differences
                    0.4
```

p값이 0.03582 〈 0.05이므로 유의수준 5%에서 귀무가설을 기각한다.

```
t.test(add-no.add,mu=0,alternative="greater")
        One Sample t-test

data:  add - no.add
t = 2.4343, df = 4, p-value = 0.03582
alternative hypothesis: true mean is greater than 0
95 percent confidence interval:
 0.04970183        Inf
sample estimates:
mean of x
      0.4
```

add-no.add에 일모집단 t검정을 해도 같은 결과를 얻는다.

만일 독립표본이라고 잘못 생각하고 분석하면

```
t.test(add,no.add,alternative="greater",var.equal=TRUE)
        Two Sample t-test

data:  add and no.add
t = 0.21722, df = 8, p-value = 0.4167
alternative hypothesis: true difference in means is greater than 0
95 percent confidence interval:
 -3.024195        Inf
sample estimates:
```

```
mean of x mean of y
   12.38     11.98
```

이 경우 대응표본을 분석한 것과 완전히 다른 결론을 내린다.

(3) F 분포

```
# F(3,5 : 0.05)와 F(3,5 : 0.95)
qf(1-0.05,3,5)
[1] 5.409451
qf(0.05,3,5)
[1] 0.1109452
1/qf(1-0.05,5,3) # =qf(0.05,3,5)
[1] 0.1109452
```

(4) 두 모비율의 비교

```
# 본문의 〈예제 9〉를 R에서 계산해보자.
prop.test(c(110,120),c(150,200)) # default (아무런 조건을 주지 않았을 때)
      2-sample test for equality of proportions with
      continuity correction

data:  c(110, 120) out of c(150, 200)
X-squared = 6.1844, df = 1, p-value = 0.01289
alternative hypothesis: two.sided
95 percent confidence interval:
 0.02942924 0.23723743
sample estimates:
  prop 1    prop 2
0.7333333 0.6000000
# default(아무런 조건을 주지 않았을 때)로는 연속성 수정을 하여 양측검정을 시행한다.

prop.test(c(110,120),c(150,200),alternative="greater",correct=F)
# 연속성수정을 하지 않고, 단측검정을 한다.
      2-sample test for equality of proportions without
      continuity correction
```

data: c(110, 120) out of c(150, 200)
X-squared = 6.7633, df = 1, p-value = 0.004653
alternative hypothesis: greater
95 percent confidence interval:
 0.05102975 1.00000000
sample estimates:
   prop 1   prop 2
0.7333333 0.6000000
p값이 0.004653 < 0.05이므로 유의수준 5%에서 귀무가설을 기각한다.

제9장

연습문제

1. 비타민 B_1 이 버섯의 성장을 촉진시킨다는 가설을 확인하기 위하여 성장상태가 비슷한 20개의 버섯을 임의추출하였다. 이 가운데 10개를 다시 임의로 뽑아 처리그룹으로 분류하고 비타민 B_1 을 투여하였으며, 나머지 10개는 대조그룹으로 분류하여 비타민을 투여하지 않았다. 일정한 기간이 지난 후에 버섯의 무게를 측정한 결과 다음의 자료를 얻었다. 비타민 B_1 이 버섯의 성장을 촉진한다고 할 수 있는지를 유의수준 5%에서 검정하려고 한다.

번호	1	2	3	4	5	6	7	8	9	10	평균	표준편차
처리그룹	12	18	16	22	23	19	20	22	25	20	19.7	3.74
대조그룹	15	17	19	16	13	19	18	16	12	18	16.3	2.41

(1) 필요한 가정을 (i)분포 (ii)분산에 관해 기술하라.

(2) (1)의 분포에 대한 가정은 옳다고 할 때, 분산에 대한 가정을 유의수준 5%에서 검정하라. 검정하는 가설을 명확히 적어라.

(3) 비타민 B_1 이 버섯의 성장을 촉진한다고 할 수 있는지를 검정하고자 한다. 검정하는 가설을 명확히 적고 유의수준 5%에서 검정하라. 결론을 간략히 서술하라.

(4) 버섯의 평균무게의 차에 대한 95% 신뢰구간을 구하라.

2. 특정한 기술의 교육방법 두 가지를 비교하기 위해 20명을 대상으로 10명을 랜덤추출하여 방법 Ⅰ을, 나머지는 방법 Ⅱ를 적용하여 교육시킨 후 실제 일을 끝내는 데에 소요되는 시간을 기록한 결과가 다음과 같다. 시간의 단위는 분으로 측정하였다. 정규모집단을 가정하고 아래 물음에 답하라.

방법 I	15	20	11	23	16	21	18	16	27	24
방법 II	23	31	13	19	23	17	28	26	25	28

(1) 두 모집단의 분산이 같은지 아닌지를 유의수준 10%에서 검정하라. 검정하는 가설을 명확히 적어라.

(2) 방법 Ⅰ에 의한 평균작업시간이 방법 Ⅱ에 의한 경우보다 적다고 결론을 내릴 수 있는가? 유의수준 5%에서 검정하라.

(3) 두 교육방법에 따른 평균작업시간에 차($\mu_1 - \mu_2$)에 대한 95% 신뢰구간을 구하라.

3. 치과용 마취제가 남자와 여자에게 미치는 영향의 차이에 대해 알기 위하여, 9명의 남자와 10명의 여자를 독립적으로 임의추출하여 마취시간을 기록한 결과 다음과 같은 자료를 얻었다.

	남자	여자
평균	4.8	4.4
표준편차	0.8	0.9
표본크기	9	10

(1) 두 모집단의 분산이 같은지 아닌지에 대해 유의수준 5%에서 검정하라. 검정하는 가설을 명확히 적어라. 이 때 모집단의 분포에 대해 필요한 가정은 무엇인가?

(2) 남자와 여자의 평균마취시간에 차이가 있는가를 유의수준 5%에서 검정하려고 한다. 검정하는 가설을 명확히 적고 검정을 시행하라. 결론을 간략히 서술하라.

4. 제약회사에서 개발한 콜레스테롤 수치를 낮추는 약이 효과가 있는지를 알아보려한다. 콜레스테롤 수치가 비슷한 20명을 12명의 치료집단(treatment group, 새로 개발한 약을 투여한 집단)과 8명의 제어집단(control group, 약을 투여하지 않은 집단)으로 랜덤하게 나누어 콜레스테롤 수치를 기록한 결과 다음과 같은 자료를 얻었다.

	치료집단	제어집단
평균	190	210
표준편차	20	22
표본크기	11	9

(1) 두 모집단의 분산이 같은지 아닌지를 유의수준 10%에서 검정하라. 검정하는 가설을 명확히 적어라. 이 때 모집단의 분포에 대해 필요한 가정은 무엇인가?

(2) μ_1을 치료 모집단의 모평균, μ_2를 제어 모집단의 모평균이라고 하자. 치료약이 효과가 있는지를 검정하고자 한다. 알맞은 귀무가설과 대립가설을 세우고 유의수준 10%에서 검정하라. 결론을 간략히 서술하라.

5. 어느 제약회사에서 비만환자를 위한 약을 개발하였다. 이 약이 환자에게 부작용이 있는지 없는지를 알아보기 위해 12명의 환자를 임의추출하여 약을 복용하기 전과 복용하고 난 후의 혈압을 측정한 결과 다음과 같은 자료를 얻었다.

환자	1	2	3	4	5	6	7	8	9	10	11	12	평균
복용 전	128	176	110	149	183	137	118	158	151	130	126	162	144
복용 후	134	174	118	152	187	136	125	168	151	128	130	161	147

주어진 자료를 이용하여 두 혈압에 차이가 있는지를 유의수준 5%에서 검정하라. 단, 정규모집단의 가정을 할 수 있다.

6. 혈액의 응고에 흡연이 미치는 영향을 조사하기 위하여 11명으로부터 흡연 전과 흡연 후에 혈액을 채취하여 혈액이 응고하는 정도를 비교하였다. 혈소판은 혈액의 응고와 관련이 있으므로 자극에 노출된 후 응고한 혈소판의 최대 비율을 측정하여 다음과 같은 자료를 얻었다.

환자	1	2	3	4	5	6	7	8	9	10	11	평균
흡연 전	25	25	27	44	30	67	53	53	52	60	28	42.18
흡연 후	27	29	37	56	46	82	57	80	61	59	43	52.45

주어진 자료를 이용하여 흡연이 혈액의 응고를 증가시켰다고 할 수 있는지를 유의수준 5%에서 검정하라. 단, 정규모집단을 가정한다.

7. 두 가지의 암기방법에 대해 기억에 남아 있는 기간에 차이가 있는지 조사하려고 한다. 9쌍의 학생들을 각 쌍의 두 학생은 같은 정도의 지능지수와 학력을 소유하도록 택하여 각 쌍에서 한 명씩 랜덤추출하여 암기방법 A를 적용하고 나머지 학생에게는 암기방법 B를 적용한 후 암기력에 대한 시험을 실시한 결과가 다음과 같다.

방법 \ 쌍	1	2	3	4	5	6	7	8	9
A	90	88	76	63	44	52	46	38	45
B	85	87	70	60	44	53	42	35	46

유의수준 5%에서 두 암기방법 간의 평균효력에 차이가 있는지 검정하여라. 단, 정규모집단을 가정한다.

8. A, B 두 종류의 사료가 젖소의 우유 생산량에 미치는 영향을 조사하기 위하여, 16마리의 젖소를 영양 상태와 나이가 비슷한 젖소끼리 묶어서 8쌍으로 나누고, 각 쌍에서 임의로 선택하여 A, B의 사료를 주었다. 2주 동안 우유생산량을 조사한 결과 다음의 자료를 얻었다.

번호	1	2	3	4	5	6	7	8	평균	표준편차
사료A (x)	38	42	36	40	35	38	38	35	37.75	2.43
사료B (y)	36	41	32	35	35	40	30	33	35.25	3.77

주어진 자료를 이용하여 우유생산량에 차이가 있는지를 유의수준 5%에서 검정하라. 단, 정규모집단을 가정한다.

9. H대학교에서 남학생 100명과 여학생 100명을 임의추출하여, 일주일에 한 번 이상 음주를 하는지 물었더니 59명의 남학생과 45명의 여학생이 그렇다고 응답하였다. 이 자료를 이용하여 남학생의 음주율이 여학생보다 높은지를 검정하고자 한다.

(1) p_1을 남학생의 음주율, p_2를 여학생의 음주율이라고 할 때, 귀무가설과 대립가설을 적고 유의수준 5%에서 검정하라.

(2) (1)의 검정에서 p값을 구하라. p값을 근거로 유의수준 5%에서 검정결과를 말하라.

10. 에너지에 대한 정보교육을 실시하였다. 1년 뒤 교육에 참여했던 사람 중 248명을 랜덤추출하여 에너지 효율이 높은 가전제품을 하나 이상 구입한 사람 수를 파악해보니 84명이었다. 교육을 받지 않은 사람 중에서도 270명을 랜덤추출하여 동일한 조사를 하였더니, 이들 중 59명이 에너지 효율이 높은 가전제품을 하나 이상 구입하였다.

(1) 검정하는 가설을 명확히 적고 유의수준 5%에서 교육의 효과가 있었다고 할 수 있는지 검정하라.

(2) (1)의 검정의 p값을 구하라. p값을 근거로 유의수준 5%에서 검정결과를 말하라.

제 10 장

단순회귀분석

제10장 단순회귀분석

10.1 서론

회귀분석(regression analysis)은 독립변수(또는 설명변수, 다른 변수에 영향을 주는 변수)와 종속변수(또는 반응변수, 다른 변수의 영향을 받는 변수)간의 함수관계를 찾아내려는 통계적 분석방법이다. 예를 들어 초등학생의 몸무게와 키의 관계를 알아보거나, 제품의 강도가 공정온도와 공정시간에 따라 어떻게 변하는지 알아보고자 하는 경우 등이다.

일반적으로 회귀모형은 선형회귀모형(linear regression model)와 비선형회귀모형(nonlinear regression model)로 구분하기도 하는데, 여기서 선형이란 모형의 회귀계수에 대해서 선형이란 의미이며, 대부분의 경우에 선형회귀분석이 자주 이용된다.

선형회귀분석에서 하나의 종속변수를 하나의 독립변수로 설명하는 경우를 단순선형회귀분석(simple linear regression analysis) 또는 단순회귀분석(simple regression analysis)이라고 하고, 하나의 종속변수를 두 개 이상의 독립변수로 설명하는 경우를 중회귀분석(multiple regression analysis)이라고 한다. 위의 초등학생의 몸무게(종속변수)가 키(독립변수)에 따라 어떻게 변하는지 알아보는 경우는 단순회귀분석이라고 할 수 있고, 제품의 강도(종속변수)가 2개의 독립변수인 공정온도와 공정시간에 따라 어떻게 변하는지 분석하는 경우는 중회귀분석이라고 할 수 있다. 이 장에서는 주로 단순회귀분석에 대해서 알아보고자 한다. 단순회귀분석은 하나의 독립변수(x)와 종속변수(y)간의 함수관계가

$$y = \alpha + \beta x + \epsilon$$

이라고 가정하고 식을 추정하는 분석방법이다.

그러나 이러한 단순회귀모형이 주어진 자료에 적절한지 알아보기 위해서는 우선 두 변수의 관계를 살펴보아야 하며 이를 위해서는 먼저 두 변수의 산점도를 보아야 한다. 산점도가 [그림 1](a)와 같이 대략 직선으로 나타나야 단순회귀모형이 적합하다고 할 수 있다. 만일 [그림 1](b)와 같이 산점도가 나타난다면 직선식보다는 곡선식을 이용하는 것이 적절할 것이다.

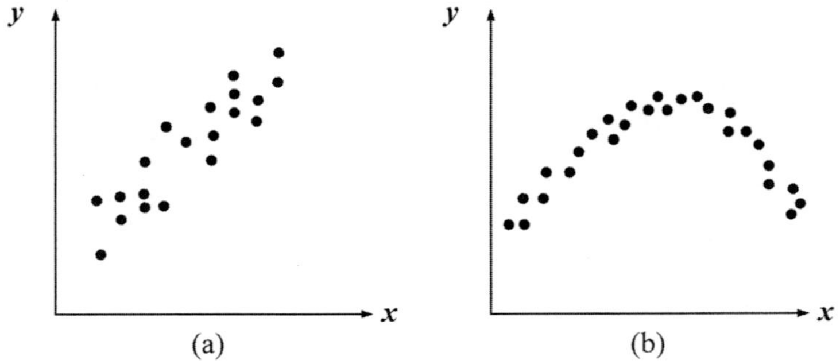

[그림 1] 자료의 산점도

아래의 〈표 1〉은 여러 가지 회귀모형을 보여주고 있다. 곡선회귀는 독립변수(x)는 하나이지만 종속변수와의 관계가 곡선인 모형이고, 다항회귀는 독립변수가 2개 이상이고 종속변수와의 관계도 곡선인 모형이다. 이들 모형은 실제 다루는 방법이 중회귀와 매우 유사하다.

〈표 1〉 여러 가지 회귀모형

종류	독립변수의 갯수	종속변수와의 관계	모형(의 예)
단순회귀	1개	1차	$Y=\alpha+\beta x+\epsilon$
곡선회귀	1개	곡선	$Y=\alpha+\beta_1 x+\beta_2 x^2+\epsilon$
중회귀	k개, $k\geq 2$	1차	$Y=\alpha+\beta_1 x_1+\beta_2 x_2+\cdots+\beta_k x_k+\epsilon$
다항회귀	k개, $k\geq 2$	곡선	$Y=\alpha+\beta_1 x_1+\beta_2 x_2+\beta_{11} x_1^2+\beta_{22} x_2^2+\beta_{12} x_1 x_2+\epsilon$
비선형회귀	모수에 대해 선형이 아님		$Y=\alpha e^{-\beta x}+\epsilon$

10.2 단순회귀분석

10.2.1 단순회귀모형의 가정

일반적으로 회귀모형은 $Y=f(x)+\epsilon$을 가정한다. 즉, 독립변수 x는 원칙적으로는 실험자가 조절할 수 있는 값으로 상수이며, 종속변수 Y는 독립변수 x에 의해 결정되는 부분 $f(x)$와 측정할 수 없는 오차 ϵ의 합으로 표현된다. 오차 ϵ이 확률변수이므로 Y도 확률변수가 된다. 특히 함수 $f(x)$가 x의 일차함수로 $f(x)=\alpha+\beta x$일 때를 단순회귀모형(simple regression model)이라고 한다.

정해진 독립변수의 값 $x_1,\ldots,x_n$에서 종속변수 $Y_1,\ldots,Y_n$을 독립적으로 관측한다고 하자. 그리고 각각의 x_i에 해당하는 오차 ϵ_i는 정규분포 $N(0,\sigma^2)$을 따르고, $\epsilon_1,\ldots,\epsilon_n$은 서로 독립이다. 이것이 단순회귀모형에서의 가정이다. 종속변수 $Y_1,\ldots,Y_n$은 확률변수이고 이의 관측값은 $y_1,\ldots,y_n$으로 나타낸다.

[단순회귀모형]

독립변수 $x_1,\ldots,x_n$에서 측정되는 $Y_1,\ldots,Y_n$에 대해서 관계식

$$Y_i = \alpha + \beta x_i + \epsilon_i,\quad i = 1,\ldots,n$$

이 성립한다. 여기서 $\epsilon,\ldots,\epsilon_n$은 $\epsilon_i \overset{i.i.d.}{\sim} N(0,\sigma^2)$이고, $\alpha,\ \beta,\ \sigma^2$은 미지의 모수이다.

위의 단순회귀모형에서는 $E(\epsilon_i) = 0$이므로 $E(Y_i) = \alpha + \beta x_i$가 되고 $\epsilon_i \sim N(0,\sigma^2)$이므로 $Y_i \sim N(\alpha + \beta x_i, \sigma^2)$가 된다. 즉, Y_i의 기댓값이 x_i의 일차함수가 되고 Y_i는 여기에 오차가 반영되어 관측될 것이다. [그림 2]는 이러한 모형을 나타내고 있다.

기본적인 추론의 과정에서는 $Y_1,\ldots,Y_n$이 서로 독립이고 같은 분포를 가진다. 따라서 $E(Y_i) = \mu$를 추론하기 위해서 표본평균 $\overline{Y}$를 이용하였다. 그러나 단순회귀모형에서는 이들이 독립이기는 하지만 그 기댓값이 x의 일차함수로 변하고 있다. 따라서 $x_1,\ldots,x_n$과 $Y_1,\ldots,Y_n$을 사용하여 Y_i의 기댓값 $E(Y_i) = \alpha + \beta x_i$ 즉, 미지의 모수 α와 β를 추정해야 한다. 일반적으로 이를 추정할 때 자주 쓰이는 방법이 최소제곱법이다. 이는 오차의 제곱합을 최소로 하는 추정량을 찾는 방법이다.

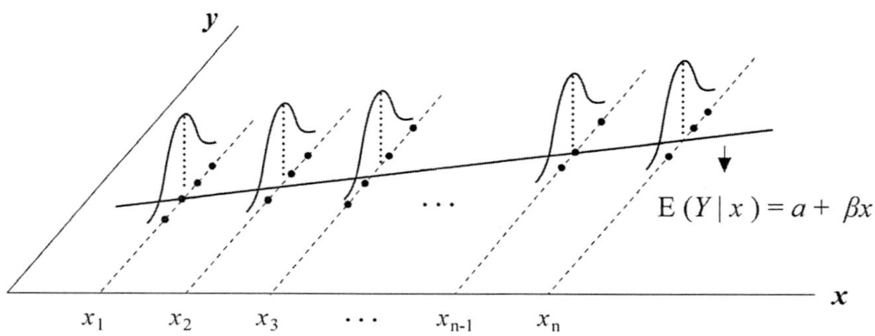

[그림 2] 단순회귀모형

10.2.2 최소제곱법

단순회귀모형 $Y_i = \alpha + \beta x_i + \epsilon_i$에서 $E(Y_i) = \alpha + \beta x_i$를 추정하기 위하여 오차제곱합

$$SS = \sum_{i=1}^{n} \epsilon_i^2 = \sum_{i=1}^{n} (Y_i - \alpha - \beta x_i)^2$$

을 최소로 하는 $\hat{\alpha}$과 $\hat{\beta}$을 찾아 이를 α와 β의 추정량으로 이용하는 방법을 최소제곱법(method of least squares)이라고 한다.

> **[최소제곱법]**
> 단순회귀모형 $Y_i = \alpha + \beta x_i + \epsilon_i$에서 오차제곱합
>
> $$SS = \sum_{i=1}^{n} \epsilon_i^2 = \sum_{i=1}^{n} (Y_i - \alpha - \beta x_i)^2$$
>
> 이 최소가 되는 α와 β를 추정하는 방법을 최소제곱법이라고 한다.

$Y_1, \ldots, Y_n$의 관측값 $y_1, \ldots, y_n$에 대해서, 구체적으로 추정량 $\hat{\alpha}$과 $\hat{\beta}$을 어떻게 찾을 수 있을까? 오차제곱합은 α와 β의 함수로 다변수함수이므로 편미분을 활용하여 $\hat{\alpha}$과 $\hat{\beta}$을 찾자. 즉, SS를 각각 α와 β에 대해서 편미분하고 이 식을 0으로 하는 $\hat{\alpha}$, $\hat{\beta}$를 찾는다.

$$\frac{\partial SS}{\partial \alpha} = -2\sum_{i=1}^{n} (y_i - \alpha - \beta x_i) = 0,$$

$$\frac{\partial SS}{\partial \beta} = -2\sum_{i=1}^{n} x_i (y_i - \alpha - \beta x_i) = 0$$

이므로 이를 정리하면 추정량 $\hat{\alpha}$과 $\hat{\beta}$은

$$\begin{cases} n\hat{\alpha} + \hat{\beta}\sum_{i=1}^{n} x_i = \sum_{i=1}^{n} y_i \\ \hat{\alpha}\sum_{i=1}^{n} x_i + \hat{\beta}\sum_{i=1}^{n} x_i^2 = \sum_{i=1}^{n} x_i y_i \end{cases}$$

을 만족한다. 이를 정규방정식(normal equation)이라고 한다. $\hat{\alpha}$과 $\hat{\beta}$에 대한 연립방정식을 풀면

$$\hat{\beta}= \frac{n\sum_{i=1}^{n}x_iy_i - \sum_{i=1}^{n}x_i\sum_{i=1}^{n}y_i}{n\sum_{i=1}^{n}x_i^2 - (\sum_{i=1}^{n}x_i)^2} = \frac{\sum_{i=1}^{n}(x_i-\overline{x})(y_i-\overline{y})}{\sum_{i=1}^{n}(x_i-\overline{x})^2}$$

$$\hat{\alpha}= \overline{y}- \hat{\beta}\overline{x}$$

을 얻는다.

참고

편도함수를 0으로 하는 값은 최소가 되기 위한 필요조건이나 충분조건은 아니다. 실제로 SS는 위의 값에서 최소가 된다. 그러나 이를 보이기 위해서는 이차편미분행렬(Hessian matrix)의 행렬식이 양이고 $\frac{\partial^2 S}{\partial\alpha^2} = 2n > 0$임을 말해야 한다.

[최소제곱추정량]

추정량을 나타낼 때, 다음의 기호가 자주 사용된다.

$$S_{xx} = \sum_{i=1}^{n}(x_i-\overline{x})^2 = \sum_{i=1}^{n}x_i^2 - n\overline{x}^2 = \sum_{i=1}^{n}x_i^2 - \frac{(\sum_{i=1}^{n}x_i)^2}{n}$$

$$S_{yy} = \sum_{i=1}^{n}(y_i-\overline{y})^2 = \sum_{i=1}^{n}y_i^2 - n\overline{y}^2 = \sum_{i=1}^{n}y_i^2 - \frac{(\sum_{i=1}^{n}y_i)^2}{n}$$

$$S_{xy} = \sum_{i=1}^{n}(x_i-\overline{x})(y_i-\overline{y}) = \sum_{i=1}^{n}x_iy_i - n\overline{x}\overline{y}= \sum_{i=1}^{n}x_iy_i - \frac{(\sum_{i=1}^{n}x_i)(\sum_{i=1}^{n}y_i)}{n}$$

따라서 $\hat{\beta}$은 $\hat{\beta}= \frac{S_{xy}}{S_{xx}}$으로 쓸 수 있다. 그리고 $E(Y) = \alpha + \beta x$의 추정값은 $\hat{y}= \hat{\alpha}+ \hat{\beta}x$이 되며, 이를 최소제곱회귀직선(least squares regression line) 또는 회귀직선(regression line)이라고 한다.

[최소제곱추정량]

단순회귀모형 $Y_i = \alpha + \beta x_i + \epsilon_i,\ i = 1, \ldots, n$에서 $Y_1, \ldots, Y_n$의 관측값이 $y_1, \ldots, y_n$일 때 α, β의 추정값은

$$\hat{\beta} = \frac{S_{xy}}{S_{xx}} = \frac{\sum_{i=1}^{n}(x_i - \overline{x})(y_i - \overline{y})}{\sum_{i=1}^{n}(x_i - \overline{x})^2}$$

$$\hat{\alpha} = \overline{y} - \hat{\beta}\overline{x}$$

이고 $E(Y) = \alpha + \beta x$의 추정값은

$$\hat{y} = \hat{\alpha} + \hat{\beta}x$$

이다. 이를 최소제곱회귀직선이라고 한다.

$\hat{y} = \hat{\alpha} + \hat{\beta}x$에서 $\hat{\alpha} = \overline{y} - \hat{\beta}\overline{x}$이므로 최소제곱회귀직선은 $\hat{y} - \overline{y} = \hat{\beta}(x - \overline{x})$로 쓸 수 있다. 즉 회귀직선은 항상 $(\overline{x}, \overline{y})$를 지난다. 이러한 형태로 회귀직선을 나타내면 편리한 경우가 많다. 또한 $\hat{\beta}$은

$$\hat{\beta} = \frac{S_{xy}}{S_{xx}} = \frac{S_{xy}}{\sqrt{S_{xx}}\sqrt{S_{yy}}}\frac{\sqrt{S_{yy}}}{\sqrt{S_{xx}}} = r\sqrt{\frac{S_{yy}}{S_{xx}}} = r\frac{sd_y}{sd_x}$$

로 쓸 수도 있다. 여기서 r은 x와 y의 상관계수이고

$$sd_x = \sqrt{\frac{1}{n-1}\sum_{i=1}^{n}(x_i - \overline{x})^2},\quad sd_y = \sqrt{\frac{1}{n-1}\sum_{i=1}^{n}(y_i - \overline{y})^2}$$

는 각각 x와 y의의 표준편차이다. 따라서 회귀직선은

$$\frac{\hat{y} - \overline{y}}{sd_y} = r\frac{x - \overline{x}}{sd_x}$$

로 쓸 수도 있다. 즉, 자료를 표준화하여 회귀직선을 구하면 항상 원점을 지나며 직선의 기울기는 상관계수와 동일하게 된다.

예제 1 H대학교 통계학 과목 수강생중 9명의 중간고사 성적과 기말고사 성적이 다음과 같다. 중간고사 성적에 따른 기말고사 성적을 분석하고자 한다.

중간고사	67 81 99 72 50 94 96 71 77
기말고사	68 67 97 61 53 85 99 78 82

(1) 두 변수 간의 산점도를 그리고, 선형관계가 성립하는지 검토하라.

(2) 단순회귀모형을 고려할 때, 독립변수와 종속변수를 결정하라.

(3) 단순회귀모형을 가정하고 α, β의 최소제곱추정값을 구하라.

(4) 중간고사 성적이 85점일 때 기말 시험에서 몇 점을 받을지 추정하라.

풀이 (1) 산점도로 보아 중간고사와 기말고사 사이에 선형관계가 성립하는 것으로 보인다.

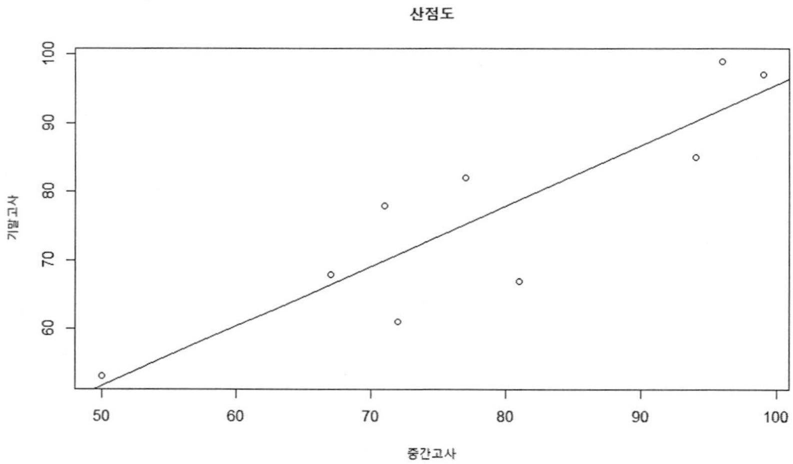

(2) 중간고사 성적에 따른 기말고사 성적을 설명하고자 하므로 독립변수는 중간고사(x), 종속변수는 기말고사(y)라 보는 것이 적절하다.

(3) $n=9$, $\sum_{i=1}^{n} x_i = 707$, $\sum_{i=1}^{n} y_i = 690$, $\sum_{i=1}^{n} x_i^2 = 57{,}557$, $\sum_{i=1}^{n} y_i^2 = 54{,}886$, $\sum_{i=1}^{n} x_i y_i = 55{,}974$에서

$$\hat{\beta} = \frac{55{,}974 - (707 \times 690)/9}{57{,}557 - 707^2/9} = 0.8773$$

$$\hat{\alpha} = \bar{y} - \hat{\beta}\bar{x} = \frac{690}{9} - \frac{0.8773 \times 707}{9} = 7.7499$$

이고 추정된 회귀직선은

$$\hat{y} = 7.7499 + 0.8773x$$

이다.

(4) $E(Y|x=85)$의 추정값은 $\hat{y} = 7.7499 + 0.8773 \times 85 = 82.3204$이다. ■

10.3 단순회귀모형의 분산분석

10.3.1 변동의 분해

단순회귀모형에서 회귀직선 $\hat{y}=\hat{\alpha}+\hat{\beta}x$은 모회귀직선인 $E(Y)=\alpha+\beta x$을 추정한다. 그러면 이 최소제곱회귀직선은 독립변수와 종속변수의 관계를 어느 정도 설명한다고 할 수 있을까? 이에 대해서 생각해보자.

회귀분석에서 종속변수 Y_i의 관측값 y_i와 이들의 평균 $\overline{y}$와의 차이를 총편차(total deviation)라고 한다. 이 총편차는

$$y_i-\overline{y}=(y_i-\hat{y_i})+(\hat{y_i}-\overline{y})$$

로 쓸 수 있다. 즉,

총편차 = 회귀직선에 의해 설명이 안 되는 편차 + 회귀직선에 의해 설명되는 편차

이다. [그림 3]은 이를 설명하고 있다.

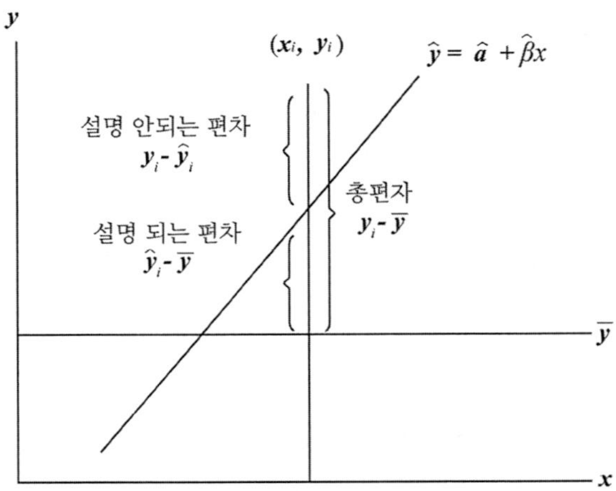

[그림 3] 총편차 $y_i-\overline{y}$의 분해

여기서 관측값 y_i와 이의 추정값 $\hat{y_i}=\hat{\alpha}+\hat{\beta}x_i$의 차이인 $y_i-\hat{y_i}$을

$$e_i=y_i-\hat{y_i}$$

로 나타내고 잔차(residual)라고 부른다. $y_i-\overline{y}=(y_i-\hat{y_i})+(\hat{y_i}-\overline{y})$의 양변을 제곱하고 더하면

$\sum_{i=1}^{n}(y_i - \hat{y_i})(\hat{y_i} - \overline{y}) = 0$이므로 (아래 〈참고〉)

$$\sum_{i=1}^{n}(y_i - \overline{y})^2 = \sum_{i=1}^{n}(y_i - \hat{y_i})^2 + \sum_{i=1}^{n}(\hat{y_i} - \overline{y})^2$$

이다. 좌변의 $\sum_{i=1}^{n}(y_i - \overline{y})^2$을 총제곱합(total sum of squares, SST)이라고 한다. $\sum_{i=1}^{n}(y_i - \hat{y_i})^2$은 오차제곱합(error sum of squares, SSE) 또는 잔차제곱합(residual sum of squares)이라고 하고 $\sum_{i=1}^{n}(\hat{y_i} - \overline{y})^2$은 회귀제곱합(regression sum of squares, SSR)이라고 한다. 총제곱합 SST는 전체자료의 변동이고, 오차제곱합 SSE는 총제곱합에서 회귀직선에 의해 설명되지 않는 변동을 말하며, 회귀제곱합 SSR은 총제곱합에서 회귀직선에 의해 설명되는 변동을 말한다. 물론 총제곱합 SST중에서 회귀제곱합 SSR이 클수록 회귀직선이 자료를 잘 적합한다고 할 수 있을 것이다.

참고

$$\begin{aligned}\sum_{i=1}^{n}(y_i - \hat{y_i})(\hat{y_i} - \overline{y}) &= \sum_{i=1}^{n}(y_i - \hat{\alpha} - \hat{\beta}x_i)(\overline{y} + \hat{\beta}(x_i - \overline{x}) - \overline{y}) \\ &= \sum_{i=1}^{n}(y_i - \overline{y} - \hat{\beta}(x_i - \overline{x}))(\hat{\beta}(x_i - \overline{x})) = \hat{\beta}S_{xy} - \widehat{\beta^2}(x_i - \overline{x})^2 \\ &= \frac{S_{xy}^2}{S_{xx}} - \frac{S_{xy}^2}{S_{xx}} = 0\end{aligned}$$

[제곱합의 다른 표현]

자료에 대한 제곱합은 주로 프로그램으로 구하기는 하지만 다음과 같은 제곱합에 대한 식을 이용하면 편리할 때가 있다.

(1) $SST = \sum_{i=1}^{n}(y_i - \overline{y})^2 = S_{yy}$

(2) $SSR = \sum_{i=1}^{n}(\hat{y_i} - \overline{y})^2 = \sum_{i=1}^{n}\widehat{\beta^2}(x_i - \overline{x})^2 = \widehat{\beta^2}S_{xx} = \frac{S_{xy}^2}{S_{xx}}$

(3) $SSE = SST - SSR = S_{yy} - \frac{S_{xy}^2}{S_{xx}} = S_{yy}(1 - r^2)$

여기서 r은 x와 y의 상관계수이고, (2)는 최소제곱회귀직선이 $\hat{y_i} - \bar{y} = \hat{\beta}(x_i - \bar{x})$라는 것을 이용하면 된다.

[변동의 분해]

$$SST = SSE + SSR$$

총제곱합 = 오차제곱합 + 회귀제곱합

$$SST = \sum_{i=1}^{n}(y_i - \bar{y})^2 = S_{yy}$$

$$SSR = \sum_{i=1}^{n}(\hat{y_i} - \bar{y})^2 = \sum_{i=1}^{n}\hat{\beta^2}(x_i - \bar{x})^2 = \hat{\beta^2}S_{xx} = \frac{S_{xy}^2}{S_{xx}}$$

$$SSE = \sum_{i=1}^{n}(y_i - \hat{y_i})^2 = SST - SSR = S_{yy} - \frac{S_{xy}^2}{S_{xx}} = S_{yy}(1 - r^2)$$

10.3.2 분산분석표

회귀직선의 유의성을 통계적으로 검정하기 위해서는 분산분석(analysis of variance, ANOVA)의 방법을 이용한다. 분산분석은 전체변동을 발생요인에 따라 분류하여 요인에 따른 변동의 상대적인 크기로 각 요인의 효과를 알아보는 통계적인 분석기법이다. 이를 위하여 각 제곱합의 자유도를 고려한다. SST는 $n-1$의 자유도를 가지며, SSE와 SSR은 각각 $n-2$와 1의 자유도를 갖는다는 것이 알려져 있다. 오차제곱합 SSE를 자유도 $n-2$로 나눈 것을 오차평균제곱(mean square error, MSE) 또는 잔차평균제곱(mean square residual)이라고 하고 회귀제곱합 SSR을 자유도 1로 나눈 것을 회귀평균제곱(mean square regression, MSR)라고 한다. 단순회귀분석에서는 독립변수가 하나이므로 SSR의 자유도가 1이라 MSR과 SSR에 차이가 없지만 중회귀분석에서는 다르게 된다. 이를 이용하여 단순회귀분석의 분산분석표를 작성하면 표와 같다.

〈표 2〉 단순회귀분석의 분산분석표

요인	제곱합	자유도	평균제곱	F값	F_α
회귀	SSR	1	MSR	$F = MSR/MSE$	$F(1, n-2; \alpha)$
잔차	SSE	$n-2$	MSE		
계	SST	$n-1$			

단순회귀모형 $Y_i = \alpha + \beta x_i + \epsilon_i$이 유의하다는 것은 독립변수에 대한 일차항이 의미를 갖는다는 것을 의미하므로, 이에 대한 가설

$$H_0 \ : \ \beta = 0, \qquad H_1 \ : \ \beta \neq 0$$

을 검정해야 할 것이다. 〈표 2〉의 분산분석표에서 위의 가설은 통계량 $F = MSR/MSE$가 귀무가설 H_0하에서 자유도 $(1, n-2)$를 가지는 F분포 $F(1, n-2)$를 따른다는 사실을 이용하여 검정할 수 있다. 만일 귀무가설이 사실이라면 일차항이 의미가 없고, 독립변수가 종속변수를 설명하는데 도움이 되지 못한다. 이 경우는 MSR과 MSE가 크게 차이가 없게 되고 F값이 작을 것이다. 그러나 대립가설 H_1이 사실이라면 MSR이 MSE에 비해서 상대적으로 크게 나타날 것이고 따라서 F값도 커질 것이다. 따라서 다음과 같은 검정을 실시한다.

[단순회귀직선의 유의성 검정]

단순회귀모형 $Y_i = \alpha + \beta x_i + \epsilon_i,\ i = 1, \ldots, n$에서 가설

$$H_0 : \beta = 0, \quad H_1 : \beta \neq 0$$

에 대한 검정통계량은

$$F = \frac{MSR}{MSE} = \frac{SSR/1}{SSE/(n-2)}$$

이고 기각역은

$$F \geq F(1, n-2\ ;\ \alpha).$$

참고

실제로

$$E(SSR) = \sigma^2 + \beta^2 S_{xx}, \quad E(SSE) = (n-2)\sigma^2$$

임을 보일 수 있다. 이는 10.4절에서 살펴볼 것이다. 따라서 $\beta = 0$이면 MSR과 MSE는 모두 σ^2을 추정하게 된다. 그리고 귀무가설 $H_0 : \beta = 0$가 사실일 때는 $F = MSR/MSE$가 $F(1, n-2)$을 따른다는 것을 보일 수 있다. 만일 H_0가 사실이 아니면 SSR은 커지게 되고 이에 따라 MSR도 커지고, 결과적으로 F가 커지므로 F가 클 때 귀무가설을 기각한다.

[결정계수]

추정된 회귀직선이 자료를 어느 정도 잘 설명하고 있는지를 나타내는 측도로 결정계수(coefficient of determination)를 자주 이용한다. 결정계수는

$$R^2 = \frac{SSR}{SST}$$

이다. 이는 총제곱합 중에서 회귀제곱합이 차지하고 있는 비율로 회귀직선에 의해서 종속변수가 어느 정도 설명되는지를 나타낸다. 단순회귀의 경우, 결정계수는

$$R^2 = \frac{SSR}{SST} = \frac{S_{xy}^2}{S_{xx}S_{yy}} = r^2$$

으로 독립변수와 종속변수의 상관계수 r의 제곱과 동일하다.

상관계수 r의 성질에서 살펴본 바와 같이 결정계수도 $0 \le R^2 \le 1$을 만족한다. $R^2 = 1$은 모든 자료가 회귀직선 위에 있는 경우로, 회귀직선으로 총변동이 설명되는 특별한 경우이다. 따라서 결정계수의 값이 1에 가까울수록 자료가 회귀직선 주위에 밀집되어 있고 회귀직선이 자료의 변동을 잘 설명한다는 의미이다. $R^2 = 0$은 독립변수가 종속변수의 변동을 설명하지 못하는 경우로, 회귀직선이 의미없는 경우이다. 결정계수는 직관적으로 회귀직선의 설명 정도를 나타내므로 매우 자주 사용된다.

예제 2 **〈예제 1〉에서 분산분석을 시행하여 추정된 회귀모형의 유의성을 유의수준 $\alpha = 0.05$에서 검정하고 결정계수를 구하라.**

풀이 (1) 분산분석표

$n = 9,\ \sum_{i=1}^{n} x_i = 707,\ \sum_{i=1}^{n} y_i = 690,\ \sum_{i=1}^{n} x_i^2 = 57{,}557,\ \sum_{i=1}^{n} y_i^2 = 54{,}886,$

$\sum_{i=1}^{n} x_i y_i = 55{,}974$에서 [제곱합의 다른 표현]을 사용하면,

$$SST = 54{,}886 - \frac{690^2}{9} = 1{,}986$$

$$SSR = \frac{S_{xy}^2}{S_{xx}} = \frac{\left(55{,}974 - \frac{707 \times 690}{9}\right)^2}{57{,}557 - \frac{707^2}{9}} = 1{,}553.4763$$

$$SSE = SST - SSR = 432.5237$$

이고, 분산분석표를 작성하면 다음과 같다.

〈표 3〉〈예제 1〉의 분산분석표

요인	제곱합	자유도	평균제곱	F 값	유의확률
회귀	1,553.4763	1	1,553.4763	25.142	0.0015
잔차	432.5237	7	61.7891		
계	1,986.0000	8			

(2) 회귀선의 유의성 검정

1) 가설 $H_0 : \beta = 0$, $H_1 : \beta \neq 0$

2) 유의수준 $\alpha = 0.05$

3) 검정통계량과 기각역 : $F = \dfrac{MSR}{MSE} > F(1,7\,;0.05) = 5.59$이면 H_0를 기각.

4) 검정통계량의 관측값 : $f_{obs} = 25.142$

5) 판정 : $f_{obs} > F(1,7;0.05)$이므로 유의수준 $\alpha = 0.05$에서 귀무가설 H_0를 기각한다. 즉, 추정된 회귀직선은 유의하다.

(3) 결정계수는 $R^2 = \dfrac{1,553.48}{1,986} = 0.7822$으로 기말고사의 전체변동 중 약 78%가 중간고사로 설명된다고 말할 수 있다. ■

10.4 추정량에 대한 추론

단순회귀모형

$$Y_i = \alpha + \beta x_i + \epsilon_i,\ \ i = 1, \ldots, n$$

에서 미지의 모수 α와 β를 추정하고, 분산분석표에서 회귀직선의 유의성을 검정하는 법을 알아보았다. 여기서 $\epsilon, \ldots, \epsilon_n$은 $\epsilon_i \overset{i.i.d.}{\sim} N(0, \sigma^2)$이다. 최소제곱법을 이용하여 $\hat{\beta}$으로 β를 추정하고 $\hat{\alpha}$으로 α를 추정하므로 어떤 x에서 $E(Y) = \alpha + \beta x$은 $\hat{\alpha} + \hat{\beta} x$로 추정할 것이다. 여기서는 $\hat{\beta}$이 β를 어느 정도 잘 추정하는지에 대해서 알아보자. 마찬가지로 $\hat{\alpha}$은 α를 얼마나 잘 추정하는지, $\hat{\alpha} + \hat{\beta} x$는 $E(Y) = \alpha + \beta x$를 얼마나 잘 추정하는지에 대해서 생각해보자.

10.4.1 기울기 β에 대한 추론

[추정량 $\hat{\beta}$의 표본분포]

단순회귀모형에서 기울기 β의 추정값은

$$\hat{\beta} = \frac{\sum_{i=1}^{n}(x_i - \overline{x})(y_i - \overline{y})}{\sum_{i=1}^{n}(x_i - \overline{x})^2}$$

이 됨을 배웠다. 여기서는 $\hat{\beta}$의 표본분포에 대해서 생각해보자. 지금까지는 주로 추정값에 대해서 언급했으므로 $Y_1, \dots, Y_n$의 관측값 $y_1, \dots, y_n$으로 표현하였으나 추정량에 대한 추론에서는 종속변수를 확률변수 $Y_1, \dots, Y_n$으로 표현하는 것이 적절하다. 물론 문맥에 따른 이해가 가능하다면 혼용해서 쓰는 경우도 있지만 이를 구분하는 것이 이론의 이해에 도움이 될 것이다. 추정량 $\hat{\beta}$는

$$\hat{\beta} = \frac{\sum_{i=1}^{n}(x_i - \overline{x})(Y_i - \overline{Y})}{\sum_{i=1}^{n}(x_i - \overline{x})^2} = \frac{\sum_{i=1}^{n}(x_i - \overline{x})Y_i}{\sum_{i=1}^{n}(x_i - \overline{x})^2} = \sum_{i=1}^{n}\frac{(x_i - \overline{x})}{S_{xx}}Y_i$$

와 같이 쓸 수 있다. 여기서 $\sum_{i=1}^{n}(x_i - \overline{x}) = 0$을 이용하였다. 즉, $\hat{\beta}$은 $\hat{\beta} = \sum_{i=1}^{n}k_i Y_i$, $k_i = \frac{(x_i - \overline{x})}{S_{xx}}$의 형태로 $Y_1, \dots, Y_n$의 일차결합(linear combination)으로 표현된다. $\epsilon, \dots, \epsilon_n$은 $\epsilon_i \overset{i.i.d.}{\sim} N(0, \sigma^2)$이라는 단순회귀모형의 가정에서 $E(Y_i) = \alpha + \beta x_i$, $Var(Y_i) = \sigma^2$, $Y_i \sim N(\alpha + \beta x_i, \sigma^2)$이고, $Y_1, \dots, Y_n$은 독립이다. 이것을 이용하여 $\hat{\beta}$의 기댓값과 분산을 구해보자.

$$E(\hat{\beta}) = E\left(\sum_{i=1}^{n}\frac{x_i - \overline{x}}{S_{xx}}Y_i\right) = \sum_{i=1}^{n}\frac{x_i - \overline{x}}{S_{xx}}(\alpha + \beta x_i) = \frac{\alpha}{S_{xx}}\sum_{i=1}^{n}(x_i - \overline{x}) + \beta\frac{\sum_{i=1}^{n}(x_i - \overline{x})^2}{S_{xx}} = \beta$$

으로 $\hat{\beta}$은 β의 불편추정량이다. 여기서는 $E(Y_i) = \alpha + \beta x_i$, 즉 $E(\epsilon_i) = 0$라는 것을 이용하고 있다.

$$Var(\hat{\beta}) = Var(\sum_{i=1}^{n} \frac{(x_i - \overline{x})}{S_{xx}} Y_i) = \frac{1}{S_{xx}^2} \sum_{i=1}^{n} (x_i - \overline{x})^2 Var(Y_i) = \frac{\sigma^2}{S_{xx}}$$

이 된다. 여기서는 $Var(Y_i) = \sigma^2$, 즉 $Var(\epsilon_i) = \sigma^2$ 임을 이용하고 있다.

$\epsilon_i \overset{i.i.d.}{\sim} N(0, \sigma^2)$에서 $Y_i \sim N(\alpha + \beta x_i, \sigma^2)$이고 $Y_1, \ldots, Y_n$은 독립이다. 또한 $\hat{\beta}$은 Y_i의 일차 결합이므로 $\hat{\beta}$도 정규분포를 따른다. 즉, $\hat{\beta} \sim N(\beta, \frac{\sigma^2}{S_{xx}})$이 성립한다.

[추정량 $\hat{\beta}$의 표본분포]

$\hat{\beta}$은 정규분포를 따른다. 즉,

$$\hat{\beta} \sim N(\beta, \frac{\sigma^2}{S_{xx}}),\ \frac{\hat{\beta} - \beta}{\sigma / \sqrt{S_{xx}}} \sim N(0, 1).$$

[제곱합의 기댓값]

다음으로 총제곱합의 기댓값을 생각해보자.

$$\begin{aligned} E(SST) &= E(\sum_{i=1}^{n} (Y_i - \overline{Y})^2) = E(\sum_{i=1}^{n} (\alpha + \beta x_i + \epsilon_i - \alpha - \beta \overline{x} - \overline{\epsilon})^2) \\ &= E[\sum_{i=1}^{n} (\beta (x_i - \overline{x}) + (\epsilon_i - \overline{\epsilon}))^2] = E(\sum_{i=1}^{n} \beta^2 (x_i - \overline{x})^2) + E(\sum_{i=1}^{n} (\epsilon_i - \overline{\epsilon})^2) \\ &= \beta^2 S_{xx} + (n-1)\sigma^2 \end{aligned}$$

이다. 회귀제곱합과 오차제곱합의 기댓값은

$$\begin{aligned} E(SSR) &= E(\sum_{i=1}^{n} (\hat{Y}_i - \overline{Y})^2) = E(\sum_{i=1}^{n} (\hat{\beta}(x_i - \overline{x}))^2) \\ &= \sum_{i=1}^{n} (x_i - \overline{x})^2 E(\hat{\beta}^2) = S_{xx} (Var(\hat{\beta}) + (E(\hat{\beta}))^2) = \sigma^2 + \beta^2 S_{xx} \end{aligned}$$

$$E(SSE) = E(SST) - E(SSR) = (n-2)\sigma^2$$

이다. 따라서 오차평균제곱 $MSE = \frac{SSE}{n-2}$의 기댓값은

$$E(MSE) = \sigma^2$$

으로 MSE는 오차항의 분산 σ^2의 불편추정량이 된다.

[오차항의 분산 σ^2의 추정량]

단순회귀모형 $Y_i = \alpha + \beta x_i + \epsilon_i,\ \epsilon_i \overset{i.i.d.}{\sim} N(0,\sigma^2),\ i = 1,\dots,n$에서 오차평균제곱

$$MSE = \frac{SSE}{n-2} = \frac{\sum_{i=1}^{n}(Y_i - \widehat{Y}_i)^2}{n-2} = \frac{\sum_{i=1}^{n}(Y_i - \hat{\alpha} - \hat{\beta}x_i)^2}{n-2}$$

은 σ^2의 불편추정량이 되고, $\hat{\sigma}^2 = MSE$라고 쓴다.

[기울기 β에 대한 추론]

앞에서 $\frac{\hat{\beta}-\beta}{\sigma/\sqrt{S_{xx}}} \sim N(0,1)$임을 배웠다. 이를 추론에 이용하려면 σ에 대한 추정량이 필요하고 $\hat{\sigma} = \sqrt{MSE}$를 이용하면 될 것이다. 실제로 $\frac{SSE}{\sigma^2} \sim \chi^2(n-2)$임이 알려져 있다. 따라서

$$\frac{\hat{\beta}-\beta}{\hat{\sigma}/\sqrt{S_{xx}}} = \frac{\frac{\hat{\beta}-\beta}{\sigma/\sqrt{S_{xx}}}}{\sqrt{\frac{SSE}{\sigma^2(n-2)}}} = \frac{\hat{\beta}-\beta}{\sqrt{MSE}/\sqrt{S_{xx}}} \sim t(n-2)$$

이 성립한다.

[추정량 $\hat{\beta}$의 표본분포]

$$\frac{\hat{\beta}-\beta}{\sqrt{MSE}/\sqrt{S_{xx}}} \sim t(n-2)$$

이를 이용하면 기울기 β의 신뢰구간을 구할 수 있고, 검정을 실시할 수 있다.

[기울기 β의 신뢰구간]

β의 $100(1-\alpha)\%$ 신뢰구간은

$$\hat{\beta} \pm t(n-2;\frac{\alpha}{2})\sqrt{\frac{MSE}{S_{xx}}}.$$

[기울기 β에 대한 가설검정]

아래의 가설에 대한 검정 통계량은

$$T = \frac{\hat{\beta} - \beta_0}{\sqrt{\frac{MSE}{S_{xx}}}}$$

이며 기각역은 다음과 같다.

	귀무가설	대립가설	유의수준 α 에서의 기각역
(1)	$H_0 \ : \ \beta = \beta_0$	$H_1 \ : \ \beta > \beta_0$	$T \geqq t(n-2 \ ; \ \alpha)$
(2)	$H_0 \ : \ \beta = \beta_0$	$H_1 \ : \ \beta < \beta_0$	$T \leqq -t(n-2 \ ; \ \alpha)$
(3)	$H_0 \ : \ \beta = \beta_0$	$H_1 \ : \ \beta \neq \beta_0$	$\lvert T \rvert \geqq t(n-2 \ ; \ \alpha/2)$

예제 3 〈예제 1〉에서 단순회귀모형을 고려할 때, 다음 물음에 답하라.

(1) 기울기 β에 대한 95% 신뢰구간을 구하라.

(2) 중간고사 성적이 높으면 기말고사 성적도 높다고 할 수 있는지 즉, 가설

$$H_0 \ : \ \beta = 0, \quad H_1 \ : \ \beta > 0$$

을 유의수준 $\alpha = 0.05$에서 검정하라.

풀이 (1) $\hat{\beta} = 0.8773$, $MSE = 61.7891$, $S_{xx} = 57{,}557 - \frac{707^2}{9} = 2{,}018.22$, $t(7;0.025) = 2.365$

이므로 β의 95% 신뢰구간은

$$\hat{\beta} \pm t(n-2;\frac{\alpha}{2})\sqrt{\frac{MSE}{S_{xx}}}$$

$$= 0.8773 \pm 2.365\sqrt{\frac{61.7891}{2{,}018.22}} = 0.8773 \pm 0.4138 = (0.4635, 1.2911).$$

(2)

1) 가설 $H_0 \ : \ \beta = 0, \quad H_1 \ : \ \beta > 0$

2) 유의수준 $\alpha = 0.05$

3) 검정통계량과 기각역 : $T = \frac{\hat{\beta}}{\sqrt{MSE/S_{xx}}} \geq t(7;0.05) = 1.895$이면 H_0를 기각.

4) 검정통계량의 관측값 : $t_{obs} = \frac{0.8773}{\sqrt{61.7891/2{,}018.22}} = 5.014$

5) 판정 : $t_{obs} > t(7;0.025)$ 이므로 유의수준 $\alpha = 0.05$에서 귀무가설 H_0를 기각한다. 즉, 중간고사 성적이 높으면 기말고사 성적도 높다고 볼 충분한 근거가 있다.

10.4.2 절편 α에 대한 추론

[추정량 $\hat{\alpha}$의 표본분포]

우선 $\hat{\alpha} = \overline{Y} - \hat{\beta}\overline{x}$의 기댓값과 분산을 구해보자. $E(Y_i) = \alpha + \beta x_i$에서 $E(\overline{Y}) = \alpha + \beta\overline{x}$이고 $E(\hat{\beta}) = \beta$이므로

$$E(\hat{\alpha}) = E(\overline{Y} - \hat{\beta}\overline{x}) = \alpha + \beta\overline{x} - \beta\overline{x} = \alpha$$

$$Var(\hat{\alpha}) = Var(\overline{Y} - \hat{\beta}\overline{x}) = Var(\overline{Y}) + \overline{x}^2 Var(\hat{\beta}) - 2\overline{x}\,Cov(\overline{Y}, \hat{\beta}) = \frac{\sigma^2}{n} + \frac{\overline{x}^2}{S_{xx}}\sigma^2$$

이다. 여기서 $Cov(\overline{Y}, \hat{\beta})$는

$$Cov(\overline{Y}, \hat{\beta}) = Cov\left(\frac{1}{n}\sum_{i=1}^{n} Y_i, \frac{\sum_{i=1}^{n}(x_i - \overline{x})}{S_{xx}} Y_i\right) = \frac{1}{n}\sum_{i=1}^{n}\frac{(x_i - \overline{x})}{S_{xx}} Var(Y_i) = 0$$

이다. $\overline{Y}$와 $\hat{\beta}$ 모두 Y_i의 일차결합임에 유의하자. $\hat{\alpha}$도 마찬가지로 Y_i의 일차결합이므로 $\hat{\alpha} \sim N(\alpha, \frac{\sigma^2}{n} + \frac{\overline{x}^2}{S_{xx}}\sigma^2)$으로 정규분포를 따른다. 그리고 $\hat{\beta}$에서와 같이 σ^2을 MSE로 추정하면 t분포를 따른다.

> **[추정량 $\hat{\alpha}$의 표본분포]**
>
> $$\hat{\alpha} \sim N\left(\alpha, \frac{\sigma^2}{n} + \frac{\overline{x}^2}{S_{xx}}\sigma^2\right) \text{이고}$$
>
> σ^2을 MSE로 추정하면
>
> $$\frac{\hat{\alpha} - \alpha}{\sqrt{\left(\frac{1}{n} + \frac{\overline{x}^2}{S_{xx}}\right)MSE}} \sim t(n-2).$$

위의 표본분포로부터 절편 α에 대한 추론을 할 수 있다.

[절편 α의 신뢰구간]

α의 $100(1-\alpha)\%$ 신뢰구간은

$$\hat{\alpha} \pm t(n-2;\frac{\alpha}{2})\sqrt{\left(\frac{1}{n}+\frac{\overline{x}^2}{S_{xx}}\right)MSE}.$$

[절편 α에 대한 가설검정]

아래의 가설에 대한 검정 통계량은

$$T=\frac{\hat{\alpha}-\alpha_0}{\sqrt{\left(\frac{1}{n}+\frac{\overline{x}^2}{S_{xx}}\right)MSE}}$$

이며 기각역은 다음과 같다.

	귀무가설	대립가설	유의수준 α 에서의 기각역
(1)	$H_0 : \alpha=\alpha_0$	$H_1 : \alpha>\alpha_0$	$T \geqq t(n-2\ ;\ \alpha)$
(2)	$H_0 : \alpha=\alpha_0$	$H_1 : \alpha<\alpha_0$	$T \leqq -t(n-2\ ;\ \alpha)$
(3)	$H_0 : \alpha=\alpha_0$	$H_1 : \alpha\neq\alpha_0$	$\lvert T\rvert \geqq t(n-2\ ;\ \alpha/2)$

예제 4 〈예제 1〉에서 단순회귀모형을 고려할 때, 다음 물음에 답하라.

(1) 절편 α에 대한 95% 신뢰구간을 구하라.

(2) 절편 α가 0이라고 할 수 있는지 유의수준 $\alpha=0.05$에서 검정하라.

풀이 (1) $\hat{\alpha}=7.7499$, $MSE=61.7891$, $S_{xx}=57,557-\frac{707^2}{9}=2,018.22$,

$\overline{x}=78.56$, $t(7;0.025)=2.365$이므로 α의 95% 신뢰구간은

$$\hat{\alpha} \pm t(n-2;\frac{\alpha}{2})\sqrt{\left(\frac{1}{n}+\frac{\overline{x}^2}{S_{xx}}\right)MSE}$$

$$=7.7499 \pm 2.365\sqrt{61.7891\times\left(\frac{1}{9}+\frac{78.56^2}{2,018.22}\right)}=7.7499\pm 33.0944$$

$$=(-25.3445, 40.8443)$$

(2)

1) 가설 $H_0 : \alpha=0$, $H_1 : \alpha\neq 0$

2) 유의수준 $\alpha=0.05$

3) 검정통계량과 기각역 : $|T| \geq t(7;0.025) = 2.365$이면 H_0를 기각.

4) 검정통계량의 관측값 : $t_{obs} = \dfrac{7.7499}{\sqrt{61.7891\left(\dfrac{1}{9} + \dfrac{78.56^2}{2,018.22}\right)}} = 0.5538$

5) 판정 : $|t_{obs}| < t(7;0.025)$ 이므로 유의수준 $\alpha = 0.05$에서 귀무가설 H_0를 기각할 수 없다. 즉, 절편이 0이 아니라고 할 충분한 근거가 없다.

10.4.3 평균반응값 $E(Y) = \alpha + \beta x^*$에 대한 추론

여기서는 독립변수의 값이 $x = x^*$일 때, 종속변수의 평균반응값 $E(Y) = \alpha + \beta x^*$에 대한 추론을 생각해보자. 일단 이의 추정량은 $\hat{Y} = \hat{\alpha} + \hat{\beta} x^*$을 이용할 것이다.

[추정량 $\hat{Y}$의 표본분포]

우선 $\hat{Y}$ 의 기댓값과 분산은 $\hat{\alpha}$, $\hat{\beta}$의 결과로부터

$$E(\hat{Y}) = E(\hat{\alpha} + \hat{\beta} x^*) = \alpha + \beta x^*$$

이고,

$$\begin{aligned} Var(\hat{Y}) &= Var(\hat{\alpha} + \hat{\beta} x^*) = Var(\overline{Y} + \hat{\beta}(x^* - \overline{x})) \\ &= Var(\overline{Y}) + (x^* - \overline{x})^2 Var(\hat{\beta}) + 2(x^* - \overline{x}) Cov(\overline{Y}, \hat{\beta}) \\ &= \frac{\sigma^2}{n} + (x^* - \overline{x})^2 \frac{\sigma^2}{S_{xx}} \end{aligned}$$

이 된다. 여기서 $Cov(\overline{Y}, \hat{\beta}) = 0$을 이용했다. 그리고 $\hat{\alpha} + \hat{\beta} x^*$도 독립이며 정규분포를 따르는 확률변수인 $Y_1, \ldots, Y_n$의 일차결합이므로 정규분포를 따른다. 따라서 $\hat{\beta}$, $\hat{\alpha}$에서의 결과와 유사하게 다음을 얻을 수 있다.

[추정량 $\hat{Y} = \hat{\alpha} + \hat{\beta} x^*$의 표본분포]

$$\hat{Y} = \hat{\alpha} + \hat{\beta} x^* \sim N\left(\alpha + \beta x^*, \left(\frac{1}{n} + \frac{(x^* - \overline{x})^2}{S_{xx}}\right)\sigma^2\right) \text{이고}$$

σ^2을 MSE로 추정하면

$$\frac{\hat{\alpha} + \hat{\beta} x^* - (\alpha + \beta x^*)}{\sqrt{\left(\dfrac{1}{n} + \dfrac{(x^* - \overline{x})^2}{S_{xx}}\right) MSE}} \sim t(n-2).$$

위의 표본분포로부터 $E(Y)=\alpha+\beta x^*$에 대한 추론을 할 수 있다.

[평균반응값 $E(Y)=\alpha+\beta x^*$의 신뢰구간]

$E(Y)=\alpha+\beta x^*$의 $100(1-\alpha)\%$ 신뢰구간은

$$\hat{\alpha}+\hat{\beta}x^* \pm t(n-2;\frac{\alpha}{2})\sqrt{\left(\frac{1}{n}+\frac{(x^*-\bar{x})^2}{S_{xx}}\right)MSE}.$$

[평균반응값 $E(Y)=\alpha+\beta x^*$에 대한 가설검정]

아래의 가설에 대한 검정 통계량은

$$T=\frac{\hat{\alpha}+\hat{\beta}x^*-\mu_0}{\sqrt{\left(\frac{1}{n}+\frac{(x^*-\bar{x})^2}{S_{xx}}\right)MSE}}$$

이며 기각역은 다음과 같다.

	귀무가설	대립가설	유의수준 α 에서의 기각역
(1)	H_0 : $E(Y)=\mu_0$	H_1 : $E(Y)>\mu_0$	$T\geq t(n-2\ ;\ \alpha)$
(2)	H_0 : $E(Y)=\mu_0$	H_1 : $E(Y)<\mu_0$	$T\leq -t(n-2\ ;\ \alpha)$
(3)	H_0 : $E(Y)=\mu_0$	H_1 : $E(Y)\neq\mu_0$	$\lvert T\rvert \geq t(n-2\ ;\ \alpha/2)$

위의 결과를 살펴보면 x^*가 $\bar{x}$에 가까울수록 신뢰구간의 길이가 짧고 $\bar{x}$에서 멀어질수록 신뢰구간의 길이가 길어진다는 것을 알 수 있다. 또한 $S_{xx}=\sum_{i=1}^{n}(x_i-\bar{x})^2$이므로 x_i들이 넓게 퍼져있을 때 S_{xx}가 커지고, S_{xx}가 클수록 $E(Y)$의 신뢰구간의 길이가 짧아진다. 이는 x_i들이 너무 모여 있을 때는 추론에 주의해야 함을 의미하기도 한다.

예제 5 〈예제 1〉에서 중간고사 성적이 80일 때 기말고사 성적의 평균에 대한 95% 신뢰구간을 구하라.

풀이 (1) $\hat{y}=7.7499+0.8773x$이므로 $x=x^*=80$일 때 평균반응값의 신뢰구간을 구하면

$$(7.7499+0.8773\times 80)\pm 2.365\sqrt{61.7891\times\left(\frac{1}{9}+\frac{(80-78.56)^2}{2{,}018.22}\right)}$$
$$=77.9339\pm 6.2254=(71.7085, 84.1593)$$

이다. 마찬가지로 다른 x값에서도 신뢰구간을 구하고 이를 그림으로 나타내어 보면 다음 [그림 4]의 화살표와 같다.

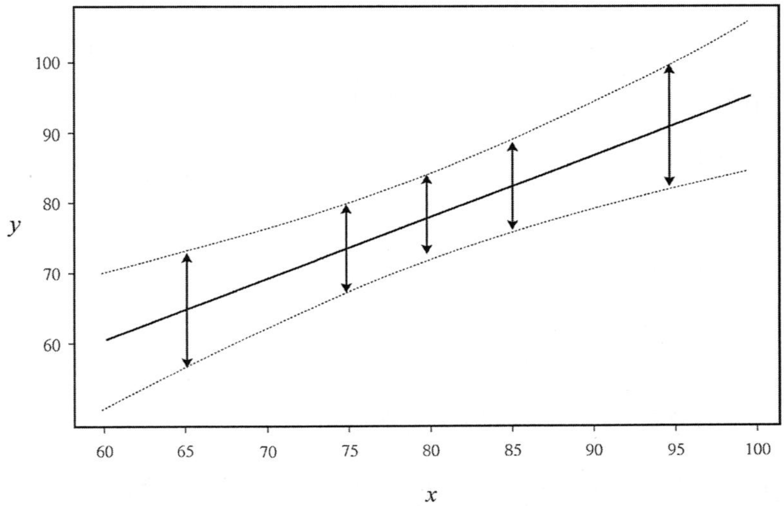

[그림 4] 추정된 회귀직선과 평균 반응값의 95% 신뢰구간

10.5 잔차분석

단순회귀모형

$$Y_i = \alpha + \beta x_i + \epsilon_i, \ \ i = 1, \ldots, n$$

에서 오차에 대한 가정은 $\epsilon_i \overset{i.i.d.}{\sim} N(0, \sigma^2)$이다. 이를 구체적으로 서술하면 다음과 같다.

(1) $E(\epsilon_i) = 0$: 모형의 적합성

(2) $Var(\epsilon_i) = \sigma^2$: 등분산성

(3) 정규성

(4) 독립성

$E(\epsilon_i) = 0$이라는 것은 주어진 모형이 자료를 설명하는데 적합하다는 의미로, 독립변수로 종속변수를 어느 정도 설명할 수 있다는 것을 말한다. $Var(\epsilon_i) = \sigma^2$은 오차항의 분산이 독립변수의 값에 따라 변하지 않는다는 의미로 등분산성이라고 한다. 이러한 가정에서 심하게 벗어나는 경우는 단순회귀모형으로 자료를 설명하기에 적합하지 않고, 추론의 과정

이 정확하지 않을 수 있다. 그러나 오차 ϵ_i는 관측이 불가능하다. 따라서 오차 대신에 잔차 $e_i = y_i - \hat{y_i}$로 오차에 대한 가정을 검토한다.

잔차 e_i를 추정값 $\hat{y_i}$에 대해서 산점도를 그렸을 때 가장 바람직한 형태는 잔차가 0을 중심으로 아무런 패턴을 보이지 않고 수평대를 형성하며 아래 [그림 5]와 같이 퍼져있는 형태이다.

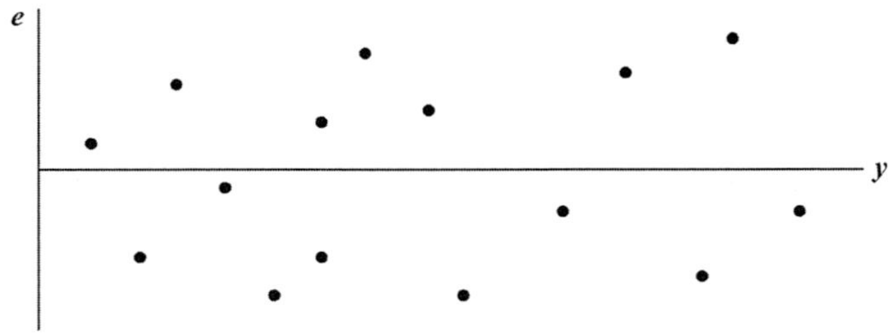

[그림 5] 일정하게 퍼져있는 잔차

(1) 아래와 같이 잔차에 곡선의 형태가 보이면 단순회귀모형보다는 $Y = \alpha + \beta_1 x + \beta_2 x^2 + \epsilon$과 같은 곡선회귀식이 더 적절할 것이다. 이 경우는 $E(\epsilon_i) = 0$이라는 가정을 만족한다고 보기 힘들다.

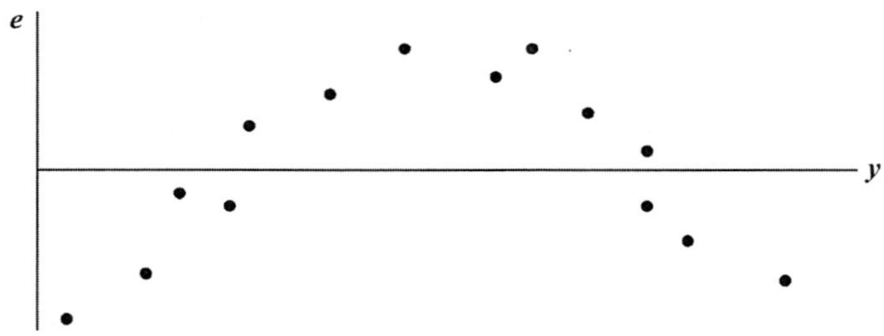

[그림 6] $E(\epsilon_i) = 0$이 만족되지 않는 경우

(2) $\hat{y}$이 증가하면서 잔차가 넓은 폭을 가지며 흩어져 있으면 오차의 분산이 증가한다고 볼 수 있으며 등분산성의 가정을 의심해 볼 수 있다.

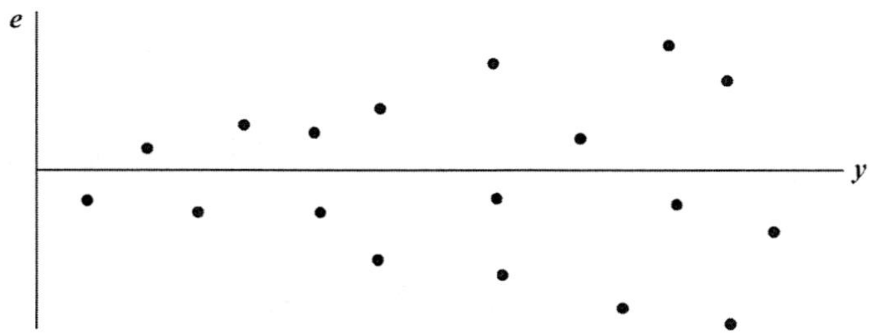

[그림 7] 등분산성이 만족되지 않는 경우

(3) 잔차를 시간 또는 관측순서에 대해서 산점도를 그렸을 때 별다른 패턴이 보이지 않는다면 독립성을 받아들일 수 있으나 다음과 같이 어떤 패턴이 보이는 경우에는 독립성의 가정을 의심해 볼 수 있다.

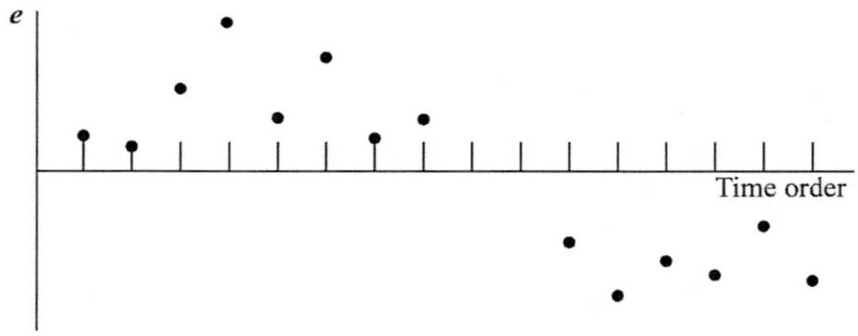

[그림 8] 잔차의 독립성이 만족되지 않는 경우

(4) 오차의 정규성은 잔차의 정규확률도로 판단할 수 있다. 정규확률도는 자료의 정규성을 살펴보기 위해 자주 쓰이는 방법으로, 자료의 순서통계량과 정규분포의 이론적인 백분위수로 그래프를 그렸을 때 직선을 따라 점들이 나열되면 정규성이 성립한다고 판단한다. [그림 9]는 〈예제 1〉의 잔차의 정규확률도이다. 몇 개의 자료에 대해서 잔차의 절대값이 크긴 하지만 대체적으로는 정규분포의 가정에서 심하게 벗어나지는 않는 것으로 보인다.

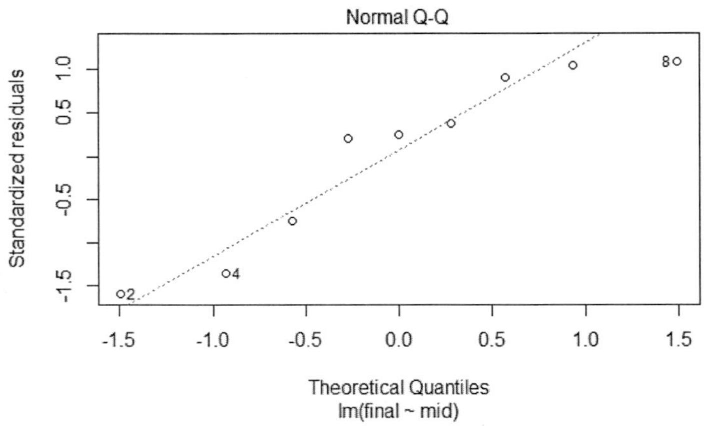

[그림 9] 정규확률도

참고

오차 ϵ_i는 서로 독립이지만 모형에서 얻어진 잔차 e_i는 사실 독립은 아니다. 실제로 잔차는 그 합이 항상 0이 되며 그 외에도 다음과 같은 식을 만족한다.

$$\sum_{i=1}^{n} e_i = \sum_{i=1}^{n}(y_i - \hat{y_i}) = \sum_{i=1}^{n}(y_i - \overline{y} - \hat{\beta}(x_i - \overline{x})) = 0$$

$$\sum_{i=1}^{n} x_i e_i = \sum_{i=1}^{n} x_i (y_i - \hat{y_i}) = \sum_{i=1}^{n} x_i (y_i - \overline{y} - \hat{\beta}(x_i - \overline{x})) = S_{xy} - \hat{\beta} S_{xx} = S_{xx} - S_{xx} = 0$$

$$\sum_{i=1}^{n} \hat{y_i} e_i = \sum_{i=1}^{n} (\hat{\alpha} + \hat{\beta} x_i) e_i = \hat{\alpha} \sum_{i=1}^{n} e_i + \hat{\beta} \sum_{i=1}^{n} x_i e_i = 0$$

R 실습

```
# 단순회귀에 대한 예제
# 새로운 알려지 약을 개발하는 단계에서 약의 복용량이 알려지 증상완화를
# 얼마나 지속하는가를 알아보기 위한 실험을 하였다.
# 10명의 환자에 대해서 실험한 결과 다음과 같은 자료를 얻었다.
# 약의 복용량(dosage)의 단위는 밀리그램,
# 증상완화 지속시간(duration)의 단위는 시간이다.
dosage=c(3,3,4,5,6,6,7,8,8,9)
duration=c(9,5,12,9,14,16,22,18,24,22)

# 산점도
plot(dosage,duration,xlab="dosage (mg)", ylab="duration of relief (hour)")

# 단순선형회귀모형의 적합
pharm.fit=lm(duration~dosage) # duration=alpha+beta*dosage
pharm.fit
Call:
lm(formula = duration ~ dosage)

Coefficients:
(Intercept)      dosage
    -1.071        2.741
# 적합된 회귀직선은 y=-1.071+2.741*x이다.
abline(pharm.fit)
```

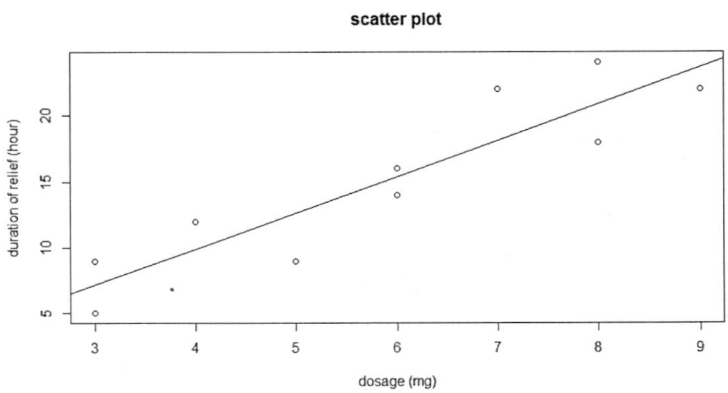

산점도의 형태로 보아 직선식이 적절해 보인다.

```
summary(pharm.fit)
Call:
lm(formula = duration ~ dosage)

Residuals:
    Min      1Q  Median      3Q     Max
-3.6333 -2.0128 -0.3741  2.0428  3.8851

Coefficients:
            Estimate Std. Error t value Pr(>|t|)
(Intercept)  -1.0709     2.7509  -0.389 0.707219
dosage        2.7408     0.4411   6.214 0.000255 ***
---
Signif. codes:  0 '***' 0.001 '**' 0.01 '*' 0.05 '.' 0.1 ' ' 1

Residual standard error: 2.821 on 8 degrees of freedom
Multiple R-squared:  0.8284,     Adjusted R-squared:  0.8069
F-statistic: 38.62 on 1 and 8 DF,  p-value: 0.0002555
```

회귀직선의 기울기와 절편에 대한 검정결과를 보여준다.
Rsquare와 F 검정결과를 보여준다.
회귀계수의 유의성 검정, 즉 기울기가 0인지 아닌지에 대한 검정의 p값은 0.000255이다.
회귀계수는 유의하다.

```
attributes(pharm.fit)
$names
 [1] "coefficients"  "residuals"   "effects"   "rank"   "fitted.values" "assign"   "qr"
 [8] "df.residual"   "xlevels"    "call"    "terms"    "model"

$class
[1] "lm"
```

모형을 적합하고 난 후, 얻을 수 있는 객체들을 보여준다.

예를 들어 잔차나 추정값을 보려면 다음과 같이 하면 된다.

```
pharm.fit$residuals ; pharm.fit$fitted.values
residuals(pharm.fit) ; fitted.values(pharm.fit)
```

```
anova(pharm.fit)
Analysis of Variance Table

Response: duration
          Df  Sum Sq Mean Sq F value    Pr(>F)
dosage     1 307.247 307.247  38.615 0.0002555 ***
Residuals  8  63.653   7.957
---
Signif. codes:  0 '***' 0.001 '**' 0.01 '*' 0.05 '.' 0.1 ' ' 1
```

회귀분석에 대한 분산분석표를 보여준다.

단순회귀분석이므로 summary(pharm.fit)에서와 동일한 p값을 보여준다.

```
par(mfrow=c(1,2))
plot(pharm.fit,which=1)
plot(pharm.fit,which=2)
```

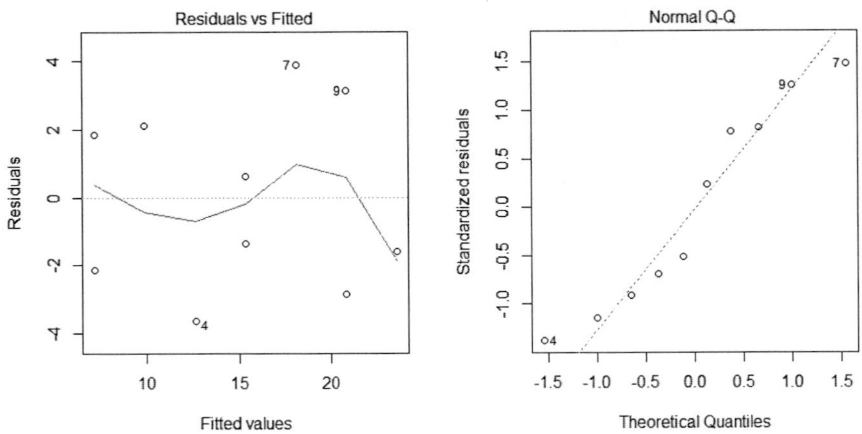

$\hat{y}$과 $\hat{e}$의 잔차도로부터 잔차가 특별한 패턴을 보이지 않는 것을 살펴볼 수 있다.

우측의 그림은 잔차가 정규분포로부터 특별히 벗어나지 않음을 보여준다.

제10장 연습문제

1. 어떤 공정에서 생산되는 제품의 강도가 온도에 따라 어떤 영향을 받는지를 분석하기 위하여 다음의 자료를 얻었다.

온도(℃)	180	185	195	200	205	205	210	210
강도(kg/cm^3)	90	95	120	128	132	146	150	155

(1) 단순회귀모형을 가정하고 적합된 회귀식을 추정하라.

(2) 분산분석표를 작성하고 적합된 회귀식이 유의한지를 유의수준 5%에서 검정하라.

(3) 결정계수를 구하고 그 의미를 간단하게 설명하라.

2. 어떤 특수한 종류의 상품을 팔고 있는 상점을 중심으로 광고가 판매량에 미치는 영향을 알아보기 위하여 비슷한 여건 하에 있는 많은 상점들 중에서 10개의 상점을 표본으로 추출하여, 이 상점들의 연간 광고료와 총판매량을 조사하여 다음의 자료를 얻었다. 여기서 r은 표본상관계수를 의미한다. 여러 가지 사항을 고려하여 광고료를 설명변수(독립변수) x로, 총 판매액을 반응변수(종속변수) y로 하는 단순회귀모형을 자료에 적합하기로 하였다.

상점번호	1	2	…	10
광고료(x) (단위 백만 원)	4	8	…	9
총 판매액(y) (단위 천만 원)	9	20	…	20

$$n = 10,\ \ \overline{x} = 8,\ \ \overline{y} = 18.6,$$

$$\sum_{i=1}^{10}(x_i - \overline{x})^2 = 46,\quad \sum_{j=1}^{10}(y_j - \overline{y})^2 = 368.4,\quad r^2 = 0.85$$

(1) 모형을 적고 모든 가정을 명확히 서술하라.

(2) 회귀직선을 추정하라. 광고료가 백만 원 증가했을 때 총 판매액의 평균 증가율의 추정값을 숫자로 제시하라.

(3) 회귀직선의 기울기에 대한 95% 신뢰구간을 구하라.

(4) 위의 회귀모형에 대한 아래의 분산분석표를 작성하고 회귀직선의 유의성을 $\alpha = 0.05$

에서 검정하라. $F_{0.05}$는 $F(n_1, n_2; 0.05)$를 의미한다.

요인	제곱합	자유도	평균제곱	F비	$F_{0.05}$
회귀					
잔차					
총계					

(5) 위의 자료에 대한 결정계수는 얼마인가?

3. 핵시설로부터의 방사성 폐기물이 그 주변 지역 주민들의 암으로 인한 사망률에 어떤 영향을 미치는지를 연구하고자 한다. 이를 위하여 핵시설 주변의 9개의 지역에서 핵폐기물의 노출량과 100,000명 중 암으로 인해 사망한 사람의 비율을 조사하였다.

(1) 이 연구를 주관하는 연구자는 노출량을 설명변수(독립변수) x 로, 사망률을 반응변수(종속변수) y 로 하는 단순회귀모형을 자료에 적합하기로 하였다. 모형을 적고 모든 가정을 명확히 서술하라.

(2) 조사결과 다음 자료를 얻었다.

	1	2	…	9
노출량 x	8.34	6.41	…	1.62
사망률 y	210.3	177.9	…	137.5

$$n = 9,\quad \sum_{x=1}^{n} x_i = 41.56,\quad \sum_{i=1}^{n} y_i = 1{,}416.1$$

$$\sum_{i=1}^{n} x_i^2 = 289.42,\quad \sum_{i=1}^{n} y_i^2 = 232{,}498.97,\quad \sum_{i=1}^{n} x_i\, y_i = 7{,}439.37$$

회귀직선을 추정하라.

(3) (2)에서 얻은 회귀직선을 이용하여 노출량이 0일 때의 평균 사망률을 추정하라.

(4) 노출량이 한 단위 증가했을 때 사망률의 평균 증가율의 추정값은 얼마인가?

(5) 실제로 핵폐기물의 노출량이 증가함에 따라 평균 암사망률이 증가하는지에 대해 검정하고자 한다. (1)에서의 모형을 참고하여 가설검정을 시행하라. 귀무가설 H_0 와 대립가설 H_1 을 명확히 적고 결론을 말하라. 귀무가설 H_0 는 유의수준 5%에서 기각되는가?

(6) 위의 회귀모형에 대한 분산분석표를 작성하고 회귀직선의 유의성을 $\alpha = 0.05$ 에서 검정하라.

요인	제곱합	자유도	평균제곱	F비	$F_{0.05}$
회귀					
잔차					
총계					

(7) 위의 자료에 대한 결정계수는 얼마인가?

4. 기기의 사용년수(x, 단위: 년)가 정비비용(y, 단위: 1,000원)에 어떤 영향을 미치는지 알아보기 위하여, 어떤 큰 공장에서 동일한 기계들의 정비기록에 관한 14개의 표본자료를 취하여 아래의 값을 구하였다.

$$\sum_{i=1}^{14} x_i = 62,\quad \sum_{i=1}^{14} x_i^2 = 360,\quad \sum_{i=1}^{14} y_i = 1{,}250,\quad \sum_{i=1}^{14} y_i^2 = 137{,}972,\quad \sum_{i=1}^{14} x_i y_i = 6{,}705$$

사용년수를 설명변수 x로 하고, 정비비용을 반응변수 y로 하여, 단순선형회귀모형

$$Y_i = \alpha + \beta x_i + \epsilon_i,\ i = 1, \cdots, 14$$

을 적합하기로 하였다. 다음 물음에 답하라.

(1) 최소제곱회귀직선의 기울기 $\hat{\beta}$를 구하라.

(2) 위의 회귀모형에 대한 분산분석표를 작성하고 회귀직선의 유의성을 $\alpha = 0.05$ 에서 검정하라. 검정하는 가설을 명확하게 적어라.

요인	제곱합	자유도	평균제곱	F비	$F_{0.05}$
회귀					
잔차					
총계					

(3) 오차항의 분산 σ^2의 추정값을 구하라.

(4) 결정계수 R^2를 구하고, 그 의미를 간단하게 설명하라.

(5) 위의 회귀분석모형에서 오차 ϵ_i에 대한 가정을 말하라. 이 가정을 검토하기 위해서 어떤 방법을 쓸 수 있는지 말하고 가정이 대체적으로 만족될 경우 어떤 결과를 보이는지 간단히 서술하라.

5. 원점을 지나는 단순회귀모형

$$Y_i = \beta x_i + \epsilon_i, \quad i = 1, \dots, n$$

을 고려하자. 여기서 x_i는 고정된 상수이고 ϵ_i는 $E(\epsilon_i) = 0$, $Var(\epsilon_i) = \sigma^2$인 독립인 확률변수이다.

(1) β의 최소제곱추정량 $\hat{\beta}$을 구하라.

(2) (1)에서 구한 $\hat{\beta}$의 기댓값 $E(\hat{\beta})$과 분산 $Var(\hat{\beta})$를 구하라.

(3) $SST = \sum_{i=1}^{n} Y_i^2$, $SSR = \sum_{i=1}^{n} \widehat{Y_i^2} = \sum_{i=1}^{n} (\hat{\beta} x_i)^2$, $SSE = SST - SSR$이라고 할 때, 각각의 기댓값 $E(SST)$, $E(SSR)$, $E(SSE)$를 구하라.

(4) 최소제곱법에 의해 얻어진 잔차 $e_i = Y_i - \widehat{Y_i}$ 에 대하여, $\sum_{i=1}^{n} x_i e_i = 0$이 성립함을 보여라.

제 11 장

분산분석

11.1 서론
11.2 일원배치 분산분석
11.3 반복이 없는 이원배치 분산분석
11.4 반복이 있는 이원배치 분산분석

제11장 분산분석

11.1 서론

7장과 8장에서는 모집단이 하나일 때 모평균의 추론에 대해서 배웠고, 9장에서는 모집단이 두 개일 때 모평균의 비교에 관한 추론을 다루었다. 이러한 문제를 좀 더 일반화하면, 세 개 이상의 모집단에 대해서 모평균이나 처리효과를 비교하여야 하는 경우도 있을 것이다. 예를 들어 세 가지 종류의 비료에 따라 수확량에 차이가 나는지, 절단기의 종류와 금속의 종류에 따라 절단 속도에 차이가 나는지를 알아보고자 하는 경우 등이 해당된다.

이러한 경우에 적용할 수 있는 방법이 분산분석(analysis of variance, ANOVA)이다. 이는 세 개 이상의 모집단에서 얻은 양적 자료를 이용하여 모평균이나 처리효과를 비교 분석하는 통계적 방법이다. 위의 예에서 비료의 종류는 관측값(수확량)에 영향을 주는 요인이고 이를 분산분석에서 인자(factor)라고 한다. 그리고 세 가지 비료의 종류가 A, B, C라면 각각을 인자수준(factor level) 또는 처리(treatment)라고 한다. 절단기의 종류와 금속의 종류는 절단 속도에 영향을 주는 두 개의 인자이고 4종의 절단기와 3종의 금속을 고려한다면 각각의 절단기와 금속이 인자수준이다.

11.2 일원배치 분산분석

일원배치 분산분석(one way ANOVA, one way layout)은 한 종류의 인자가 특성값에 어떤 영향을 미치는지를 알아보고자 할 때 사용하는 방법이다. 분산분석의 모형 중에서 가장 간단한 모형이다. 인자수준은 일반적으로 3-5개이고 각 인자수준에서의 반복수는 3-10이다.

11.2.1 반복수가 같은 일원배치 분산분석

[자료구조와 수리적인 모형]

각 처리에서 반복수가 동일한 경우, 일원배치 분산분석의 자료구조는 다음 표와 같다. 이 경우는 k개의 처리에 대해서 동일하게 n번 반복하여 실험을 한 경우이다. 〈표 1〉에서 평균은 $\overline{y_{i.}} = \frac{1}{n}\sum_{j=1}^{n} y_{ij}$이고 총평균은 $\bar{y}_{..} = \frac{1}{nk}\sum_{i=1}^{k}\sum_{j=1}^{n} y_{ij}$이다.

〈표 1〉 반복수가 같은 일원배치 분산분석의 자료구조

	처리 1	처리 2	$\cdots$	처리 k	
	y_{11} y_{12} $\vdots$ y_{1n}	y_{21} y_{22} $\vdots$ y_{2n}	$\cdots$ $\cdots$ $\cdots$ $\cdots$	y_{k1} y_{k2} $\vdots$ y_{kn}	
평균	$\overline{y}_{1.}$	$\overline{y}_{2.}$	$\cdots$	$\overline{y}_{k.}$	총평균 $\overline{y}_{..}$
제곱합	$\sum_{j=1}^{n}(y_{1j}-\overline{y}_{1.})^2$	$\sum_{j=1}^{n}(y_{2j}-\overline{y}_{2.})^2$	$\cdots$	$\sum_{j=1}^{n}(y_{kj}-\overline{y}_{k.})^2$	

일원배치 분산분석의 모형을 생각해보자. 9장에서는 두 모집단을 비교한 반면, 여기서는 k개의 모집단을 비교하는 것이므로, 정규성과 동일분산의 가정하에 다음과 같은 모형을 생각할 수 있다.

$$\text{처리 } 1 \qquad Y_{11}, Y_{12}, \ldots, Y_{1n} \overset{i.i.d.}{\sim} N(\mu_1, \sigma^2)$$

$$\text{처리 } 2 \qquad Y_{21}, Y_{22}, \ldots, Y_{2n} \overset{i.i.d.}{\sim} N(\mu_2, \sigma^2)$$

$$\vdots$$

$$\text{처리 } k \qquad Y_{k1}, Y_{k2}, \ldots Y_{kn} \overset{i.i.d.}{\sim} N(\mu_k, \sigma^2)$$

또한 서로 다른 처리들도 모두 독립이다. 즉, $Y_{ij},\ i=1,\ldots,k,\ j=1,\ldots,n$은 독립이다. 이 모형을 다른 식으로 표현해보자. 모평균에 대한 추론이므로 위의 모형은

$$Y_{ij} = \mu_i + \epsilon_{ij} = \mu + \alpha_i + \epsilon_{ij},\ \ \epsilon_{ij} \overset{i.i.d.}{\sim} N(0, \sigma^2),\ \ i=1,\ldots,k,\ \ j=1,\ldots,n$$

으로 쓸 수 있다. 여기서 ϵ_{ij}는 오차항이고 μ_i는 각 처리에서의 모평균이다. μ는

$$\mu = \frac{1}{k}\sum_{i=1}^{k}\mu_i$$

으로 전체 모평균이며 α_i는

$$\alpha_i = \mu_i - \mu$$

로 i번째 처리효과(treatment effect)라고 한다. 정의에 따라 α_i는 $\sum_{i=1}^{k} \alpha_i = 0$을 만족한다. 즉 α_i의 정의에 의해 합이 0이라는 제한조건이 생긴다. k개의 처리효과에 차이가 있는지를 보는 것은 k개의 모평균 사이에 차이가 있는지를 보는 것이다. 즉, μ_i가 모두 같은지 아닌지를 보아야 한다. 따라서 검정의 귀무가설은

$$H_0 : \mu_1 = \mu_2 = \cdots = \mu_k$$

이 된다. 이는

$$H_0 : \alpha_1 = \alpha_2 = \cdots = \alpha_k (= 0)$$

과 동일하다.

[반복수가 같은 일원배치 분산분석의 모집단 모형]

$$Y_{ij} = \mu + \alpha_i + \epsilon_{ij},\ i = 1, \ldots, k,\ \ j = 1, \ldots, n$$

μ : 총평균,

α_i : i번째 처리효과 ($\sum_{i=1}^{k} \alpha_i = 0$)

$\epsilon_{ij} \overset{i.i.d.}{\sim} N(0, \sigma^2)$: 오차항

위의 모형에서 오차항이 $\epsilon_{ij} \overset{i.i.d.}{\sim} N(0, \sigma^2)$라고 했는데 이 가정을 좀 더 자세히 쓰면 다음의 의미를 가진다.

(1) 비편향성(unbiasedness) : 오차항의 기댓값은 0, 즉 $E(\epsilon_{ij}) = 0$이다.

(2) 등분산성(homoscedasticity) : 모든 i, j에 대해서 오차항의 분산이 $Var(\epsilon_{ij}) = \sigma^2$으로 동일하다.

(3) 정규성(normality) : 오차항 ϵ_{ij}이 정규분포를 따른다.

(4) 독립성(independence) : 모든 ϵ_{ij}가 독립이다.

위의 가정은 단순회귀분석의 오차에 대한 가정과 거의 유사하다. 오차항에 대한 가정이 완벽하게 만족되기는 힘들겠지만 심하게 벗어나면 추론에 문제가 될 수도 있으므로 주의해야 한다.

[검정을 위한 제곱합의 분해]

이제 k개의 모평균 사이에 차이가 있는지 아닌지 즉,

$$H_0 : \alpha_1 = \alpha_2 = \cdots = \alpha_k (= 0), \;\; H_1 : H_0\text{가 아니다.}$$

을 검정하는 방법에 대해서 알아보자. 여기서 대립가설은 모든 처리효과가 같지는 않다는 것이므로 모평균에 차이가 있는 처리효과가 적어도 두 개는 있다는 것을 의미한다. 위의 가설을 검정하기 위해서 제곱합을 분해하는 방법을 이용한다. 이는 관측값의 전체 변동을 인자수준의 차이에 의해서 발생하는 변동과 그 외의 요인에 의해서 발생하는 변동으로 나누어 분석하는 방법이다. 우선 y_{ij}와 총평균 $\overline{y}_{..}$의 차인 총편차를 분해하면

$$y_{ij} - \overline{y}_{..} = y_{ij} - \overline{y}_{i.} + \overline{y}_{i.} - \overline{y}_{..}$$

이다. 즉, 총편차는 급내편차 $y_{ij} - \overline{y}_{i.}$와 급간편차인 $\overline{y}_{i.} - \overline{y}_{..}$로 나눌 수 있다. 급내편차는 실험에서 발생할 수밖에 없는 설명하기 힘든 오차를 의미하며 잔차라고도 한다. 급간편차는 i번째 처리의 평균과 총평균의 차로 처리효과가 클수록 큰 값을 가질 것으로 예상한다.

제곱합을 얻기 위해서 분해된 식의 양변을 제곱하여 더하면

$$\sum_{i=1}^{k}\sum_{j=1}^{n}(y_{ij} - \overline{y}_{..})^2 = \sum_{i=1}^{k}\sum_{j=1}^{n}(y_{ij} - \overline{y}_{i.})^2 + \sum_{i=1}^{k}\sum_{j=1}^{n}(\overline{y}_{i.} - \overline{y}_{..})^2 + 2\sum_{i=1}^{k}(\overline{y}_{i.} - \overline{y}_{..})\sum_{j=1}^{n}(y_{ij} - \overline{y}_{i.})$$

이고 $\sum_{j=1}^{n}(y_{ij} - \overline{y}_{i.}) = 0$이므로 마지막 항은 0이 된다. 따라서

$$\sum_{i=1}^{k}\sum_{j=1}^{n}(y_{ij} - \overline{y}_{..})^2 = n\sum_{i=1}^{k}(\overline{y}_{i.} - \overline{y}_{..})^2 + \sum_{i=1}^{k}\sum_{j=1}^{n}(y_{ij} - \overline{y}_{i.})^2.$$

여기서

$\sum_{i=1}^{k}\sum_{j=1}^{n}(y_{ij} - \overline{y}_{..})^2$은 총제곱합(total sum of squares, SST), 자유도 $nk-1$

$n\sum_{i=1}^{k}(\overline{y}_{i.}-\overline{y}_{..})^2$은 처리제곱합(treatment sum of squares, $SSTR$), 자유도 $k-1$

$\sum_{i=1}^{k}\sum_{j=1}^{n}(y_{ij}-\overline{y}_{i.})^2$은 잔차제곱합(residual sum of squares, SSE), 자유도 $nk-k=k(n-1)$

이라고 한다. 총제곱합은 총변동(total variation)이라고도 한다. 처리제곱합은 급간변동(between sum of squares)이라고도 하며 잔차제곱합은 급내변동(within sum of squares)이라고도 한다.

위에서 제곱합과 같이 제곱합의 자유도를 명시하였다. 이는 분포론과 관련되어 있으나 일반적으로 다음의 공식

(제곱합의 자유도)=(제곱을 한 편차의 개수)−(편차들의 선형제약조건의 개수)

으로 구할 수 있다. 예를 들어 총제곱합 $SST=\sum_{i=1}^{k}\sum_{j=1}^{n}(y_{ij}-\overline{y}_{..})^2$는 nk개의 편차를 제곱하였고, 이 편차들은 1개의 선형제약조건

$$\sum_{i=1}^{k}\sum_{j=1}^{n}(y_{ij}-\overline{y}_{..})=0$$

을 만족한다. 따라서 자유도가 $nk-1$이 된다. 마찬가지로 처리제곱합 $SSTR=n\sum_{i=1}^{k}(\overline{y}_{i.}-\overline{y}_{..})^2$은 k개의 편차를 제곱하였고, 하나의 선형제약조건

$$\sum_{i=1}^{k}(y_i-\overline{y}_{..})=0$$

을 만족하므로 $k-1$의 자유도를 가진다. 마지막으로 잔차제곱합 $SSE=\sum_{i=1}^{k}\sum_{j=1}^{n}(y_{ij}-\overline{y}_{i.})^2$은 총제곱합과 마찬가지로 nk개의 편차를 제곱하였으나 선형제약조건은

$$\sum_{j=1}^{n}(y_{ij}-\overline{y}_{i.})=0,\quad i=1,\ldots,k$$

로 k개가 있다. 따라서 잔차제곱합의 자유도는 $k(n-1)$가 된다. 또한

(총제곱합의 자유도)=(처리제곱합의 자유도)+(잔차제곱합의 자유도)

가 성립한다. 그리고 제곱합을 자유도로 나눈 것을 평균제곱

(평균제곱)=(제곱합)/(자유도)

이라고 한다. 이는 자료의 분산을 계산할 때와 비슷한 개념이다. 처리에 대한 평균제곱과 잔차에 대한 평균제곱을 각각

$$MSTR = SSTR/(k-1),\quad MSE = SSE/(k(n-1))$$

로 나타낸다. 이를 분산분석표로 나타내면 다음과 같다.

〈표 2〉 분산분석표 : 반복수가 같은 일원배치

요인	제곱합	자유도	평균제곱	F비
처리	$SSTR = n\sum_{i=1}^{k}(\overline{y}_{i.} - \overline{y}_{..})^2$	$k-1$	$MSTR = SSTR/(k-1)$	$F = MSTR/MSE$
잔차	$SSE = \sum_{i=1}^{k}\sum_{j=1}^{n}(y_{ij} - \overline{y}_{i.})^2$	$k(n-1)$	$MSE = SSE/(k(n-1))$	
계	$SST = \sum_{i=1}^{k}\sum_{j=1}^{n}(y_{ij} - \overline{y}_{..})^2$	$nk-1$		

일반적으로

$$E(MSE) = \sigma^2,\quad E(MSTR) = \sigma^2 + \frac{n}{k-1}\sum_{i=1}^{k}\alpha_i^2$$

임을 보일 수 있다. 다시 말해서 잔차평균제곱 MSE는 오차항의 분산인 σ^2의 불편추정량이 된다. 만일 $H_0 : \alpha_1 = \alpha_2 = \cdots = \alpha_k (=0)$이 사실이면 처리평균제곱인 $MSTR$도 마찬가지로 σ^2의 불편추정량이 된다. 즉, 귀무가설하에서는 MSE와 $MSTR$의 기댓값이 같아진다. 실제로 MSE는 귀무가설의 사실여부에 관계없이 자유도가 $k-1$인 카이제곱분포를 따른다. 그리고 $H_0 : \alpha_1 = \alpha_2 = \cdots = \alpha_k (=0)$가 사실이면 $MSTR$은 자유도가 $k(n-1)$인 카이제곱분포를 따르며, 따라서

$$F = \frac{MSTR}{MSE} = \frac{SSTR/(k-1)}{SSE/(k(n-1))}$$

는 $F(k-1, n(k-1))$를 따른다. 만일 H_0가 사실이 아니면 $MSTR$의 기댓값이 σ^2보다 커지고 이에 따라 $MSTR$의 값과 F값은 커질 것이다. 따라서 F값이 클 때 귀무가설을 기각하는

검정방법을 이용할 수 있다.

[반복수가 같은 일원배치 분산분석표에서의 검정]

$H_0 : \alpha_1 = \alpha_2 = \cdots = \alpha_k (= 0)$, H_1 : H_0가 아니다.

검정통계량 $F = \dfrac{MSTR}{MSE} = \dfrac{SSTR/(k-1)}{SSE/(k(n-1))}$

검정법 $F > F(k-1, k(n-1); \alpha)$이면 H_0를 기각한다.

예제 1 세 가지 종류의 비료에 따라서 농작물의 수확량이 다른지를 조사하고자 한다. 이를 위하여 토질과 농법이 같다고 볼 수 있는 지역의 농가에 임의로 배정하여 조사하였다. 비료에 따른 수확량이 다음과 같다고 할 때, 제곱합을 계산하여 분산분석표를 작성하고 수확량이 비료의 종류에 따라 차이가 나는지를 유의수준 $\alpha = 0.05$로 검정하라.

비료의 종류	A	B	C
수확량	132	126	130
	126	129	128
	128	127	133
	130	124	131
	126	126	130
평균	128.4	126.4	130.4
제곱합	27.2	13.2	13.2

풀이 (1) 분산분석표 작성

일단 총평균을 계산하면 128.4이다.

$$SSE = \sum_{i=1}^{k}\sum_{j=1}^{n}(y_{ij} - \overline{y}_{i.})^2 = 27.2 + 13.2 + 13.2 = 53.6$$

$$SSTR = n\sum_{i=1}^{k}(\overline{y}_{i.} - \overline{y}_{..})^2$$

$$= 5 \times (128.4 - 128.4)^2 + 5 \times (126.4 - 128.4)^2 + 5 \times (130.4 - 128.4)^2 = 40$$

$$SST = (132 - 128.4)^2 + (126 - 128.4)^2 + \cdots + (130 - 128.4)^2 = 93.6$$

이다. 또는 $SST = SSTR + SSE$임을 이용할 수도 있다.

〈표 3〉〈예제 1〉의 분산분석표

요인	제곱합	자유도	평균제곱	F값	유의확률
처리	40	2	20	4.4776	0.0353
잔차	53.6	12	4.4667		
	93.6	14			

(2) 인자의 효과 검정

1) 가설 H_0 : 각 비료의 종류에 따라 수확량에 차이가 없다(수확량이 같다).

H_1 : 각 비료의 종류에 따라 수확량에 차이가 있다(수확량이 다르다).

또는 각 비료에 따른 평균 수확량을 μ_A, μ_B, μ_C라고 하면

H_0 : $\mu_A = \mu_B = \mu_C$

H_1 : H_0가 아니다.

2) 유의수준 $\alpha = 0.05$

3) 검정통계량과 기각역 : $F = \dfrac{MSTR}{MSE} > F(2,12\,;\,0.05) = 3.89$ 이면 H_0 를 기각.

4) 검정통계량의 관측값 : $f_{obs} = 4.4776$

5) 판정 : $f_{obs} > F(2,12\,;0.05)$이므로 유의수준 $\alpha = 0.05$에서 귀무가설 H_0 를 기각한다. 즉, 비료의 종류에 따른 수확량에 차이가 있다는 증거가 있다.

11.2.2 다중비교법

일원배치 분산분석에서 귀무가설이 기각되면 적어도 한 쌍의 인자수준에서 처리효과가 다르다는 것을 의미한다. 현실적으로 어떤 인자수준에서 차이가 나는지를 알고 싶을 것이나 분산분석에서의 검정 결과만으로는 이에 대한 답을 구할 수 없다. 이때 사용하는 방법이 다중비교법(multiple comparison)이다.

예를 들어 세 개의 인자수준을 비교할 때, $H_0 : \mu_1 = \mu_2 = \mu_3$이 기각되었다고 하자. 이는 처리효과에 차이가 있는 2개의 인자수준이 있다는 것을 의미하므로, 각각 다음

$$H_{01} : \mu_1 = \mu_2, \quad H_{02} : \mu_2 = \mu_3, \quad H_{03} : \mu_3 = \mu_1$$

3가지 가설을 유의수준 $\alpha = 0.05$에서 검정해 볼 수 있을 것이다. 그러나

$$A_i\text{를 } H_{0i}\text{에서의 1종의 오류}, \quad i = 1,2,3$$

라고 하면 $P(A_1) = P(A_2) = P(A_3) = \alpha = 0.05$이고 $\mu_1 = \mu_2 = \mu_3$가 사실임에도 불구하고

세 개의 가설 중 하나를 기각할 확률은

$$P(A_1 \bigcup A_2 \bigcup A_3) = 1 - P(A_1^C \bigcap A_2^C \bigcap A_3^C)$$
$$\approx 1 - P(A_1^C)P(A_2^C)P(A_3^C) = 1 - 0.95^3 = 0.1426 > 0.05,$$

또는

$$P(A_1 \bigcup A_2 \bigcup A_3) \le P(A_1) + P(A_2) + P(A_3) = 0.05 \times 3 = 0.15$$

이 된다. 위의 부등식을 본페로니 부등식(Bonferroni inequality)이라고 한다. 즉, 여러 개의 검정을 동시에 시행하게 되면 유의수준의 제어가 힘들다. 여기서는 3개의 인자수준을 고려했는데 처리의 수준이 증가할수록 이러한 현상은 심화된다. 예를 들어 인자수준이 5개일 경우는 $\binom{5}{2} = 10$개의 검정을 시행하게 되고 이 경우 $1-(0.95)^{10} = 0.4$가 된다.

[다중비교에 대한 본페로니 방법]

다중비교에서 위의 본페로니 부등식을 고려하여 유의수준을 제어하는 가장 간단한 방법은 각각의 검정의 유의수준을 α대신 α/(검정의 수) 즉, 위의 경우는 0.05/3으로 잡는 것이다. 그러면

$$P(A_1 \bigcup A_2 \bigcup A_3) \le P(A_1) + P(A_2) + P(A_3) = \frac{0.05}{3} \times 3 = 0.05$$

로 유의수준을 제어할 수 있다. 이와 같이 본페로니(Bonferroni)의 다중비교법은 간단하고, 이해하기 쉽다. 그러나 너무 보수적이라 검정력이 떨어진다. 즉, 귀무가설의 기각이 힘들다.

[본페로니 방법을 이용한 일원배치 분산분석에서의 다중비교]

수준 k, 반복 n번인 일원배치법에서

$$\mu_i - \mu_j\text{에 대한 신뢰구간 : } (\overline{y_{i.}} - \overline{y_{j.}}) \pm t(\alpha/(2\binom{k}{2}); k(n-1))\sqrt{\frac{2MSE}{n}}$$

검정 : $|\overline{y_{i.}} - \overline{y_{j.}}| > t(\alpha/(2\binom{k}{2}); k(n-1))\sqrt{\frac{2MSE}{n}}$ 이면 가설 $\mu_i = \mu_j$를 기각한다.

그 외에도 Tukey의 HSD(honestly significant difference) 검정법을 비롯하여 여러 가지 다중비교법이 연구되어 있으나 교재의 범위를 벗어나므로 생략한다.

예제 2 (예제 1의 연속) 〈예제 1〉의 자료에 대해서 다중비교를 실시하라. 단, 본페로니 방법을 이용하고 유의수준 $\alpha = 0.05$로 검정한다.

풀이 $k=3,\ n=5$이고, 분산분석표로부터

$$t(\alpha/(2\binom{k}{2});k(n-1))\sqrt{\frac{2MSE}{n}} = t(0.05/6;12)\sqrt{\frac{2\times 4.4667}{5}}$$
$$= 2.7795\times 1.3367 = 3.7152$$

이다. 비료 B의 평균이 126.4, 비료 A의 평균이 128.4, 비료 C의 평균이 130.4에서 비료 B와 비료 C가 유의한 차이를 보인다. ■

참고

가설 $\mu_A = \mu_B$와 $\mu_A = \mu_c$가 성립하면 수학적으로는 $\mu_B = \mu_C$가 성립하지만 통계적 가설검정에서는 이것이 반드시 성립할 필요는 없다.

11.2.3 반복수가 다른 일원배치 분산분석

앞에서와 마찬가지로 하나의 인자를 고려할 때의 처리효과를 비교하지만, 각각의 인자수준에서 반복수가 다른 경우도 있을 것이다. 이러한 경우의 일원배치 분산분석을 생각해보자.

우선 자료구조는 다음과 같다.

〈표 4〉 반복수가 다른 일원배치 분산분석의 자료구조

	처리 1	처리 2	…	처리 k	
	y_{11} y_{12} $\vdots$ y_{1n_1}	y_{21} y_{22} $\vdots$ y_{2n_2}	… … … …	y_{k1} y_{k2} $\vdots$ y_{kn_k}	
평균	$\overline{y}_{1.}$	$\overline{y}_{2.}$	…	$\overline{y}_{k.}$	총평균 $\overline{y}_{..}$
제곱합	$\sum_{j=1}^{n_1}(y_{1j}-\overline{y}_{1.})^2$	$\sum_{j=1}^{n_2}(y_{2j}-\overline{y}_{2.})^2$	…	$\sum_{j=1}^{n_k}(y_{kj}-\overline{y}_{k.})^2$	

분산분석 모형도 반복수가 같은 경우와 거의 같으며 제곱합의 분해도 마찬가지이다. 단, 이 경우 처리효과를 나타내는 α_i가 만족하는 제한조건이 $\sum_{i=1}^{k} n_i\alpha_i = 0$으로 반복수를 가중치

로 가진다는 것에 유의하라.

[반복수가 다른 일원배치 분산분석의 모집단 모형]

$$Y_{ij} = \mu + \alpha_i + \epsilon_{ij},\ i = 1,...,k,\ \ j = 1,...,n_i$$

μ : 총평균,

α_i : i번째 처리효과 $(\sum_{i=1}^{k} n_i \alpha_i = 0)$

$\epsilon_{ij} \overset{i.i.d.}{\sim} N(0,\sigma^2)$: 오차항

k개의 각각의 인자수준에서 실험의 반복수가 $n_1, n_2, ..., n_k$로 다른 경우에도 분산분석표는 비슷한 방식으로 만들어진다. 다만, 전체 관측값의 수가 $N = \sum_{i=1}^{k} n_i$이고, 평균들이

$$\overline{y}_{i.} = \frac{1}{n_i}\sum_{j=1}^{n_i} y_{ij},\ \ i = 1,2,...,k,\ \ \overline{y}_{..} = \frac{1}{N}\sum_{i=1}^{k}\sum_{j=1}^{n_i} y_{ij}$$

로 정의되고, 제곱합들이

$$SSTR = \sum_{i=1}^{k} n_i (\overline{y}_{i.} - \overline{y}_{..})^2,\ \ SSE = \sum_{i=1}^{k}\sum_{j=1}^{n_i} (y_{ij} - \overline{y}_{i.})^2,\ \ SST = \sum_{i=1}^{k}\sum_{j=1}^{n_i} (y_{ij} - \overline{y}_{..})^2$$

로 계산되는 점만이 차이이다. 이를 반영하여 분산분석표를 작성하면 다음과 같다.

〈표 5〉 분산분석표 : 반복수가 다른 일원배치

요인	제곱합	자유도	평균제곱	F비
처리	$SSTR = \sum_{i=1}^{k} n_i (\overline{y}_{i.} - \overline{y}_{..})^2$	$k-1$	$MSTR = SSTR/(k-1)$	$F = MSTR/MSE$
잔차	$SSE = \sum_{i=1}^{k}\sum_{j=1}^{n_i} (y_{ij} - \overline{y}_{i.})^2$	$\sum_{i=1}^{k} n_i - k$	$MSE = SSE/(\sum_{i=1}^{k} n_i - k)$	
계	$SST = \sum_{i=1}^{k}\sum_{j=1}^{n_i} (y_{ij} - \overline{y}_{..})^2$	$\sum_{i=1}^{k} n_i - 1$		

이 경우 귀무가설 $H_0 : \alpha_1 = \alpha_2 = \cdots = \alpha_k (= 0)$이 사실이면

$$F = \frac{MSTR}{MSE} = \frac{SSTR/(k-1)}{SSE/(\sum_{i=1}^{k} n_i - k)}$$

는 $F(k-1, \sum_{i=1}^{k} n_i - k)$를 따르므로,

$$F > F(k-1, \sum_{i=1}^{k} n_i - k\ ;\ \alpha)$$

이면 유의수준 α에서 귀무가설 H_0를 기각한다.

예제 3 지능지수가 거의 같은 학생들을 뽑은 후, 임의로 4그룹으로 나누었다. 4가지 교수법을 4그룹에 임의로 할당하여 같은 범위의 내용을 한 학기 동안 배정된 방법에 의해 교육 받게 하였다. 학기말에 지난 수업 범위의 시험을 치른 후 각각의 그룹으로부터 몇 명의 학생들을 임의로 추출하여 다음과 같은 결과를 얻었다. 교수법에 따른 평균 성적의 차이가 있는지를 유의수준 $\alpha = 0.05$로 검정하라.

교수법	교수법 A	교수법 B	교수법 C	교수법 D
	65	75	59	67
	87	69	78	70
	73	83	67	80
	79	81	62	88
	81	72	83	65
	69	79	76	
		90		
개수	6	7	6	5
평균	75.6667	78.4286	70.8333	74

풀이 (1) 분산분석표 작성

〈표 6〉〈예제 3〉의 분산분석표

요인	제곱합	자유도	평균제곱	F값	유의확률
처리	193.9524	3	64.6508	0.8773	0.4695
잔차	1,473.881	20	73.694		
계	1,667.8333	23			

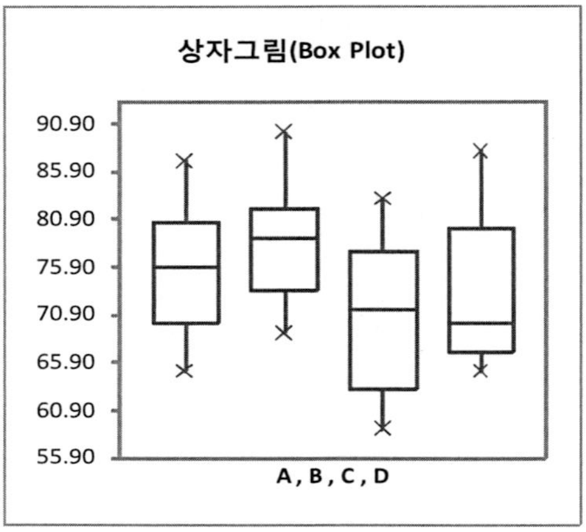

[그림 1] 〈예제 3〉의 상자그림

자료의 상자그림을 먼저 살펴보면 교수법에 대한 성적에 차이가 보이기는 하지만 심하게 다른지는 확실하지 않다.

(2) 인자의 효과 검정

1) 가설 H_0 : 각 교수법에 따라 평균성적이 같다.

H_1 : 각 교수법에 따라 평균성적이 다르다.

또는 각 교수법에 따른 평균성적을 μ_A, μ_B, μ_C, μ_D라고 하면

$H_0 : \mu_A = \mu_B = \mu_C = \mu_D$

$H_1 : H_0$가 아니다.

2) 유의수준 $\alpha = 0.05$

3) 검정통계량과 기각역 : $F = \dfrac{MSTR}{MSE} > F(3,20\,;\,0.05) = 3.10$ 이면 H_0 기각.

4) 검정통계량의 관측값 : $f_{obs} = 0.8773$

5) 판정 : $f_{obs} < F(3,20\,;\,0.05)$이므로 유의수준 $\alpha = 0.05$에서 귀무가설 H_0를 기각하지 못한다. 즉, 교수법에 따른 평균성적에 차이가 있다는 확실한 증거가 없다.

11.3 반복이 없는 이원배치 분산분석

이원배치 분산분석은 두 종류의 인자가 반응변수에 어떤 영향을 주는지를 알아보고자 할 때 사용한다. 예를 들어 A인자는 $A_1, A_2, \ldots, A_p$의 p개의 인자수준, B인자는 $B_1, B_2, \ldots, B_q$의 q개의 인자수준을 가진다면 모두 pq개의 인자수준의 조합을 고려할 수 있다. 이때 각 수준의 조합에서 반복이 없는 경우와 반복이 있는 경우에 분석방법에 차이가 난다. 이 절에서는 우

선 반복이 없는 이원배치 분산분석을 다루기로 한다. 그리고 여기에서의 인자는 모두 모수인자(fixed factor)로 인자의 수준이 변량이 아니고 상수인 경우를 가정한다.

[자료구조와 수리적인 모형]

반복이 없는 이원배치 분산분석의 자료구조는 표와 같다.

〈표 7〉 반복이 없는 이원배치 분산분석의 자료구조

인자	B_1	$\cdots$	B_j	$\cdots$	B_q	평균
A_1	y_{11}	$\cdots$	y_{1j}	$\cdots$	y_{1q}	$\overline{y}_{1.}$
$\vdots$	$\vdots$		$\vdots$		$\vdots$	$\vdots$
A_i	y_{i1}	$\cdots$	y_{ij}	$\cdots$	y_{iq}	$\overline{y}_{i.}$
$\vdots$	$\vdots$		$\vdots$		$\vdots$	$\vdots$
A_p	y_{p1}	$\cdots$	y_{pj}	$\cdots$	y_{pq}	$\overline{y}_{p.}$
평균	$\overline{y}_{.1}$	$\cdots$	$\overline{y}_{.j}$	$\cdots$	$\overline{y}_{.q}$	$\overline{y}_{..}$

여기에서 자료의 평균은

$$\overline{y}_{i.} = \frac{1}{q}\sum_{j=1}^{q} y_{ij},\ \ i=1,2,\ldots,p,\ \ \overline{y}_{.j} = \frac{1}{p}\sum_{i=1}^{p} y_{ij},\ \ j=1,2,\ldots,q,\ \ \overline{y}_{..} = \frac{1}{pq}\sum_{i=1}^{p}\sum_{j=1}^{q} y_{ij}$$

이다. 모집단모형은 다음과 같다.

[반복이 없는 이원배치 분산분석의 모집단모형]

$$Y_{ij} = \mu + \alpha_i + \beta_j + \epsilon_{ij},\ i=1,\ldots,p,\ \ j=1,\ldots,q$$

μ : 총평균,

α_i : A의 i번째 수준의 처리효과 ($\sum_{i=1}^{p}\alpha_i = 0$)

β_j : B의 j번째 수준의 처리효과 ($\sum_{i=1}^{q}\beta_i = 0$)

$\epsilon_{ij} \overset{i.i.d.}{\sim} N(0,\sigma^2)$: 오차항

일원배치 분산분석에서와 유사하게 이 경우에도 인자 A의 각 수준에서의 효과가 같은지

아닌지, 마찬가지로 인자 B의 각 수준에서의 효과가 같은지 아닌지를 보고자 한다. 즉, 검정에 대한 가설은 다음과 같다.

$$H_0 : \alpha_1 = \alpha_2 = \cdots = \alpha_p (= 0),\quad H_1 :\ H_0\text{가 아니다.}$$
$$H_0 : \beta_1 = \beta_2 = \cdots = \beta_p (= 0),\quad H_1 :\ H_0\text{가 아니다.}$$

[검정을 위한 제곱합의 분해]

(1) 우선 총편차 $y_{ij} - \overline{y}_{..}$를 다음과 같이 분해한다.

$$y_{ij} - \overline{y}_{..} = (\overline{y}_{i.} - \overline{y}_{..}) + (\overline{y}_{.j} - \overline{y}_{..}) + (y_{ij} - \overline{y}_{i.} - \overline{y}_{.j} + \overline{y}_{..})$$

(전체편차=A의 i수준에 대한 편차+B의 j수준에 대한 편차+잔차)

(2) 양변을 제곱하여 더하면 일원배치 분산분석에서와 마찬가지로 곱의 합은 모두 0이 되고 총제곱합 SST가 인자 A의 각 수준에서의 평균들 사이의 변동량 SSA와 인자 B의 각 수준에서의 평균들 사이의 변동량 SSB, 그리고 기타 요인에 의해서 생기는 변동량 SSE로 나누어진다. SSA와 SSB를 각각 인자 A의 처리제곱합, 인자 B의 처리제곱합이라고 하고 SSE는 오차제곱합이라고 한다. 자유도의 계산방법도 유사하다.

$$\sum_{i=1}^{p}\sum_{j=1}^{q}(y_{ij} - \overline{y}_{..})^2 = \sum_{i=1}^{p}\sum_{j=1}^{q}(\overline{y}_{i.} - \overline{y}_{..})^2 + \sum_{i=1}^{p}\sum_{j=1}^{q}(\overline{y}_{.j} - \overline{y}_{..})^2 + \sum_{i=1}^{p}\sum_{j=1}^{q}(y_{ij} - \overline{y}_{i.} - \overline{y}_{.j} + \overline{y}_{..})^2$$
$$\sum_{i=1}^{p}\sum_{j=1}^{q}(y_{ij} - \overline{y}_{..})^2 = q\sum_{i=1}^{p}(\overline{y}_{i.} - \overline{y}_{..})^2 + p\sum_{j=1}^{q}(\overline{y}_{.j} - \overline{y}_{..})^2 + \sum_{i=1}^{p}\sum_{j=1}^{q}(y_{ij} - \overline{y}_{i.} - \overline{y}_{.j} + \overline{y}_{..})^2$$

SST	=	SSA	+	SSB	+	SSE
총제곱합	=	인자 A의 처리제곱합	+	인자 B의 처리제곱합	+	오차 제곱합
자유도 $pq-1$		$p-1$		$q-1$		$(p-1)(q-1)$

오차제곱합의 자유도는 총제곱합의 자유도 $pq-1$에서 인자 A의 처리제곱합의 자유도 $p-1$과 인자 B의 처리제곱합의 자유도인 $q-1$을 빼면

$$pq - 1 - (p-1) - (q-1) = pq - p - q + 1 = (p-1)(q-1)$$

이 된다. 또는 SSE에서 제곱을 한 편차의 개수가 pq개이고 여기에서 편차들의 선형제약조건의 수를 고려하면

$$\sum_{j=1}^{q}(y_{ij}-\overline{y}_{i.}-\overline{y}_{.j}+\overline{y}_{..})=0,\ \ i=1,...,p,\ \ \sum_{i=1}^{p}(y_{ij}-\overline{y}_{i.}-\overline{y}_{.j}+\overline{y}_{..})=0,\ \ j=1,..,q$$

로 $p+q$개의 제한조건이 있다. 그런데 위의 제한조건은

$$\sum_{i=1}^{p}\sum_{j=1}^{q}(y_{ij}-\overline{y}_{i.}-\overline{y}_{.j}+\overline{y}_{..})=0$$

과 중복되므로, 실제 선형제약조건은 $p+q-1$이 된다. 이로부터 마찬가지로 오차제곱합의 자유도 $pq-p-q+1=(p-1)(q-1)$을 얻는다.

이를 바탕으로 분산분석표를 작성하면 다음과 같다.

〈표 8〉 반복이 없는 이원배치 분산분석표

요인	제곱합	자유도	평균제곱	F비
인자 A	SSA	$p-1$	$MSA=SSA/(p-1)$	MSA/MSE
인자 B	SSB	$q-1$	$MSB=SSB/(q-1)$	MSB/MSE
잔차	SSE	$(p-1)(q-1)$	$MSE=SSE/((p-1)(q-1))$	
계	SST	$pq-1$		

분산분석표에서의 검정방법은 다음과 같다.

(1) $H_0:\alpha_1=\alpha_2=\cdots=\alpha_p(=0)$, $H_1:\ H_0$가 아니다.

검정통계량 $F=\dfrac{MSA}{MSE}=\dfrac{SSA/(p-1)}{SSE/((p-1)(q-1))}\overset{H_0}{\sim}F(p-1,(p-1)(q-1))$

검정법 $F>F(p-1,(p-1)(q-1)\,;\,\alpha)$이면 H_0를 기각한다.

(2) $H_0:\beta_1=\beta_2=\cdots=\beta_q(=0)$, $H_1:\ H_0$가 아니다.

검정통계량 $F=\dfrac{MSB}{MSE}=\dfrac{SSB/(q-1)}{SSE/((p-1)(q-1))}\overset{H_0}{\sim}F(q-1,(p-1)(q-1))$

검정법 $F>F(q-1,(p-1)(q-1)\,;\,\alpha)$이면 H_0를 기각한다.

예제 4 4종류의 도구 A_1,A_2,A_3,A_4로 단단함에 차이가 있는 5종류의 물질 B_1,B_2,B_3,B_4,B_5을 절단하게 하여, 절단속도를 측정하였다. 실험의 결과 다음과 같은 자료를 얻었다. 분산분석표를 작성하고, 도구와 물질에 따라 절단속도가 다른지 분산분석을 통하여 알아보자.

인자	B_1	B_2	B_3	B_4	B_5	평균
A_1	12	2	8	1	7	6
A_2	20	14	17	12	17	16
A_3	13	7	13	8	14	11
A_4	11	5	10	3	6	7
평균	14	7	12	6	11	10

풀이 (1) 분산분석표

$$SSA = 5[(6-10)^2 + (16-10)^2 + (11-10)^2 + (7-10)^2] = 310$$
$$SSB = 4[(14-10)^2 + (7-10)^2 + (12-10)^2 + (6-10)^2 + (11-10)^2] = 184$$
$$SST = (12-10)^2 + (20-10)^2 + \cdots + (14-10)^2 + (6-10)^2 = 518$$
$$SSE = SST - SSA - SSB = 518 - 184 - 310 = 24$$

〈표 9〉 〈예제 4〉의 분산분석표

요인	제곱합	자유도	평균제곱	F값	유의확률
A(도구)	310	3	103.3333	51.6667	0
B(물질)	184	4	46	23	0
잔차	24	12	2		
계	518	19			

(2) 인자의 효과 검정

* 인자 A(도구)

1) 가설 $H_0 : \alpha_1 = \alpha_2 = \alpha_3 = \alpha_4 (=0)$, $H_1 :$ H_0가 아니다.

2) 유의수준 $\alpha = 0.05$

3) 검정통계량과 기각역 : $F = \dfrac{MSB}{MSE} > F(3,12\,;0.05) = 3.49$ 이면 H_0를 기각.

4) 검정통계량의 관측값 : $f_{obs} = 51.67$

5) 판정 : $f_{obs} > F(3,12\,;0.05)$이므로 유의수준 $\alpha = 0.05$에서 귀무가설 H_0를 기각한다. 즉, 도구에 따라서 절단속도가 확실히 다르다.

* 인자 B(금속)

1) 가설 $H_0 : \beta_1 = \beta_2 = \cdots = \beta_5 (=0)$, $H_1 :$ H_0가 아니다.

2) 유의수준 $\alpha = 0.05$

3) 검정통계량과 기각역 : $F=\dfrac{MSB}{MSE}> F(4,12\ ;0.05)=3.26$ 이면 H_0를 기각.

4) 검정통계량의 관측값 : $f_{obs}=23$

5) 판정 : $f_{obs}>F\,(4,12\ ;0.05)$이므로 유의수준 $\alpha=0.05$에서 귀무가설 H_0 를 기각한다. 즉, 물질에 따라서 절단속도가 확실히 다르다.

11.4 반복이 있는 이원배치 분산분석

[자료구조와 수리적인 모형]

두 개의 인자 A와 B가 각각 p,q개의 인자수준을 가지며, pq개의 인자수준의 조합에서 r번의 반복된 실험을 하는 경우를 생각해보자. 반복수 r은 2 이상이다. 이와 같이 반복이 있는 이원배치 분산분석에서는 반복이 없는 경우와 달리 인자수준의 조합에서 생기는 교호작용(interaction)의 효과를 분리하여 구할 수 있다. 교호작용 효과는 한 인자의 효과가 다른 인자의 수준에 따라 변할 때 발생하는 효과를 말한다. 예를 들어 연령(10대, 30대, 50대)과 성별(남,여)에 따라 어떤 일을 배우는데 걸리는 시간을 조사했다고 하자. 여자의 경우는 10대에서 빠른 반면, 남자는 30대에서 빠르다면 이 경우는 교호작용이 있다고 할 수 있다. 남과 여 두 성별에서 모두 10대, 30대, 50대 순서로 빨리 일을 배운다면 이 경우는 교호작용이 없는 경우로 볼 수 있다.

앞에서 다룬 반복이 없는 이원배치 분산분석의 모형은

$$Y_{ij}=\mu+\alpha_i+\beta_j+\epsilon_{ij}$$

이고 $E(\epsilon_{ij})=0$에서 $E(Y_{ij})=\mu+\alpha_i+\beta_j$이다. 이로부터 인자 A의 두 수준에서의 기댓값의 차이는 인자 B의 모든 수준에서 동일하다. 예를 들어 인자 A의 1수준과 2수준에서의 차이는

$$(\mu+\alpha_1-\beta_j)-(\mu+\alpha_2-\beta_j)=\alpha_1-\alpha_2$$

로 인자 B의 수준에 영향을 받지 않는다. 이를 그림으로 나타내면 [그림 2]가 된다. 이와 같이 반복이 없는 이원배치의 모집단 모형에서는 교호작용의 유무를 판단할 수가 없다.

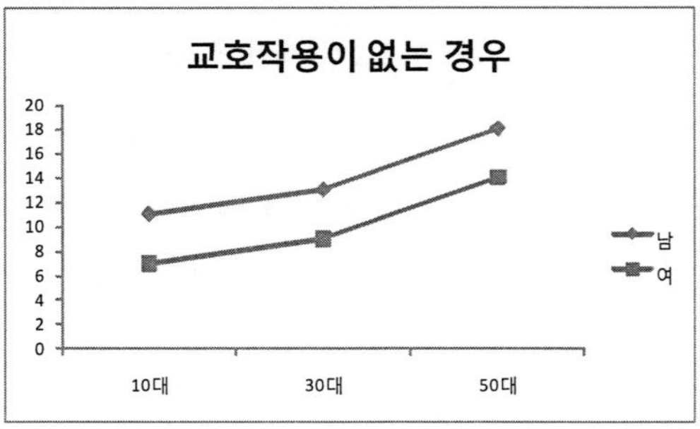

[그림 2] 교호작용이 없는 경우

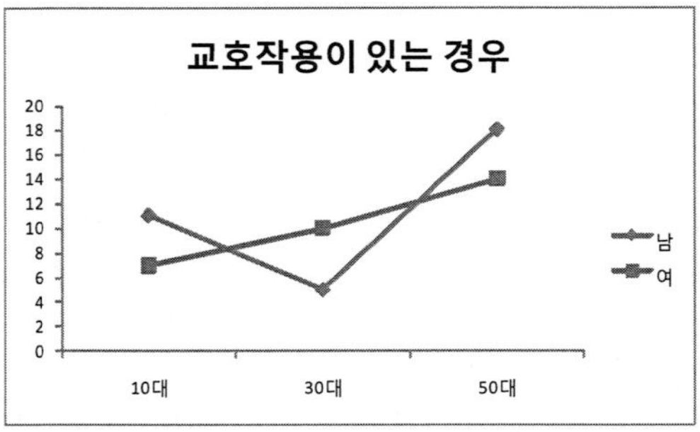

[그림 3] 교호작용이 있는 경우

반복이 있는 이원배치 분산분석의 자료구조와 모집단 모형은 다음과 같다.

인자	B_1	$\cdots$	B_q
A_1	y_{111} $\vdots$ y_{11r}	$\cdots$	y_{1q1} $\vdots$ y_{1qr}
$\vdots$	$\vdots$	$\vdots$	$\vdots$
A_p	y_{p11} $\vdots$ y_{p1r}	$\cdots$	y_{pq1} $\vdots$ y_{pqr}

이원배치 분산분석에서 인자 A의 i번째 주효과(main effect) α_i는 $\alpha_i = \mu_{i.} - \mu$이고 인자 B의 j번째 주효과 β_j는 $\beta_j = \mu_{.j} - \mu$이다. 여기서 μ는 전체 모평균이고 $\mu_{i.}$과 $\mu_{.j}$는 각 인자수준에서의 평균이다. 교호작용이 있다면 각 처리평균 μ_{ij}가 $\mu + \alpha_i + \beta_j$로 설명되지 않는 부분이 있을 것이고, 그 차이가 교호작용으로 나타날 것이다. 교호작용을 $(\alpha\beta)_{ij}$로 나타내면 이는

$$(\alpha\beta)_{ij} = \mu_{ij} - (\mu + \alpha_i + \beta_j) = \mu_{ij} - \mu_{i.} - \mu_{.j} + \mu$$

가 된다. 이를 기반으로 반복이 있는 이원배치의 모형은 다음과 같이 쓸 수 있다.

[반복이 있는 이원배치의 모집단 모형]

$$Y_{ijk} = \mu + \alpha_i + \beta_j + (\alpha\beta)_{ij} + \epsilon_{ijk},\ i = 1, \ldots, p,\ \ j = 1, \ldots, q,\ k = 1, \ldots, r$$

μ : 총평균,

α_i : A의 i번째 수준의 처리효과 ($\sum_{i=1}^{p} \alpha_i = 0$)

> β_j : B의 j번째 수준의 처리효과 ($\sum_{i=1}^{q}\beta_i = 0$)
>
> $(\alpha\beta)_{ij}$: A_i와 B_j의 교호작용 효과 ($\sum_{i=1}^{p}(\alpha\beta)_{ij} = \sum_{j=1}^{q}(\alpha\beta)_{ij} = 0$)
>
> $\epsilon_{ijk} \overset{i.i.d.}{\sim} N(0,\sigma^2)$: 오차항

반복이 있는 이원배치 분산분석에서는 인자 A, B의 각 수준에서의 효과가 있는지, 그리고 추가적으로 교호작용의 효과가 있는지를 보고자 한다. 즉, 검정에 대한 가설은 다음과 같다.

$$H_0 : \alpha_1 = \alpha_2 = \cdots = \alpha_p (= 0), \;\; H_1 : \; H_0\text{가 아니다.}$$

$$H_0 : \beta_1 = \beta_2 = \cdots = \beta_p (= 0), \;\; H_1 : \; H_0\text{가 아니다.}$$

$$H_0 : (\alpha\beta)_{ij} = 0, \;\; i = 1,\ldots,p, \;\; j = 1,\ldots,q, \;\; H_1 : \; H_0\text{가 아니다.}$$

[검정을 위한 제곱합의 분해]

(1) $y_{ijk} - \overline{y}_{...} = (\overline{y}_{i..} - \overline{y}_{...}) \; + \; (\overline{y}_{.j.} - \overline{y}_{...}) \; + \; (\overline{y}_{ij.} - \overline{y}_{i..} - \overline{y}_{.j.} + \overline{y}_{...}) + (y_{ijk} - \overline{y}_{ij.})$

(전체편차=A의 i수준에 대한 편차+B의 j수준에 대한 편차
+교호작용 효과+잔차)

평균에 대한 정의는 다음과 같다.

$$\overline{y}_{ij.} = \frac{1}{r}\sum_{k=1}^{r} y_{ijk}, \; \overline{y}_{i..} = \frac{1}{qr}\sum_{j=1}^{q}\sum_{k=1}^{r} y_{ij,}, \; \overline{y}_{.j.} = \frac{1}{pr}\sum_{i=1}^{p}\sum_{k=1}^{r} y_{ij,} \; \overline{y}_{...} = \frac{1}{pqr}\sum_{i=1}^{p}\sum_{j=1}^{q}\sum_{k=1}^{r} y_{ijk}$$

(2) 양변을 제곱하여 더하면 곱의 합은 모두 0이되고, 총제곱합은 다음과 같이 나누어진다.

$$\sum_{i=1}^{p}\sum_{j=1}^{q}\sum_{k=1}^{r}(y_{ijk} - \overline{y}_{...})^2$$

$$= qr\sum_{i=1}^{p}(\overline{y}_{i..} - \overline{y}_{...})^2 + pr\sum_{j=1}^{q}(\overline{y}_{.j.} - \overline{y}_{...})^2 + r\sum_{i=1}^{p}\sum_{j=1}^{q}(\overline{y}_{ij.} - \overline{y}_{i..} - \overline{y}_{.j.} + \overline{y}_{...})^2$$

$$+ \sum_{i=1}^{p}\sum_{j=1}^{q}\sum_{k=1}^{r}(y_{ijk} - \overline{y}_{ij.})^2$$

SST	=	SSA	+	SSB	+	SSA×B	+	SSE
총제곱합	=	인자 A 제곱합	+	인자 B 제곱합	+	교호작용제곱합	+	잔차제곱합
자유도 $pqr-1$		$p-1$		$q-1$		$(p-1)(q-1)$		$pq(r-1)$

즉, 총제곱합 SST가 인자 A의 처리제곱합 SSA와 인자 B의 처리제곱합 SSB, 인자 A, B의 교호작용제곱합 $SSA \times B$, 그리고 오차제곱합 SSE로 나누어진다. 자유도의 계산방법도 동일하다. 이를 바탕으로 분산분석표를 작성하면 다음과 같다.

〈표 10〉 반복이 있는 이원배치 분산분석표

요인	제곱합	자유도	평균제곱	F비
인자A	SSA	$p-1$	$MSA=SSA/(p-1)$	MSA/MSE
인자B	SSB	$q-1$	$MSB=SSB/(q-1)$	MSB/MSE
교호작용	$SSA\times B$	$(p-1)(q-1)$	$MSA\times B=SSA\times B/[(p-1)(q-1)]$	$MSA\times B/MSE$
잔차	SSE	$pq(r-1)$	$MSE=SSE/[pq(r-1)]$	
계	SST	$pqr-1$		

분산분석표에서의 검정방법은 다음과 같다.

(1) $H_0: \alpha_1=\alpha_2=\cdots=\alpha_p(=0)$, $H_1:$ H_0가 아니다.

검정통계량 $F=\dfrac{MSA}{MSE}=\dfrac{SSA/(p-1)}{SSE/(pq(r-1))}\overset{H_0}{\sim}F(p-1,\ pq(r-1))$

검정법 $F>F(p-1,\ pq(r-1);\alpha)$이면 H_0를 기각한다.

(2) $H_0: \beta_1=\beta_2=\cdots=\beta_q(=0)$, $H_1:$ H_0가 아니다.

검정통계량 $F=\dfrac{MSB}{MSE}=\dfrac{SSB/(q-1)}{SSE/(pq(r-1))}\overset{H_0}{\sim}F(q-1,\ pq(r-1))$

검정법 $F>F(q-1,\ pq(r-1);\alpha)$이면 H_0를 기각한다.

(3) $H_0: (\alpha\beta)_{ij}=0,\ i=1,\dots,p,\ j=1,\dots,q$, $H_1:$ H_0가 아니다.

검정통계량 $F=\dfrac{MSA\times B}{MSE}=\dfrac{SSA\times B/(p-1)(q-1)}{SSE/(pq(r-1))}\overset{H_0}{\sim}F((p-1)(q-1),\ pq(r-1))$

검정법 $F>F((p-1)(q-1),\ pq(r-1);\alpha)$이면 H_0를 기각한다.

예제 5 P제빵회사에서는 새로 출시된 빵이 진열대에 놓이는 위치(위, 중간, 아래)와 차지하는 공간의 넓이(넓음, 보통)에 따라 판매량에 차이가 있는지를 조사하고자 한다. 이를 위하여 크기나 유동 인구 등의 판매환경이 비슷한 12개의 대리점을 랜덤하게 추출한 후, 각 처리에 2개의 대리점을 할당하여 판매량을 조사한 결과 다음 자료를 얻었다. 진열대의 위치(인자A)와 공간의 넓이(인자B)에 따라 판매량에 차이가 있는지를 분산분석을 통해 알아보라.

인자	공간 넓음	공간 보통	평균
진열대 위	51, 45	47, 43	42
진열대 중간	71, 67	62, 68	67
진열대 아래	46, 42	41, 39	46.5
평균	53.6667	50	51.8333

풀이 (1) 분산분석표

$$SSA = 4 \times [(42-51.8333)^2 + (67-51.8333)^2 + (46.5-51.8333)^2]$$

$$SSB = 6 \times [(53.6667-51.8333)^2 + (50-51.8333)^2] = 40.3333$$

$$SSE = (51-48)^2 + (45-48)^2 + \cdots + (41-40)^2 + (39-40)^2 = 62$$

$$SST = (51-51.8333)^2 + \cdots (39-51.8333)^2 = 1523.6667$$

$$SSA \times B = SST - SSA - SSB - SSE = 0.6667$$

〈표 11〉〈예제 5〉의 분산분석표

요인	제곱합	자유도	평균제곱	F값	유의확률
진열대 위치	1,420.6667	2	710.3333	68.7419	0.0001
공간의 넓이	40.3333	1	40.3333	3.9032	0.0956
교호작용	0.6667	2	0.3333	0.0323	0.9684
잔차	62	6	10.3333		
계	1,523.6667	11			

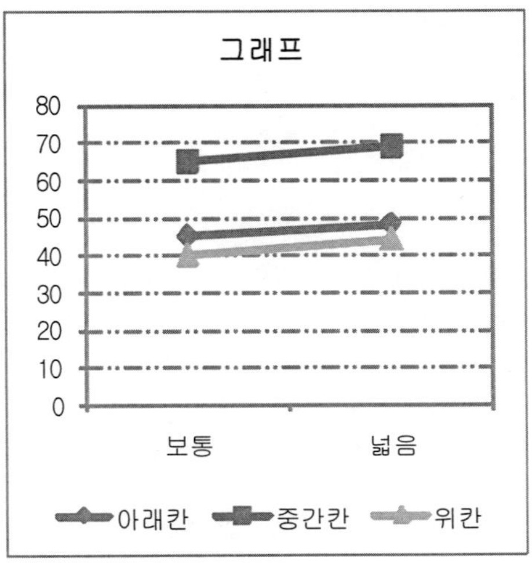

[그림 4] 〈예제 5〉의 그래프

위의 그림에서 살펴보면 두 인자의 교호작용은 관찰되지 않는다. 이를 검정을 통해서 살펴보자.

(2) 인자의 효과 검정

* 인자A(진열대의 위치)

1) 가설 $H_0 : \alpha_1 = \alpha_2 = \alpha_3 (= 0)$, H_1 : H_0가 아니다.
2) 유의수준 $\alpha = 0.05$
3) 검정통계량과 기각역 : $F = \dfrac{MSA}{MSE} > F(2,6\,;\,0.05) = 5.14$이면 H_0 기각.
4) 검정통계량의 관측값 : $f_{obs} = 68.7419$
5) 판정 : $f_{obs} > F\,(2,6\,;\,0.05)$이므로 유의수준 $\alpha = 0.05$에서 귀무가설 H_0를 기각한다. 즉, 진열대의 위치에 따라서 빵의 판매량에 차이가 난다고 할 수 있다.

* 인자B(공간의 넓이)

1) 가설 $H_0 : \beta_1 = \beta_2 (= 0)$, H_1 : H_0가 아니다.
2) 유의수준 $\alpha = 0.05$
3) 검정통계량과 기각역 : $F = \dfrac{MSB}{MSE} > F(1,6\,;\,0.05) = 5.99$이면 H_0 기각.
4) 검정통계량의 관측값 : $f_{obs} = 3.9032$
5) 판정 : $f_{obs} < F\,(1,6\,;\,0.05)$이므로 유의수준 $\alpha = 0.05$에서 귀무가설 H_0를 기각하지 못한다. 즉, 공간의 넓이에 따라 빵의 판매량에 차이가 난다고 할 수 없다.

* 교호작용

1) 가설 $H_0 : (\alpha\beta)_{ij} = 0$, $i = 1,2,3$, $j = 1,2$, H_1 : H_0가 아니다.
2) 유의수준 $\alpha = 0.05$
3) 검정통계량과 기각역 : $F = \dfrac{MSA \times B}{MSE} > F(2,6\,;\,0.05) = 5.14$이면 H_0기각.
4) 검정통계량의 관측값 : $f_{obs} = 0.0323$
5) 판정 : $f_{obs} < F\,(2,6\,;\,0.05)$이므로 유의수준 $\alpha = 0.05$에서 귀무가설 H_0를 기각하지 못한다. 즉, 진열대에 놓이는 위치와 공간넓이의 교호작용에 대한 효과는 존재하지 않는다고 할 수 있다.

R 실습

 # 일원배치 분산분석에 대한 예제

\# R의 datasets중에서 InsectSprays 자료를 분석해보자.
\# 이 자료는 6종류의 살충제를 각각 12번 반복하여 실험하여 죽은 벌레의 수를 기록한 것이
\# 다. 자료는 72개의 행과 2개의 열로 구성되어있다.
\# 2열에 살충제의 종류(spray)를 A, B, C, D, E, F로 나타내었고, 1열에 벌레의 수(count)
\# 를 기록하였다.

```
InsectSprays
head(InsecSprays)
 count spray
1   10    A
2    7    A
3   20    A
4   14    A
5   14    A
6   12    A

is.factor(InsectSprays$spray)
[1] TRUE
# spray가 인자로 쓰일 수 있는지 확인한다. 만일 인자가 아니면 as.factor를 이용하여
# 인자로 바꾸어준다.
is.numeric(InsectSprays$count)
# count가 숫자인지 확인한다.
[1] TRUE
boxplot(count~spray,data=InsectSprays,main="InsectSprays")
```

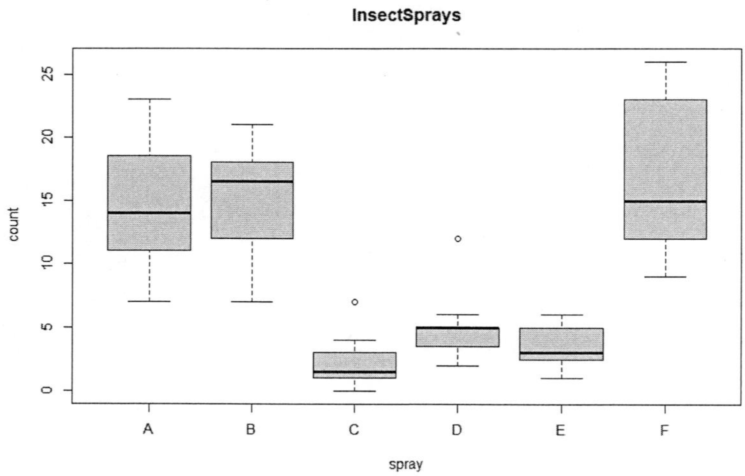

인자의 각수준별로 boxplot을 그린다.

```
aggregate(count~spray,data=InsectSprays,mean)
```

```
spray    count
1    A 14.500000
2    B 15.333333
3    C  2.083333
4    D  4.916667
5    E  3.500000
6    F 16.666667
```

각 spray별로 count의 평균을 구한다.

```
tapply(InsectSprays$count,InsectSprays$spray,mean)
```

```
A          B          C          D          E          F
14.500000 15.333333  2.083333  4.916667  3.500000 16.666667
```

위의 명령과 같은 결과를 얻는다.

일원배치 분산분석

```
spray.aov=aov(count~spray,data=InsectSprays)
summary(spray.aov)
```

```
Df Sum Sq Mean Sq F value Pr(>F)
spray        5   2669   533.8    34.7 <2e-16 ***
Residuals   66   1015    15.4
```

Signif. codes: 0 '***' 0.001 '**' 0.01 '*' 0.05 '.' 0.1 ' ' 1

분산분석표의 p값으로 부터 spray의 효과가 같다는 가설이 기각된다. 즉, 효과에 차이가 있다.

```
oneway.test(count~spray,data=InsectSprays,var.equal=T)
```

One-way analysis of means

data: count and spray

F = 34.702, num df = 5, denom df = 66, p-value < 2.2e-16

같은 결과를 보여준다. 여기서 var.equal은 등분산을 가정한다는 것이다.

분산분석 잔차 진단

```
par(mfrow=c(1,2))
plot(spray.aov,which=1:2)
```

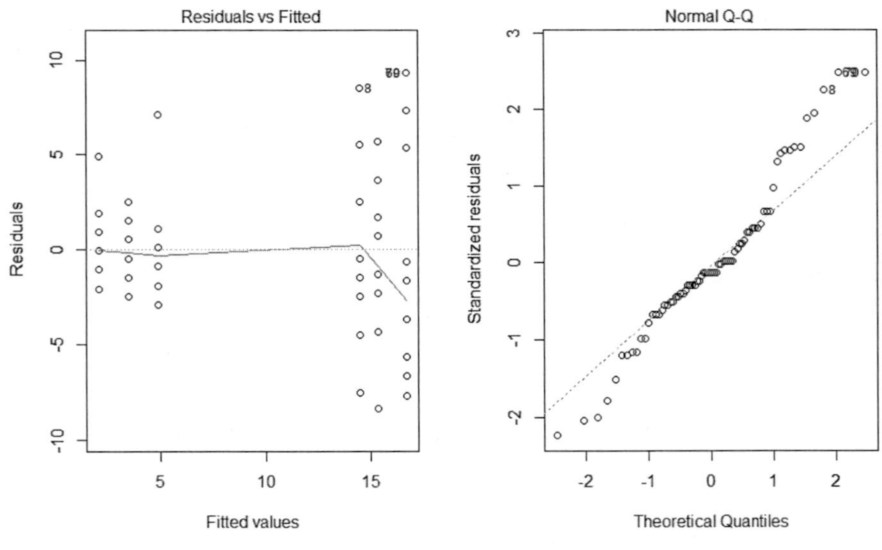

다중비교법

일원배치 분산분석의 결과로부터 인자의 효과가 있다고 결론을 내었다면, 대부분의 경우
인자의 어떤 수준에서 차이를 보이는지 알아보고 싶을 것이다. 이를 위하여 각각 두 개의
수준에서 두 모집단에 대한 t검정을 실시하게 되면, 검정의 유의수준을 제어하기 힘들
어진다.

이러한 상황에서 이용하는 것이 다중비교법이다. 다중비교법에서 이용하는 방법은 여러
가지이나 여기서는 교재에서 언급한 Bonferroni의 방법과 자주 쓰이는 Tukey의
HSD(Honest Significant Difference)방법을 소개한다.

```
# InsectSprays에 대한 다중비교
pairwise.t.test(InsectSprays$count,InsectSprays$spray,p.adjust="bonferroni")
Pairwise comparisons using t tests with pooled SD

data:  InsectSprays$count and InsectSprays$spray

  A       B       C       D       E
B 1       -       -       -       -
C 1.1e-09 1.3e-10 -       -       -
D 1.5e-06 1.8e-07 1       -       -
E 4.1e-08 4.9e-09 1       1       -
F 1       1       4.2e-12 6.1e-09 1.6e-10

P value adjustment method: bonferroni

TukeyHSD(spray.aov,ordered=T)
Tukey multiple comparisons of means
   95% family-wise confidence level
   factor levels have been ordered

Fit: aov(formula = count ~ spray, data = InsectSprays)

$spray
          diff       lwr       upr     p adj
E-C  1.4166667 -3.282742  6.116075 0.9488669
D-C  2.8333333 -1.866075  7.532742 0.4920707
A-C 12.4166667  7.717258 17.116075 0.0000000
B-C 13.2500000  8.550591 17.949409 0.0000000
F-C 14.5833333  9.883925 19.282742 0.0000000
D-E  1.4166667 -3.282742  6.116075 0.9488669
```

```
A-E  11.0000000   6.300591  15.699409  0.0000000
B-E  11.8333333   7.133925  16.532742  0.0000000
F-E  13.1666667   8.467258  17.866075  0.0000000
A-D   9.5833333   4.883925  14.282742  0.0000014
B-D  10.4166667   5.717258  15.116075  0.0000002
F-D  11.7500000   7.050591  16.449409  0.0000000
B-A   0.8333333  -3.866075   5.532742  0.9951810
F-A   2.1666667  -2.532742   6.866075  0.7542147
F-B   1.3333333  -3.366075   6.032742  0.9603075
```

\# 위의 결과는 A, B, C, D, E, F 6종류의 살충제 각각에 대한 신뢰구간과 검정 결과를 보여
\# 준다. 살충제에 따른 count의 평균을 작은 순서로 나열하면 C, E, D, A, B, F이고 E-C,
\# D-C, D-E, B-A, F-A, F-B의 차이가 유의하지 않다는 것을 알 수 있다. 따라서 살충제
\# (C,E,D), (A,B,F)의 두 그룹으로 묶을 수 있다.
\# 이 자료는 두 가지 다중비교법 모두 같은 결과를 보여주지만, 일반적으로는 다중비교법의
\# 종류에 따라 서로 다른 결과를 준다.

 # 이원배치 분산분석에 대한 예제

\# 반복이 없는 이원배치
\# 본문의 〈예제 4〉를 분석해보자.

```
trt=c(rep(1,5),rep(2,5),rep(3,5),rep(4,5))
material=rep(1:5,4)
speed=c(12,2,8,1,7,20,14,17,12,17,13,7,13,8,14,11,5,10,3,6)
trt=as.factor(trt)
material=as.factor(material)
two.no=aov(speed~trt+material)
two.no
Call:
   aov(formula = speed ~ trt + material)

Terms:
                trt material Residuals
Sum of Squares  310      184        24
Deg. of Freedom   3        4        12
```

```
Residual standard error: 1.414214
Estimated effects may be unbalanced
summary(two.no)
            Df Sum Sq Mean Sq F value   Pr(>F)
trt          3    310   103.3   51.67 3.91e-07 ***
material     4    184    46.0   23.00 1.49e-05 ***
Residuals   12     24     2.0
---
Signif. codes:  0 '***' 0.001 '**' 0.01 '*' 0.05 '.' 0.1 ' ' 1
```

```
# 반복이 있는 이원배치
# 본문의 <예제 5>를 분석해보자.
sales=c(51,45,47,43,71,67,62,68,46,42,41,39)
location=c(rep("upper",4),rep("middle",4),rep("lower",4))
area=rep(c("wide","wide","moderate","moderate"),3)
location=as.factor(location)
area=as.factor(area)
two.rep=aov(sales~location+area+location:area)
two.rep
Call:
   aov(formula = sales ~ location + area + location:area)

Terms:
                 location    area location:area Residuals
Sum of Squares  1420.6667 40.3333        0.6667   62.0000
Deg. of Freedom         2       1             2         6

Residual standard error: 3.21455
Estimated effects may be unbalanced

summary(two.rep)
              Df Sum Sq Mean Sq F value   Pr(>F)
location       2 1420.7   710.3  68.742 7.31e-05 ***
```

```
area           1    40.3    40.3    3.903   0.0956 .
location:area  2     0.7     0.3    0.032   0.9684
Residuals      6    62.0    10.3
---
Signif. codes:  0 '***' 0.001 '**' 0.01 '*' 0.05 '.' 0.1 ' ' 1
```

\# 진열대의 위치는 판매량에 영향을 미친다. 그러나 인자 공간의 넓이의 효과는 유의수준
\# 5%에서 기각할 수 없고, 교호작용은 존재하지 않는다.

\# 각 요인별로 그래프를 그려보자.

```
par(mfrow=c(2,2))
plot(sales~location)
plot(sales~area)
stripchart(sales~location,vertical=T,xlab="location")
stripchart(sales~area,vertical=T,xlab="area")
```

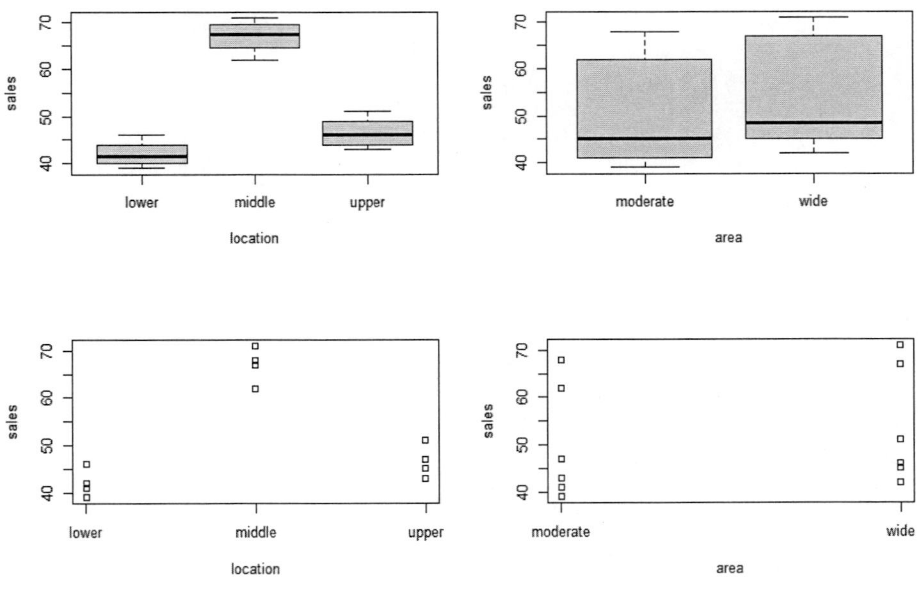

\# 상호작용에 대한 그래프를 그려보자.

```
par(mfrow=c(1,2))
interaction.plot(location,area,sales,bty="l",main="interaction")
interaction.plot(area,location,sales,bty="l",main="interaction")
```

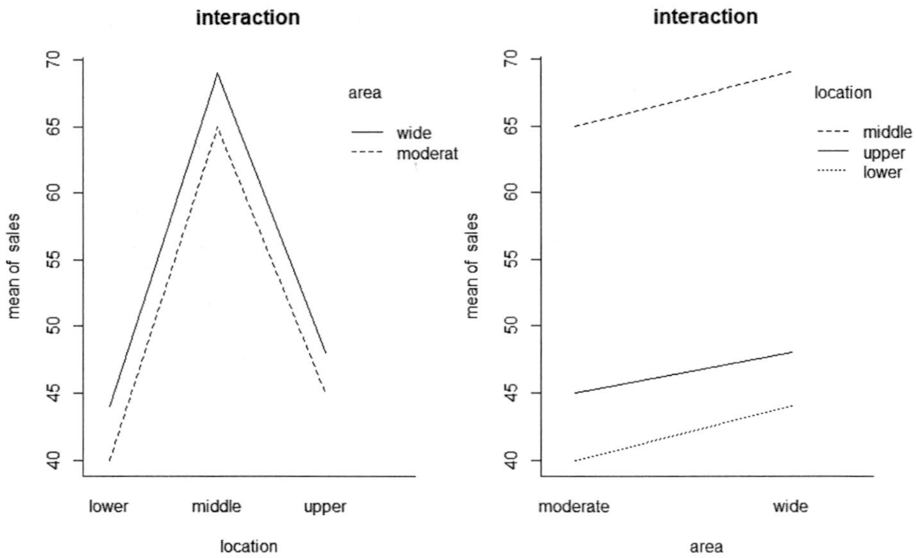

분산분석의 결과와 같이 그래프로부터 상호작용이 유의하지 않음을 확인할 수 있다.

제11장
연습문제

1. 3종류의 살충제 A, B, C의 살충효과를 비교하기 위하여 실험을 행한 결과 다음 자료를 얻었다. 자료는 동일한 조건에서 살충제를 뿌린 후, 일정한 면적에서 죽은 벌레 수를 측정한 것이다.

살충제 A	7	8	6	8	7
살충제 B	9	10	12	11	13
살충제 C	10	9	10	10	8

적절한 가정과 모형을 설정하고, 살충제의 살충효과가 다르다고 할 수 있는지를 유의수준 5%에서 검정하라.

2. 매연의 배출을 줄이기 위하여 3가지 가솔린 첨가제를 개발하였다. 이의 성능을 알아보기 위해서 각각 11대의 차에 3가지 첨가제를 사용한 결과 매연의 배출량에 대해서 다음의 결과를 얻었다.

	표본평균	표본분산
첨가제 1	72.5	82
첨가제 2	84.1	89
첨가제 3	77.4	96

표본분산은 편차의 제곱을 (자료의 개수−1)로 나눈 값이다. 물론 위의 자료에서 전체 33대의 차의 배출량 평균은 78임을 알 수 있다. 모집단의 동일분산을 가정하고 3개의 첨가제의 매연 배출량이 같은지를 알아보고자 한다. 아래 분산분석표를 작성하고 F 검정을 이용하여 유의수준 5%에서 검정하라. $F_{0.05}$는 $F(n_1, n_2; 0.05)$를 말한다.

요인	제곱합	자유도	평균제곱	F비	$F_{0.05}$
처리					
잔차					
총계					

3. A, B, C 세 자동차 회사에서 생산되는 같은 배기량을 갖는 자동차에 대한 시내 주행 연비를 조사하였다. 각 종류에 8대씩 실험을 실시한 결과 다음의 연비자료를 얻었다.

	표본평균	표본분산
자동차회사 A	15.5	1.84^2
자동차회사 B	13.7	1.75^2
자동차회사 C	17.5	1.38^2

표본분산은 편차의 제곱을 (자료의 개수 − 1)로 나눈 값이고, 물론 위의 자료에서 전체 24대의 차의 연비평균은 15.6임을 알 수 있다. 이 결과를 이용하여 세 종류의 차의 연비에 차이가 있는지를 알아보려고 한다. 아래의 분산분석표를 작성하고 F검정을 이용하여 유의수준 5%에서 검정하라. 모집단 모형과 기본가정, 검정하는 가설을 정확히 적어라.

요인	제곱합	자유도	평균제곱	F비	$F_{0.05}$
처리					
잔차					
총계					

4. 제품의 강도가 압력(psi)과 온도(℃)에 영향을 받는지를 조사하기 위하여 실험을 행하였다. 그 결과 주어진 압력과 온도에서 다음과 같은 자료를 얻었다.

압력 \ 온도	50	100
100	9	14
150	13	20
200	15	22

(1) 분산분석에 필요한 모형과 가정을 정확히 적어라.

(2) 이 자료에 대한 분산분석표를 작성하라.

요인	제곱합	자유도	평균제곱	F비	$F_{0.05}$
압력					
온도					
잔차					
총계					

(3) 압력과 온도에 따라 강도가 차이가 있는지 유의수준 5%에서 검정하라. 검정하는 가설을 명확하게 적어라.

5. 정원 방충약은 세 종류의 기본 파우더와 두 종류의 다른 성분을 함께 사용함으로써 만들어 질 수 있다. 반응값은 뿌린 후의 효력의 측정이다. 두 번 반복하여 실험을 실시한 결과 다음 자료를 얻었다.

성분 \ 파우더	파우더 A_1	파우더 A_2	파우더 A_3	평균
성분 B_1	81, 70	103, 110	118, 138	103.33
성분 B_2	123, 131	142, 143	180, 189	151.33
평균	101.25	124.5	156.25	전체평균 =127.33

(1) 분산분석에 필요한 모형과 가정을 정확히 적어라.

(2) 이 자료에 대한 분산분석표를 작성하라. 분산분석표의 형태는 다음과 같다. 단, 전체 제곱합은 $SST = 13{,}596.67$ 이다.

요인	제곱합	자유도	평균제곱	F비	$F_{0.05}$
인자 A (기본 파우더)					
인자 B (성분)					
교호작용					
잔차					
총계					

(3) 기본 파우더, 성분, 기본 파우더와 성분간의 교호작용의 유의성을 유의수준 5%에서 검정하라. 검정하는 가설을 명확하게 적어라.

제 12 장

범주형 자료분석

제12장 범주형 자료분석

12.1 서론

범주형 자료(categorical data)는 조사나 관측의 결과 또는 측정값들을 어떤 속성에 따라 몇 개의 범주로 분류하여 도수로 주어지는 자료를 말한다. 예를 들어 자료를 성별이나 학력에 따라 분류한다고 하자. 앞에서 성별이나 학력을 질적변수라고 하였다. 성별은 남녀의 범주를 가질 것이고, 학력은 초졸, 중졸, 고졸, 대졸, 대학원졸 등의 범주를 가질 것이다. 이때 자료를 각 범주로 분류하여 얻은 도수 자료가 이에 해당한다.

범주형 자료분석에는 몇 가지 종류가 있다. 우선 관측결과가 가정된 특정한 분포나 확률모형에서 얻어졌다고 할 수 있는지를 살펴보는 적합도 검정(goodness of fit tests)이 있다. 예를 들어 완두콩 실험결과가 멘델의 유전법칙에 부합하는지를 알아보고자 하는 경우가 이에 해당할 것이다. 다음으로 두 개의 속성, 예를 들면 개인의 교육수준과 직장생활의 만족도에 어떤 관련성이 있는지를 분석하는 독립성 검정(tests of independence)이 있다. 그리고 두 개 이상의 모집단이 어떤 특성에 대해서 동일한 성질을 가지고 있는지를 판단하는 동일성 검정(test of homogeneity) 등이 있다. 남학생과 여학생에 따라 국어, 영어, 수학 과목에 대한 선호도가 다른지 아닌지를 알아보는 경우는 동일성 검정에 해당한다고 할 수 있다.

12.2 다항분포

앞에서 성공 또는 실패의 두 가지 결과만을 가지며 성공률이 p인 실험을 n번 독립적으로 반복하여 시행할 때, 성공의 범주가 일어나는 횟수 X는 이항분포 $B(n,p)$를 따른다고 하였다. 두 가지 결과 대신에 k개의 결과가 나타나며 각각이 나타날 확률이 p_i인 시행을 n번 독립적으로 반복한다고 하자. 그리고 각 결과가 나오는 횟수를 $(N_1,\dots,N_k)$라고 하면 이의 결합확률분포는

$$P(N_1=n_1,\dots,N_k=n_k)=\frac{n!}{n_1!\cdots n_k!}p_1^{n_1}\cdots p_k^{n_k},\ \ n_1+\cdots+n_k=n,\ \ p_1+\cdots+p_k=1$$

이 된다. 이 때

$$(N_1,\ldots,N_k) \sim m(n,p_1,\ldots,p_k)$$

이라고 쓰고 이를 다항분포(multinomial distribution)라고 한다. $k=2$이면 이는 이항분포 $B(n,p_1)$과 동일하다.

다항분포에서 확률변수 N_1의 주변분포를 생각해보자. 첫 번째 범주의 사건이 발생하면 성공이고 다른 범주의 사건이 발생하면 실패로 볼 때, N_1은 n번의 독립시행에서 확률이 p_1인 첫 번째 범주의 사건의 횟수이므로 이항분포 $B(n,p_1)$를 따른다. 마찬가지로 N_i의 주변분포는 $B(n,p_i)$가 된다. 따라서 이항분포의 결과로부터,

$$E(N_i)=np_i,\quad Var(N_i)=np_i(1-p_i)$$

이 됨을 알 수 있다. 그리고 $(N_1,\ldots,N_k)$는 독립이 아니며, 공분산 $Cov(N_i,N_j)$이

$$Cov(N_i,N_j)=-np_ip_j,\quad i\neq j$$

임이 알려져 있다. 여기에서 공분산의 부호가 항상 음수임에 주의하고 이 의미를 다시 생각해보자.

[다항분포]

k개의 결과 각각이 나타날 확률이 p_i인 시행을 n번 독립적으로 반복할 때, 각 결과가 나오는 횟수 $(N_1,\ldots,N_k)$은 다항분포를 따르며

$$(N_1,\ldots,N_k) \sim m(n,p_1,\ldots,p_k)$$

라고 한다. 그리고 결합확률분포는

$$P(N_1=n_1,\ldots,N_k=n_k)=\frac{n!}{n_1!\cdots n_k!}p_1^{n_1}\cdots p_k^{n_k},\ n_1+\cdots+n_k=n,\ p_1+\cdots+p_k=1$$

이다.

참고

다항분포 $(N_1,\ldots,N_k)$에서 항상 $N_1+\cdots+N_k=n$이 성립한다. 즉, 마지막 변수는 언제나 $N_k=n-N_1-\cdots-N_{k-1}$이므로 다항분포는 $(k-1)$변량 분포이다. 따라서 $(N_1,\ldots,N_{k-1})$이 다항분포를 따른다고 하는 것이 적절하지만 편의상 두 가지 표현을 혼용해서 쓰기도 한다.

다음은 다항분포의 중요한 성질 중 하나이며 범주형자료분석에서 매우 중요하게 쓰이는 결과이다.

[다항분포의 성질]

$(N_1,\ldots,N_k) \sim m(n,p_1,\ldots,p_k)$일 때

$$\sum_{i=1}^{k}\frac{(N_i-np_i)^2}{np_i}\dot{\sim}\chi^2(k-1)$$

이다. 즉, n이 충분히 클 때, 근사적으로 자유도가 $k-1$인 카이제곱분포를 따른다.

위의 성질을 일반적으로 보이는 것은 쉽지 않고 본 교재의 범위를 벗어난다. 그러므로 $k=2$일 때, 즉 이항분포인 경우만을 생각해보자. 이 때, $N_2=n-N_1$, $p_2=1-p_1$, $N_1 \sim B(n,p_1)$이므로

$$\begin{aligned}\sum_{i=1}^{2}\frac{(N_i-np_i)^2}{np_i} &= \frac{(N_1-np_1)^2}{np_1}+\frac{(N_2-np_2)^2}{np_2}=\frac{(N_1-np_1)^2}{np_1}+\frac{(N_1-np_1)^2}{np_2}\\ &= \frac{(N_1-np_1)^2}{np_1p_2}=\left(\frac{N_1-np_1}{\sqrt{np_1(1-p_1)}}\right)^2\end{aligned}$$

임을 알 수 있다. 그리고 이항분포의 정규근사로부터, n이 충분히 크면 근사적으로

$$\frac{N_1-np_1}{\sqrt{np_1(1-p_1)}}\dot{\sim}N(0,1)$$

이므로

$$\sum_{i=1}^{2}\frac{(N_i-np_i)^2}{np_i}=\left(\frac{N_1-np_1}{\sqrt{np_1(1-p_1)}}\right)^2 \sim \chi^2(1)$$

이 성립한다.

12.3 적합도 검정

적합도 검정은 범주형으로 조사된 자료의 분석결과가 기존에 알려진 이론 또는 결과와 부합하는지 여부를 확인하는 방법이다. 주어진 값 $p_{10},\ldots,p_{k0}$ ($p_{10}+\cdots+p_{k0}=1$, $p_{i0}\ge 0$)

에 대하여

$$H_0 : p_1 = p_{10},\ \dots ,p_k = p_{k0},\ \ H_1 :\ H_0\text{가 아니다.}$$

라고 하자. 적합도 검정의 자료구조는 다음과 같다.

〈표 1〉 적합도 검정의 자료구조

범주	1	2	⋯	k	합계
관측도수	n_1	n_2	⋯	n_k	n
기대도수	n_1p_{10}	n_2p_{20}	⋯	n_kp_{k0}	n
미지의 확률	p_1	p_2	⋯	p_k	1

만일 귀무가설 H_0가 사실이면 기대도수는 각각 np_{i0}이고 기대도수와 관측도수의 차이가 크면 귀무가설이 옳지 않음을 뜻한다. 이 차이는 통계량

$$\sum_{i=1}^{k}\frac{(n_i - np_{i0})^2}{np_{i0}} = \sum_{i=1}^{k}\frac{(O_i - E_i)^2}{E_i}$$

으로 나타낸다. 여기서 O_i는 관측도수(observed frequency)이고 E_i는 기대도수(expected frequency)이다. 만일 H_0가 사실이면 이 통계량은 근사적으로 $\chi^2(k-1)$을 따른다. 따라서 다음과 같은 검정절차를 얻는다.

[적합도 검정]

가설 $H_0 : p_1 = p_{10},\dots,p_k = p_{k0},\ H_1 :\ H_0$가 아니다.

검정통계량 $\chi^2 = \sum_{i=1}^{k}\frac{(n_i - np_{i0})^2}{np_{i0}} = \sum_{i=1}^{k}\frac{(O_i - E_i)^2}{E_i}$

기각역 $\chi^2 \ge \chi^2(k-1;\alpha)$

예제 1 주사위 놀이를 하던 중 친구 한 명이 주사위의 형평성에 문제가 있다고 의문을 제기하여 실험을 해 보았다. 주사위를 120회 던진 실험의 결과 다음 결과를 얻었다. 이 결과를 바탕으로 과연 주사위의 공정성에 문제가 있다고 할 수 있는지를 유의수준 $\alpha = 0.05$에서 검정하라.

나온 눈	1	2	3	4	5	6	계
관측도수	20	19	15	27	21	18	120

풀이 1) 가설 : i눈이 나올 확률을 p_i라고 하면 가설은

$$H_0 : p_1 = p_2 = p_3 = p_4 = p_5 = p_6 = \frac{1}{6}\text{(공정한 주사위이다.)},\ H_1 : H_0\text{가 아니다.}$$

2) 유의수준 $\alpha = 0.05$

3) 검정통계량과 기각역 : $\chi^2 = \sum_{i=1}^{6} \frac{(O_i - E_i)^2}{E_i} \geq \chi^2(5;0.05) = 11.07$이면 H_0 기각.

4) 검정통계량의 관측값 : H_0가 사실이면 각 눈의 기대도수는 $120 \times \frac{1}{6} = 20$이므로

$$\chi^2_{obs} = \frac{(20-20)^2}{20} + \frac{(19-20)^2}{20} + \frac{(15-20)^2}{20} + \frac{(27-20)^2}{20} + \frac{(21-20)^2}{20} + \frac{(18-20)^2}{20} = 4.$$

5) 판정 : $\chi^2_{obs} < \chi^2\ (5\ ;\ 0.05\ )$이므로 유의수준 $\alpha = 0.05$에서 귀무가설 H_0를 기각할 수 없다. 따라서 주사위가 공정하지 않다고 주장할 근거가 없다. ■

12.4 독립성 검정

독립성 검정은 관측된 자료를 두 요인에 의해 분할하여 도수를 조사하고 분할표를 작성한 후, 분할에 사용된 두 요인 사이에 관련이 있는지, 아니면 독립인지를 알아보는 방법이다. 즉, 한 요인이 다른 요인에 영향을 미치는지의 여부를 검정하는 문제이다.

자료를 두 가지 요인 A, B로 분류하며, A는 r개의 범주, B는 c개의 범주를 가진다고 하자. 각각의 rc개의 범주의 관측도수를 n_{ij}라고 하면 독립성 검정의 자료구조는 다음과 같다.

〈표 2〉 독립성 검정의 자료구조

요인	B_1	$\cdots$	B_j	$\cdots$	B_c	합계
A_1	n_{11}	$\cdots$	n_{1j}	$\cdots$	n_{1c}	$n_{1.}$
$\vdots$	$\vdots$		$\vdots$		$\vdots$	$\vdots$
A_i	n_{i1}	$\cdots$	n_{ij}	$\cdots$	n_{ic}	$n_{i.}$
$\vdots$	$\vdots$		$\vdots$		$\vdots$	$\vdots$
A_r	n_{r1}	$\cdots$	n_{rj}	$\cdots$	n_{rc}	$n_{r.}$
합계	$n_{.1}$	$\cdots$	$n_{.j}$	$\cdots$	$n_{.c}$	n

p_{ij}를 범주 A_i, B_j에 동시에 속할 확률, $p_{i.}$을 범주 A_i에 속할 확률, $p_{.j}$를 범주 B_j에 속할

확률이라고 하면 독립성 검정에서의 가설은

$$H_0 : p_{ij} = p_{i.}p_{.j} \ \ (i=1,...,r,\ j=1,...,c),\ \ H_1 :\ H_0\text{가 아니다.}$$

이다. 즉, 귀무가설 H_0에서는 두 요인이 서로 영향을 미치지 않는다.

O_{ij}는 범주 $A_i \cap B_j$의 관측도수이므로 n_{ij}이다. E_{ij}는 H_0가 사실일 때의 기대도수이고 이는 $np_{i.}p_{.j}$의 추정량이므로 $n\frac{n_{i.}}{n}\frac{n_{.j}}{n}$을 이용한다. 따라서 검정통계량은

$$\chi^2 = \sum_{i=1}^{r}\sum_{j=1}^{c}\frac{(O_{ij}-E_{ij})^2}{E_{ij}}$$

이고 이는 H_0가 사실일 때 근사적으로 카이제곱분포를 따른다. 각 행 또는 열에서 부분합을 맞추기 위해 하나씩의 셀의 값은 자동적으로 계산되므로 기대도수가 제약 없이 변할 수 있는 셀은 $(r-1)(c-1)$이 된다. 이것이 카이제곱분포의 자유도이다. χ^2통계량의 자유도를 구하는 방법을 좀 더 자세히 살펴보자. 자유도는 전체에서 추정되는 모수의 개수를 빼서 구하는 것이 일반적이다. [다항분포의 성질]로부터 전체 자유도는 $rc-1$이고 $np_{i.}p_{.j}$를 $n\widehat{p_{i.}}\widehat{p_{.j}} = n\frac{n_{i.}}{n}\frac{n_{.j}}{n}$으로 추정할 때, $p_{1.}+\cdots+p_{r.}=1$과 $p_{.1}+\cdots+p_{.c}=1$이므로 추정되는 모수는 $(r-1)+(c-1)$이다. 따라서 자유도는

$$rc-1-(r-1+c-1)=(r-1)(c-1)$$

이 된다. 이로부터 다음과 같은 검정절차를 얻는다.

[독립성 검정]

가설 $H_0 : p_{ij} = p_{i.}p_{.j}$ $(i=1,...,r,\ j=1,...,c)$, $H_1 :\ H_0$가 아니다.

검정통계량 $\chi^2 = \sum_{i=1}^{r}\sum_{j=1}^{c}\frac{(O_{ij}-E_{ij})^2}{E_{ij}}$

기각역 $\chi^2 \ge \chi^2((r-1)(c-1);\alpha)$

예제 2 가정의 경제 수준이 결혼생활에 영향을 미치는지 알기 위해서 1,000명을 랜덤추출하여 조사한 결과 다음 자료를 얻었다. 이 자료에 의하면 가정의 경제수준이 결혼생활의 만족도에 영향을 미친다고 할 수 있는가? 유의수준 $\alpha = 0.05$에서 검정하라.

〈표 3〉 〈예제 2〉의 독립성 검정

요인	빈약	원만	만족	합계
상	70(97.325)	115(134.3)	240(193.375)	425
중	67(62.975)	88(86.9)	120(125.125)	275
하	92(68.7)	113(94.8)	95(136.5)	300
합계	229	316	455	1,000

풀이 1) 가설 : H_0 : 경제 수준은 결혼생활에 영향을 미치지 않는다. H_1 : H_0가 아니다.

2) 유의수준 $\alpha = 0.05$, 자유도는 $(3-1)(3-1) = 4$.

3) 검정통계량과 기각역 : $\chi^2 = \sum_{i=1}^{3}\sum_{j=1}^{3} \frac{(O_{ij} - E_{ij})^2}{E_{ij}} \geq \chi^2(4;0.05) = 9.487$이면 H_0 기각.

4) 검정통계량의 관측값 : 각 열 또는 행에 속할 확률은 주변합을 이용할 수 있으므로 1행(상)에 속할 확률은 $\frac{425}{1,000}$, 1열(빈약)에 속할 확률은 $\frac{229}{1,000}$로 추정할 수 있다. 따라서 H_0가 사실이면 1행1열(상,빈약)의 기대도수(E_{11})는 $1,000 \times \frac{425}{1,000} \times \frac{229}{1,000} = 97.325$이라 할 수 있다. 이런 방법으로 E_{ij}를 계산하면 〈표 3〉의 ( )안의 수가 되고

$$\chi^2_{obs} = \frac{(70-97.325)^2}{97.325} + \frac{(115-134.3)^2}{134.3} + \cdots + \frac{(95-136.5)^2}{136.5} = 46.182$$

이다.

5) 판정 : $\chi^2_{obs} > \chi^2\ (4\ ;\ 0.05)$이므로 유의수준 $\alpha = 0.05$에서 귀무가설 H_0를 기각한다. 즉, 경제 수준은 결혼생활의 만족도에 영향을 미친다고 할 수 있다. ■

12.5 동일성 검정

동일성 검정은 조사대상인 모집단을 r개의 부-모집단(subpoulation)($A_1, \ldots, A_r$)으로 분할하고, 각각의 부-모집단에서 다른 요인 B의 속성에 따라 분류한 후, 각 부-모집단의 특성이 같은지 아닌지의 여부를 검정하는 문제이다.

동일성검정의 자료구조는 독립성 검정의 경우와 매우 유사하다. 그러나 원칙적으로 동일성 검정의 경우 각 부-모집단에서의 조사대상 $f_1, \ldots, f_r$은 실험 전에 이미 고정된 상수이다.

〈표 4〉 동일성 검정의 자료구조

요인	B_1	$\cdots$	B_j	$\cdots$	B_c	합계
A_1	n_{11}	$\cdots$	n_{1j}	$\cdots$	n_{1c}	f_1
$\vdots$	$\vdots$		$\vdots$			$\vdots$
A_i	n_{i1}	$\cdots$	n_{ij}	$\cdots$	n_{ic}	f_i
$\vdots$	$\vdots$		$\vdots$			$\vdots$
A_r	n_{r1}	$\cdots$	n_{rj}	$\cdots$	n_{rc}	f_r
합계	$n_{.1}$	$\cdots$	$n_{.j}$	$\cdots$	$n_{.c}$	n

부-모집단 A_i에 속하는 실험대상이 범주 $B_1,\ldots,B_c$에 속할 확률을 각각 $p_{i1},\ldots,p_{ic}$ $(p_{i1}+\ldots+p_{ic}=1)$이라고 하면 동일성 검정에서의 가설은

$$H_0:(p_{i1},\ldots,p_{ic})=(p_{11},\ldots,p_{1c})\ \ (i=2,\ldots,r),\ \ H_1:\ H_0\text{가 아니다.}$$

즉, 귀무가설 H_0에서는 하나의 실험대상이 범주 B_j에 속할 확률이 모든 부-모집단에서 동일하다.

O_{ij}는 범주 $A_i \cap B_j$의 관측도수이므로 n_{ij}이다. E_{ij}는 H_0가 사실일 때의 기대도수이므로 모든 부-모집단에서 범주 B_j에 속할 확률은 $\dfrac{n_{.j}}{n}$로 추정할 수 있고 부-모집단 A_i에서의 조사대상이 f_i이므로 $E_{ij}=\dfrac{f_i n_{.j}}{n}$이 된다. 따라서 검정통계량은

$$\chi^2=\sum_{i=1}^{r}\sum_{j=1}^{c}\frac{(O_{ij}-E_{ij})^2}{E_{ij}}$$

이고 이는 H_0가 사실일 때 근사적으로 카이제곱분포를 따른다. 자유도는 독립성 검정에서와 유사한 이유로 $(r-1)(c-1)$이 된다. 따라서 다음과 같은 검정절차를 얻는다.

[동일성 검정]

가설 $H_0:(p_{i1},\ldots,p_{ic})=(p_{11},\ldots,p_{1c})\ (i=2,\ldots,r),\ H_1:\ H_0$가 아니다.

검정통계량 $\chi^2=\displaystyle\sum_{i=1}^{r}\sum_{j=1}^{c}\frac{(O_{ij}-E_{ij})^2}{E_{ij}}$

기각역 $\chi^2 \ge \chi^2((r-1)(c-1);\alpha)$

예제 3 남학생과 여학생에 따라 국어, 영어, 수학 세 과목에 대한 선호도가 다른가를 조사하고자 한다. 남학생 300명과 여학생 200명을 랜덤추출하여 가장 좋아하는 한 과목을 택하게 하여 분류한 결과 다음과 같은 결과를 얻었다. 남학생과 여학생에 따른 과목의 선호도가 다르다고 할 수 있는지 유의수준 $\alpha = 0.05$에서 검정하라.

〈표 5〉 〈예제 3〉의 동일성 검정

요인	국어	영어	수학	합계
남학생	90(93)	116(118.8)	94(88.2)	300
여학생	65(62)	82(79.2)	53(58.8)	200
합계	155	198	147	500

풀이 1) 가설 : 남학생이 국어, 영어, 수학을 각각 좋아할 확률을 p_{11}, p_{12}, p_{13}라 하고 여학생에 대해서는 p_{21}, p_{22}, p_{23}라고 하면

$$H_0 : (p_{11}, p_{12}, p_{13}) = (p_{21}, p_{22}, p_{23}), \quad H_1 : H_0\text{가 아니다.}$$

2) 유의수준 $\alpha = 0.05$, 자유도는 $(2-1)(3-1) = 2$.

3) 검정통계량과 기각역 : $\chi^2 = \sum_{i=1}^{2}\sum_{j=1}^{3}\frac{(O_{ij}-E_{ij})^2}{E_{ij}} \geq \chi^2(2;0.05) = 5.991$ 이면 H_0 기각.

4) 검정통계량의 관측값 : 기대도수 E_{11}은 $300 \times \frac{155}{500} = 93$이고 다른 셀도 마찬가지로 계산하면 〈표 5〉의 ( )안의 수를 얻는다. 따라서

$$\chi^2_{obs} = \frac{(90-93)^2}{93} + \frac{(116-118.8)^2}{118.8} + \frac{(94-88.2)^2}{88.2} + \frac{(65-62)^2}{62} + \frac{(82-79.2)^2}{79.2} + \frac{(53-58.8)^2}{58.8} = 1.3604.$$

5) 판정 : $\chi^2_{obs} < \chi^2(2;0.05)$이므로 유의수준 $\alpha = 0.05$에서 귀무가설 H_0를 기각할 수 없다. 즉, 남학생과 여학생의 과목선호도가 다르다고 주장할 근거가 없다. ■

동일성 검정과 독립성 검정은 표본추출방법이 서로 다르다. 독립성 검정에서는 기본적으로 하나의 모집단으로부터 추출한 표본을 두 가지 속성에 따라 분류하지만, 동일성 검정에서는 부-모집단을 먼저 설정하고 각각의 부-모집단으로부터 일정한 크기의 표본을 추출하여 이를 속성에 따라 분류한다. 〈예제 3〉에서는 남학생, 여학생 두 개의 부-모집단에 대

해서 각각 300명, 200명의 표본을 추출하였다. 그리고 동일성 검정은 표본들의 분포가 동일한 지 아닌지를 검정하는 것이고 독립성 검정은 두 가지의 속성이 서로 독립인지를 보는 것이지만 두 개의 귀무가설은 서로 필요충분조건이 됨을 보일 수 있다. 〈예제 2〉와 〈예제 3〉을 살펴보면 결국 동일성 검정과 독립성 검정에서 검정통계량의 계산과정은 같고 두 검정은 항상 동일한 결과를 나타냄을 알 수 있다.

R 실습

적합도검정에 대한 예제

```
# 공평한 주사위를 120번 던져서 자료를 얻자. 이를 R함수를 이용하여 시행해 보자.
sample.die=sample(1:6,120,replace=T)
# sample.die는 120개의 숫자를 가진다. 이 자료를 정리해보자.
table(sample.die)
sample.die
 1  2  3 4 5  6
23 17 16 26 24 14
# 적합도 검정을 시행한다.
chisq.test(table(sample.die)) #chisq.test(sample.die)가 아님.
chisq.test(table(sample.die),p=rep(1/6,6)) # 확률이 다를 경우에는 p에 확률을 줄 수 있음.
Chi-squared test for given probabilities

data: table(sample.die)
X-squared = 6.1, df = 5, p-value = 0.2966
# p값이 0.2966 >0.05로 유의수준 5%에서 귀무가설, 즉 공평한 주사위라는 것을 기각하지
# 못한다.
```

독립성검정에 대한 예제

```
# 본문의 <예제 2> 경제수준과 결혼생활의 만족도에 대한 예제
x=c(70,67,92,115,88,113,240,120,95)
x=matrix(x,ncol=3) #입력순서에 따라 byrow=T가 필요할 수도 있다.
ind=chisq.test(x)
ind
Pearson's Chi-squared test

data: x
X-squared = 46.182, df = 4, p-value = 2.257e-09
# 검정의 결과 경제수준과 결혼생활의 만족도가 독립이라는 가설을 기각한다.
```

```
attributes(ind)
$names
[1] "statistic" "parameter"  "p.value"  "method"  "data.name"  "observed"  "expected"
"residuals"  "stdres"

$class
[1] "htest"

ind$observed
     [,1] [,2] [,3]
[1,]   70  115  240
[2,]   67   88  120
[3,]   92  113   95
ind$expected
       [,1]  [,2]    [,3]
[1,] 97.325 134.3 193.375
[2,] 62.975  86.9 125.125
[3,] 68.700  94.8 136.500
ind$residuals
          [,1]       [,2]       [,3]
[1,] -2.769797 -1.6654028  3.3528852
[2,]  0.507203  0.1180002 -0.4581649
[3,]  2.811108  1.8692493 -3.5520721
```

제12장 연습문제

1. 멘델의 유전법칙에 따르면 노란색 둥근콩과 녹색 주름진콩의 순종교배 2세대에는

노란색 둥근콩(A) : 노란색 주름진콩(B) : 녹색 둥근콩(C) : 녹색 주름진콩(D) = 9:3:3:1

의 비율로 나타난다. 실험결과 각 종류의 콩을 110, 43, 31, 16개 얻었다. 이 실험결과는 멘델의 이론을 지지하는지, 아닌지를 유의수준 5%에서 검정하라. 검정하는 가설을 명확히 적어라.

2. 새롭게 마련한 세제개혁안에 대한 찬성여부가 소득수준과 관련이 있는지 알아보기 위해 1,000명을 표본으로 선정하여 조사한 결과 다음과 같은 결과를 얻었다. 세제개혁에 대한 찬성여부와 소득수준이 서로 독립인지 유의수준 5%에서 검정하고자 한다.

세제개혁 \ 소득수준	저소득층	중간층	고소득층	합계
찬성	185	218	198	601
반대	156	143	100	399
합계	341	361	298	1,000

(1) 각 셀의 해당확률을 p_{ij}라고 할 때 검정하고자 하는 가설을 식으로 명확히 써라.

(2) (1)에서의 귀무가설을 가정할 때, 아래 표에 각 셀의 기대돗수를 적어라.

세제개혁 \ 소득수준	저소득층	중간층	고소득층	합계
찬성				601
반대				399
합계	341	361	298	1,000

(3) (1)의 가설을 유의수준 5%에서 검정하라. 결론을 문장으로 짧고 명확하게 서술하라.

3. H대학 신문사에서는 학생회 회칙 개정안에 대해서 학생들의 호응도를 알아보고자 한다. 이를 위해 350명의 학생을 표본으로 선정하여 조사한 결과 다음과 같은 결과를 얻었다.

성별 \ 호응도	찬성	무관심	반대	합계
남학생	93	72	21	186
여학생	55	79	30	164
합계	148	151	51	350

(1) (성별에 관계없이) 회칙 개정안에 찬성하는 비율에 대한 95% 신뢰구간을 구하라.

(2) 성별과 회칙개정안에 대한 호응도가 독립인지를 유의수준 5%에서 검정하고자 한다. 각 셀의 해당 확률을 p_{ij}라고 할 때 검정하고자 하는 가설을 식으로 명확히 써라.

(3) (2)에서의 귀무가설을 가정할 때, 아래 표에 각 셀의 기대돗수를 적어라.

성별 \ 의견	찬성	무관심	반대	합계
남학생				186
여학생				164
합계	148	151	51	350

(4) (2)의 가설을 유의수준 5%에서 검정하라. 결론을 문장으로 짧고 명확하게 서술하라.

4. 이혼을 한 부부들의 경우, 결혼 전 연애기간의 길이가 결혼기간의 길이와 관계가 있는가를 조사하고자 한다. 이를 위하여 어느 사회학자가 이혼한 110쌍에 대하여 면접을 실시한 결과 다음의 자료를 얻었다. 이 면접조사에 의하면 결혼 전 연애기간의 길이가 (이혼까지의) 결혼기간의 길이와 관계가 있다고 할 수 있는가?

연애기간 \ 결혼기간	4년 미만	4년 이상	합계
반년 미만	11	7	18
반년~1년	28	24	52
1년 이상	18	22	40
합계	57	53	110

(1) 검정하고자 하는 가설을 명확히 써라.

(2) (1)에서의 귀무가설을 가정할 때, 아래 표에 각 셀의 기대돗수를 적어라.

연애기간 \ 결혼기간	4년 미만	4년 이상
반년 미만		
반년~1년		
1년 이상		

(3) (1)의 가설을 유의수준 5%에서 검정하라. 결론을 문장으로 짧고 명확하게 서술하라.

5. 어떤 질병에 대한 치료법이 성별에 따라 효과가 다르게 나타나는지를 조사하고자, 해당 질병에 걸린 남자환자 100명, 여자환자 100명을 임의로 추출하여 이 치료법을 적용하였다. 그 결과 다음과 같은 자료를 얻었다.

	악화	현상유지	호전	합계
남자	11	25	64	100
여자	13	34	53	100
합계	24	59	117	200

주어진 결과에 따르면 성별에 따라 치료법의 효과가 다르다고 할 수 있는가? 가설을 쓰고 유의수준 5%에서 검정하라.

부록

R의 설치

연습문제 해답

분포표

R의 설치

\# R이란? R은 통계분석과 그래픽을 위한 프로그래밍 언어이자 소프트웨어 환경이다. 무엇보다도 공개된 소프트웨어(open-source software)이기 때문에 무료로 사용할 수 있다. 이러한 이유로 전 세계에 많은 사용자가 있다.

A. R의 설치

(1) http://r-project.org 방문한다. 그러면 다음과 같은 화면을 볼 수 있다.

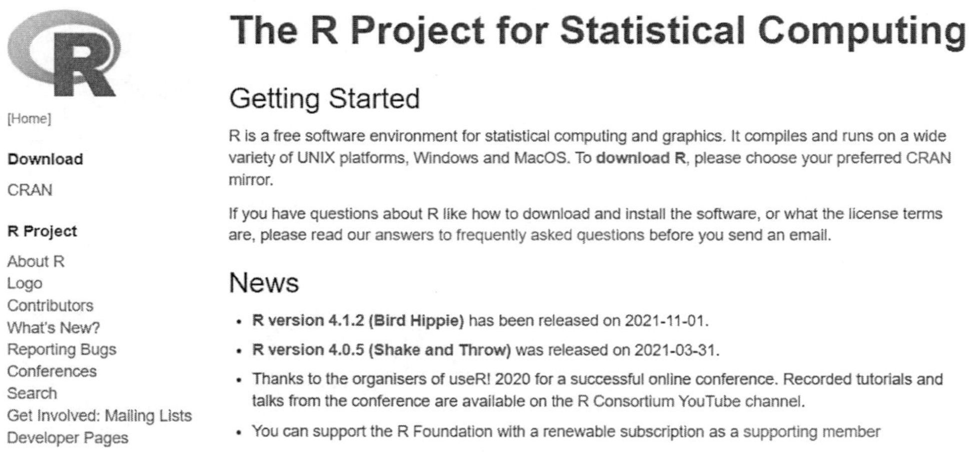

(2) download R을 클릭한다.

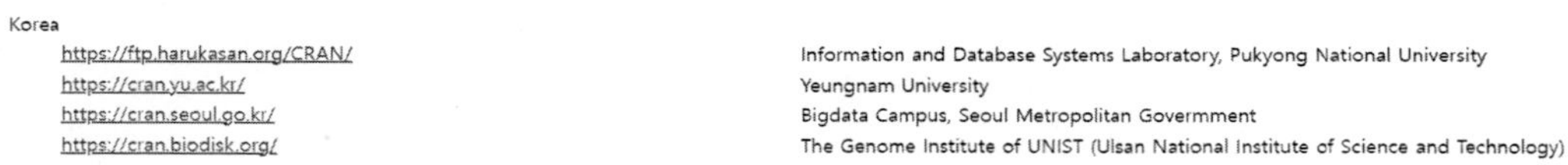

(3) 위의 cran 중 하나를 클릭하면 아래의 사이트가 보인다. 여기서 "Download R for Windows"을 클릭한다. 다른 환경에서는 각자 맞는 선택을 하면 된다.

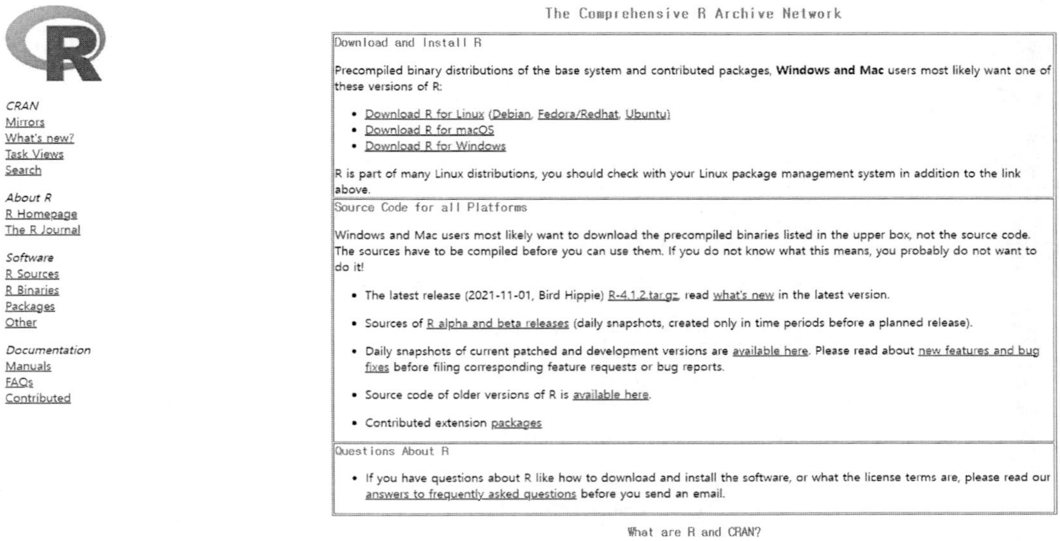

The Comprehensive R Archive Network

CRAN
Mirrors
What's new?
Task Views
Search

About R
R Homepage
The R Journal

Software
R Sources
R Binaries
Packages
Other

Documentation
Manuals
FAQs
Contributed

Download and Install R

Precompiled binary distributions of the base system and contributed packages, **Windows and Mac** users most likely want one of these versions of R:

- Download R for Linux (Debian, Fedora/Redhat, Ubuntu)
- Download R for macOS
- Download R for Windows

R is part of many Linux distributions, you should check with your Linux package management system in addition to the link above.

Source Code for all Platforms

Windows and Mac users most likely want to download the precompiled binaries listed in the upper box, not the source code. The sources have to be compiled before you can use them. If you do not know what this means, you probably do not want to do it!

- The latest release (2021-11-01, Bird Hippie) R-4.1.2.tar.gz, read what's new in the latest version.
- Sources of R alpha and beta releases (daily snapshots, created only in time periods before a planned release).
- Daily snapshots of current patched and development versions are available here. Please read about new features and bug fixes before filing corresponding feature requests or bug reports.
- Source code of older versions of R is available here.
- Contributed extension packages

Questions About R

- If you have questions about R like how to download and install the software, or what the license terms are, please read our answers to frequently asked questions before you send an email.

What are R and CRAN?

(4) "install R for the first time"을 클릭한다.

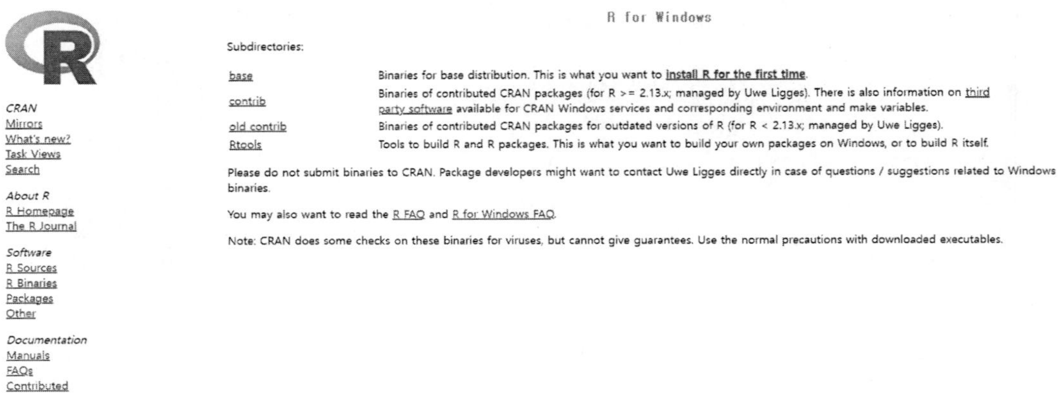

R for Windows

CRAN
Mirrors
What's new?
Task Views
Search

About R
R Homepage
The R Journal

Software
R Sources
R Binaries
Packages
Other

Documentation
Manuals
FAQs
Contributed

Subdirectories:

base	Binaries for base distribution. This is what you want to **install R for the first time**.
contrib	Binaries of contributed CRAN packages (for R >= 2.13.x; managed by Uwe Ligges). There is also information on third party software available for CRAN Windows services and corresponding environment and make variables.
old contrib	Binaries of contributed CRAN packages for outdated versions of R (for R < 2.13.x; managed by Uwe Ligges).
Rtools	Tools to build R and R packages. This is what you want to build your own packages on Windows, or to build R itself.

Please do not submit binaries to CRAN. Package developers might want to contact Uwe Ligges directly in case of questions / suggestions related to Windows binaries.

You may also want to read the R FAQ and R for Windows FAQ.

Note: CRAN does some checks on these binaries for viruses, but cannot give guarantees. Use the normal precautions with downloaded executables.

(5) 아래의 화면에서 “Download R 4.1.2 for Windows”를 클릭하고 명령에 따라 install을 시행한다. R의 버전은 계속 업데이트 되고 있으므로 이것이 최신 버전이 아닐 수도 있다. 꼭 최신 버전이 아니더라도 사용에 크게 지장은 없으나 가끔 업데이트해주는 것이 좋다.

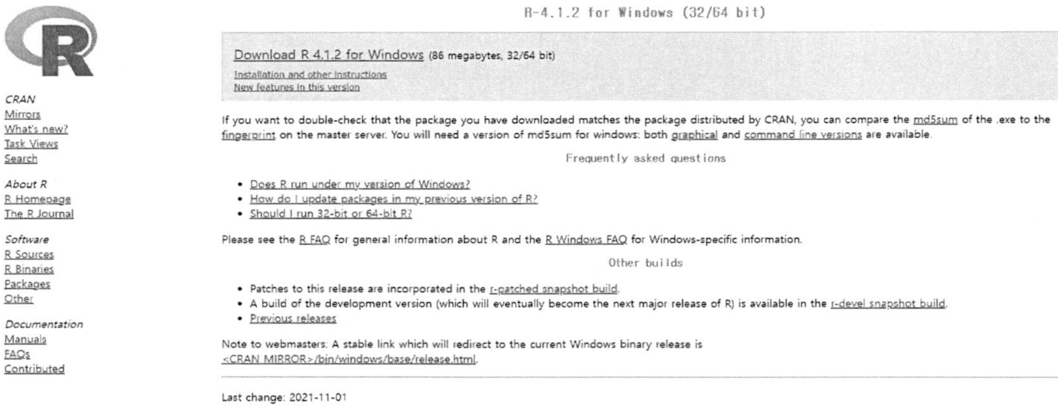

(6) R이 제대로 설치되었으면 프로그램을 실행시켜 동작해 보자. 그러면 아래 화면이 뜬다.

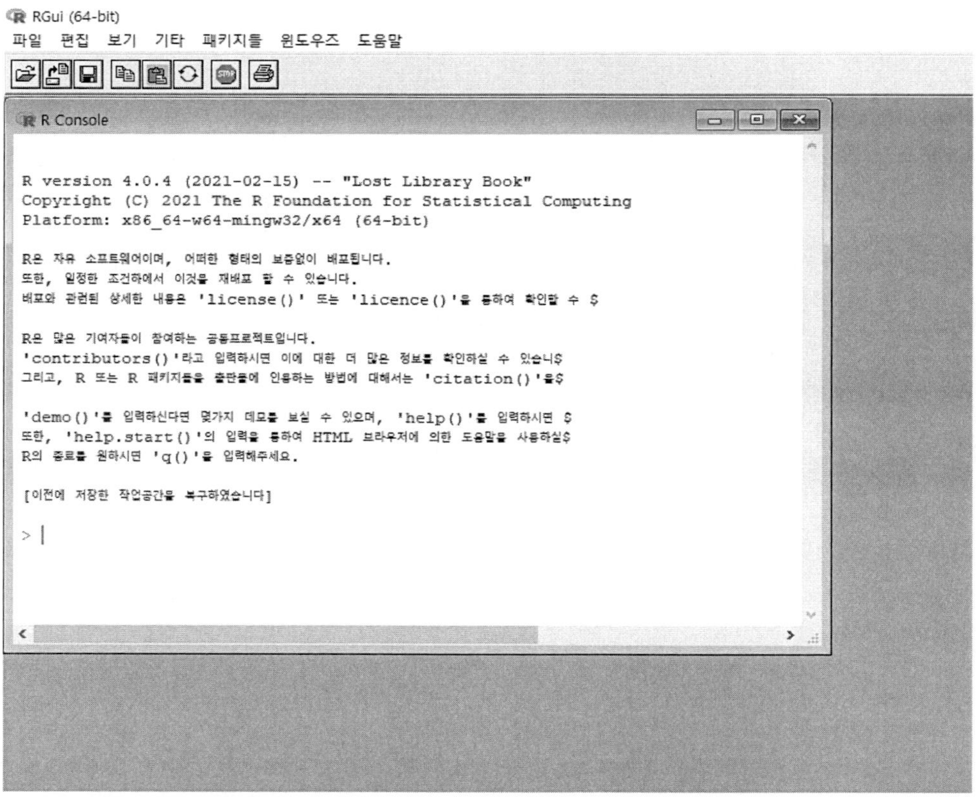

B. R studio의 설치

위의 프로그램만으로도 R을 실행하는 것은 충분하지만 좀 더 편리하게 사용하기 위해서 다음의 R studio도 설치해보자.

(1) www.rstudio.com 방문한다.

(2) 화면을 아래로 내리면 파란색의 〈DOWNLOAD〉 보인다.

(3) RStudio desktop download하고 RStudio 설치한다.

(4) 제대로 설치하면 아래의 화면이 보인다.

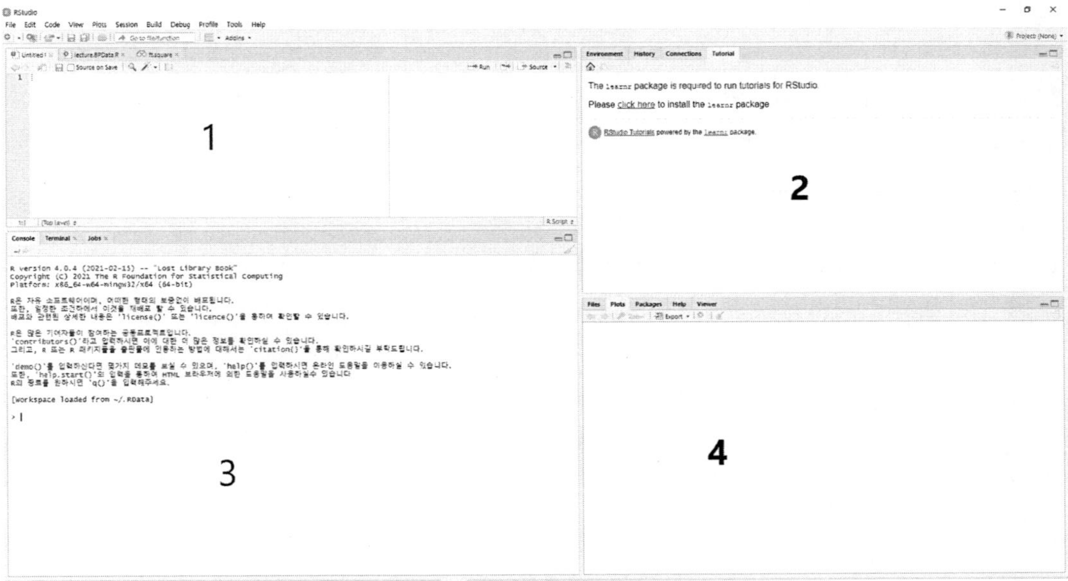

만일 1번의 화면이 보이지 않으면 〈File〉에서 R script를 선택한다.

1번 script 창 : R프로그램 입력창

2번 R 데이터/환경/히스토리 창

3번 console 창 : 프로그램 수행 창

4번 패키지/그래픽(시각화결과)/도움말을 보여주는 창

〈R에서 package "prob" 설치방법〉

; CRAN에 없는 package를 수동으로 설치해야 한다.

; prob_O.9-1. tar을 설치하려면 아래의 과정이 필요 없다.

1. 아래의 사이트에서 rtools를 download해서 설치한다.
   https://cran.rstudio.com/bin/windows/Rtools/rtools42/rtools.html
   https://cran.r-project.org/bin/windows/Rtools/rtools40.html
   설치방법은 rstudio의 설치방법과 거의 같다.
   rtools는 설치된 R 버전에 따라 맞는 버전을 선택해서 설치해야 한다.

2. Rstudio에서 다음을 실행한다.
   install.packages("combinat")
   install.packages("fBasics")

3. Archive에서 아래 3개의 tar.gz 파일을 찾아서 본인의 컴퓨터에 다운로드한다.
   위치는 본인이 편한 장소, 예를 들면 C 바로 아래 또는 내문서에 저장하면 된다.
   fOptions_3042.86.tar.gz
   fAsianOptions_3042.82.tar.gz
   prob_1.0-1.tar.gz

4.

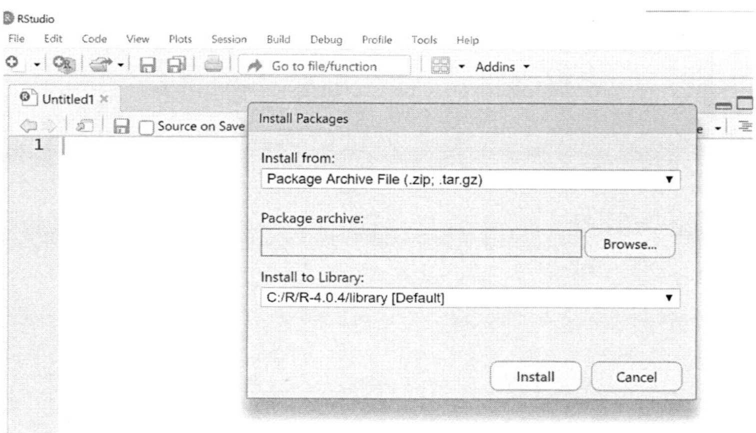

Rstudio의 메뉴중 Tools → install packages에서 install from 부분을 (Repository(CRAN)에서) Packages Archive File (zip; .tar.gz)로 하고 Browse를 눌러 위의 tar.gz 파일을 선택하고 위의 tar.gz 파일을 차례대로 install한다. 반드시 위의 순서대로 package를 설치해야 한다.

연습문제 해답

제1장

1. (2) 중앙값=360, 사분위범위=30

2. (2) 중앙값=4.3, 사분위범위=0.4

3. (2) 평균=11.83, 표준편차=7.68,
중앙값=11.5, IQR=10

4. (1) 평균=44.40, 표준편차=11.49,
중앙값=43.5, 사분위수범위=10.3

5. (1) 평균=236.78, 표준편차=49.72,
중앙값=232, 사분위범위=66.5

6. (생략)

7. 최빈값 = 중앙값 〈 평균

8. (1) 0.4
(2) A 0.62 B -1.00 C -0.85 D 0.97 E 0.06 F -0.38

제2장

1. $\frac{7}{11}$

2. $\frac{1}{2}$

3. $P(A \cap B) = P(A)P(B) = \frac{1}{12}$ 로 독립이다.

4. 상호독립이다.

5. 쌍체독립도 아니고 상호독립도 아니다.

6. $\frac{3}{13} = 0.23$, $\frac{10}{13} = 0.77$

7. $\frac{190}{825} = 0.2303$, $\frac{425}{825} = 0.5152$, $\frac{210}{825} = 0.2545$

8. 0.8727

9. (1) $\frac{32}{57}$ (2) $\frac{41}{108}$

10. (1) $\frac{54}{100} = 0.54$ (2) $\frac{25}{46} = 0.54$

제3장

1. $f(x) = \frac{1}{4}, \quad x = -1, 1, 3, 5$, $E(X) = 2$, $Var(X) = 5$

2. (1) $k = 2$ (2) $E(X) = \frac{1}{2}$, $Var(X) = \frac{1}{4}$

3. (1) $f(x) = 2e^{-2x}, \quad x \geq 0$ (2) $E(X) = \frac{1}{2}$ (3) $P(X > 2) = e^{-4}$

4. (1) $k=\frac{3}{4}$ (2) $\frac{1}{2}$ (3) $E(X)=0$, $Var(X)=\frac{1}{5}$

5. $a=\frac{3}{5}$, $b=\frac{6}{5}$

6. $a=1$, $k=\frac{1}{2}$

7. (1) $Cov(X, Y)=0$ (2) $Var(X+Y)=0.84$ (3) 종속

8. (1)

y \ x	-1	0	1	행의 합
0	0.18	0.24	0.18	0.6
1	0.12	0.16	0.12	0.4
열의 합	0.3	0.4	0.3	1

(2) $Var(X+Y)=0.84$ (3) $E(|X-Y|)=0.76$

9. (1) $E(X)=\frac{3}{2}$, $E(Y)=1$, $Var(X)=\frac{3}{4}$, $Var(Y)=\frac{1}{2}$

(2) $Cov(X, Y)=-\frac{1}{2}$

10. (1)

y \ x	-1	0	1	$P(Y=y)$
0	0	$\frac{1}{3}$	0	$\frac{1}{3}$
1	$\frac{1}{3}$	0	$\frac{1}{3}$	$\frac{2}{3}$
$P(X=x)$	$\frac{1}{3}$	$\frac{1}{3}$	$\frac{1}{3}$	1

(2) $Cov(X, Y)=0$ (3) 종속

11. (1)

X의 확률분포

x	0	1	2	합
$P(X=x)$	$\frac{1}{4}$	$\frac{1}{2}$	$\frac{1}{4}$	1

Y의 확률분포

y	0	1	합
$P(Y=y)$	$\frac{1}{2}$	$\frac{1}{2}$	1

X와 Y의 결합확률분포

y \ x	0	1	2	합
0	$\frac{1}{4}$	0	$\frac{1}{4}$	$\frac{1}{2}$
1	0	$\frac{1}{2}$	0	$\frac{1}{2}$
합	$\frac{1}{4}$	$\frac{1}{2}$	$\frac{1}{4}$	1

(2) $Corr(X, Y) = 0$ (3) $Var(X+Y) = \frac{3}{4}$ (3) 종속

12.

X, Y 의 결합확률분포

x \ y	0	1	행의 합
0	$\frac{1}{4}$	0	$\frac{1}{4}$
1	$\frac{1}{4}$	$\frac{1}{4}$	$\frac{1}{2}$
2	0	$\frac{1}{4}$	$\frac{1}{4}$
열의 합	$\frac{1}{2}$	$\frac{1}{2}$	1

X, Z 의 결합확률분포

x \ z	0	1	행의 합
0	$\frac{1}{8}$	$\frac{1}{8}$	$\frac{1}{4}$
1	$\frac{1}{4}$	$\frac{1}{4}$	$\frac{1}{2}$
2	$\frac{1}{8}$	$\frac{1}{8}$	$\frac{1}{4}$
열의 합	$\frac{1}{2}$	$\frac{1}{2}$	1

13. (1) $c = 2$ (2) $Corr(X, Y) = \frac{1}{2}$

14. (1) $f_X(x) = 12x(1-x)^2,\ 0 < x < 1,\ f_Y(y) = 12y(1-y)^2,\ 0 < y < 1$

(2) $E(X^2) = \frac{2}{5},\ Var(X) = \frac{1}{25},\ E(Y) = \frac{2}{5},\ Var(Y) = \frac{1}{25}$

(3) $Corr(X, Y) = -\frac{2}{3}$

15. (1) $k = 6$

(2) $f_X(x) = 3x^2,\ 0 \le x \le 1,\ f_Y(y) = 3 - 6y + 3y^2,\ 0 \le y \le 1$

(3) $E(X) = \frac{3}{5},\ E(Y) = \frac{1}{4},\ Var(X) = \frac{3}{80},\ Var(Y) = \frac{3}{80}$

(4) $Corr(X, Y) = \frac{1}{3}$

16. (1) $f_X(x) = x + \frac{1}{2},\ 0 \le x \le 1,\ f_Y(x) = y + \frac{1}{2},\ 0 \le y \le 1$

(2) $\frac{3}{8}$

17. (1) $f_X(x) = 6x(1-x),\ 0 \le x \le 1,\ f_Y(y) = 3(1-y)^2,\ 0 \le y \le 1$ (2) 종속

(3) $E(X) = \frac{3}{10},\ E(Y) = \frac{1}{10},\ Var(X) = \frac{1}{20},\ Var(Y) = \frac{3}{80}$ (4) $Corr(X, Y) = -\frac{1}{\sqrt{3}}$

(5) $\frac{1}{4}$

18. (1) $f_X(x) = 2(1-x),\ 0 < x < 1,\ f_Y(x) = 2(1-y),\ 0 < y < 1$

(2) $E(X) = \frac{1}{3},\ E(Y) = \frac{1}{3},\ Var(X) = \frac{1}{18},\ Var(Y) = \frac{1}{18}$ (3) $Corr(X, Y) = -\frac{1}{2}$

19. (1) $k=2$ (2) $f_X(x)=1+2x-3x^2,\ 0\le x\le 1,\ f_Y(y)=3y^2,\ 0\le y\le 1$

(3) $E(X)=\frac{5}{12},\ E(Y)=\frac{3}{4}$ (4) $Cov(X,Y)=\frac{1}{48}$ (5) 종속

20. (1) $f_X(x)=3x^2,\ 0<x<1,\ f_Y(y)=\frac{3}{2}(1-y^2),\ 0<y<1$

(2) $Cov(X,Y)=\frac{3}{160}$ (3) 종속 (4) $\frac{5}{8}$

제4장

1. (1) $\frac{1}{2}$ (2) $\frac{7}{2}$

2. (1)

y_2 \ y_1	0	1	$P(Y_2=y_2)$
0	$\frac{4}{9}$	$\frac{2}{9}$	$\frac{2}{3}$
1	$\frac{2}{9}$	$\frac{1}{9}$	$\frac{1}{3}$
$P(Y_1=y_1)$	$\frac{2}{3}$	$\frac{1}{3}$	1

x	0	1	2
$P(X=x)$	$\frac{4}{9}$	$\frac{4}{9}$	$\frac{1}{9}$

; X의 분포는 이항분포, $X\sim B(2,\frac{1}{3})$

$Cov(Y_1,Y_2)=0,\ E(X)=\frac{2}{3},\ Var(X)=\frac{4}{9}$

(2)

y_2 \ y_1	0	1	$P(Y_2=y_2)$
0	$\frac{9}{21}$	$\frac{5}{21}$	$\frac{2}{3}$
1	$\frac{5}{21}$	$\frac{2}{21}$	$\frac{1}{3}$
$P(Y_1=y_1)$	$\frac{2}{3}$	$\frac{1}{3}$	1

x	0	1	2
$P(X=x)$	$\frac{9}{21}=\frac{3}{7}$	$\frac{10}{21}$	$\frac{2}{21}$

; X의 분포는 초기하분포, $X \sim H(2;15,5)$

$$Cov(Y_1, Y_2) = -\frac{1}{63},\ E(X) = \frac{2}{3},\ Var(X) = \frac{26}{63}$$

3. 생략

4. (1) $(0.7)^{10} = 0.028$ (2) 0.617

5. 0.0766

6. 0.002

7. 생략

8. 0.594

9. 0.224

10. (1) 0.577 (2) 0.607

11. 0.6767

12. 0.034

제5장

1. $\frac{1}{2}$

2. 22.4

3. 73

4. 0.7198

(1) 0.6826 (2) 7.84 (3) 73.36

6. 64.76

7. 16

8. 0.215 이하

9. (1) $N(-1,1)$ (2) 0.1587

10. 0.0727

11. 0.0398

12. 0.0796

(1) $\binom{40}{14}(\frac{3}{8})^{14}(\frac{5}{8})^{26}$ (2) 0.5608

14. 연속성 수정을 하지 않으면 0.119, 연속성 수정을 하면 0.1446.

15. (1) 0.111

(2) 연속성 수정을 하지 않으면 0.8051
연속성 수정을 하면 0.8438.

제6장

1. 2

2. (1) 거짓 (2) 참 (3) 거짓 (4) 참 (5) 거짓

3. (1) 참 (2) 거짓 (3) 참 (4) 거짓 (5) 거짓

4. (1) 참 (2) 참 (3) 거짓 (4) 거짓 (5) 거짓

5. (1) 거짓 (2) 거짓 (3) 거짓 (4) 참 (5) 거짓

6. 0.0228

7. 0.8664

8. (1) 0.8686 (2) 25.72

9. 0.0418

10. 0.3085

11. 150.3642

12. 0.02

13. 0.0398

14. 연속성 수정을 하지 않으면 0.2119, 연속성 수정을 하면 0.2709.

15. 연속성 수정을 하지 않으면 0.9251, 연속성 수정을 하면 0.9441.

16. 연속성 수정을 하지 않으면 0.33, 연속성 수정을 하면 0.3859.

17. 1.3

18. (1) 0.6898 (2) 0.05 (3) 0.95

19. $0.8664 \times 0.9 = 0.77976$

20. (1) 0.1587 (2) 0.62 (3) 0.95

제7장

1. T_1, T_2, T_3 모두 불편추정량이며 T_1이 가장 유효.

2. (1) $\hat{\mu} = \bar{x} = 173$, $\hat{\sigma} = s = 45$ (2) $\dfrac{45}{\sqrt{14}} = 12.0268$

(3) $n = 14$, $\bar{x} \pm t(n-1; \frac{\alpha}{2}) \dfrac{s}{\sqrt{n}} = 173 \pm t(13;0.05) \dfrac{45}{\sqrt{14}}$
$= 173 \pm 1.771 \times 12.0268 = 173 \pm 21.299 = (151.701, 194.299)$

3. 0.0265

4. $\hat{p} = 0.45$, $\widehat{SE}(\hat{p}) = 0.0188$

5. (1) $30 \pm 0.518 = (29.482, 30.518)$ (2) 62

6. (1) $55 \pm 3.12 = (51.88, 58.12)$ (2) 있다. (3) 98

7. (1) $(130 \pm 3.795) = (126.205, 133.795)$ 필요하지 않다. (2) 128

8. (1) 151 (2) $0.14 \pm 0.034 = (0.106, 0.174)$

9. (1) $\hat{p}$과 $\tilde{p}$ 모두 p의 불편추정량

(2) $Var(\hat{p}) = \dfrac{p(1-p)}{50} = 0.02p(1-p)$, $Var(\tilde{p}) = \dfrac{5}{160} p(1-p) = 0.03125p(1-p)$

$Var(\hat{p}) < Var(\tilde{p})$이므로 $\hat{p}$이 더 유효함.

10. (1) 참 (2) 거짓 (3) 거짓 (4) 거짓 (5) 거짓

제8장

1. (1) 만족 (2) 0.05, 0.875 (3) (1)이 합리적임.

2. (1) $H_0 : \mu = 15$, $H_1 : \mu < 15$

Reject H_0 iff $Z = \bar{X} - 15 \le -1.645$, $z_{obs} = -2 \le -1.645$, H_0를 기각.

관측값 : $z_{obs} = -2 \le -1.645$

(2) 0.0228, H_0를 기각.

3. (1) Reject H_0 iff $Z = \bar{X} - 30 \le -z_{0.05} = -1.645$, $\bar{X} \le 28.355$

(2) 0.0869 (3) 0.0228, H_0를 기각.

4. (1) $H_0: \mu = 20,\ \ H_1: \mu > 20$

(2) $P(\overline{X} \geq 21.5 | \mu = 20) = 0.0062 \leq 0.05$: 유의수준 $\alpha = 0.05$를 만족함.

(3) 0.7967

(4) Reject H_0 iff $Z = \dfrac{\overline{X} - 20}{0.6} \geq z_{0.05} = 1.645$, 검정력 : 0.9535

5. (1) $H_0: \mu = 16,\ \ H_1: \mu < 16$

(2) Reject H_0 iff $T = \dfrac{\overline{X} - 16}{S/\sqrt{9}} \leq -t(8;0.05) = -1.86$, $t_{obs} = -2.9 \leq -1.86$, H_0를 기각.

(3) 0.01, H_0를 기각.

6. (1) $H_0: \mu = 46,\ \ H_1: \mu < 46$

(2) Reject H_0 iff $T = \dfrac{\overline{X} - 46}{S/\sqrt{n}} \leq -t(11;0.05) = -1.796$, $t_{obs} = -1.36 > -1.796$, H_0를 기각 못함.

(3) 0.1, H_0를 기각 못함.

7. (1) $H_0: \mu = 42,\ \ H_1: \mu < 42$

(2) Reject H_0 iff $T = \dfrac{\overline{X} - 42}{S/\sqrt{16}} \leq -t(15;0.05) = -1.753$, $t_{obs} = -1 > -1.753$ H_0를 기각 못함.

(3) 0.1666 (R이용), H_0를 기각 못함.

8. (1) $H_0: \mu = 40$, $H_1: \mu < 40$

(2) Reject H_0 iff $Z = \dfrac{\overline{X} - 40}{10/\sqrt{100}} \leq -z_{0.05} = -1.645$, $\overline{X} \leq 38.355$, $z_{obs} = -3 \leq -1.645$, H_0를 기각.

(3) 0.0013, H_0를 기각. (4) 아니오.

9. (1) $H_0: \mu \leq 0.5$, $H_1: \mu > 0.5$

(2) Reject H_0 iff $Z = \dfrac{\overline{X} - 0.5}{0.12/\sqrt{100}} \geq z_{0.05} = 1.645$, $z_{obs} = 2.5 \leq 1.645$, H_0를 기각.

(3) 0.9941

10. (1) $H_0: p = 0.6$, $H_1: p > 0.6$

(2) Reject H_0 iff $Z = \dfrac{X - 25 \times 0.6}{\sqrt{6}} \geq z_{0.05} = 1.645$, $z_{obs} = 0.82 < 1.645$, H_0를 기각 못함.

(3) 0.2061, H_0를 기각 못함. (4) 0.6879

(5) Reject H_0 iff $X \geq 20$, $x_{obs} = 17 < 20$, H_0를 기각 못함. 1종의 오류는 0.029.

(6) 0.274, H_0를 기각 못함. (7) 0.617

11. (1) $H_0: p = 0.05,\ \ H_1: p > 0.05$

(2) Reject H_0 iff $X \geq 4$, $x_{obs} = 2 < 4$, H_0를 기각 못함. 1종의 오류는 0.034.

(3) 0.358, H_0를 기각 못함. (4) 0.766

12. $H_0 : p = 0.03,\ H_1 : p < 0.03$

Reject H_0 iff $Z = \dfrac{\hat{p} - 0.03}{\sqrt{\dfrac{0.03 \times 0.97}{500}}} \le -z_{0.05} = -1.645,\ z_{obs} = -0.2622 > -1.645,\ H_0$ 를 기각 못함.

제9장

1. (1) 정규분포, 등분산

(2) $H_0 : \sigma_1^2 = \sigma_2^2 \qquad H_1 : \sigma_1^2 \neq \sigma_2^2$

Reject H_0 iff $F \ge 3.18$ 또는 $F \le 0.314,\ f_{obs} = 2.41,\ H_0$ 를 기각 못함.

(3) $H_0 : \mu_1 = \mu_2 \qquad H_1 : \mu_1 > \mu_2$

Reject H_0 iff $T = \dfrac{\overline{X} - \overline{Y}}{S_p\sqrt{\dfrac{1}{n_1} + \dfrac{1}{n_2}}} \ge t(18, 0.05) = 1.734,\ t_{obs} = 2.4166 \ge 1.734,\ H_0$ 를 기각.

(4) $(3.4 \pm 2.956) = (0.444, 6.356)$

2. (1) $H_0 : \sigma_1^2 = \sigma_2^2 \qquad H_1 : \sigma_1^2 \neq \sigma_2^2$

Reject H_0 iff $F \ge 3.18$ 또는 $F \le 0.314,\ f_{obs} = 0.7512,\ H_0$ 를 기각 못함.

(2) Reject H_0 iff $T \ge t(18; 0.05) = 1.734,\ t_{obs} = 1.8055 \ge 1.734,\ H_0$ 를 기각.

(3) $(-4.2 \pm 4.8873) = (-9.0873, 0.6873)$

3. (1) $H_0 : \sigma_1^2 = \sigma_2^2 \qquad H_1 : \sigma_1^2 \neq \sigma_2^2$

Reject H_0 iff $F \ge 4.1$ or $F \le 0.23,\ f_{obs} = 0.79,\ H_0$ 를 기각 못함.

(2) $H_0 : \mu_1 = \mu_2 \qquad H_1 : \mu_1 \neq \mu_2$

Reject H_0 iff $|T| = \left|\dfrac{\overline{X} - \overline{Y}}{S_p\sqrt{\dfrac{1}{n_1} + \dfrac{1}{n_2}}}\right| \ge t(17; 0.025) = 2.11,\ t_{obs} = 1.0189,\ H_0$ 를 기각 못함.

4. (1) $H_0 : \sigma_1^2 = \sigma_2^2 \qquad H_1 : \sigma_1^2 \neq \sigma_2^2$

Reject H_0 iff $F \ge 3.35$ or $F \le 0.326,\ f_{obs} = 0.83,\ H_0$ 를 기각 못함.

(2) $H_0 : \mu_1 = \mu_2,\ H_1 : \mu_1 < \mu_2$

Reject H_0 iff $T = \dfrac{\overline{Y} - \overline{X}}{S_p\sqrt{\dfrac{1}{11} + \dfrac{1}{9}}} \ge t(18; 0.1) = 1.330,\ t_{obs} = 2.13,\ H_0$ 를 기각.

5. $H_0 : \mu_1 = \mu_2,\ H_1 : \mu_1 \neq \mu_2$

Reject H_0 iff $|T| = \left|\dfrac{\overline{D}}{S_D/\sqrt{n}}\right| \ge t(11; 0.025) = 2.201,\ |t_{obs}| = |2.487| \ge 2.201,\ H_0$ 를 기각.

6. $H_0 : \mu_1 = \mu_2,\quad H_1 : \mu_1 > \mu_2$

Reject H_0 iff $T=\dfrac{\overline{D}}{S_D/\sqrt{n}} \geq t(10;0.05)=1.812$, $t_{obs}=4.271 \geq 1.812$, H_0를 기각.

7. $H_0: \mu_1=\mu_2$, $H_1: \mu_1 \neq \mu_2$

Reject H_0 iff $|T|=\left|\dfrac{\overline{D}}{S_D/\sqrt{n}}\right| \geq t(8;0.025)=2.306$, $t_{obs}=2.5766 \geq 2.306$, H_0를 기각.

8. $H_0: \mu_D=0$ $H_1: \mu_D \neq 0$, μ_D는 생산량의 차이.

Reject H_0 iff $|T|=\left|\dfrac{\overline{D}}{S_D/\sqrt{8}}\right| \geq t(7, 0.05)=2.365$, $|t_{obs}|=2.17 < 2.365$, H_0를 기각 못함.

9. (1) $H_0: p_1=p_2$, $H_1: p_1 > p_2$.

Reject H_0 iff $Z=\dfrac{\hat{p_1}-\hat{p_2}}{\sqrt{\hat{p}(1-\hat{p})}\sqrt{\dfrac{1}{n_1}+\dfrac{1}{n_2}}} \geq z_{0.05}=1.645$, $z_{obs}=1.98 \geq 1.645$, H_0를 기각.

(2) 0.0239, H_0를 기각.

10. (1) $H_0: p_1=p_2$, $H_1: p_1 > p_2$

Reject H_0 iff $Z=\dfrac{\hat{p_1}-\hat{p_2}}{\sqrt{\hat{p}(1-\hat{p})}\sqrt{\dfrac{1}{n_1}+\dfrac{1}{n_2}}} \geq z_{0.05}=1.645$, $z_{obs}=3.06 \geq 1.645$, H_0를 기각.

(2) 0.0011, H_0를 기각.

제10장

1. (1) $\hat{y}=-295.13+2.1239x$

(2)

요인	제곱합	자유도	평균제곱	F비	$F_{0.05}$
회귀	4003.6	1	4003.6	173.32	5.99
잔차	138.4	6	23.1		
총계	4142	7			

$H_0: \beta=0$, $H_1: \beta \neq 0$, $f_{obs}=173.32 \geq 5.99$, H_0를 기각.

(3) 0.9666

2. (1) (1) $Y_i=\alpha+\beta x_i+\epsilon_i$, $i=1,\ldots,10$, $\epsilon_i \overset{i.i.d.}{\sim} N(0,\sigma^2)$

(2) $\hat{y}=-2.28+2.61x$ (3) $(2.91 \pm 0.89)=(2.02,3.8)$

(4)

요인	제곱합	자유도	평균제곱	F비	$F_{0.05}$
회귀	313.14	1	313.14	45.32	5.32
잔차	55.26	8	6.91		
총계	368.4	9			

$H_0 : \beta = 0$, $H_1 : \beta \neq 0$, $f_{obs} = 45.32 > 5.32$, H_0를 기각.

(5) 0.85

3. (1) $Y_i = \alpha + \beta x_i + \epsilon_i,\ i = 1, ..., 9,\ \epsilon_i \overset{i.i.d.}{\sim} N(0, \sigma^2)$

(2) $\hat{y} = 114.70 + 9.23x$

(3) 114.70

(4) 9.23

(5) $H_0 : \beta = 0$, $\quad H_1 : \beta > 0$,

Reject H_0 iff $T = \dfrac{\hat{\beta}}{\sqrt{\dfrac{MSE}{S_{xx}}}} > t(7;0.05) = 1.895$, $t_{obs} = 6.5 > 1.895$, H_0를 기각.

(6)

요인	제곱합	자유도	평균제곱	F비	$F_{0.05}$
회귀	8309.24	1	8309.24	42.32	5.59
잔차	1374.26	7	196.33		
총계	9683.50	8			

$H_0 : \beta = 0$, $H_1 : \beta \neq 0$, $f_{obs} = 42.32 > 5.59$, H_0를 기각.

(7) 0.8581

4. (1) 13.69

(2)

요인	제곱합	자유도	평균제곱	F비	$F_{0.05}$
회귀	16004.2	1	16004.2	18.54	4.75
잔차	10360.66	12	863.39		
총계	26365.86	13			

$H_0 : \beta = 0$, $H_1 : \beta \neq 0$, $f_{obs} = 18.54 > 4.75$, H_0를 기각.

(3) 863.39 (4) 0.61 (5) $\epsilon_i \overset{i.i.d.}{\sim} N(0, \sigma^2)$

5. (1) $\hat{\beta} = \dfrac{\sum_{i=1}^{n} x_i Y_i}{\sum_{i=1}^{n} x_i^2}$ (2) $E(\hat{\beta}) = \beta$, $Var(\hat{\beta}) = \dfrac{\sigma^2}{\sum_{i=1}^{n} x_i^2}$

(3) $E(SST)=\beta^2\sum_{i=1}^{n}x_i^2+n\sigma^2$, $E(SSR)=\beta^2\sum_{i=1}^{n}x_i^2+\sigma^2$, $E(SSE)=(n-1)\sigma^2$

(4) 생략

제11장

1.

요인	제곱합	자유도	평균제곱	F비	$F_{0.05}$
회귀	36.4	2	18.2	13.65	3.89
잔차	16	12	1.3333		
총계	52.4	14			

$H_0:\mu_1=\mu_2=\mu_3$, $H_1:$ not H_0, H_0를 기각.

2.

요인	제곱합	자유도	평균제곱	F비	$F_{0.05}$
회귀	746.02	2	373.01	4.19	3.32
잔차	2670	30	89		
총계	3416.02	32			

$H_0:\mu_1=\mu_2=\mu_3$, $H_1:$ not H_0, H_0를 기각.

3.

요인	제곱합	자유도	평균제곱	F비	$F_{0.05}$
회귀	57.84	2	28.92	10.40	3.47
잔차	58.4675	21	2.78		
총계	116.3075	23			

$H_0:\mu_1=\mu_2=\mu_3$, $H_1:$ not H_0, H_0를 기각.

4. (1) $Y_{ij}=\mu+\alpha_i+\beta_j+\epsilon_{ij}$, $i=1,2,3$, $j=1,2$

μ : 총평균, α_i : 압력의 효과 $\sum_{i=1}^{3}\alpha_i=0$, β_j : 온도의 효과 $\sum_{j=1}^{2}\beta_j=0$, $\epsilon_{ij}\overset{i.i.d.}{\sim}N(0,\sigma^2)$

(2)

요인	제곱합	자유도	평균제곱	F비	$F_{0.05}$
인자 A (압력)	52	2	26	39	19
인자 B (온도)	60.1667	1	60.1667	90.25	18.51
잔차	1.3333	2	0.6667		
총계	113.5	5			

(3) $H_0:\alpha_1=\alpha_2=\alpha_3=0$, $H_1:$ not H_0 : H_0를 기각.

$H_0:\beta_1=\beta_2=0$, $H_1:$ not H_0 : H_0를 기각.

5. (1) $Y_{ijk} = \mu + \alpha_i + \beta_j + (\alpha\beta)_{ij} + \epsilon_{ijk},\ i=1,2,3,\ j=1,2,\ k=1,2$

μ : 총평균, α_i : 파우더 A_i의 효과 $\sum_{i=1}^{3}\alpha_i = 0$, β_j : 성분 B_j의 효과 $\sum_{j=1}^{2}\beta_j = 0$

$(\alpha\beta)_{ij}$: A_i와 B_j의 교호작용효과, $\sum_{i=1}^{3}(\alpha\beta)_i = \sum_{j=1}^{2}(\alpha\beta)_{ij} = 0$, $\epsilon_{ijk} \overset{i.i.d.}{\sim} N(0,\sigma^2)$

(2)

요인	제곱합	자유도	평균제곱	F비	$F_{0.05}$
인자 A	6098.17	2	3049.09	51.10	5.14
인자 B	6912	1	6912	115.84	5.99
교호작용	228.5	2	114.25	1.91	5.14
잔차	358	6	59.67		
총계	13596.67	11			

(3) $H_0 : \alpha_1 = \alpha_2 = \alpha_3 = 0$, H_1 : not H_0 : H_0를 기각.

$H_0 : \beta_1 = \beta_2 = 0$, H_1 : not H_0 : H_0를 기각.

$H_0 : (\alpha\beta)_{ij} = 0,\ i=1,2,3,\ j=1,2$, H_1 : not H_0 : H_0를 기각 못함.

제12장

1. $H_0 : p_A = \frac{9}{16},\ p_B = p_C = \frac{3}{16},\ p_D = \frac{1}{16}$, H_1 : not H_0

$\chi^2_{obs} = 2.97 < \chi^2(3;0.05) = 7.81$, H_0를 기각 못함.

2. (1) $H_0 : p_{ij} = p_{i.}\,p_{.j}\ \ (i=1,2\ \ j=1,2,3)$, H_1 : not H_0

(2)

세제개혁 \ 소득수준	저소득층	중간층	고소득층	합계
찬성	205	217	179.	601
반대	136	144	119	399
합계	341	361	298	1,000

(3) $\chi^2_{obs} = 9.95 \geq \chi^2(2:0.05) = 5.99$, H_0를 기각.

3. (1) $0.4229 \pm 0.0518 = (0.3711, 0.4747)$

(2) $H_0 : p_{ij} = p_{i.}\,p_{.j}\ \ (i=1,2\ \ j=1,2,3)$, H_1 : not H_0

(3)

성별 \ 의견	찬성	무관심	반대	합계
남학생	79	80	27	186
여학생	69	71	24	164
합계	148	151	51	350

(4) $\chi^2_{obs}=9.8563 \geq \chi^2(2:0.05)=5.99$, H_0를 기각.

4. (1) $H_0: p_{ij}=p_{i.}\times p_{.j}\quad (i=1,2,3\ \ j=1,2)$, H_1 : not H_0

(2)

연애기간 \ 결혼기간	4년 미만	4년 이상
반년 미만	9	9
반년~1년	27	25
1년 이상	21	19

(3) $\chi^2_{obs}=1.8682<\chi^2(2:0.05)=5.99$, H_0를 기각 못함.

5. $H_0: (p_{11},p_{12},p_{13})=(p_{21},p_{22},p_{23})$, H_1 : not H_0

$\chi^2_{obs}=2.5737<\chi^2(2:0.05)=5.99$, H_0를 기각 못함.

분포표

〈표 1〉 누적이항분포표

$$X \sim B(n,p)\text{일 때 } P(X \le k) = \sum_{x=0}^{k} \binom{n}{x} p^x (1-p)^{n-x}$$

$n = 5$

k \ p	0.05	0.1	0.2	0.3	0.4	0.5	0.6	0.7	0.8	0.9	0.95
0	0.774	0.590	0.328	0.168	0.078	0.031	0.010	0.002	0.000	0.000	0.000
1	0.977	0.919	0.737	0.528	0.337	0.188	0.087	0.031	0.007	0.000	0.000
2	0.999	0.991	0.942	0.837	0.683	0.500	0.317	0.163	0.058	0.009	0.001
3	1.000	1.000	0.993	0.969	0.913	0.813	0.663	0.472	0.263	0.081	0.023
4	1.000	1.000	1.000	0.998	0.990	0.969	0.922	0.832	0.672	0.410	0.226
5	1.000	1.000	1.000	1.000	1.000	1.000	1.000	1.000	1.000	1.000	1.000

$n = 6$

k \ p	0.05	0.1	0.2	0.3	0.4	0.5	0.6	0.7	0.8	0.9	0.95
0	0.735	0.531	0.262	0.118	0.047	0.016	0.004	0.001	0.000	0.000	0.000
1	0.967	0.886	0.655	0.420	0.233	0.109	0.041	0.011	0.002	0.000	0.000
2	0.998	0.984	0.901	0.744	0.544	0.344	0.179	0.070	0.017	0.001	0.000
3	1.000	0.999	0.983	0.930	0.821	0.656	0.456	0.256	0.099	0.016	0.002
4	1.000	1.000	0.998	0.989	0.959	0.891	0.767	0.580	0.345	0.114	0.033
5	1.000	1.000	1.000	0.999	0.996	0.984	0.953	0.882	0.738	0.469	0.265
6	1.000	1.000	1.000	1.000	1.000	1.000	1.000	1.000	1.000	1.000	1.000

$n = 7$

k \ p	0.05	0.1	0.2	0.3	0.4	0.5	0.6	0.7	0.8	0.9	0.95
0	0.698	0.478	0.210	0.082	0.028	0.008	0.002	0.000	0.000	0.000	0.000
1	0.956	0.850	0.577	0.329	0.159	0.063	0.019	0.004	0.000	0.000	0.000
2	0.996	0.974	0.852	0.647	0.420	0.227	0.096	0.029	0.005	0.000	0.000
3	1.000	0.997	0.967	0.874	0.710	0.500	0.290	0.126	0.033	0.003	0.000
4	1.000	1.000	0.995	0.971	0.904	0.773	0.580	0.353	0.148	0.026	0.004
5	1.000	1.000	1.000	0.996	0.981	0.938	0.841	0.671	0.423	0.150	0.044
6	1.000	1.000	1.000	1.000	0.998	0.992	0.972	0.918	0.790	0.522	0.302
7	1.000	1.000	1.000	1.000	1.000	1.000	1.000	1.000	1.000	1.000	1.000

〈표 1〉 계속

$n = 8$

k \ p	0.05	0.1	0.2	0.3	0.4	0.5	0.6	0.7	0.8	0.9	0.95
0	0.663	0.430	0.168	0.058	0.017	0.004	0.001	0.000	0.000	0.000	0.000
1	0.943	0.813	0.503	0.255	0.106	0.035	0.009	0.001	0.000	0.000	0.000
2	0.994	0.962	0.797	0.552	0.315	0.145	0.050	0.011	0.001	0.000	0.000
3	1.000	0.995	0.944	0.806	0.594	0.363	0.174	0.058	0.010	0.000	0.000
4	1.000	1.000	0.990	0.942	0.826	0.637	0.406	0.194	0.056	0.005	0.000
5	1.000	1.000	0.999	0.989	0.950	0.855	0.685	0.448	0.203	0.038	0.006
6	1.000	1.000	1.000	0.999	0.991	0.965	0.894	0.745	0.497	0.187	0.057
7	1.000	1.000	1.000	1.000	0.999	0.996	0.983	0.942	0.832	0.570	0.337
8	1.000	1.000	1.000	1.000	1.000	1.000	1.000	1.000	1.000	1.000	1.000

$n = 9$

k \ p	0.05	0.1	0.2	0.3	0.4	0.5	0.6	0.7	0.8	0.9	0.95
0	0.630	0.387	0.134	0.040	0.010	0.002	0.000	0.000	0.000	0.000	0.000
1	0.929	0.775	0.436	0.196	0.071	0.020	0.004	0.000	0.000	0.000	0.000
2	0.992	0.947	0.738	0.463	0.232	0.090	0.025	0.004	0.000	0.000	0.000
3	0.999	0.992	0.914	0.730	0.483	0.254	0.099	0.025	0.003	0.000	0.000
4	1.000	0.999	0.980	0.901	0.733	0.500	0.267	0.099	0.020	0.001	0.000
5	1.000	1.000	0.997	0.975	0.901	0.746	0.517	0.270	0.086	0.008	0.001
6	1.000	1.000	1.000	0.996	0.975	0.910	0.768	0.537	0.262	0.053	0.008
7	1.000	1.000	1.000	1.000	0.996	0.980	0.929	0.804	0.564	0.225	0.071

〈표 1〉 계속

$n = 10$

k \ p	0.05	0.1	0.2	0.3	0.4	0.5	0.6	0.7	0.8	0.9	0.95
0	0.599	0.349	0.107	0.028	0.006	0.001	0.000	0.000	0.000	0.000	0.000
1	0.914	0.736	0.376	0.149	0.046	0.011	0.002	0.000	0.000	0.000	0.000
2	0.988	0.930	0.678	0.383	0.167	0.055	0.012	0.002	0.000	0.000	0.000
3	0.999	0.987	0.879	0.650	0.382	0.172	0.055	0.011	0.001	0.000	0.000
4	1.000	0.998	0.967	0.850	0.633	0.377	0.166	0.047	0.006	0.000	0.000
5	1.000	1.000	0.994	0.953	0.834	0.623	0.367	0.150	0.033	0.002	0.000
6	1.000	1.000	0.999	0.989	0.945	0.828	0.618	0.350	0.121	0.013	0.001
7	1.000	1.000	1.000	0.998	0.988	0.945	0.833	0.617	0.322	0.070	0.012
8	1.000	1.000	1.000	1.000	0.998	0.989	0.954	0.851	0.624	0.264	0.086
9	1.000	1.000	1.000	1.000	1.000	0.999	0.994	0.972	0.893	0.651	0.401
10	1.000	1.000	1.000	1.000	1.000	1.000	1.000	1.000	1.000	1.000	1.000

$n = 15$

k \ p	0.05	0.1	0.2	0.3	0.4	0.5	0.6	0.7	0.8	0.9	0.95
0	0.463	0.206	0.035	0.005	0.000	0.000	0.000	0.000	0.000	0.000	0.000
1	0.829	0.549	0.167	0.035	0.005	0.000	0.000	0.000	0.000	0.000	0.000
2	0.964	0.816	0.398	0.127	0.027	0.004	0.000	0.000	0.000	0.000	0.000
3	0.995	0.944	0.648	0.297	0.091	0.018	0.002	0.000	0.000	0.000	0.000
4	0.999	0.987	0.836	0.515	0.217	0.059	0.009	0.001	0.000	0.000	0.000
5	1.000	0.998	0.939	0.722	0.403	0.151	0.034	0.004	0.000	0.000	0.000
6	1.000	1.000	0.982	0.869	0.610	0.304	0.095	0.015	0.001	0.000	0.000
7	1.000	1.000	0.996	0.950	0.787	0.500	0.213	0.050	0.004	0.000	0.000
8	1.000	1.000	0.999	0.985	0.905	0.696	0.390	0.131	0.018	0.000	0.000
9	1.000	1.000	1.000	0.996	0.966	0.849	0.597	0.278	0.061	0.002	0.000
10	1.000	1.000	1.000	0.999	0.991	0.941	0.783	0.485	0.164	0.013	0.001
11	1.000	1.000	1.000	1.000	0.998	0.982	0.909	0.703	0.352	0.056	0.005
12	1.000	1.000	1.000	1.000	1.000	0.996	0.973	0.873	0.602	0.184	0.036
13	1.000	1.000	1.000	1.000	1.000	1.000	0.995	0.965	0.833	0.451	0.171
14	1.000	1.000	1.000	1.000	1.000	1.000	1.000	0.995	0.965	0.794	0.537
15	1.000	1.000	1.000	1.000	1.000	1.000	1.000	1.000	1.000	1.000	1.000

〈표 1〉 계속

$n = 20$

k \ p	0.05	0.1	0.2	0.3	0.4	0.5	0.6	0.7	0.8	0.9	0.95
0	0.358	0.122	0.012	0.001	0.000	0.000	0.000	0.000	0.000	0.000	0.000
1	0.736	0.392	0.069	0.008	0.001	0.000	0.000	0.000	0.000	0.000	0.000
2	0.925	0.677	0.206	0.035	0.004	0.000	0.000	0.000	0.000	0.000	0.000
3	0.984	0.867	0.411	0.107	0.016	0.001	0.000	0.000	0.000	0.000	0.000
4	0.997	0.957	0.630	0.238	0.051	0.006	0.000	0.000	0.000	0.000	0.000
5	1.000	0.989	0.804	0.416	0.126	0.021	0.002	0.000	0.000	0.000	0.000
6	1.000	0.998	0.913	0.608	0.250	0.058	0.006	0.000	0.000	0.000	0.000
7	1.000	1.000	0.968	0.772	0.416	0.132	0.021	0.001	0.000	0.000	0.000
8	1.000	1.000	0.990	0.887	0.596	0.252	0.057	0.005	0.000	0.000	0.000
9	1.000	1.000	0.997	0.952	0.755	0.412	0.128	0.017	0.001	0.000	0.000
10	1.000	1.000	0.999	0.983	0.872	0.588	0.245	0.048	0.003	0.000	0.000
11	1.000	1.000	1.000	0.995	0.943	0.748	0.404	0.113	0.010	0.000	0.000
12	1.000	1.000	1.000	0.999	0.979	0.868	0.584	0.228	0.032	0.000	0.000
13	1.000	1.000	1.000	1.000	0.994	0.942	0.750	0.392	0.087	0.002	0.000
14	1.000	1.000	1.000	1.000	0.998	0.979	0.874	0.584	0.196	0.011	0.000
15	1.000	1.000	1.000	1.000	1.000	0.994	0.949	0.762	0.370	0.043	0.003
16	1.000	1.000	1.000	1.000	1.000	0.999	0.984	0.893	0.589	0.133	0.016
17	1.000	1.000	1.000	1.000	1.000	1.000	0.996	0.965	0.794	0.323	0.075
18	1.000	1.000	1.000	1.000	1.000	1.000	0.999	0.992	0.931	0.608	0.264
19	1.000	1.000	1.000	1.000	1.000	1.000	1.000	0.999	0.988	0.878	0.642
20	1.000	1.000	1.000	1.000	1.000	1.000	1.000	1.000	1.000	1.000	1.000

〈표 1〉 계속

$n=25$

k \ p	0.05	0.1	0.2	0.3	0.4	0.5	0.6	0.7	0.8	0.9	0.95
0	0.277	0.072	0.004	0.000	0.000	0.000	0.000	0.000	0.000	0.000	0.000
1	0.642	0.271	0.027	0.002	0.000	0.000	0.000	0.000	0.000	0.000	0.000
2	0.873	0.537	0.098	0.009	0.000	0.000	0.000	0.000	0.000	0.000	0.000
3	0.966	0.764	0.234	0.033	0.002	0.000	0.000	0.000	0.000	0.000	0.000
4	0.993	0.902	0.421	0.090	0.009	0.000	0.000	0.000	0.000	0.000	0.000
5	0.999	0.967	0.617	0.193	0.029	0.002	0.000	0.000	0.000	0.000	0.000
6	1.000	0.991	0.780	0.341	0.074	0.007	0.000	0.000	0.000	0.000	0.000
7	1.000	0.998	0.891	0.512	0.154	0.022	0.001	0.000	0.000	0.000	0.000
8	1.000	1.000	0.953	0.677	0.274	0.054	0.004	0.000	0.000	0.000	0.000
9	1.000	1.000	0.983	0.811	0.425	0.115	0.013	0.000	0.000	0.000	0.000
10	1.000	1.000	0.994	0.902	0.586	0.212	0.034	0.002	0.000	0.000	0.000
11	1.000	1.000	0.998	0.956	0.732	0.345	0.078	0.006	0.000	0.000	0.000
12	1.000	1.000	1.000	0.983	0.846	0.500	0.154	0.017	0.000	0.000	0.000
13	1.000	1.000	1.000	0.994	0.922	0.655	0.268	0.044	0.002	0.000	0.000
14	1.000	1.000	1.000	0.998	0.966	0.788	0.414	0.098	0.006	0.000	0.000
15	1.000	1.000	1.000	1.000	0.987	0.885	0.575	0.189	0.017	0.000	0.000
16	1.000	1.000	1.000	1.000	0.996	0.946	0.726	0.323	0.047	0.000	0.000
17	1.000	1.000	1.000	1.000	0.999	0.978	0.846	0.488	0.109	0.002	0.000
18	1.000	1.000	1.000	1.000	1.000	0.993	0.926	0.659	0.220	0.009	0.000
19	1.000	1.000	1.000	1.000	1.000	0.998	0.971	0.807	0.383	0.033	0.001
20	1.000	1.000	1.000	1.000	1.000	1.000	0.991	0.910	0.579	0.098	0.007
21	1.000	1.000	1.000	1.000	1.000	1.000	0.998	0.967	0.766	0.236	0.034
22	1.000	1.000	1.000	1.000	1.000	1.000	1.000	0.991	0.902	0.463	0.127
23	1.000	1.000	1.000	1.000	1.000	1.000	1.000	0.998	0.973	0.729	0.358
24	1.000	1.000	1.000	1.000	1.000	1.000	1.000	1.000	0.996	0.928	0.723
25	1.000	1.000	1.000	1.000	1.000	1.000	1.000	1.000	1.000	1.000	1.000

〈표 2〉 누적포아송분포표

$$X \sim P(\lambda)\text{일 때 } P(X \leq k) = \sum_{x=0}^{k} \frac{e^{-\lambda}\lambda^x}{x!}$$

k \ λ	0.1	0.2	0.3	0.4	0.5	1.0	1.5	2.0	2.5	3.0	3.5	4.0	4.5	5.0	5.5	6.0
0	0.905	0.819	0.741	0.670	0.607	0.368	0.223	0.135	0.082	0.050	0.030	0.018	0.011	0.007	0.004	0.002
1	0.995	0.982	0.963	0.938	0.910	0.736	0.558	0.406	0.287	0.199	0.136	0.092	0.061	0.040	0.027	0.017
2	1.000	0.999	0.996	0.992	0.986	0.920	0.809	0.677	0.544	0.423	0.321	0.238	0.174	0.125	0.088	0.062
3	1.000	1.000	1.000	0.999	0.998	0.981	0.934	0.857	0.758	0.647	0.537	0.433	0.342	0.265	0.202	0.151
4	1.000	1.000	1.000	1.000	1.000	0.996	0.981	0.947	0.891	0.815	0.725	0.629	0.532	0.440	0.358	0.285
5		1.000	1.000	1.000	1.000	0.999	0.996	0.983	0.958	0.916	0.858	0.785	0.703	0.616	0.529	0.446
6				1.000	1.000	1.000	0.999	0.995	0.986	0.966	0.935	0.889	0.831	0.762	0.686	0.606
7						1.000	1.000	0.999	0.996	0.988	0.973	0.949	0.913	0.867	0.809	0.744
8						1.000	1.000	1.000	0.999	0.996	0.990	0.979	0.960	0.932	0.894	0.847
9							1.000	1.000	1.000	0.999	0.997	0.992	0.983	0.968	0.946	0.916
10								1.000	1.000	1.000	0.999	0.997	0.993	0.986	0.975	0.957
11									1.000	1.000	1.000	0.999	0.998	0.995	0.989	0.980
12										1.000	1.000	1.000	0.999	0.998	0.996	0.991
13											1.000	1.000	1.000	0.999	0.998	0.996
14											1.000	1.000	1.000	1.000	0.999	0.999
15													1.000	1.000	1.000	0.999
16														1.000	1.000	1.000
17															1.000	1.000
18																1.000
19																
20																

〈표 3〉 표준정규분포표

$$Z \sim N(0,1)\text{일 때 } P(Z \le z) = \int_{-\infty}^{z} \frac{1}{\sqrt{2\pi}} e^{-\frac{1}{2}t^2} dt$$

z	.00	.01	.02	.03	.04	.05	.06	.07	.08	.09
0.0	0.5000	0.5040	0.5080	0.5120	0.5160	0.5199	0.5239	0.5279	0.5319	0.5359
0.1	0.5398	0.5438	0.5478	0.5517	0.5557	0.5596	0.5636	0.5675	0.5714	0.5753
0.2	0.5793	0.5832	0.5871	0.5910	0.5948	0.5987	0.6026	0.6064	0.6103	0.6141
0.3	0.6179	0.6217	0.6255	0.6293	0.6331	0.6368	0.6406	0.6443	0.6480	0.6517
0.4	0.6554	0.6591	0.6628	0.6664	0.6700	0.6736	0.6772	0.6808	0.6844	0.6879
0.5	0.6915	0.6950	0.6985	0.7019	0.7054	0.7088	0.7123	0.7157	0.7190	0.7224
0.6	0.7257	0.7291	0.7324	0.7357	0.7389	0.7422	0.7454	0.7486	0.7517	0.7549
0.7	0.7580	0.7611	0.7642	0.7673	0.7704	0.7734	0.7764	0.7794	0.7823	0.7852
0.8	0.7881	0.7910	0.7939	0.7967	0.7995	0.8023	0.8051	0.8078	0.8106	0.8133
0.9	0.8159	0.8186	0.8212	0.8238	0.8264	0.8289	0.8315	0.8340	0.8365	0.8389
1.0	0.8413	0.8438	0.8461	0.8485	0.8508	0.8531	0.8554	0.8577	0.8599	0.8621
1.1	0.8643	0.8665	0.8686	0.8708	0.8729	0.8749	0.8770	0.8790	0.8810	0.8830
1.2	0.8849	0.8869	0.8888	0.8907	0.8925	0.8944	0.8962	0.8980	0.8997	0.9015
1.3	0.9032	0.9049	0.9066	0.9082	0.9099	0.9115	0.9131	0.9147	0.9162	0.9177
1.4	0.9192	0.9207	0.9222	0.9236	0.9251	0.9265	0.9279	0.9292	0.9306	0.9319
1.5	0.9332	0.9345	0.9357	0.9370	0.9382	0.9394	0.9406	0.9418	0.9429	0.9441
1.6	0.9452	0.9463	0.9474	0.9484	0.9495	0.9505	0.9515	0.9525	0.9535	0.9545
1.7	0.9554	0.9564	0.9573	0.9582	0.9591	0.9599	0.9608	0.9616	0.9625	0.9633
1.8	0.9641	0.9649	0.9656	0.9664	0.9671	0.9678	0.9686	0.9693	0.9699	0.9706
1.9	0.9713	0.9719	0.9726	0.9732	0.9738	0.9744	0.9750	0.9756	0.9761	0.9767
2.0	0.9772	0.9778	0.9783	0.9788	0.9793	0.9798	0.9803	0.9808	0.9812	0.9817
2.1	0.9821	0.9826	0.9830	0.9834	0.9838	0.9842	0.9846	0.9850	0.9854	0.9857
2.2	0.9861	0.9864	0.9868	0.9871	0.9875	0.9878	0.9881	0.9884	0.9887	0.9890
2.3	0.9893	0.9896	0.9898	0.9901	0.9904	0.9906	0.9909	0.9911	0.9913	0.9916
2.4	0.9918	0.9920	0.9922	0.9925	0.9927	0.9929	0.9931	0.9932	0.9934	0.9936
2.5	0.9938	0.9940	0.9941	0.9943	0.9945	0.9946	0.9948	0.9949	0.9951	0.9952
2.6	0.9953	0.9955	0.9956	0.9957	0.9959	0.9960	0.9961	0.9962	0.9963	0.9964
2.7	0.9965	0.9966	0.9967	0.9968	0.9969	0.9970	0.9971	0.9972	0.9973	0.9974
2.8	0.9974	0.9975	0.9976	0.9977	0.9977	0.9978	0.9979	0.9979	0.9980	0.9981
2.9	0.9981	0.9982	0.9982	0.9983	0.9984	0.9984	0.9985	0.9985	0.9986	0.9986
3.0	0.9987	0.9987	0.9987	0.9988	0.9988	0.9989	0.9989	0.9989	0.9990	0.9990
3.1	0.9990	0.9991	0.9991	0.9991	0.9992	0.9992	0.9992	0.9992	0.9993	0.9993
3.2	0.9993	0.9993	0.9994	0.9994	0.9994	0.9994	0.9994	0.9995	0.9995	0.9995
3.3	0.9995	0.9995	0.9995	0.9996	0.9996	0.9996	0.9996	0.9996	0.9996	0.9997
3.4	0.9997	0.9997	0.9997	0.9997	0.9997	0.9997	0.9997	0.9997	0.9997	0.9998
3.5	0.9998	0.9998	0.9998	0.9998	0.9998	0.9998	0.9998	0.9998	0.9998	0.9998

〈표 4〉 t분포표

t분포의 백분위수 $t(n;\alpha)=P(T\geq t)=\int_t^{\infty} f(x)dx,\ T\sim t(n)$

n \ α	0.25	0.1	0.05	0.025	0.01	0.005
1	1.0000	3.0777	6.3138	12.7062	31.8205	63.6567
2	0.8165	1.8856	2.9200	4.3027	6.9646	9.9248
3	0.7649	1.6377	2.3534	3.1824	4.5407	5.8409
4	0.7407	1.5332	2.1318	2.7764	3.7469	4.6041
5	0.7267	1.4759	2.0150	2.5706	3.3649	4.0321
6	0.7176	1.4398	1.9432	2.4469	3.1427	3.7074
7	0.7111	1.4149	1.8946	2.3646	2.9980	3.4995
8	0.7064	1.3968	1.8595	2.3060	2.8965	3.3554
9	0.7027	1.3830	1.8331	2.2622	2.8214	3.2498
10	0.6998	1.3722	1.8125	2.2281	2.7638	3.1693
11	0.6974	1.3634	1.7959	2.2010	2.7181	3.1058
12	0.6955	1.3562	1.7823	2.1788	2.6810	3.0545
13	0.6938	1.3502	1.7709	2.1604	2.6503	3.0123
14	0.6924	1.3450	1.7613	2.1448	2.6245	2.9768
15	0.6912	1.3406	1.7531	2.1314	2.6025	2.9467
16	0.6901	1.3368	1.7459	2.1199	2.5835	2.9208
17	0.6892	1.3334	1.7396	2.1098	2.5669	2.8982
18	0.6884	1.3304	1.7341	2.1009	2.5524	2.8784
19	0.6876	1.3277	1.7291	2.0930	2.5395	2.8609
20	0.6870	1.3253	1.7247	2.0860	2.5280	2.8453
21	0.6864	1.3232	1.7207	2.0796	2.5176	2.8314
22	0.6858	1.3212	1.7171	2.0739	2.5083	2.8188
23	0.6853	1.3195	1.7139	2.0687	2.4999	2.8073
24	0.6848	1.3178	1.7109	2.0639	2.4922	2.7969
25	0.6844	1.3163	1.7081	2.0595	2.4851	2.7874
26	0.6840	1.3150	1.7056	2.0555	2.4786	2.7787
27	0.6837	1.3137	1.7033	2.0518	2.4727	2.7707
28	0.6834	1.3125	1.7011	2.0484	2.4671	2.7633
29	0.6830	1.3114	1.6991	2.0452	2.4620	2.7564
30	0.6828	1.3104	1.6973	2.0423	2.4573	2.7500
40	0.6807	1.3031	1.6839	2.0211	2.4233	2.7045
60	0.6786	1.2958	1.6706	2.0003	2.3901	2.6603
120	0.6765	1.2886	1.6577	1.9799	2.3578	2.6174
∞	0.6745	1.2816	1.6449	1.9600	2.3263	2.5758

〈표 5〉 카이제곱분포표

카이제곱분포의 백분위수 $\chi(n;\alpha) = P(V \geq v) = \int_v^{\infty} f(x)dx,\ V \sim \chi(n)$

n \ α	0.99	0.975	0.95	0.9	0.5	0.1	0.05	0.025	0.01
1	0.0002	0.0010	0.0039	0.0158	0.4549	2.7055	3.8415	5.0239	6.6349
2	0.0201	0.0506	0.1026	0.2107	1.3863	4.6052	5.9915	7.3778	9.2103
3	0.1148	0.2158	0.3518	0.5844	2.3660	6.2514	7.8147	9.3484	11.3449
4	0.2971	0.4844	0.7107	1.0636	3.3567	7.7794	9.4877	11.1433	13.2767
5	0.5543	0.8312	1.1455	1.6103	4.3515	9.2364	11.0705	12.8325	15.0863
6	0.8721	1.2373	1.6354	2.2041	5.3481	10.6446	12.5916	14.4494	16.8119
7	1.2390	1.6899	2.1673	2.8331	6.3458	12.0170	14.0671	16.0128	18.4753
8	1.6465	2.1797	2.7326	3.4895	7.3441	13.3616	15.5073	17.5345	20.0902
9	2.0879	2.7004	3.3251	4.1682	8.3428	14.6837	16.9190	19.0228	21.6660
10	2.5582	3.2470	3.9403	4.8652	9.3418	15.9872	18.3070	20.4832	23.2093
11	3.0535	3.8157	4.5748	5.5778	10.3410	17.2750	19.6751	21.9200	24.7250
12	3.5706	4.4038	5.2260	6.3038	11.3403	18.5493	21.0261	23.3367	26.2170
13	4.1069	5.0088	5.8919	7.0415	12.3398	19.8119	22.3620	24.7356	27.6882
14	4.6604	5.6287	6.5706	7.7895	13.3393	21.0641	23.6848	26.1189	29.1412
15	5.2293	6.2621	7.2609	8.5468	14.3389	22.3071	24.9958	27.4884	30.5779
16	5.8122	6.9077	7.9616	9.3122	15.3385	23.5418	26.2962	28.8454	31.9999
17	6.4078	7.5642	8.6718	10.0852	16.3382	24.7690	27.5871	30.1910	33.4087
18	7.0149	8.2307	9.3905	10.8649	17.3379	25.9894	28.8693	31.5264	34.8053
19	7.6327	8.9065	10.1170	11.6509	18.3377	27.2036	30.1435	32.8523	36.1909
20	8.2604	9.5908	10.8508	12.4426	19.3374	28.4120	31.4104	34.1696	37.5662
21	8.8972	10.2829	11.5913	13.2396	20.3372	29.6151	32.6706	35.4789	38.9322
22	9.5425	10.9823	12.3380	14.0415	21.3370	30.8133	33.9244	36.7807	40.2894
23	10.1957	11.6886	13.0905	14.8480	22.3369	32.0069	35.1725	38.0756	41.6384

〈표 5〉 계속

n \ α	0.99	0.975	0.95	0.9	0.5	0.1	0.05	0.025	0.01
24	10.8564	12.4012	13.8484	15.6587	23.3367	33.1962	36.4150	39.3641	42.9798
25	11.5240	13.1197	14.6114	16.4734	24.3366	34.3816	37.6525	40.6465	44.3141
26	12.1981	13.8439	15.3792	17.2919	25.3365	35.5632	38.8851	41.9232	45.6417
27	12.8785	14.5734	16.1514	18.1139	26.3363	36.7412	40.1133	43.1945	46.9629
28	13.5647	15.3079	16.9279	18.9392	27.3362	37.9159	41.3371	44.4608	48.2782
29	14.2565	16.0471	17.7084	19.7677	28.3361	39.0875	42.5570	45.7223	49.5879
30	14.9535	16.7908	18.4927	20.5992	29.3360	40.2560	43.7730	46.9792	50.8922
40	22.1643	24.4330	26.5093	29.0505	39.3353	51.8051	55.7585	59.3417	63.6907
50	29.7067	32.3574	34.7643	37.6886	49.3349	63.1671	67.5048	71.4202	76.1539
60	37.4849	40.4817	43.1880	46.4589	59.3347	74.3970	79.0819	83.2977	88.3794
70	45.4417	48.7576	51.7393	55.3289	69.3345	85.5270	90.5312	95.0232	100.4252
80	53.5401	57.1532	60.3915	64.2778	79.3343	96.5782	101.8795	106.6286	112.3288
90	61.7541	65.6466	69.1260	73.2911	89.3342	107.5650	113.1453	118.1359	124.1163
100	70.0649	74.2219	77.9295	82.3581	99.3341	118.4980	124.3421	129.5612	135.8067

〈표 6〉 F 분포표

F 분포의 백분위수 $\alpha = 0.10$, $F(n_1, n_2 ; 0.10)$

n_2 \ n_1	1	2	3	4	5	6	7	8	9	10	15	20	25	30	60	120
1	39.86	49.50	53.59	55.83	57.24	58.20	58.91	59.44	59.86	60.19	61.22	61.74	62.05	62.26	62.79	63.06
2	8.53	9.00	9.16	9.24	9.29	9.33	9.35	9.37	9.38	9.39	9.42	9.44	9.45	9.46	9.47	9.48
3	5.54	5.46	5.39	5.34	5.31	5.28	5.27	5.25	5.24	5.23	5.20	5.18	5.17	5.17	5.15	5.14
4	4.54	4.32	4.19	4.11	4.05	4.01	3.98	3.95	3.94	3.92	3.87	3.84	3.83	3.82	3.79	3.78
5	4.06	3.78	3.62	3.52	3.45	3.40	3.37	3.34	3.32	3.30	3.24	3.21	3.19	3.17	3.14	3.12
6	3.78	3.46	3.29	3.18	3.11	3.05	3.01	2.98	2.96	2.94	2.87	2.84	2.81	2.80	2.76	2.74
7	3.59	3.26	3.07	2.96	2.88	2.83	2.78	2.75	2.72	2.70	2.63	2.59	2.57	2.56	2.51	2.49
8	3.46	3.11	2.92	2.81	2.73	2.67	2.62	2.59	2.56	2.54	2.46	2.42	2.40	2.38	2.34	2.32
9	3.36	3.01	2.81	2.69	2.61	2.55	2.51	2.47	2.44	2.42	2.34	2.30	2.27	2.25	2.21	2.18
10	3.29	2.92	2.73	2.61	2.52	2.46	2.41	2.38	2.35	2.32	2.24	2.20	2.17	2.16	2.11	2.08
11	3.23	2.86	2.66	2.54	2.45	2.39	2.34	2.30	2.27	2.25	2.17	2.12	2.10	2.08	2.03	2.00
12	3.18	2.81	2.61	2.48	2.39	2.33	2.28	2.24	2.21	2.19	2.10	2.06	2.03	2.01	1.96	1.93
13	3.14	2.76	2.56	2.43	2.35	2.28	2.23	2.20	2.16	2.14	2.05	2.01	1.98	1.96	1.90	1.88
14	3.10	2.73	2.52	2.39	2.31	2.24	2.19	2.15	2.12	2.10	2.01	1.96	1.93	1.91	1.86	1.83
15	3.07	2.70	2.49	2.36	2.27	2.21	2.16	2.12	2.09	2.06	1.97	1.92	1.89	1.87	1.82	1.79
16	3.05	2.67	2.46	2.33	2.24	2.18	2.13	2.09	2.06	2.03	1.94	1.89	1.86	1.84	1.78	1.75
17	3.03	2.64	2.44	2.31	2.22	2.15	2.10	2.06	2.03	2.00	1.91	1.86	1.83	1.81	1.75	1.72
18	3.01	2.62	2.42	2.29	2.20	2.13	2.08	2.04	2.00	1.98	1.89	1.84	1.80	1.78	1.72	1.69
19	2.99	2.61	2.40	2.27	2.18	2.11	2.06	2.02	1.98	1.96	1.86	1.81	1.78	1.76	1.70	1.67
20	2.97	2.59	2.38	2.25	2.16	2.09	2.04	2.00	1.96	1.94	1.84	1.79	1.76	1.74	1.68	1.64
21	2.96	2.57	2.36	2.23	2.14	2.08	2.02	1.98	1.95	1.92	1.83	1.78	1.74	1.72	1.66	1.62
22	2.95	2.56	2.35	2.22	2.13	2.06	2.01	1.97	1.93	1.90	1.81	1.76	1.73	1.70	1.64	1.60
23	2.94	2.55	2.34	2.21	2.11	2.05	1.99	1.95	1.92	1.89	1.80	1.74	1.71	1.69	1.62	1.59
24	2.93	2.54	2.33	2.19	2.10	2.04	1.98	1.94	1.91	1.88	1.78	1.73	1.70	1.67	1.61	1.57
25	2.92	2.53	2.32	2.18	2.09	2.02	1.97	1.93	1.89	1.87	1.77	1.72	1.68	1.66	1.59	1.56
26	2.91	2.52	2.31	2.17	2.08	2.01	1.96	1.92	1.88	1.86	1.76	1.71	1.67	1.65	1.58	1.54
27	2.90	2.51	2.30	2.17	2.07	2.00	1.95	1.91	1.87	1.85	1.75	1.70	1.66	1.64	1.57	1.53
28	2.89	2.50	2.29	2.16	2.06	2.00	1.94	1.90	1.87	1.84	1.74	1.69	1.65	1.63	1.56	1.52
29	2.89	2.50	2.28	2.15	2.06	1.99	1.93	1.89	1.86	1.83	1.73	1.68	1.64	1.62	1.55	1.51
30	2.88	2.49	2.28	2.14	2.05	1.98	1.93	1.88	1.85	1.82	1.72	1.67	1.63	1.61	1.54	1.50
40	2.84	2.44	2.23	2.09	2.00	1.93	1.87	1.83	1.79	1.76	1.66	1.61	1.57	1.54	1.47	1.42
60	2.79	2.39	2.18	2.04	1.95	1.87	1.82	1.77	1.74	1.71	1.60	1.54	1.50	1.48	1.40	1.35
120	2.75	2.35	2.13	1.99	1.90	1.82	1.77	1.72	1.68	1.65	1.55	1.48	1.44	1.41	1.32	1.26

〈표 6〉 계속

F분포의 백분위수 $\alpha = 0.05$, $F(n_1, n_2 ; 0.05)$

n_2 \ n_1	1	2	3	4	5	6	7	8	9	10	15	20	25	30	60	120
1	161.4	199.5	215.7	224.6	230.2	234.0	236.8	238.9	240.5	241.9	245.9	248.0	249.3	250.1	252.2	253.3
2	18.51	19.00	19.16	19.25	19.30	19.33	19.35	19.37	19.38	19.40	19.43	19.45	19.46	19.46	19.48	19.49
3	10.13	9.55	9.28	9.12	9.01	8.94	8.89	8.85	8.81	8.79	8.70	8.66	8.63	8.62	8.57	8.55
4	7.71	6.94	6.59	6.39	6.26	6.16	6.09	6.04	6.00	5.96	5.86	5.80	5.77	5.75	5.69	5.66
5	6.61	5.79	5.41	5.19	5.05	4.95	4.88	4.82	4.77	4.74	4.62	4.56	4.52	4.50	4.43	4.40
6	5.99	5.14	4.76	4.53	4.39	4.28	4.21	4.15	4.10	4.06	3.94	3.87	3.83	3.81	3.74	3.70
7	5.59	4.74	4.35	4.12	3.97	3.87	3.79	3.73	3.68	3.64	3.51	3.44	3.40	3.38	3.30	3.27
8	5.32	4.46	4.07	3.84	3.69	3.58	3.50	3.44	3.39	3.35	3.22	3.15	3.11	3.08	3.01	2.97
9	5.12	4.26	3.86	3.63	3.48	3.37	3.29	3.23	3.18	3.14	3.01	2.94	2.89	2.86	2.79	2.75
10	4.96	4.10	3.71	3.48	3.33	3.22	3.14	3.07	3.02	2.98	2.85	2.77	2.73	2.70	2.62	2.58
11	4.84	3.98	3.59	3.36	3.20	3.09	3.01	2.95	2.90	2.85	2.72	2.65	2.60	2.57	2.49	2.45
12	4.75	3.89	3.49	3.26	3.11	3.00	2.91	2.85	2.80	2.75	2.62	2.54	2.50	2.47	2.38	2.34
13	4.67	3.81	3.41	3.18	3.03	2.92	2.83	2.77	2.71	2.67	2.53	2.46	2.41	2.38	2.30	2.25
14	4.60	3.74	3.34	3.11	2.96	2.85	2.76	2.70	2.65	2.60	2.46	2.39	2.34	2.31	2.22	2.18
15	4.54	3.68	3.29	3.06	2.90	2.79	2.71	2.64	2.59	2.54	2.40	2.33	2.28	2.25	2.16	2.11
16	4.49	3.63	3.24	3.01	2.85	2.74	2.66	2.59	2.54	2.49	2.35	2.28	2.23	2.19	2.11	2.06
17	4.45	3.59	3.20	2.96	2.81	2.70	2.61	2.55	2.49	2.45	2.31	2.23	2.18	2.15	2.06	2.01
18	4.41	3.55	3.16	2.93	2.77	2.66	2.58	2.51	2.46	2.41	2.27	2.19	2.14	2.11	2.02	1.97
19	4.38	3.52	3.13	2.90	2.74	2.63	2.54	2.48	2.42	2.38	2.23	2.16	2.11	2.07	1.98	1.93
20	4.35	3.49	3.10	2.87	2.71	2.60	2.51	2.45	2.39	2.35	2.20	2.12	2.07	2.04	1.95	1.90
21	4.32	3.47	3.07	2.84	2.68	2.57	2.49	2.42	2.37	2.32	2.18	2.10	2.05	2.01	1.92	1.87
22	4.30	3.44	3.05	2.82	2.66	2.55	2.46	2.40	2.34	2.30	2.15	2.07	2.02	1.98	1.89	1.84
23	4.28	3.42	3.03	2.80	2.64	2.53	2.44	2.37	2.32	2.27	2.13	2.05	2.00	1.96	1.86	1.81
24	4.26	3.40	3.01	2.78	2.62	2.51	2.42	2.36	2.30	2.25	2.11	2.03	1.97	1.94	1.84	1.79
25	4.24	3.39	2.99	2.76	2.60	2.49	2.40	2.34	2.28	2.24	2.09	2.01	1.96	1.92	1.82	1.77
26	4.23	3.37	2.98	2.74	2.59	2.47	2.39	2.32	2.27	2.22	2.07	1.99	1.94	1.90	1.80	1.75
27	4.21	3.35	2.96	2.73	2.57	2.46	2.37	2.31	2.25	2.20	2.06	1.97	1.92	1.88	1.79	1.73
28	4.20	3.34	2.95	2.71	2.56	2.45	2.36	2.29	2.24	2.19	2.04	1.96	1.91	1.87	1.77	1.71
29	4.18	3.33	2.93	2.70	2.55	2.43	2.35	2.28	2.22	2.18	2.03	1.94	1.89	1.85	1.75	1.70
30	4.17	3.32	2.92	2.69	2.53	2.42	2.33	2.27	2.21	2.16	2.01	1.93	1.88	1.84	1.74	1.68
40	4.08	3.23	2.84	2.61	2.45	2.34	2.25	2.18	2.12	2.08	1.92	1.84	1.78	1.74	1.64	1.58
60	4.00	3.15	2.76	2.53	2.37	2.25	2.17	2.10	2.04	1.99	1.84	1.75	1.69	1.65	1.53	1.47
120	3.92	3.07	2.68	2.45	2.29	2.18	2.09	2.02	1.96	1.91	1.75	1.66	1.60	1.55	1.43	1.35

〈표 6〉 계속

F 분포의 백분위수 $\alpha = 0.025$, $F(n_1, n_2\,;\,0.025)$

n_2 \ n_1	1	2	3	4	5	6	7	8	9	10	15	20	25	30	60	120
1	647.8	799.5	864.2	899.6	921.8	937.1	948.2	956.7	963.3	968.6	984.9	993.1	998.1	1001	1010	1014
2	38.51	39.00	39.17	39.25	39.30	39.33	39.36	39.37	39.39	39.40	39.43	39.45	39.46	39.46	39.48	39.49
3	17.44	16.04	15.44	15.10	14.88	14.73	14.62	14.54	14.47	14.42	14.25	14.17	14.12	14.08	13.99	13.95
4	12.22	10.65	9.98	9.60	9.36	9.20	9.07	8.98	8.90	8.84	8.66	8.56	8.50	8.46	8.36	8.31
5	10.01	8.43	7.76	7.39	7.15	6.98	6.85	6.76	6.68	6.62	6.43	6.33	6.27	6.23	6.12	6.07
6	8.81	7.26	6.60	6.23	5.99	5.82	5.70	5.60	5.52	5.46	5.27	5.17	5.11	5.07	4.96	4.90
7	8.07	6.54	5.89	5.52	5.29	5.12	4.99	4.90	4.82	4.76	4.57	4.47	4.40	4.36	4.25	4.20
8	7.57	6.06	5.42	5.05	4.82	4.65	4.53	4.43	4.36	4.30	4.10	4.00	3.94	3.89	3.78	3.73
9	7.21	5.71	5.08	4.72	4.48	4.32	4.20	4.10	4.03	3.96	3.77	3.67	3.60	3.56	3.45	3.39
10	6.94	5.46	4.83	4.47	4.24	4.07	3.95	3.85	3.78	3.72	3.52	3.42	3.35	3.31	3.20	3.14
11	6.72	5.26	4.63	4.28	4.04	3.88	3.76	3.66	3.59	3.53	3.33	3.23	3.16	3.12	3.00	2.94
12	6.55	5.10	4.47	4.12	3.89	3.73	3.61	3.51	3.44	3.37	3.18	3.07	3.01	2.96	2.85	2.79
13	6.41	4.97	4.35	4.00	3.77	3.60	3.48	3.39	3.31	3.25	3.05	2.95	2.88	2.84	2.72	2.66
14	6.30	4.86	4.24	3.89	3.66	3.50	3.38	3.29	3.21	3.15	2.95	2.84	2.78	2.73	2.61	2.55
15	6.20	4.77	4.15	3.80	3.58	3.41	3.29	3.20	3.12	3.06	2.86	2.76	2.69	2.64	2.52	2.46
16	6.12	4.69	4.08	3.73	3.50	3.34	3.22	3.12	3.05	2.99	2.79	2.68	2.61	2.57	2.45	2.38
17	6.04	4.62	4.01	3.66	3.44	3.28	3.16	3.06	2.98	2.92	2.72	2.62	2.55	2.50	2.38	2.32
18	5.98	4.56	3.95	3.61	3.38	3.22	3.10	3.01	2.93	2.87	2.67	2.56	2.49	2.44	2.32	2.26
19	5.92	4.51	3.90	3.56	3.33	3.17	3.05	2.96	2.88	2.82	2.62	2.51	2.44	2.39	2.27	2.20
20	5.87	4.46	3.86	3.51	3.29	3.13	3.01	2.91	2.84	2.77	2.57	2.46	2.40	2.35	2.22	2.16
21	5.83	4.42	3.82	3.48	3.25	3.09	2.97	2.87	2.80	2.73	2.53	2.42	2.36	2.31	2.18	2.11
22	5.79	4.38	3.78	3.44	3.22	3.05	2.93	2.84	2.76	2.70	2.50	2.39	2.32	2.27	2.14	2.08
23	5.75	4.35	3.75	3.41	3.18	3.02	2.90	2.81	2.73	2.67	2.47	2.36	2.29	2.24	2.11	2.04
24	5.72	4.32	3.72	3.38	3.15	2.99	2.87	2.78	2.70	2.64	2.44	2.33	2.26	2.21	2.08	2.01
25	5.69	4.29	3.69	3.35	3.13	2.97	2.85	2.75	2.68	2.61	2.41	2.30	2.23	2.18	2.05	1.98
26	5.66	4.27	3.67	3.33	3.10	2.94	2.82	2.73	2.65	2.59	2.39	2.28	2.21	2.16	2.03	1.95
27	5.63	4.24	3.65	3.31	3.08	2.92	2.80	2.71	2.63	2.57	2.36	2.25	2.18	2.13	2.00	1.93
28	5.61	4.22	3.63	3.29	3.06	2.90	2.78	2.69	2.61	2.55	2.34	2.23	2.16	2.11	1.98	1.91
29	5.59	4.20	3.61	3.27	3.04	2.88	2.76	2.67	2.59	2.53	2.32	2.21	2.14	2.09	1.96	1.89
30	5.57	4.18	3.59	3.25	3.03	2.87	2.75	2.65	2.57	2.51	2.31	2.20	2.12	2.07	1.94	1.87
40	5.42	4.05	3.46	3.13	2.90	2.74	2.62	2.53	2.45	2.39	2.18	2.07	1.99	1.94	1.80	1.72
60	5.29	3.93	3.34	3.01	2.79	2.63	2.51	2.41	2.33	2.27	2.06	1.94	1.87	1.82	1.67	1.58
120	5.15	3.80	3.23	2.89	2.67	2.52	2.39	2.30	2.22	2.16	1.94	1.82	1.75	1.69	1.53	1.43

참고문헌

김우철 외. (1998). 〈현대통계학〉 영지문화사.

김재희(2008). 〈R을 이용한 통계 프로그래밍 기초〉 자유아카데미.

배현웅(2001). 〈엑셀을 이용한 통계학의 기초와 활용기법〉 교우사.

송문섭·조신섭(1999). 〈EXCEL에 기초한 통계학 입문〉 자유아카데미.

최경미(2022). 〈R과 더불어 배우는 통계학〉 지오북스.

Freedman, D. et al. (1991). *Statistics* (2nd ed.), Norton & Company, Inc., New York.

찾아보기

ㄱ

ㄴ

ㄷ

ㅁ

ㅂ

기타

저 • 자 • 소 • 개

김 남 현 (金南賢, Namhyun Kim)

- 서울대학교 계산통계학과 이학사
- 서울대학교 대학원 통계학과 이학석사
- 미국 University of California, Berkeley 통계학과 이학박사
- 현재 홍익대학교 기초과학과 교수

R을 활용한 **통계학**

초판발행 2025년 2월 25일

지은이 김남현
펴낸이 오판근
펴낸곳 (주) 교우
주　소 서울시 동대문구 약령시로 8 교우빌딩 2층 (주)교우
전　화 02-925-2861 / **팩　스** 02-925-2860, **편집부** 02-925-2825
홈페이지&북스토어 www.kyowoo.co.kr / **이메일** kyowoo@kyowoo.co.kr

등　록 1994년 3월 24일 제1994-000013호
ISBN 979-11-251-0408-7 (93310)

Published by Kyowoo Co., Ltd. Printed in Korea

값 30,000원

교우미디어는 (주) 교우의 Imprint 사입니다.
수학정원·과학정원은 (주) 교우의 새로운 브랜드명입니다.